수학 공부는
숙제다

중 2·1

수학숙제

중 2·1

발행일	2022년 9월 30일
펴낸곳	메가스터디(주)
펴낸이	손은진
개발 책임	배경윤
개발	김민, 신상희, 최지연
디자인	이정숙, 이상현
제작	이성재, 장병미
주소	서울시 서초구 효령로 304(서초동) 국제전자센터 24층
대표전화	1661.5431 (내용 문의 02-6984-6901 / 구입 문의 02-6984-6868,9)
홈페이지	http://www.megastudybooks.com
출판사 신고 번호	제 2015-000159호
출간제안/원고투고	writer@megastudy.net

메가스터디BOOKS

'메가스터디북스'는 메가스터디㈜의 출판 전문 브랜드입니다.

유아/초등 학습서, 중고등 수능/내신 참고서는 물론, 지식, 교양, 인문 분야에서 다양한 도서를 출간하고 있습니다.

수학 공부는
숙제다!

"숙제를 잘하면 공부도 잘하게 될까?"

숙제를 하면 배운 내용을 다시 정리하고, 그 과정에서 부족한 부분이나

새로운 사실을 발견할 수 있기 때문에 숙제는 분명 공부에 도움이 됩니다.

수학은 대표적으로 숙제가 많은 과목이지요?

그래서 수학 숙제는 내주는 사람도, 하는 사람도 버거워할 때가 많습니다.

'혹시 숙제로 사용하기에 딱 맞는 교재가 없는 게 아닐까?

그렇다면 처음 중학 수학을 시작하는 학생 누구나 쉽게 사용할 수 있는

숙제 교재를 만들어보면 어떨까?'

이것이 메가스터디가 "수학 숙제"라는 교재를 처음 기획한 이유입니다.

숙제는 한 번에 해야 할 양이 너무 많거나 적은 경우 또는

혼자서 할 때 너무 어렵거나 쉬운 경우 부담이 됩니다.

그래서 메가스터디는 중학 수학을 시작하는 학생들이 숙제로 풀기에

가장 적합한 문제의 난이도와 분량을 연구하는 것에 공을 들였습니다.

"수학 숙제"는 10종의 수학 교과서와 시중 진도 교재를 분석하여

각각에 맞는 숙제로 부담없이 효율적으로 사용할 수 있게 했습니다.

수학은 숙제를 제대로 하는 것으로 얼마든지 잘할 수 있습니다.

"수학 공부는 숙제입니다!"

구성과 특징

PART 1 숙제

✓ 기초·기본 문제(개념별)
✓ 한번 더! 기본 문제(개념모아)

+

PART 2 테스트

✓ 단원 테스트
✓ 서술형 테스트

PART 1 숙제

1 step 기초·기본 문제

중학수학 2-1을 수학 교육과정에 제시된 내용을 기준으로 개념 48개로 분류한 후, 개념별로 기초 문제(연산 문제 포함), 기본 문제를 담았습니다. 학교, 학원에서 공부한 부분 또는 스스로 공부한 부분에 해당하는 개념만큼을 택하여 숙제로 문제 풀이를 할 수 있게 했습니다.

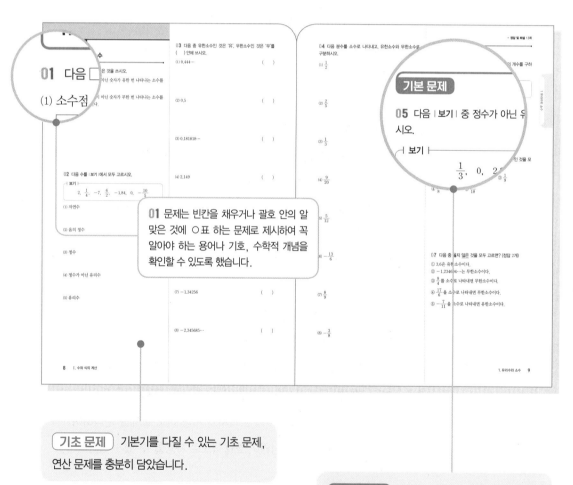

> **01 문제**는 빈칸을 채우거나 괄호 안의 알맞은 것에 ○표 하는 문제로 제시하여 꼭 알아야 하는 용어나 기호, 수학적 개념을 확인할 수 있도록 했습니다.

기초 문제 기본기를 다질 수 있는 기초 문제, 연산 문제를 충분히 담았습니다.

기본 문제 공부한 개념을 적용 및 응용하는 연습을 할 수 있는 문제들을 담았습니다.

"수학 숙제"로 성적 올리는 3가지 방법!

❶ 문제는 식을 써서 푼다.
❷ 틀린 문제는 해설지를 꼭 읽는다.
❸ 맞힌 문제는 스스로 선생님이 되어 푸는 방법을 설명해 본다.

2 step 한번 더! 기본 문제

2~3개의 개념을 모아 조금 더 실전에 가까운 문제들로 구성하여
내신 시험에 대비할 수 있도록 했습니다.
2개 이상의 개념을 포함한 문제도 풀어 보며 앞서 공부한 내용들을
제대로 이해했는지 다시 한번 점검할 수 있습니다.

> *자신감 Up* 조금 더 시간을 들여 생각해 보며 풀 수 있는 문제를
> 제시했습니다. 이 문제를 스스로 해결해 봄으로써 자신감을 얻을
> 수 있도록 했습니다.

PART 2 테스트

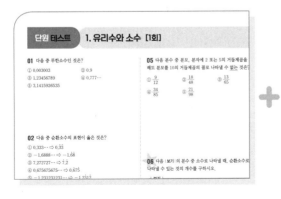

단원별로 2회 제공되는 (단원 테스트)

단원별로 1회 제공되는 (서술형 테스트)

차례

PART 1

숙제

☑ 기초·기본 문제

☑ 한번 더! 기본 문제

"수학 공부는 숙제다!"

1

유리수와 소수

유리수와 소수

01 다음 □ 안에 알맞은 것을 쓰시오.

(1) 소수점 아래에 0이 아닌 숫자가 유한 번 나타나는 소수를 □□□□□라 한다.

(2) 소수점 아래에 0이 아닌 숫자가 무한 번 나타나는 소수를 □□□□□라 한다.

02 다음 수를 | 보기 |에서 모두 고르시오.

┤ 보기 ├
$$2, \quad \frac{1}{4}, \quad -7, \quad \frac{6}{2}, \quad -1.84, \quad 0, \quad -\frac{10}{5}$$

(1) 자연수

(2) 음의 정수

(3) 정수

(4) 정수가 아닌 유리수

(5) 유리수

03 다음 중 유한소수인 것은 '유', 무한소수인 것은 '무'를 ( ) 안에 쓰시오.

(1) $0.444\cdots$ ( )

(2) 0.5 ( )

(3) $0.181818\cdots$ ( )

(4) 2.149 ( )

(5) $0.695847\cdots$ ( )

(6) 0.174925 ( )

(7) -1.34256 ( )

(8) $-2.345685\cdots$ ( )

04 다음 분수를 소수로 나타내고, 유한소수와 무한소수로 구분하시오.

(1) $\dfrac{1}{2}$

(2) $\dfrac{2}{5}$

(3) $\dfrac{1}{3}$

(4) $\dfrac{9}{20}$

(5) $\dfrac{5}{12}$

(6) $-\dfrac{13}{6}$

(7) $\dfrac{8}{9}$

(8) $-\dfrac{3}{8}$

기본 문제

05 다음 |보기| 중 정수가 아닌 유리수인 것의 개수를 구하시오.

┤ 보기 ├

$$\dfrac{1}{3}, \quad 0, \quad 2.33, \quad -2, \quad \dfrac{18}{3}$$

06 다음 중 분수를 소수로 나타냈을 때, 무한소수인 것을 모두 고르면? (정답 2개)

① $\dfrac{1}{5}$ ② $-\dfrac{3}{6}$ ③ $\dfrac{1}{9}$

④ $\dfrac{7}{8}$ ⑤ $\dfrac{5}{18}$

07 다음 중 옳지 않은 것을 모두 고르면? (정답 2개)

① 3.6은 유한소수이다.

② $-1.234694\cdots$는 무한소수이다.

③ $\dfrac{9}{4}$ 를 소수로 나타내면 무한소수이다.

④ $\dfrac{17}{6}$ 을 소수로 나타내면 무한소수이다.

⑤ $-\dfrac{7}{11}$ 을 소수로 나타내면 유한소수이다.

순환소수

01 다음 □ 안에 알맞은 것을 쓰시오.

(1) 무한소수 중 소수점 아래의 어떤 자리에서부터 일정한 숫자의 배열이 한없이 되풀이되는 소수를 □□□라 한다.

(2) 순환소수의 소수점 아래에서 일정하게 되풀이되는 한 부분을 □□□라 한다.

02 다음 중 순환소수인 것은 ○표, 순환소수가 아닌 것은 ×표를 (   ) 안에 쓰시오.

(1) 0.666⋯   (   )

(2) 0.2999⋯   (   )

(3) 0.76432⋯   (   )

(4) 0.265261⋯   (   )

(5) 1.272727⋯   (   )

(6) 4.176325⋯   (   )

03 다음 순환소수의 순환마디를 구하시오.

(1) 0.555⋯

(2) 0.2333⋯

(3) 0.454545⋯

(4) 1.872872872⋯

(5) 1.128128128⋯

(6) 4.1459459459⋯

(7) 2.0929292⋯

(8) 1.543154315431⋯

04 다음 순환소수를 순환마디를 이용하여 간단히 나타내시오.

(1) 0.888…

(2) 0.2555…

(3) 0.636363…

(4) 0.1747474…

(5) 3.427427427…

(6) 3.353535…

(7) 2.0621621621…

(8) 0.124812481248…

05 다음 분수를 소수로 고쳐 순환마디를 이용하여 간단히 나타내시오.

(1) $\dfrac{4}{9}$

(2) $\dfrac{2}{3}$

(3) $\dfrac{1}{30}$

(4) $\dfrac{8}{11}$

(5) $\dfrac{14}{33}$

(6) $\dfrac{17}{12}$

(7) $\dfrac{19}{6}$

(8) $\dfrac{2}{37}$

기본 문제

06 다음 중 순환소수와 순환마디가 바르게 연결된 것은?

① $0.8222\cdots \Rightarrow 82$

② $0.484848\cdots \Rightarrow 484$

③ $1.28313131\cdots \Rightarrow 31$

④ $1.616161\cdots \Rightarrow 16$

⑤ $2.017017017\cdots \Rightarrow 170$

07 다음 중 순환소수의 표현이 옳은 것을 모두 고르면?

(정답 2개)

① $2.131313\cdots = 2.\dot{1}\dot{3}$

② $0.341341341\cdots = 0.\dot{3}4\dot{1}$

③ $0.606060\cdots = 0.\dot{6}$

④ $2.424242\cdots = 2.4\dot{2}\dot{4}$

⑤ $0.070707\cdots = 0.\dot{0}\dot{7}$

08 분수 $\dfrac{17}{30}$ 을 순환소수로 나타낼 때, 순환마디를 구하시오.

09 다음 중 옳지 <u>않은</u> 것은?

① $\dfrac{5}{9} = 0.\dot{5}$

② $\dfrac{5}{6} = 0.8\dot{3}$

③ $\dfrac{9}{11} = 0.\dot{8}\dot{1}$

④ $\dfrac{7}{27} = 0.\dot{2}5\dot{9}$

⑤ $\dfrac{10}{33} = 0.\dot{3}$

10 순환소수 $0.\dot{2}36\dot{4}$에서 소수점 아래 50번째 자리의 숫자를 구하시오.

11 분수 $\dfrac{5}{27}$ 를 소수로 나타낼 때, 소수점 아래 40번째 자리의 숫자를 구하시오.

개념 03

유한소수로 나타낼 수 있는 분수

01 다음 □ 안에 알맞은 수를 쓰시오.

(1) 정수가 아닌 유리수를 기약분수로 나타냈을 때, 분모의 소인수가 □ 또는 5뿐이면 그 분수는 유한소수로 나타낼 수 있다.

(2) 정수가 아닌 유리수를 기약분수로 나타냈을 때, 분모에 2 또는 □ 이외의 소인수가 있으면 그 분수는 유한소수로 나타낼 수 없다. 즉, 순환소수로 나타낼 수 있다.

02 다음은 분수를 분자, 분모에 가장 작은 자연수를 곱하여 분모가 10의 거듭제곱이 되도록 한 후, 유한소수로 나타내는 과정이다. □ 안에 알맞은 수를 쓰시오.

(1) $\dfrac{5}{2} = \dfrac{5 \times \boxed{}}{2 \times \boxed{}} = \dfrac{25}{\boxed{}} = \boxed{}$

(2) $\dfrac{9}{4} = \dfrac{9}{2^2} = \dfrac{9 \times \boxed{}}{2^2 \times \boxed{}} = \dfrac{\boxed{}}{100} = \boxed{}$

$\underrightarrow{\text{분모를 소인수분해하기}}$

(3) $\dfrac{7}{20} = \dfrac{7}{2^2 \times \boxed{}} = \dfrac{7 \times \boxed{}}{2^2 \times \boxed{}^2} = \dfrac{\boxed{}}{100} = \boxed{}$

$\underrightarrow{\text{분모를 소인수분해하기}}$

(4) $\dfrac{11}{40} = \dfrac{11}{2^3 \times \boxed{}} = \dfrac{11 \times \boxed{}}{2^3 \times \boxed{}^3} = \dfrac{275}{\boxed{}} = \boxed{}$

$\underrightarrow{\text{분모를 소인수분해하기}}$

03 다음 □ 안에 알맞은 수를 쓰고, ( ) 안의 알맞은 것에 ○표를 하시오.

(1) $\dfrac{3}{2^2 \times 5}$

⇨ 분모에 2 또는 5 이외의 소인수가 없으므로 유한소수로 나타낼 수 (있다, 없다).

(2) $\dfrac{7}{3 \times 5^2}$

⇨ 분모에 2 또는 5 이외의 소인수가 있으므로 유한소수로 나타낼 수 (있다, 없다).

(3) $\dfrac{5}{28} = \dfrac{5}{\boxed{}^2 \times \boxed{}}$

⇨ 분모의 소인수가 2와 □ 이므로 유한소수로 나타낼 수 (있다, 없다).

(4) $\dfrac{6}{72} \overset{\text{기약분수로 나타내기}}{=} \dfrac{1}{\boxed{}} = \dfrac{1}{\boxed{}^2 \times \boxed{}}$

⇨ 기약분수의 분모의 소인수가 2와 □ 이므로 유한소수로 나타낼 수 (있다, 없다).

(5) $\dfrac{14}{100} \overset{\text{기약분수로 나타내기}}{=} \dfrac{7}{\boxed{}} = \dfrac{7}{\boxed{} \times \boxed{}^2}$

⇨ 기약분수의 분모의 소인수가 □ 와 5이므로 유한소수로 나타낼 수 (있다, 없다).

04 다음 중 유한소수로 나타낼 수 있는 것은 ○표, 유한소수로 나타낼 수 없는 것은 ×표를 (   ) 안에 쓰시오.

(1) $\dfrac{1}{2^2 \times 5}$ (   )

(2) $\dfrac{1}{2^3 \times 3}$ (   )

(3) $\dfrac{11}{2 \times 5 \times 7}$ (   )

(4) $\dfrac{9}{2 \times 3 \times 5}$ (   )

(5) $\dfrac{3}{2 \times 3^2 \times 5^2}$ (   )

(6) $\dfrac{1}{8}$ (   )

(7) $\dfrac{8}{96}$ (   )

(8) $\dfrac{27}{150}$ (   )

(9) $\dfrac{21}{240}$ (   )

05 다음은 분수 $\dfrac{13}{40}$ 을 유한소수로 나타내는 과정이다. ①~⑤에 들어갈 수로 옳지 않은 것은?

$$\frac{13}{40} = \frac{13}{2^{①} \times 5} = \frac{13 \times \boxed{②}}{2^3 \times 5 \times \boxed{③}}$$
$$= \frac{325}{\boxed{④}} = \boxed{⑤}$$

① 3   ② 5^2 ③ 5^3
④ 1000   ⑤ 0.325

06 다음 |보기|의 분수 중 유한소수로 나타낼 수 있는 것을 모두 고르시오.

| 보기 |

ㄱ. $\dfrac{12}{2 \times 3^2 \times 5}$ ㄴ. $\dfrac{15}{3^2 \times 5^2}$ ㄷ. $\dfrac{63}{2^2 \times 3 \times 7}$

ㄹ. $\dfrac{9}{2^2 \times 5 \times 7}$ ㅁ. $\dfrac{27}{2 \times 3^2 \times 5}$ ㅂ. $\dfrac{55}{2^3 \times 5 \times 11}$

07 $\dfrac{3}{2 \times 5 \times 7} \times A$ 를 소수로 나타내면 유한소수가 될 때, 다음 중 A의 값이 될 수 있는 자연수를 모두 고르면?

(정답 2개)

① 7   ② 9   ③ 12
④ 14   ⑤ 16

한번 더! 기본 문제

01 다음 중 옳지 <u>않은</u> 것을 모두 고르면? (정답 2개)

① -3은 유리수이다.

② $\dfrac{15}{5}$ 는 정수이다.

③ 0은 유리수가 아니다.

④ $0.3\dot{4}$는 유한소수이다.

⑤ $1.292929\cdots$는 순환소수이다.

02 다음 중 분수를 소수로 나타냈을 때, 순환마디를 이루는 숫자의 개수가 나머지 넷과 <u>다른</u> 하나는?

① $\dfrac{2}{3}$ ② $\dfrac{11}{6}$ ③ $\dfrac{7}{15}$

④ $\dfrac{3}{11}$ ⑤ $\dfrac{7}{30}$

03 다음 중 순환소수의 표현이 옳은 것은?

① $0.0020202\cdots = 0.0\dot{0}\dot{2}$

② $1.542542542\cdots = 1.5\dot{4}\dot{2}$

③ $3.434343\cdots = 3.\dot{4}$

④ $0.5616161\cdots = 0.5\dot{6}\dot{1}$

⑤ $2.9271271271\cdots = 2.9\dot{2}7\dot{1}$

04 분수 $\dfrac{5}{7}$ 를 소수로 나타낼 때, 소수점 아래 99번째 자리의 숫자를 구하시오.

05 다음 중 순환소수로만 나타낼 수 있는 것을 모두 고르면?

(정답 2개)

① $\dfrac{14}{2 \times 5^2 \times 7}$ ② $\dfrac{7}{2^2 \times 3 \times 5}$ ③ $\dfrac{11}{44}$

④ $\dfrac{42}{105}$ ⑤ $\dfrac{13}{15}$

자신감 UP
06 분수 $\dfrac{35}{420}$ 에 어떤 자연수를 곱하면 유한소수로 나타낼 수 있을 때, 곱할 수 있는 가장 작은 자연수를 구하시오.

순환소수의 분수 표현 (1)
− 10의 거듭제곱 이용

01 "두 순환소수의 소수점 아래의 부분이 같으면 그 두 순환소수의 차는 정수이다."를 이용하여 다음과 같은 순서로 순환소수를 분수로 나타낼 수 있다. □ 안에 알맞은 수를 쓰시오.

❶ 순환소수를 x라 한다.
❷ 양변에 □의 거듭제곱을 곱하여 소수점 아래의 부분이 같은 두 식을 만든다.
❸ ❷의 두 식을 변끼리 빼서 x의 값을 구한다.

02 다음은 주어진 순환소수를 기약분수로 나타내는 과정이다. □ 안에 알맞은 수를 쓰시오.

(1) $0.\dot{5}$

$0.\dot{5}$를 x라 하면 $x=0.555\cdots$이므로

$$\boxed{}x=5.555\cdots$$
$$-)\quad\ \ x=0.555\cdots$$
$$\boxed{}x=5$$
$$\therefore\ x=\frac{\boxed{}}{9}$$

(2) $0.\dot{1}\dot{8}$

$0.\dot{1}\dot{8}$을 x라 하면 $x=0.181818\cdots$이므로

$$\boxed{}x=18.181818\cdots$$
$$-)\quad\ \ \ x=\ 0.181818\cdots$$
$$\boxed{}x=18$$
$$\therefore\ x=\frac{\boxed{}}{99}=\boxed{}$$

(3) $0.\dot{2}7\dot{8}$

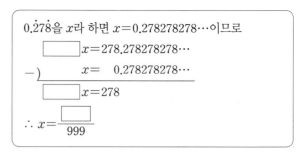

$0.\dot{2}7\dot{8}$을 x라 하면 $x=0.278278278\cdots$이므로

$$\boxed{}x=278.278278278\cdots$$
$$-)\quad\quad\ \ x=\ \ \ 0.278278278\cdots$$
$$\boxed{}x=278$$
$$\therefore\ x=\frac{\boxed{}}{999}$$

03 다음 순환소수를 기약분수로 나타내시오.

(1) $0.\dot{8}$

(2) $0.\dot{2}\dot{9}$

(3) $1.\dot{1}\dot{4}$

(4) $2.5\dot{4}$

(5) $0.3\dot{1}\dot{6}$

(6) $1.4\dot{5}\dot{3}$

04 다음은 주어진 순환소수를 기약분수로 나타내는 과정이다. □ 안에 알맞은 수를 쓰시오.

(1) $0.4\dot{5}$

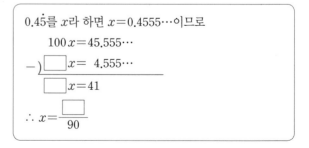

$0.4\dot{5}$를 x라 하면 $x=0.4555\cdots$이므로

$$100\,x=45.555\cdots$$
$$-)\ \boxed{}x=\ \ 4.555\cdots$$
$$\boxed{}x=41$$
$$\therefore\ x=\frac{\boxed{}}{90}$$

(2) $0.03\dot{6}$

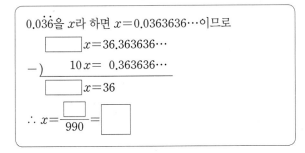

$0.03\dot{6}$을 x라 하면 $x=0.0363636\cdots$이므로

$$\boxed{}\,x=36.363636\cdots$$
$$-)\quad 10x=\ 0.363636\cdots$$
$$\boxed{}\,x=36$$
$$\therefore x=\frac{\boxed{}}{990}=\boxed{}$$

(3) $0.39\dot{4}$

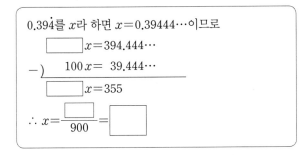

$0.39\dot{4}$를 x라 하면 $x=0.39444\cdots$이므로

$$\boxed{}\,x=394.444\cdots$$
$$-)\quad 100x=\ 39.444\cdots$$
$$\boxed{}\,x=355$$
$$\therefore x=\frac{355}{900}=\boxed{}$$

05 다음 순환소수를 기약분수로 나타내시오.

(1) $0.8\dot{6}$ (2) $1.0\dot{8}$

(3) $2.4\dot{8}\dot{1}$ (4) $1.4\dot{3}\dot{2}$

(5) $0.89\dot{1}$ (6) $3.21\dot{5}$

06 다음은 순환소수 $2.3\dot{5}\dot{9}$를 기약분수로 나타내는 과정이다. ①~⑤에 들어갈 수로 옳지 않은 것은?

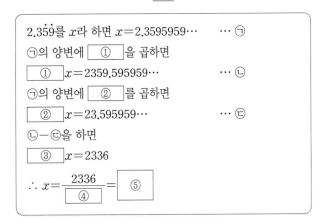

$2.3\dot{5}\dot{9}$를 x라 하면 $x=2.3595959\cdots$ ⋯ ㉠

㉠의 양변에 $\boxed{①}$ 을 곱하면

$\boxed{①}\,x=2359.595959\cdots$ ⋯ ㉡

㉠의 양변에 $\boxed{②}$ 를 곱하면

$\boxed{②}\,x=23.595959\cdots$ ⋯ ㉢

㉡－㉢을 하면

$\boxed{③}\,x=2336$

$\therefore x=\dfrac{2336}{\boxed{④}}=\boxed{⑤}$

① 1000   ② 10   ③ 999

④ 990   ⑤ $\dfrac{1168}{495}$

07 다음 중 주어진 순환소수를 x라 하고 분수로 나타낼 때, 가장 편리한 식을 잘못 짝 지은 것은?

① $1.\dot{2}\dot{3}$ ⇨ $100x-x$

② $0.9\dot{5}$ ⇨ $100x-10x$

③ $1.7\dot{3}\dot{4}$ ⇨ $1000x-10x$

④ $0.03\dot{0}\dot{7}$ ⇨ $10000x-100x$

⑤ $3.0\dot{2}5\dot{6}$ ⇨ $10000x-10x$

개념 05

순환소수의 분수 표현 (2)
– 공식 이용

01 다음과 같은 순서로 순환소수를 분수로 나타낼 수 있다. □ 안에 알맞은 것을 쓰시오.

> ❶ 분모는 순환마디를 이루는 숫자의 개수만큼 □를 쓰고, 그 뒤에 소수점 아래 순환마디에 포함되지 않는 숫자의 개수만큼 □을 쓴다.
>
> ❷ □는 전체의 수에서 순환하지 않는 부분의 수를 뺀 값을 쓴다.

02 다음은 주어진 순환소수를 기약분수로 나타내는 과정이다. □ 안에 알맞은 수를 쓰시오.

(1) $0.\dot{7} = \dfrac{7}{\boxed{}}$

(2) $1.\dot{5} = \dfrac{15 - \boxed{}}{\boxed{}} = \boxed{}$

(3) $0.\dot{2}\dot{6} = \dfrac{26}{\boxed{}}$

(4) $2.\dot{3}\dot{7} = \dfrac{237 - \boxed{}}{\boxed{}} = \boxed{}$

(5) $0.\dot{5}9\dot{3} = \dfrac{593}{\boxed{}}$

(6) $3.\dot{4}5\dot{2} = \dfrac{3452 - \boxed{}}{\boxed{}} = \boxed{}$

03 다음 순환소수를 기약분수로 나타내시오.

(1) $0.\dot{6}$ 　　　　(2) $2.\dot{7}$

(3) $0.\dot{8}\dot{3}$ 　　　　(4) $1.\dot{2}\dot{4}$

(5) $0.\dot{1}7\dot{3}$ 　　　　(6) $2.\dot{4}5\dot{7}$

04 다음은 주어진 순환소수를 기약분수로 나타내는 과정이다. □ 안에 알맞은 수를 쓰시오.

(1) $0.5\dot{4} = \dfrac{54 - \boxed{}}{\boxed{}} = \boxed{}$

(2) $1.4\dot{8} = \dfrac{148 - \boxed{}}{90} = \dfrac{\boxed{}}{90} = \boxed{}$

(3) $0.3\dot{0}\dot{4} = \dfrac{304 - \boxed{}}{\boxed{}} = \boxed{}$

(4) $5.2\dot{1}\dot{4} = \dfrac{5214 - \boxed{}}{990} = \dfrac{\boxed{}}{990} = \boxed{}$

(5) $0.4\dot{6}\dot{7} = \dfrac{467 - \boxed{}}{\boxed{}} = \boxed{}$

(6) $2.41\dot{5} = \dfrac{2415 - \boxed{}}{900} = \dfrac{\boxed{}}{900} = \boxed{}$

05 다음 순환소수를 기약분수로 나타내시오.

(1) $0.9\dot{1}$

(2) $2.5\dot{4}$

(3) $0.6\dot{7}\dot{1}$

(4) $4.3\dot{1}\dot{8}$

(5) $0.93\dot{5}$

(6) $1.29\dot{4}$

기본 문제

06 다음 중 순환소수를 분수로 나타내는 과정 또는 그 결과로 옳은 것은?

① $0.1\dot{3} = \dfrac{13}{90}$

② $2.1\dot{5} = \dfrac{215 - 2}{90}$

③ $3.\dot{2}\dot{7} = \dfrac{27 - 3}{99}$

④ $0.0\dot{5}\dot{3} = \dfrac{53}{99}$

⑤ $2.0\dot{7} = \dfrac{207 - 20}{90}$

07 순환소수 $0.5\dot{9}\dot{0}$을 기약분수로 나타내면 $\dfrac{a}{22}$일 때, 자연수 a의 값은?

① 11   ② 12   ③ 13

④ 14   ⑤ 15

08 순환소수 $0.\dot{3}$의 역수를 a, $0.4\dot{2}$의 역수를 b라 할 때, $a + 19b$의 값은?

① 36   ② 40   ③ 44

④ 48   ⑤ 52

09 $A - 0.\dot{4} = \dfrac{5}{11}$일 때, A를 순환소수로 나타내시오.

유리수와 소수의 관계

01 다음 ☐ 안에 알맞은 것을 쓰시오.

(1) 정수가 아닌 유리수는 소수로 나타내면 ☐ 소수 또는 순환소수가 된다.

(2) 유한소수와 순환소수는 모두 분모, 분자가 정수인 분수 꼴로 나타낼 수 있으므로 ☐ 이다.

(3) 소수의 분류는 다음과 같다.

```
       ┌ 유한소수 ──────────
소수 ─┤        ┌ 순환소수 ──────── ☐
       └ 무한소수 ┤
                └ 순환소수가 아닌 무한소수 ─ ☐ 가
                                              아니다.
```

02 다음 중 유리수인 것은 ○표, 유리수가 아닌 것은 ×표를 ( ) 안에 쓰시오.

(1) 0.72　　　　　　　　　　　　　　(　　)

(2) 1.03$\dot{5}$　　　　　　　　　　　　　(　　)

(3) 0.5701235　　　　　　　　　　　(　　)

(4) 0.020020002⋯　　　　　　　　　(　　)

(5) −2.3241547⋯　　　　　　　　　(　　)

(6) 1.252525⋯　　　　　　　　　　　(　　)

(7) −1.234234234⋯　　　　　　　　(　　)

(8) −0.1223334444⋯　　　　　　　(　　)

03 다음 중 옳은 것은 ○표, 옳지 <u>않은</u> 것은 ×표를 ( ) 안에 쓰시오.

(1) 모든 유한소수는 유리수이다.　　　　　(　　)

(2) 모든 무한소수는 순환소수이다.　　　　(　　)

(3) 모든 무한소수는 유리수이다.　　　　　(　　)

(4) 순환소수 중에는 유리수가 아닌 것도 있다.　(　　)

(5) 모든 유리수는 분수로 나타낼 수 있다.　(　　)

(6) 정수가 아닌 유리수는 모두 유한소수로 나타낼 수 있다.
　　　　　　　　　　　　　　　　　　　(　　)

기본 문제

04 다음 중 유리수인 것의 개수는?

$$\frac{1}{7}, \quad -3, \quad 0, \quad 0.123456\cdots, \quad \pi, \quad 0.2\dot{7}, \quad 3.9$$

① 2개   ② 3개   ③ 4개
④ 5개   ⑤ 6개

05 다음 중 $\dfrac{(정수)}{(0이\ 아닌\ 정수)}$의 꼴로 나타낼 수 <u>없는</u> 것은?

① 자연수   ② 정수
③ 유한소수   ④ 순환소수
⑤ 순환소수가 아닌 무한소수

06 다음 중 옳지 <u>않은</u> 것은?

① 모든 순환소수는 유리수이다.
② 모든 순환소수는 무한소수이다.
③ 모든 기약분수는 유한소수로 나타낼 수 있다.
④ 순환소수가 아닌 무한소수는 유리수가 아니다.
⑤ 기약분수의 분모에 2 또는 5 이외의 소인수가 있으면 순환소수로 나타낼 수 있다.

07 다음 |보기| 중 옳은 것을 모두 고르시오.

┤ 보기 ├
ㄱ. 유한소수로 나타낼 수 없는 기약분수는 순환소수로 나타낼 수 있다.
ㄴ. 모든 무한소수는 유리수가 아니다.
ㄷ. 모든 순환소수는 분수로 나타낼 수 있다.
ㄹ. 유리수 중 분모를 10의 거듭제곱 꼴로 고칠 수 있는 분수는 유한소수로 나타낼 수 있다.

한번 더! 기본 문제

01 순환소수 $x=4.1\dot{3}\dot{2}$를 분수로 나타낼 때, 다음 중 가장 편리한 식은?

① $10x-x$　　　　　② $100x-x$

③ $1000x-x$　　　　④ $1000x-10x$

⑤ $1000x-100x$

02 기약분수 $\dfrac{x}{55}$를 소수로 나타내면 $0.1272727\cdots$일 때, 자연수 x의 값을 구하시오.

03 다음 중 순환소수 $x=2.0666\cdots$에 대한 설명으로 옳지 <u>않은</u> 것을 모두 고르면? (정답 2개)

① 유리수이다.

② 순환마디는 06이다.

③ $100x-10x$를 이용하여 분수로 나타낼 수 있다.

④ $2.0\dot{6}$으로 나타낼 수 있다.

⑤ 기약분수로 나타내면 $\dfrac{103}{45}$이다.

04 $0.2\dot{6}\times a$가 유한소수가 되도록 하는 자연수 a의 값 중 가장 작은 수는?

① 2　　　　　② 3　　　　　③ 6

④ 9　　　　　⑤ 12

자신감 **UP**

05 다음 상영이와 현진이의 대화를 읽고, 물음에 답하시오.

> 상영: 현진아, 기약분수를 소수로 나타내는 문제 풀었어?
> 현진: 나는 분자를 잘못 보아서 $0.\dot{7}\dot{6}$이 나왔어.
> 상영: 나는 분모를 잘못 보아서 $0.6\dot{4}$가 나왔어.

(1) 현진이가 잘못 본 기약분수를 구하시오.

(2) 상영이가 잘못 본 기약분수를 구하시오.

(3) 처음 기약분수를 순환소수로 나타내시오.

06 다음 |보기| 중 옳은 것을 모두 고르시오.

┤ 보기 ├

ㄱ. 0은 유리수가 아니다.

ㄴ. 모든 순환소수는 유리수이다.

ㄷ. 모든 유리수는 유한소수로 나타낼 수 있다.

ㄹ. 정수가 아닌 유리수는 유한소수 또는 순환소수로 나타낼 수 있다.

ㅁ. 분모의 소인수가 2 또는 5뿐인 기약분수는 순환소수로 나타낼 수 있다.

2

식의 계산

지수법칙 (1) – 지수의 합

01 m, n이 자연수일 때, 다음 □ 안에 알맞은 것을 쓰시오.

$$a^m \times a^n = a^{\boxed{}}$$

02 다음 식을 간단히 하시오.

(1) $a^3 \times a^4$

(2) $x^7 \times x^2$

(3) $3^2 \times 3^4$

(4) $5^6 \times 5^2$

(5) $a \times a^3 \times a^5$

(6) $b^2 \times b^4 \times b^5$

(7) $5^3 \times 5^4 \times 5^6$

(8) $7^4 \times 7 \times 7^7$

03 다음 식을 간단히 하시오.

(1) $x^5 \times x^3 \times y^{10}$

(2) $a^4 \times b^2 \times b$

(3) $x^3 \times y^2 \times x^7$

(4) $a \times a^2 \times b \times b^3$

(5) $x \times y^3 \times x^4 \times y^2$

(6) $a \times b^4 \times a^2 \times b^5$

(7) $a^2 \times b^3 \times a^4 \times b \times b^3$

(8) $a^2 \times b^2 \times a^3 \times b^6 \times a^4$

04 다음 □ 안에 알맞은 수를 쓰시오.

(1) $a^\square \times a^2 = a^{10}$

(2) $b^\square \times b^4 = b^7$

(3) $3^5 \times 3^\square = 3^{12}$

(4) $5^\square \times 5^6 = 5^{14}$

(5) $a^2 \times a^3 \times a^\square = a^9$

(6) $b^4 \times b^\square \times b^6 = b^{15}$

(7) $x^3 \times x^\square \times y^4 \times y^\square = x^8 y^{11}$

(8) $a^5 \times b^6 \times a^\square \times b^\square = a^{12} b^{15}$

기본 문제

05 두 자연수 x, y에 대하여 $x+y=3$이고 $a=5^x$, $b=5^y$일 때, ab의 값은?

① 5   ② 15   ③ 25

④ 75   ⑤ 125

06 $2 \times 2^5 \times 2^x = 256$일 때, 자연수 x의 값을 구하시오.

07 $3^{a+1} \times 27 = 243$일 때, 자연수 a의 값을 구하시오.

개념 08

지수법칙 (2) – 지수의 곱

01 m, n이 자연수일 때, 다음 □ 안에 알맞은 것을 쓰시오.

$$(a^m)^n = a^{\boxed{}}$$

02 다음 식을 간단히 하시오.

(1) $(a^2)^4$

(2) $(b^3)^5$

(3) $(x^6)^2$

(4) $(y^5)^6$

(5) $(z^3)^9$

(6) $(2^4)^6$

(7) $(3^7)^2$

(8) $(5^9)^4$

03 다음 식을 간단히 하시오.

(1) $(a^2)^3 \times a^2$

(2) $b \times (b^2)^4$

(3) $(a^3)^4 \times (a^2)^3$

(4) $(x^2)^5 \times (x^3)^4$

(5) $a^5 \times (a^4)^3 \times a^2$

(6) $(x^3)^5 \times x^4 \times (x^2)^3$

(7) $(a^2)^7 \times (b^3)^5 \times a^3$

(8) $x \times (y^3)^3 \times (x^5)^4 \times (y^9)^2$

04 다음 □ 안에 알맞은 수를 쓰시오.

(1) $(a^2)^\square = a^{14}$

(2) $(b^\square)^7 = b^{21}$

(3) $(3^4)^\square = 3^{32}$

(4) $(5^\square)^6 = 5^{18}$

(5) $x^2 \times (x^3)^\square = x^{17}$

(6) $(y^\square)^4 \times y^2 = y^{14}$

(7) $(a^2)^\square \times a^5 = a^{13}$

(8) $(x^5)^2 \times (x^4)^\square = x^{18}$

기본 문제

05 $(a^3)^2 \times (a^x)^2 = a^{14}$일 때, 자연수 x의 값을 구하시오.

06 $(x^2)^a \times (y^b)^3 = x^{10}y^9$일 때, 자연수 a, b에 대하여 ab의 값을 구하시오.

07 $4^{x+2} = 2^{16}$일 때, 자연수 x의 값은?

① 2 　　　② 3 　　　③ 4

④ 5 　　　⑤ 6

개념 09

지수법칙 (3) – 지수의 차

01 $a \neq 0$이고 m, n이 자연수일 때, 다음 $\square$ 안에 알맞은 것을 쓰시오.

(1) $m > n$일 때, $a^m \div a^n = a^{\boxed{}}$

(2) $m = n$일 때, $a^m \div a^n = \boxed{}$

(3) $m < n$일 때, $a^m \div a^n = \dfrac{1}{a^{\boxed{}}}$

02 다음 식을 간단히 하시오.

(1) $a^5 \div a^2$

(2) $b^7 \div b^3$

(3) $a^9 \div a^9$

(4) $a^5 \div a^8$

(5) $b^3 \div b^8$

(6) $3^{10} \div 3^4$

(7) $7^5 \div 7^5$

(8) $5^6 \div 5^{10}$

03 다음 식을 간단히 하시오.

(1) $a^7 \div a \div a^2$

(2) $b^{10} \div b^4 \div b^6$

(3) $y^8 \div y^6 \div y^5$

(4) $2^9 \div 2^3 \div 2^4$

(5) $5^7 \div 5^2 \div 5^5$

(6) $3^5 \div 3^4 \div 3^3$

(7) $x^5 \div (x^6 \div x^4)$

(8) $y^2 \div (y^5 \div y)$

04 다음 식을 간단히 하시오.

(1) $a^{15} \div (a^2)^4$

(2) $(b^3)^5 \div b^9$

(3) $(x^2)^3 \div (x^4)^3$

(4) $(a^4)^5 \div (a^2)^3 \div a^7$

(5) $(y^6)^2 \div y^8 \div (y^2)^2$

(6) $(b^2)^3 \div (b^2)^2 \div b^5$

05 다음 □ 안에 알맞은 수를 쓰시오.

(1) $a^8 \div a^\square = a^4$

(2) $x^5 \div x^\square = 1$

(3) $b^\square \div b^9 = \dfrac{1}{b^3}$

(4) $(a^4)^3 \div a^\square = a^4$

(5) $b^\square \div (b^2)^3 = 1$

(6) $(x^3)^2 \div x^\square = \dfrac{1}{x^3}$

기본 문제

06 다음 중 옳지 않은 것을 모두 고르면? (정답 2개)

① $a^{10} \div a^6 = a^4$

② $a^{12} \div a^4 = a^3$

③ $a^{12} \div a^6 \div a^3 = a^3$

④ $a^3 \div a^4 = \dfrac{1}{a}$

⑤ $a^6 \div a^3 \div a^3 = 0$

07 다음 중 계산 결과가 나머지 넷과 다른 하나는?

① $x^9 \div x^6$

② $(x^2)^5 \div x^7$

③ $x^{24} \div x^{12} \div x^9$

④ $(x^4)^3 \div x^5 \div x^3$

⑤ $x^{10} \div (x^9 \div x^2)$

08 $(2^3)^5 \div 2^{3a} \div 2^2 = 2$일 때, 자연수 a의 값을 구하시오.

09 $3^x \div 3^4 = \dfrac{1}{9}$, $16 \div 2^y = 8$일 때, 자연수 x, y에 대하여 $x+y$의 값을 구하시오.

지수법칙 (4) – 지수의 분배

01 $b \neq 0$이고 m이 자연수일 때, 다음 □ 안에 알맞은 것을 쓰시오.

(1) $(ab)^m = a^{\square}b^{\square}$

(2) $\left(\dfrac{a}{b}\right)^m = \dfrac{a^{\square}}{b^{\square}}$

02 다음 식을 간단히 하시오.

(1) $(ab)^2$

(2) $(x^4y^3)^3$

(3) $(a^3b^4)^5$

(4) $(x^2y^6)^4$

(5) $(3x^4)^2$

(6) $(2a^2)^4$

(7) $(5ab^4)^2$

(8) $(2x^2y^3)^3$

03 다음 식을 간단히 하시오.

(1) $\left(\dfrac{y^2}{x}\right)^2$

(2) $\left(\dfrac{a}{b^2}\right)^3$

(3) $\left(\dfrac{b^2}{a^3}\right)^4$

(4) $\left(\dfrac{y^5}{x^3}\right)^2$

(5) $\left(\dfrac{2}{x^2}\right)^4$

(6) $\left(\dfrac{a^3}{3}\right)^2$

(7) $\left(\dfrac{y^4}{2x^2}\right)^3$

(8) $\left(\dfrac{5b^3}{3a^5}\right)^2$

04 다음 식을 간단히 하시오.

(1) $(-xy)^2$

(2) $(-ab^2)^3$

(3) $(-3x^3)^2$

(4) $(-2a^3b^2)^3$

(5) $\left(-\dfrac{a}{b}\right)^3$

(6) $\left(-\dfrac{x^3}{y^2}\right)^5$

(7) $\left(-\dfrac{2}{a^3}\right)^4$

(8) $\left(-\dfrac{x^2}{3y^3}\right)^2$

05 다음 □ 안에 알맞은 수를 쓰시오.

(1) $(xy^{\square})^3=x^3y^6$

(2) $(a^4b^5)^{\square}=a^8b^{10}$

(3) $(a^{\square}b^4)^4=a^{12}b^{\square}$

(4) $(5x^3y^{\square})^2=25x^6y^{14}$

(5) $(-2x^{\square}y^5)^3=-8x^9y^{\square}$

(6) $\left(\dfrac{a}{b^{\square}}\right)^4=\dfrac{a^4}{b^{16}}$

(7) $\left(\dfrac{y^{\square}}{x^3}\right)^5=\dfrac{y^{45}}{x^{\square}}$

(8) $\left(-\dfrac{b^{\square}}{a^5}\right)^2=\dfrac{b^8}{a^{10}}$

기본 문제

06 다음 중 옳은 것은?

① $(-a^2b)^3=a^6b^3$ ② $(-3a^3)^2=6a^9$

③ $(3a^2b^3)^3=27a^6b^9$ ④ $(-a^5b^2)^4=a^5b^8$

⑤ $(2ab)^5=10a^5b^5$

07 다음 중 옳은 것을 모두 고르면? (정답 2개)

① $\left(\dfrac{x}{2}\right)^3=\dfrac{x^3}{6}$ ② $\left(-\dfrac{b^2}{4a}\right)^3=-\dfrac{b^6}{64a^3}$

③ $\left(-\dfrac{b^4}{a^3}\right)^2=\dfrac{b^{16}}{a^9}$ ④ $\left(\dfrac{x^2}{2}\right)^5=\dfrac{x^{10}}{32}$

⑤ $\left(-\dfrac{2x^2}{3}\right)^3=-\dfrac{8x^2}{27}$

08 $(5x^a)^b=125x^{15}$일 때, 자연수 a, b에 대하여 $a+b$의 값을 구하시오.

09 $\left(-\dfrac{2x^a}{y^3}\right)^3=\dfrac{bx^6}{y^c}$일 때, 자연수 a, b, c에 대하여 $a-b-c$의 값을 구하시오.

10 $2^2=A$, $3^2=B$일 때, 18^2을 A, B를 사용하여 나타내면?

① AB^2 ② AB^3 ③ A^2B

④ A^2B^2 ⑤ A^2B^3

11 $2^8\times5^5$이 몇 자리의 자연수인지 구하려고 한다. 다음 물음에 답하시오.

(1) $2^8\times5^5$을 $a\times10^n$의 꼴로 나타낼 때, 자연수 a, n의 값을 각각 구하시오. (단, a는 한 자리의 자연수)

(2) (1)을 이용하여 $2^8\times5^5$이 몇 자리의 자연수인지 구하시오.

한번 더! 기본 문제

01 다음 중 계산 결과가 나머지 넷과 다른 하나는?

① $x^3 \times x^5$ ② $(x^4)^2$ ③ $x^{16} \div x^2$

④ $x^{14} \div (x^2)^3$ ⑤ $(x^3)^4 \div (x^2)^2$

02 다음 중 옳지 않은 것은?

① $x^{10} \div (x^5 \div x^2) = x^7$ ② $(-a^3)^2 \times a^3 = a^9$

③ $(2x^2y^3)^4 = 16x^8y^{12}$ ④ $(-5a^2b^3)^2 = 10a^4b^6$

⑤ $\left(\dfrac{1}{5}xy^2\right)^3 = \dfrac{1}{125}x^3y^6$

03 다음 중 □ 안에 들어갈 수가 가장 큰 것은?

① $(a^2b^4)^{\square} = a^4b^8$ ② $(a^2)^3 \times a^{\square} = a^{10}$

③ $\left(\dfrac{b^{\square}}{a}\right)^3 = \dfrac{b^9}{a^3}$ ④ $a^{\square} \div a^6 = \dfrac{1}{a^5}$

⑤ $(3^{\square}a^3)^3 = 27a^9$

04 $3^3 \times 3^3 \times 3^3 = 3^a$, $3^3 + 3^3 + 3^3 = 3^b$일 때, 자연수 a, b에 대하여 $a+b$의 값은?

① 9   ② 10   ③ 11

④ 12   ⑤ 13

05 $4^{x+1} = A$일 때, 64^x을 A를 사용하여 나타내면?

① $\dfrac{A}{64}$ ② $\dfrac{A^2}{64}$ ③ $\dfrac{A^3}{64}$

④ $\dfrac{A^2}{4}$ ⑤ $\dfrac{A^3}{4}$

자신감 UP

06 $2^6 \times 3 \times 5^4$이 n자리의 자연수일 때, n의 값을 구하시오.

단항식의 곱셈

01 다음 □ 안에 알맞은 것을 쓰시오.

단항식의 곱셈은 계수는 □끼리, 문자는 □끼리 곱하여 계산한다. 이때 같은 문자끼리의 곱셈은 □□□을 이용하여 간단히 한다.
예를 들어, $3a \times 2a^2 = (3 \times □) \times (□ \times a^2) = 6a^3$과 같이 간단히 한다.

02 다음 식을 간단히 하시오.

(1) $2a \times 4b$

(2) $5x \times 2y$

(3) $-3a \times 2b$

(4) $-4x \times (-7y)$

(5) $-3x^2 \times 4y$

(6) $5a^3 \times (-3b^6)$

(7) $\dfrac{1}{2} a^3 \times (-4a^2)$

(8) $-3x^2 \times (-x^4)$

03 다음 식을 간단히 하시오.

(1) $5xy \times 4y^4$

(2) $7a^3 \times 3a^5 b$

(3) $3x^3 y^2 \times 5xy^4$

(4) $4a^2 b \times (-2a^3 b^2)$

(5) $-6xy \times 3x^3 y^5$

(6) $-4a^6 \times (-7ab^3)$

(7) $-6x^3 y^4 \times (-3xy^2)$

(8) $-2ab^2 \times (-5a^2 b)$

(9) $5ab \times (-3a) \times 2b^2$

(10) $3x^5 \times 2x^3y^4 \times (-xy^3)$

04 다음 식을 간단히 하시오.

(1) $5x^2 \times (-3x^3)^2$

(2) $(2a^3)^2 \times 4ab^2$

(3) $(-3xy)^2 \times x^3y$

(4) $\left(-\dfrac{1}{2}x^2y\right)^3 \times (-16y)$

(5) $(ab^2)^3 \times \left(\dfrac{a^4}{b}\right)^2$

(6) $\left(\dfrac{2x^3}{y}\right)^4 \times (x^2y)^3$

05 $(2x^2y)^3 \times (-xy^2)^2 \times (x^3y^2)^2$을 간단히 하면?

① $-8x^{13}y^{11}$ ② $-6x^{14}y^{12}$ ③ $6x^{14}y^{11}$

④ $8x^{14}y^{11}$ ⑤ $8x^{14}y^{12}$

06 $(-5x^3)^2 \times \dfrac{1}{3}x^2y \times \left(-\dfrac{9}{5}xy^3\right) = ax^by^c$일 때, 상수 a, b, c에 대하여 $a+b+c$의 값을 구하시오.

07 $Ax^3y^3 \times (-x^2y)^B = -3x^{13}y^8$일 때, 자연수 A, B에 대하여 AB의 값을 구하시오.

개념 12

단항식의 나눗셈

01 다음 □ 안에 알맞은 것을 쓰시오.

단항식의 나눗셈은 분수 꼴로 바꾸어 계산하거나 역수를 이용하여 나눗셈을 □으로 바꾸어 계수는 □끼리, 문자는 문자끼리 곱하여 계산한다.

예를 들어, $2x^2 \div 3x^3 = \dfrac{2x^2}{\boxed{}} = \dfrac{2}{3x}$와 같이 계산하거나

$2x^2 \div \dfrac{2}{3}x^3 = 2x^2 \times \boxed{} = \dfrac{3}{x}$과 같이 계산한다.

02 다음 식을 간단히 하시오.

(1) $6a^2 \div 2a$

(2) $-10x^4 \div 5x^2$

(3) $15a^3 \div 3a$

(4) $8x^2 \div \dfrac{2}{3}x$

(5) $-4x^3 \div \dfrac{2}{5}x^2$

(6) $6a^3 \div \left(-\dfrac{2}{7}a\right)$

03 다음 식을 간단히 하시오.

(1) $9x^5y^4 \div 3x^3$

(2) $5a^3b^4 \div (-b^2)$

(3) $-x^2y^4 \div \dfrac{1}{4}xy^2$

(4) $27a^5b^3 \div (-3a^2b)$

(5) $-8x^3y^2 \div (-4xy)$

(6) $5a^6b^3 \div \left(-\dfrac{5}{3}a^2b\right)$

(7) $-12x^2y^7 \div \left(-\dfrac{6}{5}xy^4\right)$

(8) $8a^6b^6 \div a^4b^3 \div 4ab^2$

(9) $12x^3y^7 \div (-2xy) \div 3y$

(10) $9x^4y^8 \div \left(-\dfrac{1}{2}x\right) \div \left(-\dfrac{3}{4}xy\right)$

04 다음 식을 간단히 하시오.

(1) $8a^6b^9 \div (ab^2)^2$

(2) $(-x^2y^3)^2 \div xy^4$

(3) $\left(-\dfrac{1}{5}ab^2\right)^2 \div \dfrac{1}{10}ab^3$

(4) $\left(-\dfrac{4}{3}x^2y^2\right)^3 \div 2x^3y^2$

(5) $(3a^2b^3)^2 \div \left(-\dfrac{1}{2}b\right)^2$

(6) $(-2xy^5)^2 \div (xy)^3$

기본 문제

05 $(-3x^2y)^2 \div \dfrac{x^2}{2y} \div \left(\dfrac{3y^2}{x}\right)^3$ 을 간단히 하면?

① $\dfrac{2x^4}{9y^3}$ ② $\dfrac{2x^5}{3y^3}$ ③ $\dfrac{2x^5}{y^2}$

④ $\dfrac{3x^5}{2y^6}$ ⑤ $\dfrac{9x^3}{2y^7}$

06 $2x^5 \div (-xy)^3 \div \dfrac{1}{4}xy^2 = \dfrac{ax^b}{y^c}$ 일 때, 상수 a, b, c에 대하여 $a+b+c$의 값은?

① -2 ② -1 ③ 0
④ 1 ⑤ 2

07 $(2x^Ay)^3 \div (x^2y^B)^2 = \dfrac{8x^2}{y}$ 일 때, 자연수 A, B에 대하여 $A+B$의 값을 구하시오.

단항식의 곱셈과 나눗셈의 혼합 계산

01 단항식의 곱셈과 나눗셈의 혼합 계산은 다음과 같은 순서로 계산한다. □ 안에 알맞은 것을 쓰시오.

> ❶ 괄호가 있으면 □□□□□을 이용하여 괄호를 푼다.
> ❷ 역수를 이용하여 나눗셈을 □□으로 바꾼다.
> ❸ 계수는 계수끼리, 문자는 문자끼리 계산한다.

02 다음 식을 간단히 하시오.

(1) $2x^2 \times 4x^3 \div 8x$

(2) $3a^5 \times 4a^3 \div 6a^2$

(3) $x^2 \times (-10x^3) \div 2x^4$

(4) $3a^4b \div 6a^3 \times 4a^2b$

(5) $8x^2y^5 \div 2xy^2 \times \dfrac{5}{2}y$

(6) $6x^2y^3 \div 12x^4y \times 2x^3y^2$

03 다음 식을 간단히 하시오.

(1) $(2x)^2 \times (-x^3) \div 4x^4$

(2) $(3x^2y)^2 \times y^3 \div x^4y^3$

(3) $(2a^2b^3)^2 \times 3a^3b \div (-6a^5)$

(4) $(4x^2y)^2 \div 8x^3y^4 \times 6x^5y^3$

(5) $18a^5b^4 \div (3a^2b)^2 \times 2ab$

(6) $(-2x^3y^2)^3 \div \dfrac{2}{5}x^5y^3 \times 3x^2y$

(7) $(ab^3)^2 \times 3a^3b \div (-a)^4$

(8) $-\dfrac{1}{5}x^2y^2 \div \left(-\dfrac{3}{5}x^3y\right) \times (-3x^2y^3)^2$

04 다음 □ 안에 알맞은 식을 구하시오.

(1) $3a^2 \times \boxed{} = 6a^3b^4$

(2) $8x^3y^2 \div \boxed{} = 2x$

(3) $6ab^3 \times \boxed{} = -36a^3b^4$

(4) $-25x^5y^6 \div \boxed{} = -5x^3y^2$

(5) $(-3ab^2)^2 \times \boxed{} = 27a^7b^5$

(6) $(-2x^2y^3)^3 \div \boxed{} = 4x^4y^7$

(7) $12x^6y^3 \times \boxed{} \div (-2xy^2)^2 = -3x^5y$

(8) $(3xy^2)^2 \div (-2x^2y)^3 \times \boxed{} = 9x^2y$

기본 문제

05 다음 중 옳지 <u>않은</u> 것은?

① $-3x^2 \times 2x^3 = -6x^5$

② $(-2x^2y)^3 \times (2xy)^2 = 32x^8y^5$

③ $16x^2y \div 2xy \times 3x = 24x^2$

④ $(-x^2y^3)^2 \div \left(\dfrac{1}{2}xy^2\right)^2 = 4x^2y^2$

⑤ $(-3a^2b)^2 \times (-a^3b) \div 3ab^3 = -3a^6$

06 $(4x^3y^A)^2 \div \left(\dfrac{2x}{y}\right)^B \times x^2y = 2x^5y^6$일 때, 자연수 A, B에 대하여 $A+B$의 값을 구하시오.

07 다음을 만족시키는 식 A를 구하시오.

$$\boxed{A} \xrightarrow{\div (-6x^2y^2)} \boxed{} \xrightarrow{\times (2xy^2)^3} \boxed{-12x^5y^6}$$

개념 11 ~ 개념 13

한번 더! 기본 문제

01 $\left(\dfrac{3}{4}x^4y\right)^2 \times xy^2 \times \left(-\dfrac{2y}{x^2}\right)^3$ 을 간단히 하면?

① $-\dfrac{9}{2}x^3y^7$ ② $-\dfrac{3}{2}x^3y^7$ ③ $\dfrac{3}{2}x^2y^5$

④ $\dfrac{9}{2}x^2y^5$ ⑤ $\dfrac{9}{2}x^3y^7$

02 $(4x^3y^2)^3 \div 8x^2y \div (-2xy)^2 = ax^by^c$ 일 때, 상수 a, b, c 에 대하여 $a+b+c$의 값을 구하시오.

03 다음 중 옳지 <u>않은</u> 것을 모두 고르면? (정답 2개)

① $5ab \times (-3ab^2) = -15a^2b^3$

② $(-3x)^3 \div \left(-\dfrac{9}{2}x^3\right) = -6$

③ $8a^3b^2 \div (-2ab) \times 4a^2b^3 = -16a^4b^4$

④ $(6x^2y)^2 \times (-2x) \div 3xy = 48x^5y$

⑤ $-3x^2y^2 \times 16x^7y^3 \div (-2x^3y^2)^3 = -6x^6y^3$

04 다음 □ 안에 알맞은 식은?

$$(-3x)^2 \div \left(-\dfrac{3}{2}xy\right)^3 \times \boxed{} = \dfrac{x}{3y}$$

① $-\dfrac{8}{3}x^2y^2$ ② $-\dfrac{3}{8}x^2y^2$ ③ $-\dfrac{1}{8}x^2y^2$

④ $\dfrac{1}{8}x^2y^2$ ⑤ $\dfrac{3}{8}x^2y^2$

05 오른쪽 그림과 같이 밑면의 가로의 길이가 $2a^2$, 세로의 길이가 $3b$인 직육면체의 부피가 $72a^4b^2$일 때, 이 직육면체의 높이는?

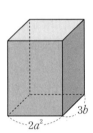

① $12ab$ ② $12a^2b$

③ $12a^2b^2$ ④ $24ab$

⑤ $24a^2b$

자신감 UP
06 어떤 단항식을 $4x^2y^3$으로 나누어야 할 것을 잘못하여 곱하였더니 $12xy^4$이 되었을 때, 바르게 계산한 식을 구하시오.

개념 14

다항식의 덧셈과 뺄셈

01 다음 □ 안에 알맞은 것을 쓰시오.

> 문자가 2개 이상인 다항식의 덧셈과 뺄셈은 먼저 괄호를
> 풀고 [   ]끼리 모아서 계산한다.

02 다음 식을 계산하시오.

(1) $(5x+4y)+(3x-2y)$

(2) $(2x-3y)+(-8x+y)$

(3) $(4a-2b)+(2a+5b)$

(4) $(3a-5b)+2(3a+b)$

(5) $(x+3y-10)+(3x-5y+3)$

(6) $3(-6x+2y-2)+(4x-5y+3)$

03 다음 식을 계산하시오.

(1) $(5x+7y)-(3x+4y)$

(2) $(4a-5b)-(2a+3b)$

(3) $(5x+4y)-(x-2y)$

(4) $(-8a+5b)-2(-3a+b)$

(5) $(7x-4y+15)-(2x+y-1)$

(6) $(4x-7y-6)-3(2x-5y-1)$

04 다음 식을 계산하시오.

(1) $\dfrac{x-3y}{4}+\dfrac{x+y}{2}$

(2) $\dfrac{3a+b}{5}+\dfrac{2a-b}{3}$

(3) $\dfrac{x+3y}{2}+\dfrac{2x-y}{5}$

(4) $\dfrac{2a-b}{4}-\dfrac{a-2b}{3}$

(5) $\dfrac{3x+y}{3}-\dfrac{x+2y}{2}$

(6) $\dfrac{-a+7b}{3}-\dfrac{a+3b}{6}$

05 다음 식을 계산하시오.

(1) $5x+\{2y-(2x-3y)\}$

(2) $2x-\{5x+(3x-y)+8y\}$

(3) $-3x-\{4x+y-(2x-7y)\}$

(4) $x-[3y-\{x-(2x+y)\}]$

기본 문제

06 $\left(\dfrac{3}{4}x+\dfrac{2}{3}y\right)-\left(\dfrac{1}{2}x-\dfrac{1}{6}y\right)=Ax+By$일 때, 상수 A, B에 대하여 $2A+3B$의 값을 구하시오.

07 $(6x-2y+3)-2(-2x+5y-1)$을 계산하였을 때, x의 계수와 상수항의 합은?

① 5   ② 10   ③ 15
④ 20   ⑤ 25

08 $6a-[-a+3b-\{2b-(3a+b)\}]$를 계산하시오.

개념 15
이차식의 덧셈과 뺄셈

01 다음 □ 안에 알맞은 것을 쓰시오.

(1) 다항식의 각 항의 차수 중에서 가장 큰 차수가 2인 다항식을 □□□□이라 한다.

(2) 이차식의 덧셈과 뺄셈은 괄호를 풀고 □□□□끼리 모아서 계산한다.

02 다음 중 이차식인 것은 ○표, 이차식이 <u>아닌</u> 것은 ×표를 ( ) 안에 쓰시오.

(1) x^2+1 ( )

(2) $4a+2b-1$ ( )

(3) $-x^2+3x-1$ ( )

(4) $\dfrac{1}{x}+4x+5$ ( )

(5) $3-2a-a^2$ ( )

(6) $\dfrac{1}{x^2}-5x-1$ ( )

03 다음 식을 계산하시오.

(1) $(x^2+1)+(2x^2-x)$

(2) $(-a^2+3a)+(2a^2-a)$

(3) $(y^2+3y+5)+(y^2-2y-3)$

(4) $(-3a^2+a+2)+(a^2+4a-6)$

(5) $(4x^2-2x+1)+2(-3x^2-5x+4)$

(6) $3(2a^2-a+2)+2(-a^2+2a-4)$

04 다음 식을 계산하시오.

(1) $(x^2-4x)-(-2x^2+5)$

(2) $(a^2-5a)-(3a^2-2a)$

(3) $(-2x^2+5x-4)-(4x^2-6x+3)$

(4) $(3a^2+2a-1)-(a^2+3a+4)$

(5) $3(x^2+2x-1)-(2x^2-x+4)$

(6) $4(5a^2-a+2)-3(2a^2+3a+1)$

05 다음 식을 계산하시오.

(1) $4x^2-\{x^2+2x-(x-2)\}$

(2) $6a-\{3a^2-(a^2+4a)\}$

(3) $3x^2+2x-\{5x-(6x^2-4x)\}$

(4) $2x^2+[5-\{-4x^2-(x^2-4)+6x\}]$

기본 문제

06 $2(2x^2-4x+1)-3(x^2-x+1)$을 계산하면?

① $-x^2-5x+1$ ② $-x^2-3x+1$

③ x^2-5x-1 ④ x^2-5x+1

⑤ x^2-3x-1

07 $\dfrac{x^2-x+3}{2}+\dfrac{x^2-2x-1}{3}$을 계산하면?

① $\dfrac{5}{12}x^2-\dfrac{1}{3}x+\dfrac{7}{12}$ ② $\dfrac{7}{12}x^2-\dfrac{11}{12}x-\dfrac{5}{12}$

③ $\dfrac{5}{6}x^2-\dfrac{1}{2}x-\dfrac{5}{6}$ ④ $\dfrac{5}{6}x^2-\dfrac{7}{6}x+\dfrac{7}{6}$

⑤ $\dfrac{5}{6}x^2-\dfrac{7}{6}x-\dfrac{7}{6}$

08 어떤 식에서 $5x^2-2x+1$을 뺐더니 $-3x^2+3x-2$가 되었다. 이때 어떤 식은?

① $-8x^2+5x-3$ ② $2x^2-x+1$

③ $2x^2+x-1$ ④ $3x^2-x+1$

⑤ $8x^2-5x+3$

개념 14 ~ 개념 15

한번 더! 기본 문제

01 $2(4x-2y+7)+3(-x+3y-5)$를 계산하였을 때, y의 계수와 상수항의 합을 구하시오.

02 $3(2x^2-x-1)-4(x^2+2x-1)=ax^2+bx+c$일 때, 상수 a, b, c에 대하여 $a-b+c$의 값을 구하시오.

03 $\dfrac{2x+y}{3}-\dfrac{3x+2y}{4}$를 계산하였을 때, x의 계수를 a, y의 계수를 b라 하자. $a-b$의 값을 구하시오.

04 $2a-\{-4a+b-(\boxed{})\}=12a-8b$일 때, □ 안에 알맞은 식은?

① $5a-6b$ ② $6a-7b$ ③ $7a-8b$
④ $-6a+5b$ ⑤ $-7a+4b$

05 $2x^2-6x+1$에 다항식 A를 더하면 $-x^2+x-1$이 되고, $6x^2-5x+3$에서 다항식 B를 빼면 $3x^2+1$이 될 때, $A+B$를 계산하시오.

자신감 UP
06 어떤 다항식에서 $-3x^2+5x-6$을 빼야 할 것을 잘못하여 더했더니 $4x^2-x+5$가 되었다. 이때 바르게 계산한 식을 구하시오.

개념 16

단항식과 다항식의 곱셈

01 다음 □ 안에 알맞은 것을 쓰시오.

> 단항식과 다항식의 곱셈에서 분배법칙을 이용하여 괄호를 풀어 하나의 다항식으로 나타내는 것을 □한다고 한다.

02 다음 식을 전개하시오.

(1) $4x(3x+2)$

(2) $2a(5b-3)$

(3) $-3y(-2x+1)$

(4) $(3a+4)\times a$

(5) $(2a+3)\times(-2b)$

(6) $(-x+y)\times(-3x)$

(7) $6a\left(a-\dfrac{1}{3}b\right)$

(8) $(16x-12y)\times\left(-\dfrac{1}{4}x\right)$

03 다음 식을 전개하시오.

(1) $2x(4x-3y+2)$

(2) $-5a(-3a+2b-3)$

(3) $(2x-3y+4)\times 3x$

(4) $(-a+3b-4)\times(-3a)$

(5) $\dfrac{1}{4}x(-12x+4y-8)$

(6) $-\dfrac{1}{5}a(10a-5b-5)$

(7) $(2x-6y+10)\times\dfrac{1}{2}y$

(8) $(9a-6b+12)\times\left(-\dfrac{1}{3}b\right)$

기본 문제

04 $(9ab-12b^2)\times\left(-\dfrac{1}{3}a\right)$를 전개하면?

① $-3ab+4ab^2$ ② $-3a^2b+4ab^2$

③ $-3a^2b+4b^2$ ④ $3a^2b+4ab^2$

⑤ $3a^2b-4b$

05 $-3x(x^2-4x+2)=ax^3+bx^2+cx$일 때, 상수 a, b, c에 대하여 $a+b+c$의 값을 구하시오.

06 다음 중 옳은 것을 모두 고르면? (정답 2개)

① $5x(x-3)=5x^2-15$

② $(a-b+3)\times ab=a^2b-ab^2+3$

③ $x^2(x^2+x-1)=x^4+x^3-x^2$

④ $-a(3a-4b-1)=-3a^2-4b-1$

⑤ $(3x-y+4)\times(-2y)=-6xy+2y^2-8y$

07 $3x(x-y+1)$을 전개한 식의 x^2의 계수를 a, $-2x(3x-5y-1)$을 전개한 식의 xy의 계수를 b라 할 때, $a+b$의 값을 구하시오.

08 다음 물음에 답하시오.

(1) 밑변의 길이가 $a-4b+1$, 높이가 $4a$인 삼각형의 넓이를 구하시오.

(2) 가로의 길이가 $7x+2y$, 세로의 길이가 $3y^2$인 직사각형의 넓이를 구하시오.

개념 17

다항식과 단항식의 나눗셈

01 다음 □ 안에 알맞은 것을 쓰시오.

> 다항식을 단항식으로 나눌 때는 □ 꼴로 바꾸어 계산하거나 역수를 이용하여 나눗셈을 곱셈으로 바꾸어 계산한다.

02 다음 식을 계산하시오.

(1) $(6ab + 2a) \div 2a$

(2) $(12xy - 9x) \div 3x$

(3) $(-4x^2 + 16x) \div 4x$

(4) $(6a^2 + 8a) \div (-2a)$

(5) $(18x^2y^2 - 24xy) \div 6x$

(6) $(15x^3y^2 - 12xy^2) \div 3xy$

(7) $(12a^2b - 8ab^2) \div (-4ab)$

(8) $(14x^4y - 21x^3y^2) \div 7x^2y$

(9) $(6x^2 + 9xy - 15x) \div 3x$

(10) $(-9x^2y^3 + 12xy^4 - 3xy^2) \div (-3xy^2)$

03 다음 식을 계산하시오.

(1) $(8a^2 - 16a) \div \left(-\dfrac{a}{4}\right)$

(2) $(4a^3b^2 + 3a^2b) \div \dfrac{1}{2}a$

(3) $(6x^2y - 2xy^2) \div \left(-\dfrac{2}{3}y\right)$

(4) $(-7a^2b^2 + 2a^4b^3) \div \dfrac{1}{2}ab^2$

(5) $(9ab^2 + 12a^2 - 15a^2b) \div \dfrac{3}{4}a$

(6) $(6a^3b^2 - 3a^2b - 12ab^4) \div \left(-\dfrac{3}{2}ab\right)$

기본 문제

04 다음 중 옳지 <u>않은</u> 것은?

① $(5a^2-10ab) \div 5a = a-2b$

② $(6xy^2+12x^2y) \div (-3x) = -2y^2-4xy$

③ $(-16ab^3+8a^2b^3) \div 4ab = -4b^2+2ab^2$

④ $(20x^3y-10x^2y) \div \dfrac{5}{2}y = 8x^3-25x^2$

⑤ $(-12a^2b^2+24ab^3) \div \left(-\dfrac{4}{3}ab^2\right) = 9a-18b$

05 $(18x^2y^3-12x^2y) \div \dfrac{3}{2}xy$를 계산하시오.

06 $(28xy^3-14xy^2+7xy) \div 7xy$를 계산하면?

① $8y^2-4y+1$ ② $4y^2+2y+1$

③ $4y^2-2y-1$ ④ $4y^2-2y+1$

⑤ $4x^2-2xy+7$

07 $(-5x^3y^5+10x^2y^3) \div \left(-\dfrac{5}{3}xy^2\right) = ax^2y^3+bxy$일 때, 상수 a, b에 대하여 $a+b$의 값을 구하시오.

08 $(\boxed{}) \times 6b = -12ab+6b$일 때, $\square$ 안에 알맞은 식은?

① $-2a+1$ ② $-2a-1$ ③ $a+2$

④ $2a+4$ ⑤ $4a+4$

09 밑넓이가 $6a^2$인 사각뿔의 부피가 $4a^4-12a^3b$일 때, 이 사각뿔의 높이는?

① a^2-3ab ② a^2+6ab ③ $2a^2-6ab$

④ $2a^2-3ab$ ⑤ $2a^2+6ab$

다항식과 단항식의 혼합 계산

01 다항식과 단항식에서 사칙연산이 혼합된 식은 다음과 같은 순서로 계산한다. □ 안에 알맞은 것을 쓰시오.

❶ 거듭제곱이 있으면 □□□□□을 이용하여 먼저 정리한다.
❷ 분배법칙을 이용하여 곱셈, 나눗셈을 한다.
❸ □□□□끼리 덧셈, 뺄셈을 한다.

02 다음 식을 계산하시오.

(1) $4x(-x+2)+3x(x-3)$

(2) $ab(4a+b)-(3ab-b^2)\times a$

(3) $(2xy^2-6y^3)\div(-2y)+(-3x+y)\times y$

(4) $2x(5x+2y)+(8x^3-6x^2y)\div 2x$

(5) $-2a^2(b-5)-4a(-3ab+4a)$

(6) $-3x(x-2y)+(x+5y)\times(-2x)$

(7) $(6x^2+4x)\div(-2x)+(3x-5)\times 3x$

(8) $-6b(a+4)-(15a^2b-9a)\div(-3a)$

(9) $(-3a^2b^2+ab^2)\div\left(-\dfrac{1}{2}b\right)+5a(ab+2b)$

(10) $-3x(x-4)-(8x^2y+12xy-4y)\div\dfrac{4}{3}y$

03 다음 식을 계산하시오.

(1) $(20x^2-8xy)\div(2x)^2\times 3y$

(2) $(-6x^2y+4xy^2)\times 4x^2y^3\div(-2xy)^3$

(3) $(4a^4b^3-2a^5)\div(2a)^2+\left(3ab^2-\dfrac{9a}{b}\right)\times\left(-\dfrac{1}{3}ab\right)$

(4) $(4+xy^2)\times 3xy+(3x^4y-6x^3y^2)\div(-x)^3$

기본 문제

04 $-5x(3x+2y)-(x^3y+3x^2y^2-5xy^2)\div xy$를 계산하시오.

05 $(6xy-12x^2y)\div3y-(6x^2-4x)\div\dfrac{2}{3}x$를 계산하였을 때, x의 계수는?

① -11　　　② -7　　　③ 2
④ 7　　　⑤ 9

06 $2xy(4x-2y)-\dfrac{3x^3y^2-2x^2y^3}{xy}=ax^2y+bxy^2$이 성립할 때, 상수 a, b에 대하여 $a+b$의 값은?

① -1　　　② 0　　　③ 1
④ 2　　　⑤ 3

07 $x=\dfrac{1}{2}$, $y=-6$일 때, $xy(x-y)-y(x^2+xy)$의 값을 구하시오.

08 $x=2$, $y=-3$일 때, 다음 식의 값을 구하시오.

$$\frac{xy^2+2x^3y}{xy}+\frac{x^2y-3y^2}{y}$$

09 오른쪽 그림과 같은 사다리꼴의 넓이는?

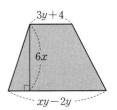

① $3x^2y+3xy-12x$
② $3x^2y+3xy+12x$
③ $3x^2y+6xy+18x$
④ $6x^2y+3xy+12x$
⑤ $6x^2y+6xy+18x$

개념 16 ~ 개념 18

한번 더! 기본 문제

01 다음 |보기| 중 옳은 것을 모두 고르시오.

┤ 보기 ├

ㄱ. $-2x(y-1)=-2xy+2$

ㄴ. $(-4ab+6b^2)\div 3b=-\dfrac{4}{3}a+2b$

ㄷ. $(3a^2-9a+3)\times \dfrac{2}{3}b=4a^2b-6ab+2b$

ㄹ. $\dfrac{10x^2y-5xy^2}{5x}=2xy-y$

ㅁ. $(4x^3y^2-2xy^2)\div\left(-\dfrac{1}{2}y^2\right)=-8x^3+4x$

02 어떤 식 A를 $-\dfrac{5}{3}x^2y$로 나누어야 할 것을 잘못하여 곱했더니 $-10x^4y^2+20x^3y^2-5x^2y$가 되었다. 이때 어떤 식 A는?

① $6x^2y-15xy+3$　　② $6x^2y-12xy+3$

③ $6x^2y-12xy+3x$　　④ $8x^2y-24xy+6$

⑤ $8x^2y-24xy+6x$

03 $3y(6x-4)+(4xy^3-16y^3+8y^2)\div(-2y)^2$을 계산하였을 때, xy의 계수와 상수항의 곱을 구하시오.

04 $x=9$, $y=-\dfrac{2}{3}$일 때, 다음 식의 값을 구하시오.

$$(4x^2y^3-5xy^2)\div\dfrac{1}{2}xy+\dfrac{2x^2y+xy^2}{xy}$$

자신감 UP

05 오른쪽 그림과 같은 직사각형 모양의 땅에 집과 텃밭이 있을 때, 텃밭의 넓이를 구하시오.

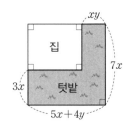

3

일차부등식

부등식과 그 해

01 다음 □ 안에 알맞은 것을 쓰시오.

(1) 부등호를 사용하여 수 또는 식의 대소 관계를 나타낸 식을 □□□ 이라 한다.

(2) 부등식을 참이 되게 하는 미지수의 값을 그 부등식의 □ 라 한다.

02 다음 중 부등식인 것은 ○표, 부등식이 <u>아닌</u> 것은 ×표를 ( ) 안에 쓰시오.

(1) $3x + 1 = 5$ ( )

(2) $7 \geq -3$ ( )

(3) $2x + 3 = -x$ ( )

(4) $x > 2$ ( )

(5) $5 - x \leq 4$ ( )

(6) $5x + 3 = 7x$ ( )

03 다음 문장을 부등식으로 나타내시오.

(1) x에 5를 더하면 4보다 크거나 같다.

(2) x의 2배에서 3을 뺀 값은 8보다 작다.

(3) 400원짜리 사탕 x개와 900원짜리 초콜릿 1개의 값은 5000원 이상이다.

(4) 무게가 500 g인 가방에 한 개의 무게가 300 g인 사과 x개를 담으면 전체 무게는 2500 g 초과이다.

04 다음 중 [ ] 안의 수가 주어진 부등식의 해인 것은 ○표, 해가 <u>아닌</u> 것은 ×표를 ( ) 안에 쓰시오.

(1) $3x < -4$ [-1]   ( )

(2) $2x + 7 \geq 1$ [-3]   ( )

(3) $3x + 1 < 2x + 5$ [-2]   ( )

(4) $-2x + 4 \geq -x + 2$ [3]   ( )

05 x의 값이 -2, -1, 0, 1, 2일 때, 주어진 부등식에 대하여 다음 표를 완성하고, 부등식을 푸시오.

(1) $2x+1\geq3$

x의 값	좌변의 값	대소 비교	우변의 값	참, 거짓
-2	$2\times(-2)+1=-3$	$<$	3	거짓
-1				
0				
1				
2				

⇨ 부등식의 해는 _____ 이다.

(2) $3x-4<2$

x의 값	좌변의 값	대소 비교	우변의 값	참, 거짓
-2				
-1				
0				
1				
2				

⇨ 부등식의 해는 _____ 이다.

(3) $4x+3\leq-1$

x의 값	좌변의 값	대소 비교	우변의 값	참, 거짓
-2				
-1				
0				
1				
2				

⇨ 부등식의 해는 _____ 이다.

기본 문제

06 다음 중 부등식인 것을 모두 고르면? (정답 2개)

① $4+1=6$ 　　　② $x+5$

③ $3x+2<4$ 　　　④ $2(3x-1)=x$

⑤ $5x\geq4-3x$

07 다음 중 주어진 문장을 부등식으로 나타낸 것으로 옳지 않은 것은?

① x의 3배는 18보다 크지 않다. ⇨ $3x\leq18$

② x에 3을 더한 후 4를 곱하면 30 이상이다.
　　⇨ $4(x+3)\geq30$

③ x의 2배에 7을 더한 것은 x의 4배에서 6을 뺀 것보다 크다. ⇨ $2x+7>4x-6$

④ 가로의 길이가 x cm, 세로의 길이가 15 cm인 직사각형의 둘레의 길이는 50 cm 이하이다. ⇨ $2(x+15)\leq50$

⑤ 800원짜리 쿠키 1개와 2000원짜리 아이스크림 x개의 값은 5000원보다 크거나 같다. ⇨ $800+2000x\leq5000$

08 x의 값이 -3, -2, -1, 0일 때, 부등식 $2x+4<1-x$의 해의 개수를 구하시오.

부등식의 성질

01 다음 ○ 안에 부등호 $>$, $<$ 중 알맞은 것을 쓰시오.

(1) $a<b$이면 $a+c \bigcirc b+c$, $a-c \bigcirc b-c$이다.

(2) $a<b$, $c>0$이면 $ac \bigcirc bc$, $\dfrac{a}{c} \bigcirc \dfrac{b}{c}$이다.

(3) $a<b$, $c<0$이면 $ac \bigcirc bc$, $\dfrac{a}{c} \bigcirc \dfrac{b}{c}$이다.

02 $a<b$일 때, 다음 ○ 안에 알맞은 부등호를 쓰시오.

(1) $a+4 \bigcirc b+4$

(2) $a-9 \bigcirc b-9$

(3) $2a \bigcirc 2b$

(4) $-8a \bigcirc -8b$

(5) $\dfrac{a}{7} \bigcirc \dfrac{b}{7}$

(6) $-\dfrac{a}{3} \bigcirc -\dfrac{b}{3}$

03 $a \geq b$일 때, 다음 ○ 안에 알맞은 부등호를 쓰시오.

(1) $a+2 \bigcirc b+2$

(2) $-3+a \bigcirc -3+b$

(3) $-5a \bigcirc -5b$

(4) $\dfrac{a}{4} \bigcirc \dfrac{b}{4}$

04 $a<b$일 때, 다음 ○ 안에 알맞은 부등호를 쓰시오.

(1) $2a+1 \bigcirc 2b+1$

(2) $-4a+3 \bigcirc -4b+3$

(3) $8-\dfrac{3}{5}a \bigcirc 8-\dfrac{3}{5}b$

(4) $\dfrac{5}{2}a-1 \bigcirc \dfrac{5}{2}b-1$

05 다음 ◯ 안에 알맞은 부등호를 쓰시오.

(1) $a+9<b+9$이면 a ◯ b이다.

(2) $a-5 \geq b-5$이면 a ◯ b이다.

(3) $7a \leq 7b$이면 a ◯ b이다.

(4) $-\dfrac{a}{6}<-\dfrac{b}{6}$이면 a ◯ b이다.

06 다음을 부등식의 성질을 이용하여 구하시오.

(1) $x>2$일 때, $x+3$의 값의 범위

(2) $x \leq 3$일 때, $2x$의 값의 범위

(3) $x \geq -3$일 때, $3x+5$의 값의 범위

(4) $x<1$일 때, $-x+3$의 값의 범위

(5) $x \leq -2$일 때, $\dfrac{x}{2}-1$의 값의 범위

기본 문제

07 $a<b$일 때, 다음 중 옳은 것을 모두 고르면? (정답 2개)

① $a+3>b+3$ ② $-7a<-7b$

③ $\dfrac{a}{4}<\dfrac{b}{4}$ ④ $2-a>2-b$

⑤ $-5a-1<-5b-1$

08 $a>b$일 때, 다음 ◯ 안에 들어갈 부등호의 방향이 나머지 넷과 다른 하나는?

① $a-\dfrac{1}{2}$ ◯ $b-\dfrac{1}{2}$

② $a-(-3)$ ◯ $b-(-3)$

③ $-1+a$ ◯ $-1+b$

④ $3a+2$ ◯ $3b+2$

⑤ $-\dfrac{2}{3}a+5$ ◯ $-\dfrac{2}{3}b+5$

09 $-2 \leq x<3$일 때, $3x-4$의 값의 범위를 부등식의 성질을 이용하여 구하려고 한다. 다음 물음에 답하시오.

(1) $3x$의 값의 범위를 구하시오.

(2) (1)을 이용하여 $3x-4$의 값의 범위를 구하시오.

한번 더! 기본 문제

01 다음 | 보기 | 중 부등식인 것을 모두 고르시오.

┤ 보기 ├

ㄱ. $3x-6 \leq 0$ ㄴ. $2-x=7$

ㄷ. $4x \geq 0$ ㄹ. $3x+5<3(x+2)$

ㅁ. $3x-(2x+1)$

02 다음 | 보기 | 중 주어진 문장을 부등식으로 나타낸 것으로 옳은 것을 모두 고르시오.

┤ 보기 ├

ㄱ. x에 3을 더한 수는 x의 5배보다 크거나 같다.
　　⇨ $x+3>5x$

ㄴ. 7명이 각각 x원씩 내면 총액은 30000원 미만이다.
　　⇨ $7x<30000$

ㄷ. 한 변의 길이가 $x\,\mathrm{cm}$인 정사각형의 둘레의 길이는 16 cm보다 길다. ⇨ $4x \geq 16$

ㄹ. 걸어서 2 km를 가다가 도중에 시속 5 km로 x시간 동안 달린 전체 거리는 20 km 이상이다. ⇨ $2+5x \geq 20$

03 다음 중 [ ]안의 수가 주어진 부등식의 해가 <u>아닌</u> 것은?

① $x+3<1$　$[-3]$　　② $2x-3 \geq 3$　$[4]$

③ $5-2x \geq -1$　$[2]$　　④ $3-x \leq 1$　$[1]$

⑤ $3-x>x-2$　$[0]$

04 $a<b$일 때, 다음 중 옳은 것은?

① $2a-5>2b-5$　　② $8a+6>8b+6$

③ $1-\dfrac{a}{4}>1-\dfrac{b}{4}$　　④ $\dfrac{a}{3}-2>\dfrac{b}{3}-2$

⑤ $7-a<7-b$

05 다음 중 옳은 것은?

① $a \leq b$일 때, $a-6 \geq b-6$이다.

② $a-1 \leq b-1$일 때, $-3a \leq -3b$이다.

③ $a+2 \leq b+2$일 때, $-\dfrac{a}{6}+3 \leq -\dfrac{b}{6}+3$이다.

④ $5a \leq 5b$일 때, $\dfrac{a}{2}-1 \geq \dfrac{b}{2}-1$이다.

⑤ $-\dfrac{1}{4}a \leq -\dfrac{1}{4}b$일 때, $a+4 \geq b+4$이다.

자신감 UP
06 $-5<5x<10$일 때, $-2x+1$의 값의 범위가 $a<-2x+1<b$이다. 이때 $a-b$의 값을 구하시오.

개념 21

일차부등식의 풀이

01 다음 ☐ 안에 알맞은 것을 쓰시오.

> 부등식에서 우변에 있는 모든 항을 좌변으로 이항하여 정리하였을 때
>
> (일차식)<0, (일차식)>0, (일차식)≤0, (일차식)≥0
>
> 중 어느 하나의 꼴로 나타낼 수 있는 부등식을 ☐
> 이라 한다.

02 다음 | 보기 | 중 일차부등식인 것을 모두 고르시오.

> ┤ 보기 ├
> ㄱ. $x+5<8$ ㄴ. $7+2>4$
> ㄷ. $2x+10=4$ ㄹ. $x+8<3x+4$
> ㅁ. $x^2+x\leq x^2$ ㅂ. $-x+3\geq5-x$

03 다음 일차부등식을 부등식의 성질을 이용하여 푸시오.

(1) $x+5<2$

(2) $x-2\geq6$

(3) $4x\leq21$

(4) $-2x+5>-3$

(5) $3x<x-10$

(6) $9x-2\leq6x+5$

(7) $7x-5\geq5x+7$

(8) $-6x-5<x+2$

04 다음 부등식의 해를 오른쪽 수직선 위에 나타내시오.

(1) $x<2$

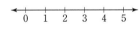

(2) $x\geq-1$

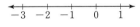

(3) $x\leq3$

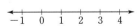

(4) $x>-4$

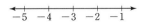

05 다음 부등식을 풀고, 그 해를 수직선 위에 나타내시오.

(1) $x+3 \leq 5$

$\longleftarrow \qquad \longrightarrow$

(2) $-x+2 \leq 3$

$\longleftarrow \qquad \longrightarrow$

(3) $4x+4 > 2x+12$

$\longleftarrow \qquad \longrightarrow$

(4) $-3x+1 > -8$

$\longleftarrow \qquad \longrightarrow$

07 다음은 부등식의 성질을 이용하여 일차부등식 $-3x+5 < -7$을 푸는 과정이다.

$$-3x+5 < -7 \xrightarrow{\text{(가)}} -3x < -12 \xrightarrow{\text{(나)}} x > 4$$

(가), (나)에 이용된 부등식의 성질을 |보기|에서 찾아 차례로 나열하시오.

┤ 보기 ├

ㄱ. $a<b$이면 $a+c<b+c$, $a-c<b-c$이다.

ㄴ. $a>b$, $c>0$이면 $ac>bc$, $\dfrac{a}{c}>\dfrac{b}{c}$이다.

ㄷ. $a>b$, $c<0$이면 $ac<bc$, $\dfrac{a}{c}<\dfrac{b}{c}$이다.

08 다음 일차부등식 중 해가 나머지 넷과 <u>다른</u> 하나는?

① $2+3x < 5$ 　　② $x+1 < 2$

③ $4-x > 3$ 　　④ $2x+3 < 5$

⑤ $-2x+1 < -1$

기본 문제

06 다음 중 일차부등식인 것을 모두 고르면? (정답 2개)

① $x+1 < -1$ 　　② $2x^2+3 \leq -4x$

③ $\dfrac{x}{3} > 2+x$ 　　④ $x-1 < x+5$

⑤ $x+3 = 2x+7$

09 다음 일차부등식 중 그 해를 수직선 위에 나타냈을 때, 오른쪽 그림과 같은 것은?

① $7x > 4+3x$ 　　② $3x > x+4$

③ $-x+5 \leq 2x-4$ 　　④ $2x-6 \leq x-2$

⑤ $3-2x \leq 2-x$

개념 22

복잡한 일차부등식의 풀이

01 다음 □ 안에 알맞은 것을 쓰시오.

(1) 괄호가 있는 일차부등식은 [   ]을 이용하여 괄호를 풀어 정리한 후 부등식을 푼다.

(2) 계수가 소수 또는 분수인 일차부등식은 계수를 [   ]로 고쳐서 푼다.

02 다음 일차부등식을 푸시오.

(1) $4(x-3) > 8$

(2) $3(2-x)+4 \geq 1$

(3) $2(x+3) < 7x-4$

(4) $3x-2 \geq -(x-10)$

(5) $12-4(x+1) \leq -2x$

(6) $2(4x+1)-2x < 5x+3$

03 다음 일차부등식을 푸시오.

(1) $0.5x+4.5 < 3$

(2) $0.3x+0.2 > 0.6x-1$

(3) $1.3x+0.6 > 0.4x-1.2$

(4) $0.2x+0.35 \geq 0.25x+0.4$

(5) $0.3x-0.1 \leq -0.5(x-3)$

(6) $0.7(3x+1) \leq 2.7x-1.1$

04 다음 일차부등식을 푸시오.

(1) $\dfrac{2x-5}{3} \geq 3$

(2) $\dfrac{3}{4}x+\dfrac{2}{3} \leq \dfrac{5}{6}x$

(3) $\dfrac{1}{2}x-7>\dfrac{1}{5}x-4$

(4) $\dfrac{x}{3}-\dfrac{x-5}{2}>4$

(5) $\dfrac{x-2}{3}\geq\dfrac{4x+6}{5}$

(6) $\dfrac{1}{2}(x-4)<\dfrac{1}{6}(x+4)$

05 다음 일차부등식을 푸시오.

(1) $0.5x-1.3\geq\dfrac{x+1}{5}$

(2) $0.7x+1>\dfrac{3}{10}(x-2)$

(3) $0.5x-4<\dfrac{1}{4}(x-6)$

(4) $-0.3x+1\geq\dfrac{3}{5}x-0.8$

(5) $\dfrac{1}{3}x-\dfrac{2}{5}<0.4x-2$

(6) $-0.5(x-6)\geq13+\dfrac{3}{2}x$

06 $a>0$일 때, 다음 x에 대한 일차부등식의 해를 구하시오.

(1) $ax>1$

(2) $ax-a<0$

07 $a<0$일 때, 다음 x에 대한 일차부등식의 해를 구하시오.

(1) $ax<3$

(2) $ax+a>0$

기본 문제

08 다음은 일차부등식 $-2(x+13) \leq 4(x-2)$를 풀고, 그 해를 수직선 위에 나타내는 과정이다. 처음으로 틀린 곳은?

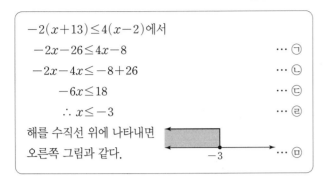

$-2(x+13) \leq 4(x-2)$에서

$-2x-26 \leq 4x-8$ ··· ㉠

$-2x-4x \leq -8+26$ ··· ㉡

$-6x \leq 18$ ··· ㉢

$\therefore x \leq -3$ ··· ㉣

해를 수직선 위에 나타내면 오른쪽 그림과 같다.   ··· ㉤

① ㉠   ② ㉡   ③ ㉢

④ ㉣   ⑤ ㉤

09 일차부등식 $-3(x-1) > 1-(x-6)$을 만족시키는 가장 큰 정수 x의 값을 구하시오.

10 다음 일차부등식 중 해가 나머지 넷과 <u>다른</u> 하나는?

① $5(x+1) > -5$ ② $-(x+5) < 3(1+x)$

③ $-0.2x < 0.1(x+6)$ ④ $\dfrac{1}{3}x+1 < \dfrac{1}{2}(x+1)$

⑤ $\dfrac{1-x}{3} < x+3$

11 일차부등식 $\dfrac{3}{5}x - 1.4 \leq \dfrac{3x+7}{10}$을 만족시키는 자연수 x의 개수를 구하시오.

12 $a < 0$일 때, x에 대한 일차부등식 $ax-4 > -8$을 풀면?

① $x < -\dfrac{4}{a}$ ② $x > -\dfrac{4}{a}$

③ $x < -\dfrac{2}{a}$ ④ $x < \dfrac{4}{a}$

⑤ $x > \dfrac{4}{a}$

개념 21 ~ 개념 22

한번 더! 기본 문제

01 다음 중 주어진 문장을 부등식으로 나타낼 때, 일차부등식이 __아닌__ 것은?

① x의 3배에서 5를 뺀 수는 x의 2배보다 크지 않다.

② 한 개에 x원인 사과 5개의 가격은 3000원 미만이다.

③ $x\,\mathrm{km}$의 거리를 시속 $60\,\mathrm{km}$로 가면 3시간 이상 걸린다.

④ 한 변의 길이가 $x\,\mathrm{cm}$인 정사각형의 넓이는 $300\,\mathrm{cm^2}$보다 작지 않다.

⑤ 반지름의 길이가 $x\,\mathrm{cm}$인 원의 둘레의 길이는 $50\,\mathrm{cm}$보다 크다.

02 다음 일차부등식 중 일차부등식 $3x+3>4x+6$과 해가 같은 것은?

① $x-2>-5$ ② $1-x<4$

③ $4-3x>7-2x$ ④ $3x-4>-13$

⑤ $x+5<2x+8$

03 일차부등식 $2x+3<-6x+a$의 해가 $x<1$일 때, 상수 a의 값을 구하시오.

04 일차부등식 $\dfrac{2x+3}{5}-5\leq 1.2x+\dfrac{x-1}{2}$을 만족시키는 가장 작은 정수 x의 값을 구하시오.

05 다음 중 일차부등식 $0.3(x+4)\geq \dfrac{1}{3}(x+4)$의 해를 수직선 위에 바르게 나타낸 것은?

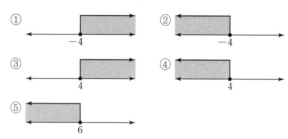

06 다음 두 일차부등식의 해가 서로 같을 때, 상수 a의 값은?

$$\dfrac{5x-3}{4}\leq 2x-3,$$
$$4(x-1)+1\geq -(3x+a)$$

① -10 ② -12 ③ -14

④ -16 ⑤ -18

개념 23

일차부등식의 활용 (1)

01 다음은 어떤 자연수의 4배에서 5를 뺀 수가 23보다 크다고 할 때, 어떤 자연수 중 가장 작은 수를 구하는 과정이다. □ 안에 알맞은 것을 쓰시오.

---
❶ 어떤 자연수를 x라 하자.

❷ 어떤 자연수의 4배에서 5를 뺀 수는 ☐ 이고,

이 수가 23보다 크므로

일차부등식을 세우면 ☐ >23이다.

❸ 이 일차부등식을 풀면 $x>$☐

따라서 어떤 자연수 중 가장 작은 수는 ☐ 이다.

❹ ☐ 의 4배에서 5를 뺀 수는 23이므로 23≥23이고,

☐ 의 4배에서 5를 뺀 수는 27이므로 27>23이다.

즉, 문제의 뜻에 맞는다.
---

02 다음은 현재 어머니의 나이가 43세, 딸의 나이가 15세일 때, 어머니의 나이가 딸의 나이의 2배 이하가 되는 것은 몇 년 후부터인지를 구하는 과정이다. □ 안에 알맞은 것을 쓰시오.

---
❶ 어머니의 나이가 딸의 나이의 2배 이하가 되는 것은

x년 후부터라 하자.

❷ x년 후에 어머니의 나이는 (☐)세이고,

딸의 나이는 (☐)세이므로

일차부등식을 세우면 ☐ ≤2(☐)이다.

❸ 이 일차부등식을 풀면 $x≥$☐

따라서 어머니의 나이가 딸의 나이의 2배 이하가 되는

것은 ☐ 년 후부터이다.

❹ ☐ 년 후에 어머니와 딸의 나이는 각각 55세, 27세이

므로 55>2×27이고,

☐ 년 후에 어머니와 딸의 나이는 각각 56세, 28세이

므로 56≤2×28이다.

즉, 문제의 뜻에 맞는다.
---

03 연속하는 두 짝수 중 작은 수의 3배에서 1을 뺀 수가 큰 수의 2배 이상일 때, 이와 같은 수 중 가장 작은 두 짝수를 구하려고 한다. 다음 물음에 답하시오.

(1) 연속하는 두 짝수 중 작은 수를 x라 할 때, 큰 수를 x에 대한 식으로 나타내시오.

(2) 일차부등식을 세우시오.

(3) (2)의 일차부등식을 푸시오.

(4) 연속하는 두 짝수 중 가장 작은 두 짝수를 구하시오.

04 가로의 길이가 40 cm인 직사각형이 있다. 이 직사각형의 둘레의 길이가 200 cm 이상일 때 세로의 길이는 몇 cm 이상이어야 하는지 구하려고 한다. 다음 물음에 답하시오.

(1) 직사각형의 세로의 길이를 x cm라 할 때, 일차부등식을 세우시오.

(2) (1)의 일차부등식을 푸시오.

(3) 세로의 길이는 몇 cm 이상이어야 하는지 구하시오.

05 한 개에 300원인 사탕을 700원짜리 포장 봉투에 넣어 포장하려고 한다. 전체 금액이 4000원 이하가 되게 하려면 사탕을 최대 몇 개까지 살 수 있는지 구하려고 할 때, 다음 물음에 답하시오.

(1) 사탕의 개수를 x개라 할 때, 일차부등식을 세우시오.

(2) (1)의 일차부등식을 푸시오.

(3) 사탕을 최대 몇 개까지 살 수 있는지 구하시오.

06 한 개에 800원인 초콜릿과 한 개에 600원인 과자를 합하여 10개를 주문하려고 한다. 주문 금액이 6800원을 넘지 않도록 하려면 초콜릿은 최대 몇 개까지 살 수 있는지 구하려고 할 때, 다음 물음에 답하시오.

(1) 초콜릿의 개수를 x개라 할 때, 다음 표를 완성하고 일차부등식을 세우시오.

	초콜릿	과자
주문 개수(개)	x	
가격(원)	800	600
주문 금액(원)		

⇨ 일차부등식: _____

(2) (1)의 일차부등식을 푸시오.

(3) 초콜릿은 최대 몇 개까지 살 수 있는지 구하시오.

07 현재 형의 저축액은 12000원, 동생의 저축액은 7000원이고, 다음 달부터 매월 형은 1000원씩, 동생은 2000원씩 저축하려고 한다. 동생의 저축액이 형의 저축액보다 많아지는 것은 몇 개월 후부터인지 구하려고 할 때, 다음 물음에 답하시오.

(1) x개월 저축한다고 할 때, 다음 표를 완성하고 일차부등식을 세우시오.

	형	동생
현재 저축액(원)	12000	
매월 저축액(원)	1000	
x개월 후의 저축액(원)		

⇨ 일차부등식: _____

(2) (1)의 일차부등식을 푸시오.

(3) 동생의 저축액이 형의 저축액보다 많아지는 것은 몇 개월 후부터인지 구하시오.

08 재원이는 두 번의 영어 시험에서 각각 80점, 85점을 받았다. 세 번의 시험까지의 평균 점수가 86점 이상이 되려면 세 번째 시험에서 몇 점 이상을 받아야 하는지 구하려고 할 때, 다음 물음에 답하시오.

(1) 세 번째 시험 점수를 x점이라 할 때, 일차부등식을 세우시오.

(2) (1)의 일차부등식을 푸시오.

(3) 세 번째 시험에서 몇 점 이상을 받아야 하는지 구하시오.

기본 문제

09 어떤 두 자연수의 차가 5이고, 이 두 자연수의 합이 39보다 크다고 한다. 이 두 자연수 중에서 큰 수를 x라 할 때, x의 값이 될 수 있는 가장 작은 수를 구하시오.

10 연속하는 세 자연수의 합이 24보다 작다고 한다. 이와 같은 수 중 가장 큰 세 자연수를 구하시오.

11 오른쪽 그림과 같이 윗변의 길이가 5 cm이고 아랫변의 길이가 7 cm인 사다리꼴의 넓이가 48 cm² 이상이 되려면 $\overline{CD}$의 길이는 몇 cm 이상이어야 하는가?

① 6 cm   ② 7 cm
③ 8 cm   ④ 9 cm
⑤ 10 cm

12 한 송이에 1200원인 백합을 포장하여 사려고 한다. 포장비가 2000원이라 할 때, 15000원으로 백합을 최대 몇 송이까지 살 수 있는가?

① 10송이   ② 11송이   ③ 12송이
④ 13송이   ⑤ 14송이

13 어느 미술관의 1인당 입장료가 어른은 2000원, 학생은 1200원이라 한다. 어른과 학생을 합하여 20명이 30000원 이하로 미술관에 입장하려면 어른은 최대 몇 명까지 입장할 수 있는지 구하시오.

14 석주는 세 과목의 시험에서 각각 76점, 92점, 86점을 받았다. 네 번째 과목까지의 평균 점수가 85점 이상이 되려면 네 번째 과목에서 몇 점 이상을 받아야 하는지 구하시오.

3 일차부등식

일차부등식의 활용 (2)

01 동네 과일 가게에서 한 개에 2000원인 사과가 청과물 도매시장에서는 1600원이다. 청과물 도매시장에 다녀오는 왕복 교통비가 2800원일 때, 사과를 몇 개 이상 살 경우 청과물 도매시장에서 사는 것이 유리한지 구하려고 할 때, 다음 물음에 답하시오.

(1) 사과를 x개 산다고 할 때, 다음 표를 완성하고 일차부등식을 세우시오.

	동네 과일 가게	청과물 도매시장
가격(원)	$2000x$	
교통비(원)	0	
전체 금액(원)	$2000x$	

⇨ 일차부등식: _____

(2) (1)의 일차부등식을 푸시오.

(3) 사과를 몇 개 이상 살 경우 청과물 도매시장에서 사는 것이 유리한지 구하시오.

02 동네 문구점에서 한 자루에 1500원인 펜이 대형 문구점에서는 1200원이다. 대형 문구점에 다녀오는 왕복 교통비가 2700원일 때, 펜을 몇 자루 이상 살 경우 대형 문구점에서 사는 것이 유리한지 구하려고 할 때, 다음 물음에 답하시오.

(1) 펜을 x자루 산다고 할 때, 일차부등식을 세우시오.

(2) (1)의 일차부등식을 푸시오.

(3) 펜을 몇 자루 이상 살 경우 대형 문구점에서 사는 것이 유리한지 구하시오.

03 영준이가 13 km 떨어진 목적지까지 가는데 처음에는 시속 5 km로 빠르게 걷다가 도중에 시속 4 km로 걸어서 3시간 이내에 도착하였다. 시속 5 km로 빠르게 걸어간 거리는 최소 몇 km인지 구하려고 할 때, 다음 물음에 답하시오.

(1) 시속 5 km로 빠르게 걸어간 거리를 x km라 할 때, 다음 표를 완성하고 일차부등식을 세우시오.

	빠르게 걸어갈 때	걸어갈 때
거리	x km	
속력	시속 5 km	
시간		

⇨ 일차부등식: _____

(2) (1)의 일차부등식을 푸시오.

(3) 시속 5 km로 빠르게 걸어간 거리는 최소 몇 km인지 구하시오.

04 유진이가 산책을 하는데 갈 때는 시속 3 km로 걷고, 올 때는 같은 길을 시속 2 km로 걸어서 2시간 이내에 산책을 마치려고 한다. 최대 몇 km 떨어진 곳까지 갔다 올 수 있는지 구하려고 할 때, 다음 물음에 답하시오.

(1) x km 떨어진 곳까지 갔다 온다고 할 때, 다음 표를 완성하고 일차부등식을 세우시오.

	갈 때	올 때
거리	x km	
속력	시속 3 km	
시간		

⇨ 일차부등식: _____

(2) (1)의 일차부등식을 푸시오.

(3) 최대 몇 km 떨어진 곳까지 갔다 올 수 있는지 구하시오.

기본 문제

05 집 앞 꽃 가게에서는 튤립 한 송이를 2500원에 판매하고 있고, 화원 단지에서는 튤립 한 송이를 1500원에 판매하고 있다. 화원 단지에 다녀오는 왕복 교통비가 4000원일 때, 튤립을 몇 송이 이상 살 경우 화원 단지에서 사는 것이 유리한지 구하시오.

06 동네 옷 가게에서 한 켤레에 2300원인 양말이 인터넷 쇼핑몰에서는 1800원이다. 인터넷 쇼핑몰에서 양말을 사면 배송비가 2500원일 때, 양말을 몇 켤레 이상 살 경우 인터넷 쇼핑몰에서 사는 것이 유리한지 구하시오.

07 영은이가 집에서 8 km 떨어진 공연장에 가는데 처음에는 자전거를 타고 시속 12 km로 가다가 도중에 자전거가 고장 나서 그 지점부터 시속 4 km로 걸어갔더니 1시간 이내에 도착하였다. 자전거가 고장 난 지점은 집에서 최소 몇 km 떨어진 지점인지 구하시오.

08 석현이가 산책을 하는데 갈 때는 시속 2 km로 걷고, 올 때는 같은 길을 시속 4 km로 걸어서 3시간 이내로 산책을 마치려고 할 때, 최대 몇 km 떨어진 지점까지 갔다 올 수 있는지 구하시오.

09 도윤이가 등산을 하는데 올라갈 때는 시속 3 km로 걷고, 내려올 때는 올라갈 때보다 2 km 더 먼 길을 시속 4 km로 걸어서 4시간 이내로 등산을 마치려고 한다. 최대 몇 km 떨어진 지점까지 올라갈 수 있는지 구하시오.

10 연우가 산책을 하는데 갈 때는 근처 카페까지 시속 4 km로 뛰고, 카페에서 1시간 쉰 후 올 때는 같은 길을 시속 2 km로 걸어서 4시간 30분 이내로 산책을 마치려고 한다. 최대 몇 km 떨어진 카페까지 갔다 올 수 있는지 구하시오.

한번 더! 기본 문제

01 한 번에 350 kg까지 운반할 수 있는 엘리베이터가 있다. 몸무게가 50 kg인 진호가 이 엘리베이터를 타고 한 개의 무게가 20 kg인 상자를 여러 개 실어 운반하려고 할 때, 상자는 한 번에 최대 몇 개까지 실을 수 있는지 구하시오.

02 현재 시안이의 저금액은 35000원, 도영이의 저금액은 25000원이다. 다음 달부터 매달 시안이는 5000원, 도영이는 2000원씩 저금한다고 할 때, 시안이의 저금액이 도영이의 저금액의 2배보다 많아지는 것은 몇 개월 후부터인지 구하시오.

03 한 자루에 500원인 연필과 한 자루에 700원인 볼펜이 있다. 연필과 볼펜을 합하여 10자루를 3000원짜리 필통에 넣어서 사려고 할 때, 전체 비용이 9000원 이하가 되게 하려면 볼펜은 최대 몇 자루까지 살 수 있는가?

① 2자루　　　　② 3자루　　　　③ 4자루
④ 5자루　　　　⑤ 6자루

04 동네 슈퍼에서 한 개에 900원 하는 시리얼바를 할인 마트에 가면 한 개에 800원으로 살 수 있다고 한다. 할인 마트에 다녀오는 왕복 교통비가 3500원일 때, 시리얼바를 몇 개 이상 살 경우 할인 마트에서 사는 것이 유리한지 구하시오.

05 성규는 집에서 30 km 떨어진 할머니 댁까지 자전거를 타고 가려고 한다. 처음에는 시속 20 km로 달리다가 도중에 시속 15 km로 달려서 1시간 45분 이내에 할머니 댁에 도착하였다면 시속 15 km로 달린 거리는 최대 몇 km인가?

① 10 km　　　　② 12 km　　　　③ 15 km
④ 18 km　　　　⑤ 20 km

자신감 UP

06 기차역에서 기차를 기다리던 윤이는 기차의 출발 시각까지 1시간 30분의 여유가 있어서 근처에 있는 식당에 가서 식사를 하고 오려고 한다. 윤이의 걷는 속력은 시속 2 km이고, 식사하는 데 30분이 걸린다면 역에서 최대 몇 km 이내에 있는 식당까지 다녀올 수 있는가?

① 1 km　　　　② 2 km　　　　③ 3 km
④ 4 km　　　　⑤ 5 km

4

연립일차방정식

미지수가 2개인 일차방정식

01 다음 □ 안에 알맞은 것을 쓰시오.

> 방정식의 우변에 있는 모든 항을 좌변으로 이항하여 정리
> 하였을 때
> $$ax+by+c=0 \,(a,\,b,\,c는 상수,\,a\neq0,\,b\neq0)$$
> 의 꼴이 되는 방정식을 미지수가 $x,\,y$의 2개인 □
> 이라 한다.

02 다음 중 미지수가 2개인 일차방정식인 것은 ○표, 미지수가 2개인 일차방정식이 <u>아닌</u> 것은 ×표를 ( ) 안에 쓰시오.

(1) $x+7$ ( )

(2) $x^2+2y^2=0$ ( )

(3) $3y-2=x$ ( )

(4) $\dfrac{x}{2}-\dfrac{y}{3}=1$ ( )

(5) $xy+y=1$ ( )

(6) $2(x+y)-1=2x+y$ ( )

03 다음 문장을 미지수가 2개인 일차방정식으로 나타내시오.

(1) x의 6배와 y의 3배의 합은 15이다.

(2) 농구 시합에서 2점 숏 x개와 3점 숏 y개를 넣어 41점을 얻었다.

(3) 닭 x마리와 돼지 y마리의 다리의 수의 합은 32개이다.

(4) 도서관에 가는데 자전거를 타고 시속 20 km로 x km를 간 후 시속 4 km로 걸어서 y km를 갔을 때 걸린 시간은 총 2시간이다.

04 다음 $x,\,y$의 순서쌍 $(x,\,y)$ 중 일차방정식 $2x-3y=1$의 해인 것은 ○표, 해가 <u>아닌</u> 것은 ×표를 ( ) 안에 쓰시오.

(1) $(2,\,1)$ ( )

(2) $(4,\,3)$ ( )

(3) $(-1,\,-1)$ ( )

(4) $(-2,\,-3)$ ( )

05 다음 일차방정식에 대하여 표를 완성하고, x, y가 자연수일 때 일차방정식의 해를 순서쌍 (x, y)로 나타내시오.

(1) $2x+y=7$

x	1	2	3	4
y				

⇨ 해: _____

(2) $x+y=4$

x	1	2	3	4
y				

⇨ 해: _____

(3) $x+3y=10$

x				
y	1	2	3	4

⇨ 해: _____

기본 문제

06 다음 중 미지수가 2개인 일차방정식인 것은?

① $2x^2-3y=0$ ② $\dfrac{1}{x}+\dfrac{2}{y}=3$

③ $2x-y=3-3y$ ④ $y=x+z+5$

⑤ $x=2y+x-7$

07 다음 중 주어진 문장을 미지수가 2개인 일차방정식으로 나타낸 것으로 옳지 <u>않은</u> 것은?

① x의 2배는 y의 5배보다 3만큼 작다. ⇨ $2x=5y-3$

② 500원짜리 연필 x자루와 900원짜리 공책 y권의 값은 5000원이다. ⇨ $500x+900y=5000$

③ 수학 시험에서 4점짜리 문제 x개와 5점짜리 문제 y개를 맞혀서 92점을 받았다. ⇨ $4x+5y=92$

④ 가로의 길이, 세로의 길이가 각각 x cm, y cm인 직사각형의 둘레의 길이는 20 cm이다. ⇨ $x+y=20$

⑤ 시속 3 km로 x시간 걸은 후 시속 7 km로 y시간 달린 거리는 총 20 km이다. ⇨ $3x+7y=20$

08 다음 일차방정식 중 $x=2$, $y=-3$을 해로 갖는 것을 모두 고르면? (정답 2개)

① $x+y-1=0$ ② $x+2y+5=0$

③ $x-y-5=0$ ④ $x-2y-6=0$

⑤ $\dfrac{1}{2}x+\dfrac{2}{3}y+1=0$

09 다음 |보기| 중 일차방정식 $4x+3y=17$에 대한 설명으로 옳은 것을 모두 고르시오.

┤보기├

ㄱ. x의 값이 3일 때, y의 값은 1이다.

ㄴ. x, y가 자연수일 때, 해는 1개이다.

ㄷ. x, y의 순서쌍 $(-1, 7)$을 해로 갖는다.

미지수가 2개인 연립일차방정식

01 다음 □ 안에 알맞은 것을 쓰시오.

> 미지수가 2개인 두 일차방정식을 한 쌍으로 묶어 놓은 것을
> 미지수가 2개인 [   ] 또는 간단히 연립방정식
> 이라 한다.

02 다음 중 x, y의 순서쌍 $(-1, 2)$를 해로 갖는 것은 ○표,
해로 갖지 <u>않는</u> 것은 ×표를 ( ) 안에 쓰시오.

(1) $\begin{cases} x+y=1 \\ 2x-y=4 \end{cases}$ (   )

(2) $\begin{cases} -2x+3y=8 \\ 3x-y=-5 \end{cases}$ (   )

(3) $\begin{cases} 3x+y=-1 \\ x+5y=9 \end{cases}$ (   )

(4) $\begin{cases} x-y=-3 \\ 2x+5y=-7 \end{cases}$ (   )

03 x, y가 자연수일 때, 다음 연립방정식에 대하여 표를 완성
하고 해를 구하시오.

(1) $\begin{cases} x+y=6 & \cdots ㉠ \\ 2x+y=8 & \cdots ㉡ \end{cases}$

㉠의 해:

x	1	2	3	4	5
y					

㉡의 해:

x	1	2	3
y			

⇨ 연립방정식의 해는 _____ 이다.

(2) $\begin{cases} x-y=2 & \cdots ㉠ \\ 3x+y=10 & \cdots ㉡ \end{cases}$

㉠의 해:

x					$\cdots$
y	1	2	3	4	$\cdots$

㉡의 해:

x	1	2	3
y			

⇨ 연립방정식의 해는 _____ 이다.

(3) $\begin{cases} x+4y=14 & \cdots ㉠ \\ 2x+y=7 & \cdots ㉡ \end{cases}$

㉠의 해:

x			
y	1	2	3

㉡의 해:

x	1	2	3
y			

⇨ 연립방정식의 해는 _____ 이다.

기본 문제

04 100원짜리 동전 x개와 500원짜리 동전 y개를 모두 합하여 총 13개의 동전으로 3700원을 지불하였다. 이를 x, y에 대한 연립방정식으로 나타내면?

① $\begin{cases} x+y=13 \\ 100x-500y=3700 \end{cases}$ ② $\begin{cases} x+y=13 \\ 500x+100y=3700 \end{cases}$

③ $\begin{cases} x+y=13 \\ 100x+500y=3700 \end{cases}$ ④ $\begin{cases} x-y=13 \\ 500x+100y=3700 \end{cases}$

⑤ $\begin{cases} x-y=13 \\ 100x+500y=3700 \end{cases}$

05 다음 문장을 x, y에 대한 연립방정식으로 나타내시오.

> 승윤이네 반 학생 30명이 호수 공원에서 3인승 보트 x대와 2인승 보트 y대를 합하여 총 12대를 빌려 빈자리 없이 타려고 한다.

06 다음 연립방정식 중 x, y의 순서쌍 $(-4, 5)$를 해로 갖는 것은?

① $\begin{cases} 2x+y=-3 \\ 3x-2y=1 \end{cases}$ ② $\begin{cases} x+2y=6 \\ -x+y=7 \end{cases}$

③ $\begin{cases} x+3y=10 \\ x-y=-9 \end{cases}$ ④ $\begin{cases} -x+y=9 \\ 3x+2y=-2 \end{cases}$

⑤ $\begin{cases} 2x+3y=7 \\ 4x-y=5 \end{cases}$

07 x, y의 순서쌍 $(3, -2)$가 연립방정식 $\begin{cases} ax-2y=13 \\ 5x+by=7 \end{cases}$ 의 해일 때, 상수 a, b에 대하여 $a-b$의 값을 구하시오.

08 연립방정식 $\begin{cases} x=2y+3 \\ 2x+m=5y-1 \end{cases}$ 을 만족시키는 x의 값이 -5일 때, 상수 m의 값은?

① -15 ② -13 ③ -11

④ -9 ⑤ -7

한번 더! 기본 문제

01 다음 | 보기 | 중 미지수가 2개인 일차방정식인 것을 모두 고르시오.

| 보기 |
ㄱ. $x+y=3$　　　　　ㄴ. $3x+5xy=3$
ㄷ. $x^2-3y=6$　　　　ㄹ. $5x+2y=2(x+y)+2$
ㅁ. $\dfrac{x}{2}+6y=7$　　　　ㅂ. $4x-y^2=5y-y^2+4$

02 다음 중 주어진 문장을 미지수가 2개인 일차방정식으로 나타낸 것으로 옳지 <u>않은</u> 것은?

① x의 3배는 y의 2배보다 5만큼 크다. ⇨ $3x=2y+5$
② 농구 경기에서 2점 슛 x개와 3점 슛 y개를 넣어 28점을 얻었다. ⇨ $2x+3y=28$
③ 300원짜리 사탕 x개와 500원짜리 초콜릿 y개의 값은 6000원이다. ⇨ $3x+5y=6000$
④ 윗변의 길이가 $x\,$cm, 아랫변의 길이가 $y\,$cm, 높이가 $8\,$cm인 사다리꼴의 넓이는 $36\,$cm²이다.
　⇨ $4(x+y)=36$
⑤ 시속 $2\,$km로 x시간 동안 걸은 후 시속 $5\,$km로 y시간 동안 달린 거리는 총 $6\,$km이다. ⇨ $2x+5y=6$

03 x, y의 순서쌍 $(a, a-4)$가 일차방정식 $7x+2y=1$의 한 해일 때, a의 값을 구하시오.

04 서연이는 수학 시험에서 3점짜리 문제 x개와 4점짜리 문제 y개를 맞혀서 74점을 받았고 총 20문제를 맞혔다. 이 x, y에 대한 연립방정식으로 나타낸 것으로 옳은 것을 다음 | 보기 |에서 고르시오.

| 보기 |
ㄱ. $\begin{cases} 4x+3y=74 \\ x+y=20 \end{cases}$　　　ㄴ. $\begin{cases} 3x+4y=74 \\ x+y=20 \end{cases}$
ㄷ. $\begin{cases} x+y=74 \\ 3x+4y=20 \end{cases}$　　　ㄹ. $\begin{cases} x+y=74 \\ 4x+3y=20 \end{cases}$

05 다음 연립방정식 중 해가 $x=2$, $y=1$인 것은?

① $\begin{cases} x+y=3 \\ 2x+y=2 \end{cases}$　　　② $\begin{cases} 2x-y=-1 \\ x+2y=4 \end{cases}$

③ $\begin{cases} x-y=1 \\ 3x+2y=8 \end{cases}$　　　④ $\begin{cases} x+4y=6 \\ 5x-2y=-9 \end{cases}$

⑤ $\begin{cases} 3x+2y=9 \\ 2x+3y=7 \end{cases}$

자신감 UP
06 연립방정식 $\begin{cases} x-4y=7 \\ 2x-ay=2 \end{cases}$의 해가 $x=-1$, $y=b$일 때, a, b의 값은? (단, a는 상수)

① $a=-2$, $b=-2$　　　② $a=-2$, $b=2$
③ $a=2$, $b=-3$　　　④ $a=2$, $b=-2$
⑤ $a=2$, $b=2$

개념 27

연립방정식의 풀이 (1) – 대입법

01 다음 □ 안에 알맞은 것을 쓰시오.

미지수가 2개인 연립방정식을 풀 때, 두 방정식 중 어느 한 방정식을 한 미지수에 대한 식으로 나타낸 다음 이를 다른 방정식에 □하여 한 미지수를 없앤 후 해를 구할 수 있다.
이와 같이 연립방정식을 푸는 방법을 대입법이라 한다.

02 다음 □ 안에 알맞은 것을 쓰고, 주어진 연립방정식을 대입법으로 푸시오.

(1) $\begin{cases} 3x-y=2 & \cdots \text{㉠} \\ y=2x & \cdots \text{㉡} \end{cases}$

㉡을 ㉠에 대입하면 $3x-\boxed{}=2$
$\therefore x=\boxed{}$
$x=\boxed{}$를 ㉡에 대입하면 $y=\boxed{}$
따라서 구하는 연립방정식의 해는
$x=\boxed{}$, $y=\boxed{}$이다.

(2) $\begin{cases} x=5y & \cdots \text{㉠} \\ 2x-3y=7 & \cdots \text{㉡} \end{cases}$

(3) $\begin{cases} y=4x-3 & \cdots \text{㉠} \\ 3x-y=2 & \cdots \text{㉡} \end{cases}$

(4) $\begin{cases} 5x-y=7 & \cdots \text{㉠} \\ y=3x+1 & \cdots \text{㉡} \end{cases}$

(5) $\begin{cases} y=-x+3 & \cdots \text{㉠} \\ y=3x-1 & \cdots \text{㉡} \end{cases}$

(6) $\begin{cases} x-3y=8 & \cdots \text{㉠} \\ x-2y=6 & \cdots \text{㉡} \end{cases}$

(7) $\begin{cases} x-y=4 & \cdots \text{㉠} \\ 4x+3y=9 & \cdots \text{㉡} \end{cases}$

(8) $\begin{cases} 2x+y=-1 & \cdots \text{㉠} \\ 3x+2y=1 & \cdots \text{㉡} \end{cases}$

기본 문제

03 다음은 연립방정식 $\begin{cases} x+y=10 \\ 3x-2y=-5 \end{cases}$ 를 대입법으로 푸는 과정이다. ①~⑤에 들어갈 것으로 옳지 <u>않은</u> 것은?

$$\begin{cases} x+y=10 & \cdots \text{㉠} \\ 3x-2y=-5 & \cdots \text{㉡} \end{cases}$$

㉠에서 y를 x에 대한 식으로 나타내면

$y=\boxed{①}$ $\cdots$ ㉢

y를 없애기 위하여 ㉢을 ㉡에 대입하면

$3x-(\boxed{②})=-5$, $5x=\boxed{③}$

$\therefore x=\boxed{④}$

$x=\boxed{④}$ 을 ㉢에 대입하면 $y=\boxed{⑤}$ 이다.

① $-x+10$ ② $-2x+10$ ③ 15

④ 3 ⑤ 7

04 연립방정식 $\begin{cases} x=2y+7 & \cdots \text{㉠} \\ 3x-4y=9 & \cdots \text{㉡} \end{cases}$ 를 풀기 위해 ㉠을 ㉡에 대입하여 정리하였더니 $ky=-12$가 되었다. 이때 상수 k의 값을 구하시오.

05 연립방정식 $\begin{cases} x+y=5 \\ y=-2x+7 \end{cases}$ 을 풀면?

① $x=-2,\ y=-3$ ② $x=-2,\ y=3$

③ $x=2,\ y=-3$ ④ $x=2,\ y=3$

⑤ $x=3,\ y=2$

06 연립방정식 $\begin{cases} 5x-y=15 \\ x=2y-6 \end{cases}$ 의 해가 $x=a,\ y=b$일 때, $a+b$의 값을 구하시오.

07 연립방정식 $\begin{cases} 3x-2y=13 & \cdots \text{㉠} \\ x+3y=a+2 & \cdots \text{㉡} \end{cases}$ 를 만족시키는 x의 값이 y의 값보다 3만큼 클 때, 상수 a의 값을 구하려고 한다. 다음 물음에 답하시오.

(1) x의 값이 y의 값보다 3만큼 큰 것을 이용하여 x를 y에 대한 식으로 나타내시오.

(2) (1)의 식을 ㉠에 대입하여 $x,\ y$의 값을 각각 구하시오.

(3) (2)에서 구한 값을 ㉡에 대입하여 상수 a의 값을 구하시오.

개념 28

연립방정식의 풀이 (2) – 가감법

$$(4) \begin{cases} 4x+y=-1 & \cdots \ \gimel \\ x-y=-4 & \cdots \ \lrcorner \end{cases}$$

01 다음 ( ) 안의 알맞은 것에 ○표 하시오.

> 미지수가 2개인 연립방정식을 풀 때, 두 방정식을 변끼리
> (더하거나 빼어서, 곱하거나 나누어서) 한 미지수를 없앤 후
> 해를 구할 수 있다.
> 이와 같이 연립방정식을 푸는 방법을 가감법이라 한다.

$$(5) \begin{cases} x-3y=8 & \cdots \ \gimel \\ x-2y=6 & \cdots \ \lrcorner \end{cases}$$

02 다음 □ 안에 알맞은 수를 쓰고, 주어진 연립방정식을 가감법으로 푸시오.

$$(1) \begin{cases} x-y=3 & \cdots \ \gimel \\ 2x+y=12 & \cdots \ \lrcorner \end{cases}$$

> y를 없애기 위하여 ㉠+㉡을 하면
> $$x-y=3$$
> $$+) \ 2x+y=12$$
> $$\boxed{}x = \boxed{} \qquad \therefore x = \boxed{}$$
> $x=\boxed{}$를 ㉠에 대입하면
> $$\boxed{}-y=3 \qquad \therefore y=\boxed{}$$
> 따라서 구하는 연립방정식의 해는
> $x=\boxed{}$, $y=\boxed{}$이다.

$$(2) \begin{cases} x+y=10 & \cdots \ \gimel \\ 4x-y=5 & \cdots \ \lrcorner \end{cases}$$

$$(3) \begin{cases} 7x-4y=10 & \cdots \ \gimel \\ 5x-4y=6 & \cdots \ \lrcorner \end{cases}$$

03 다음 □ 안에 알맞은 수를 쓰고, 주어진 연립방정식을 가감법으로 푸시오.

$$(1) \begin{cases} x+y=11 & \cdots \ \gimel \\ 3x-2y=3 & \cdots \ \lrcorner \end{cases}$$

> y를 없애기 위하여 ㉠×$\boxed{}$+㉡을 하면
> $$\boxed{}x+\boxed{}y=\boxed{}$$
> $$+) \ 3x- \ 2y=3$$
> $$\boxed{}x \ =\boxed{} \qquad \therefore x=\boxed{}$$
> $x=\boxed{}$를 ㉠에 대입하면
> $$\boxed{}+y=11 \qquad \therefore y=\boxed{}$$
> 따라서 구하는 연립방정식의 해는
> $x=\boxed{}$, $y=\boxed{}$이다.

$$(2) \begin{cases} x+y=5 & \cdots \ \gimel \\ 4x-3y=6 & \cdots \ \lrcorner \end{cases}$$

$$(3) \begin{cases} 3x-2y=8 & \cdots \ \gimel \\ 2x+y=3 & \cdots \ \lrcorner \end{cases}$$

(4) $\begin{cases} 3x-4y=18 & \cdots \text{㉠} \\ x-3y=1 & \cdots \text{㉡} \end{cases}$

(5) $\begin{cases} 5x-2y=3 & \cdots \text{㉠} \\ 2x+3y=5 & \cdots \text{㉡} \end{cases}$

(6) $\begin{cases} 4x+5y=13 & \cdots \text{㉠} \\ 3x+4y=10 & \cdots \text{㉡} \end{cases}$

05 연립방정식 $\begin{cases} x-3y=-1 \\ 2x+y=5 \end{cases}$ 를 풀기 위해 x를 없앴더니 $ay=-7$이 되었다. 이때 상수 a의 값을 구하시오.

06 다음 중 연립방정식의 해가 나머지 넷과 <u>다른</u> 하나는?

① $\begin{cases} x+y=5 \\ x-y=-3 \end{cases}$ ② $\begin{cases} x-2y=-7 \\ 2x+y=6 \end{cases}$

③ $\begin{cases} 3x+y=7 \\ x+3y=5 \end{cases}$ ④ $\begin{cases} 5x-y=1 \\ x+3y=13 \end{cases}$

⑤ $\begin{cases} x-4y=-15 \\ 4x+5y=24 \end{cases}$

기본 문제

04 연립방정식 $\begin{cases} -x+5y=9 & \cdots \text{㉠} \\ 2x+3y=8 & \cdots \text{㉡} \end{cases}$ 에서 x를 없애기 위하여 필요한 식은?

① ㉠+㉡ ② ㉠×2+㉡
③ ㉠×2-㉡ ④ ㉠×3+㉡×2
⑤ ㉠×3-㉡×2

07 연립방정식 $\begin{cases} 5x-2y=9 \\ 3x+4y=-5 \end{cases}$ 의 해가 일차방정식 $x-2y+a=0$을 만족시킬 때, 상수 a의 값은?

① -1 ② -2 ③ -3
④ -4 ⑤ -5

한번 더! 기본 문제

01 다음 중 연립방정식 $\begin{cases} x+5y=6 & \cdots \text{㉠} \\ 3x-y=2 & \cdots \text{㉡} \end{cases}$ 를 풀기 위한 방법으로 옳지 <u>않은</u> 것은?

① ㉠×3−㉡을 한다.

② ㉠+㉡×5를 한다.

③ ㉠에서 얻은 식 $x=6-5y$를 ㉡에 대입한다.

④ ㉡에서 얻은 식 $y=2-3x$를 ㉠에 대입한다.

⑤ ㉠에서 얻은 식 $y=\dfrac{6-x}{5}$를 ㉡에 대입한다.

02 연립방정식 $\begin{cases} 3x+2y=8 & \cdots \text{㉠} \\ x=y+1 & \cdots \text{㉡} \end{cases}$ 을 풀기 위해 ㉡을 ㉠에 대입하여 x를 없앴더니 $ay+b=8$이 되었다. 이때 상수 a, b에 대하여 $a-b$의 값을 구하시오.

03 다음 연립방정식을 푸시오.

(1) $\begin{cases} y=4x+1 \\ 5x+y=19 \end{cases}$

(2) $\begin{cases} 3x-2y=5 \\ 4x-5y=2 \end{cases}$

04 연립방정식 $\begin{cases} x:y=1:3 \\ 5x-2y=-2 \end{cases}$ 를 만족시키는 x, y에 대하여 $x+y$의 값은?

① 2   ② 4   ③ 6

④ 8   ⑤ 10

05 연립방정식 $\begin{cases} 3x-y=5 \\ x+ay=-1 \end{cases}$ 을 만족시키는 x와 y의 값의 차가 1일 때, 상수 a의 값을 구하시오. (단, $x<y$)

자신감 UP

06 다음 두 연립방정식의 해가 서로 같을 때, 상수 a, b에 대하여 물음에 답하시오.

$$\begin{cases} 2x-y=-1 \\ ax+2y=9 \end{cases}, \quad \begin{cases} x+3y=b \\ 3x+y=6 \end{cases}$$

(1) 두 연립방정식의 해를 구하시오.

(2) a, b의 값을 각각 구하시오.

개념 29

여러 가지 연립방정식의 풀이

01 다음 $\square$ 안에 알맞은 것을 쓰시오.

(1) 괄호가 있는 연립방정식은 $\boxed{}$ 을 이용하여 괄호를 풀어 정리한 후 방정식을 푼다.

(2) 계수가 소수 또는 분수인 연립방정식은 계수를 $\boxed{}$ 로 고쳐서 푼다.

(3) $A=B=C$의 꼴의 방정식은 세 연립방정식
$$\begin{cases} A=B \\ A=\square \end{cases}, \begin{cases} A=B \\ B=\square \end{cases}, \begin{cases} A=C \\ B=C \end{cases}$$
중에서 하나의 꼴로 바꾸어 푼다.

02 다음 $\square$ 안에 알맞은 수를 쓰고, 주어진 연립방정식을 푸시오.

(1) $\begin{cases} x+2(y+1)=3 & \cdots \text{㉠} \\ 3x-4y=13 & \cdots \text{㉡} \end{cases}$

㉠의 괄호를 풀어 동류항끼리 정리하면
$x+2y=1$ $\cdots$ ㉢
㉢$\times 2+$㉡을 하면 $\boxed{}x=\boxed{}$ $\quad \therefore x=\boxed{}$
$x=\boxed{}$ 을 ㉢에 대입하여 정리하면 $y=\boxed{}$
따라서 구하는 연립방정식의 해는
$x=\boxed{}$, $y=\boxed{}$ 이다.

(2) $\begin{cases} 2(x+2y)-3y=1 & \cdots \text{㉠} \\ x-y=-10 & \cdots \text{㉡} \end{cases}$

(3) $\begin{cases} 3x-2(x+y)=5 & \cdots \text{㉠} \\ 4(x+y)-3y=-7 & \cdots \text{㉡} \end{cases}$

(4) $\begin{cases} x+2(y+1)=4 & \cdots \text{㉠} \\ 3(x-y)-y=16 & \cdots \text{㉡} \end{cases}$

03 다음 $\square$ 안에 알맞은 것을 쓰고, 주어진 연립방정식을 푸시오.

(1) $\begin{cases} \dfrac{x}{4}-y=2 & \cdots \text{㉠} \\ \dfrac{x}{3}-\dfrac{y}{2}=1 & \cdots \text{㉡} \end{cases}$

㉠$\times\boxed{}$ 를 하면 $\boxed{}=8$ $\cdots$ ㉢
㉡$\times\boxed{}$ 을 하면 $\boxed{}=6$ $\cdots$ ㉣
㉢$\times 2-$㉣을 하면 $\boxed{}y=10$ $\quad \therefore y=\boxed{}$
$y=\boxed{}$ 를 ㉢에 대입하여 정리하면 $x=\boxed{}$
따라서 구하는 연립방정식의 해는
$x=\boxed{}$, $y=\boxed{}$ 이다.

(2) $\begin{cases} 5x-4y=10 & \cdots \text{㉠} \\ \dfrac{1}{3}x-\dfrac{1}{4}y=\dfrac{2}{3} & \cdots \text{㉡} \end{cases}$

(3) $\begin{cases} \dfrac{1}{5}x+\dfrac{1}{8}y=\dfrac{5}{2} & \cdots \text{㉠} \\ \dfrac{1}{10}x+\dfrac{1}{2}y=3 & \cdots \text{㉡} \end{cases}$

(4) $\begin{cases} \dfrac{3}{4}x+\dfrac{1}{8}y=4 & \cdots \text{㉠} \\ \dfrac{1}{3}x+\dfrac{5}{2}y=-8 & \cdots \text{㉡} \end{cases}$

04 다음 □ 안에 알맞은 것을 쓰고, 주어진 연립방정식을 푸시오.

(1) $\begin{cases} 0.3x+0.2y=0.3 & \cdots\, ㉠ \\ 0.3x+0.1y=0.6 & \cdots\, ㉡ \end{cases}$

㉠×10을 하면 $3x+2y=3$ ㉢
㉡×□을 하면 □=6   ㉣
㉢−㉣을 하면 $y=$□
$y=$□을 ㉢에 대입하여 정리하면 $x=$□
따라서 구하는 연립방정식의 해는
$x=$□, $y=$□이다.

(2) $\begin{cases} 2x+3y=6 & \cdots\, ㉠ \\ 0.2x-0.1y=1.4 & \cdots\, ㉡ \end{cases}$

(3) $\begin{cases} 0.1x-0.2y=0.8 & \cdots\, ㉠ \\ 0.4x+0.3y=-0.1 & \cdots\, ㉡ \end{cases}$

(4) $\begin{cases} 0.3x-0.7y=0.2 & \cdots\, ㉠ \\ 0.05x+0.02y=0.17 & \cdots\, ㉡ \end{cases}$

05 다음 연립방정식을 푸시오.

(1) $\begin{cases} 1.3x-0.3y=-1 & \cdots\, ㉠ \\ \dfrac{2}{3}x-\dfrac{1}{6}y=-\dfrac{1}{2} & \cdots\, ㉡ \end{cases}$

(2) $\begin{cases} \dfrac{1}{4}x-\dfrac{1}{5}y=-\dfrac{1}{2} & \cdots\, ㉠ \\ 0.2x+0.3y=1.9 & \cdots\, ㉡ \end{cases}$

06 다음 방정식을 푸시오.

(1) $x+y=-2x+y=7$

(2) $3x+y=x-3y=-5$

(3) $x-y+8=3x-y=5$

(4) $x+y=2x-1=-3y+6$

(5) $x+4y=5x-2y+16=3x+5y$

• 정답 및 해설 43쪽

기본 문제

07 연립방정식 $\begin{cases} 3x-(4x-y)=9 \\ x+3(y-1)=-4 \end{cases}$ 를 풀면?

① $x=-7,\ y=2$ ② $x=-5,\ y=4$

③ $x=-4,\ y=1$ ④ $x=1,\ y=8$

⑤ $x=2,\ y=-1$

08 연립방정식 $\begin{cases} x-\dfrac{1}{2}y=\dfrac{1}{4} \\ \dfrac{2}{3}x-y=-\dfrac{5}{6} \end{cases}$ 의 해가 $x=a,\ y=b$일 때,

$a+2b$의 값은?

① 1 ② 2 ③ 3

④ 4 ⑤ 5

09 연립방정식 $\begin{cases} 0.2x-0.7y=-2 \\ 0.03x+0.05y=0.01 \end{cases}$ 을 만족시키는 $x,\ y$에

대하여 xy의 값은?

① -10 ② -8 ③ -6

④ 6 ⑤ 8

10 다음 연립방정식을 푸시오.

(1) $\begin{cases} 0.2x-0.3y=0.1 \\ x-\dfrac{1-y}{2}=\dfrac{x+4}{3} \end{cases}$

(2) $\begin{cases} 0.2(x+1)-0.3y=0.5 \\ \dfrac{3x-2}{2}+y=11 \end{cases}$

11 방정식 $2x+y=4x+5y+2=x-3y-7$을 풀면?

① $x=-3,\ y=4$ ② $x=-3,\ y=5$

③ $x=5,\ y=-3$ ④ $x=5,\ y=-2$

⑤ $x=5,\ y=-1$

12 다음 방정식을 푸시오.

$$\frac{x+y}{3}=\frac{2x+y}{4}=\frac{3}{5}$$

개념 30

해가 특수한 연립방정식의 풀이

01 다음 □ 안에 알맞은 것을 쓰시오.

(1) 연립방정식에서 어느 하나의 일차방정식의 양변에 적당한 수를 곱하였을 때, 나머지 방정식과 x의 계수, y의 계수, 상수항이 각각 같으면 연립방정식의 해는 _____.

(2) 연립방정식에서 어느 하나의 일차방정식의 양변에 적당한 수를 곱하였을 때, 나머지 방정식과 x의 계수, y의 계수는 각각 같으나 상수항이 다르면 연립방정식의 해는 ____.

02 |보기|의 연립방정식에서 두 일차방정식의 x의 계수가 같아지도록 한 일차방정식에 적당한 수를 곱한 식을 □ 안에 쓴 후, 다음을 만족시키는 연립방정식을 |보기|에서 모두 고르시오.

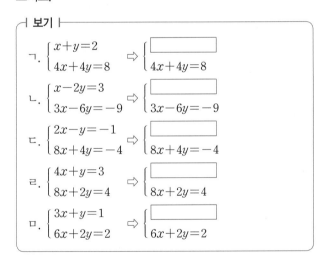

┌ 보기 ├

ㄱ. $\begin{cases} x+y=2 \\ 4x+4y=8 \end{cases} \Rightarrow \begin{cases} \\ 4x+4y=8 \end{cases}$

ㄴ. $\begin{cases} x-2y=3 \\ 3x-6y=-9 \end{cases} \Rightarrow \begin{cases} \\ 3x-6y=-9 \end{cases}$

ㄷ. $\begin{cases} 2x-y=-1 \\ 8x+4y=-4 \end{cases} \Rightarrow \begin{cases} \\ 8x+4y=-4 \end{cases}$

ㄹ. $\begin{cases} 4x+y=3 \\ 8x+2y=4 \end{cases} \Rightarrow \begin{cases} \\ 8x+2y=4 \end{cases}$

ㅁ. $\begin{cases} 3x+y=1 \\ 6x+2y=2 \end{cases} \Rightarrow \begin{cases} \\ 6x+2y=2 \end{cases}$

(1) 해가 무수히 많은 연립방정식

(2) 해가 없는 연립방정식

(3) 해가 한 쌍인 연립방정식

03 다음 연립방정식을 푸시오.

(1) $\begin{cases} x-y=4 & \cdots \text{㉠} \\ 2x-2y=8 & \cdots \text{㉡} \end{cases}$

(2) $\begin{cases} 3x+y=6 & \cdots \text{㉠} \\ 6x+2y=-4 & \cdots \text{㉡} \end{cases}$

(3) $\begin{cases} 2x-3y=1 & \cdots \text{㉠} \\ 6x-9y=5 & \cdots \text{㉡} \end{cases}$

(4) $\begin{cases} x+2y=5 & \cdots \text{㉠} \\ -3x-6y=-15 & \cdots \text{㉡} \end{cases}$

(5) $\begin{cases} -2x+y=3 & \cdots \text{㉠} \\ 4x-2y=-6 & \cdots \text{㉡} \end{cases}$

04 다음 연립방정식의 해가 무수히 많을 때, 상수 a의 값을 구하시오.

(1) $\begin{cases} x+ay=4 \\ 2x+2y=8 \end{cases}$

(2) $\begin{cases} x-3y=3 \\ ax-6y=6 \end{cases}$

(3) $\begin{cases} x-2y=4 \\ 4x+ay=16 \end{cases}$

05 다음 연립방정식의 해가 없을 때, 상수 a의 값을 구하시오.

(1) $\begin{cases} 2x-y=6 \\ ax-y=10 \end{cases}$

(2) $\begin{cases} 3x+ay=5 \\ 6x+8y=12 \end{cases}$

(3) $\begin{cases} -3x+6y=-4 \\ 2x+ay=1 \end{cases}$

기본 문제

06 다음 연립방정식 중 해가 무수히 많은 것을 모두 고르면? (정답 2개)

① $\begin{cases} x+y=1 \\ 2x-3y=1 \end{cases}$ ② $\begin{cases} 6x-3y=9 \\ 2x-y=-3 \end{cases}$

③ $\begin{cases} 2x-3y=1 \\ 4x-6y=2 \end{cases}$ ④ $\begin{cases} 4x-y=4 \\ 5x-2y=6 \end{cases}$

⑤ $\begin{cases} x-2y=5 \\ 2x-4y=10 \end{cases}$

07 다음 연립방정식 중 해가 없는 것은?

① $\begin{cases} 4x+y=1 \\ 2x-y=2 \end{cases}$ ② $\begin{cases} 3x+2y=4 \\ 6x+4y=8 \end{cases}$

③ $\begin{cases} 2x-3y=2 \\ 5x+6y=8 \end{cases}$ ④ $\begin{cases} 4x-2y=6 \\ 2x-y=3 \end{cases}$

⑤ $\begin{cases} 3x+y=5 \\ 6x+2y=5 \end{cases}$

08 연립방정식 $\begin{cases} 3x-y=a \\ bx+2y=8 \end{cases}$ 의 해가 무수히 많을 때, 상수 a, b에 대하여 $a-b$의 값을 구하시오.

한번 더! 기본 문제

01 연립방정식 $\begin{cases} 5(x+2y)-4y=4 \\ 2(x-y)=x+3y+7 \end{cases}$ 의 해가 $x=a$, $y=b$일 때, $a-b$의 값을 구하시오.

02 연립방정식 $\begin{cases} 0.3(x-y)-0.2x=0.5 \\ \dfrac{x-1}{2}-\dfrac{y+1}{3}=\dfrac{1}{2} \end{cases}$ 을 풀면?

① $x=-2,\ y=-3$ ② $x=-2,\ y=1$
③ $x=2,\ y=-1$ ④ $x=2,\ y=1$
⑤ $x=3,\ y=-2$

03 다음 방정식을 푸시오.

$$\frac{3x-y}{2}=\frac{6x+2y}{5}=x+1$$

04 연립방정식 $\begin{cases} 4(3x-2)+y=3 \\ x+ay=-11 \end{cases}$ 의 해가 $x=2$, $y=k$일 때, $a-k$의 값은? (단, a는 상수)

① 11 ② 12 ③ 13
④ 14 ⑤ 15

05 연립방정식 $\begin{cases} \dfrac{1}{6}x+\dfrac{1}{4}y=k \\ 2x+3y=3 \end{cases}$ 의 해가 없을 때, 다음 중 상수 k의 값이 될 수 없는 것은?

① $\dfrac{1}{12}$ ② $\dfrac{1}{6}$ ③ $\dfrac{1}{4}$
④ $\dfrac{1}{3}$ ⑤ $\dfrac{1}{2}$

자신감 UP
06 연립방정식 $\begin{cases} 4x+y=-3 \\ a(x-1)-y=b \end{cases}$ 의 해가 무수히 많을 때, 상수 a, b에 대하여 $b-a$의 값을 구하시오.

연립방정식의 활용 (1)

01 다음은 합이 28이고, 차가 2인 두 자연수를 구하는 과정이다. ☐ 안에 알맞은 것을 쓰시오.

---

❶ 두 수 중 큰 수를 x, 작은 수를 y라 하자.

❷ 큰 수와 작은 수의 합이 28이므로

☐ $=28$

큰 수와 작은 수의 차가 2이므로

☐ $=2$

즉, 연립방정식을 세우면 $\begin{cases} \boxed{}=28 \\ \boxed{}=2 \end{cases}$ 이다.

❸ 이 연립방정식을 풀면 $x=\boxed{}$, $y=\boxed{}$

따라서 큰 수는 ☐, 작은 수는 ☐ 이다.

❹ ☐ $+13=28$이고, ☐ $-13=2$이므로 구한 해는 문제의 뜻에 맞는다.

---

02 다음은 현재 아버지의 나이와 아들의 나이의 합이 60세이고 12년 후에 아버지의 나이가 아들의 나이의 2배가 된다고 할 때, 현재 아버지와 아들의 나이를 각각 구하는 과정이다. ☐ 안에 알맞은 것을 쓰시오.

---

❶ 현재 아버지의 나이를 x세, 아들의 나이를 y세라 하자.

❷ 현재 아버지와 아들의 나이의 합이 60세이므로

☐ $=60$

12년 후에 아버지의 나이가 아들의 나이의 2배가 되므로

$x+12=2(\boxed{})$

즉, 연립방정식을 세우면

$\begin{cases} \boxed{}=60 \\ x+12=2(\boxed{}) \end{cases}$ 이다.

❸ 이 연립방정식을 풀면 $x=\boxed{}$, $y=\boxed{}$

따라서 현재 아버지의 나이는 ☐ 세, 아들의 나이는 ☐ 세이다.

❹ ☐ $+16=60$이고, ☐ $+12=2(\boxed{}+12)$이므로 구한 해는 문제의 뜻에 맞는다.

---

03 어느 농장에 양과 오리가 총 40마리 있고, 양과 오리의 다리의 수의 합은 140개이다. 양과 오리가 각각 몇 마리 있는지 구하려고 할 때, 다음 물음에 답하시오.

⑴ 양이 x마리, 오리가 y마리 있다고 할 때, 연립방정식을 세우시오.

⑵ ⑴의 연립방정식을 푸시오.

⑶ 양과 오리는 각각 몇 마리 있는지 구하시오.

04 가로의 길이가 세로의 길이보다 4 cm만큼 짧은 직사각형이 있다. 이 직사각형의 둘레의 길이가 72 cm일 때, 가로의 길이와 세로의 길이를 각각 구하려고 한다. 다음 물음에 답하시오.

⑴ 가로의 길이를 x cm, 세로의 길이를 y cm라 할 때, 연립방정식을 세우시오.

⑵ ⑴의 연립방정식을 푸시오.

⑶ 가로의 길이와 세로의 길이를 각각 구하시오.

연립일차방정식

05 두 자리의 자연수에서 십의 자리의 숫자와 일의 자리의 숫자의 합은 13이고, 십의 자리의 숫자와 일의 자리의 숫자를 바꾼 수는 처음 수보다 9만큼 작을 때, 처음 수를 구하려고 한다. 다음 물음에 답하시오.

(1) 처음 수의 십의 자리의 숫자를 x, 일의 자리의 숫자를 y라 할 때, 다음 표를 완성하고 연립방정식을 세우시오.

	십의 자리의 숫자	일의 자리의 숫자	자연수
처음 수	x	y	$10x+y$
바꾼 수			

⇨ 연립방정식: _____

(2) (1)의 연립방정식을 푸시오.

(3) 처음 수를 구하시오.

06 동전을 던져 앞면이 나오면 3점을 얻고, 뒷면이 나오면 1점을 잃는 게임이 있다. 주형이가 이 게임에서 동전을 5회 던져서 받은 점수가 11점이었을 때, 뒷면이 나온 횟수를 구하려고 한다. 다음 물음에 답하시오.

(1) 앞면이 나온 횟수를 x회, 뒷면이 나온 횟수를 y회라 할 때, 연립방정식을 세우시오.

(2) (1)의 연립방정식을 푸시오.

(3) 뒷면이 나온 횟수를 구하시오.

07 한 개에 2500원인 햄버거와 한 개에 1200원인 음료수를 합하여 15개 사고 28400원을 지불하였다. 햄버거와 음료수를 각각 몇 개씩 샀는지 구하려고 할 때, 다음 물음에 답하시오.

(1) 햄버거를 x개, 음료수를 y개 샀다고 할 때, 다음 표를 완성하고 연립방정식을 세우시오.

	햄버거	음료수	합계
가격(원)	2500	1200	
개수(개)	x	y	
금액(원)			28400

⇨ 연립방정식: _____

(2) (1)의 연립방정식을 푸시오.

(3) 햄버거와 음료수를 각각 몇 개씩 샀는지 구하시오.

08 정우와 우영이가 함께 일을 하면 6일 만에 끝내는 일을 정우가 혼자 3일 동안 일하고 나머지를 우영이가 혼자 8일 동안 일하여 끝냈다. 이 일을 정우가 혼자 하면 며칠이 걸리는지 구하려고 할 때, 다음 물음에 답하시오.

(1) 정우와 우영이가 하루 동안 할 수 있는 일의 양을 각각 x, y라 할 때, 연립방정식을 세우시오.

(2) (1)의 연립방정식을 푸시오.

(3) 이 일을 정우가 혼자 하면 며칠이 걸리는지 구하시오.

4. 연립일차방정식 **89**

기본 문제

09 서로 다른 두 자연수의 합은 21이고, 큰 수를 작은 수로 나누면 몫이 4, 나머지는 1이다. 이 두 수 중 큰 수는?

① 16 　　　　② 17 　　　　③ 18
④ 19 　　　　⑤ 20

10 현재 수현이와 동생의 나이의 합이 22세이고, 4년 후에 수현이의 나이가 동생의 나이의 2배가 된다고 한다. 현재 수현이의 나이를 구하시오.

11 두 자리의 자연수가 있다. 각 자리의 숫자의 합은 16이고 두 자리의 자연수에서 십의 자리의 숫자와 일의 자리의 숫자를 바꾼 수는 처음 수보다 18만큼 클 때, 처음 수를 구하시오.

12 어느 퀴즈 프로그램에서 한 문제를 맞히면 40점을 얻고, 틀리면 20점을 잃는다. 진영이가 이 프로그램에 출연하여 20개의 문제를 풀고 440점을 얻었을 때, 진영이가 틀린 문제의 개수는?

① 2개 　　　　② 3개 　　　　③ 4개
④ 5개 　　　　⑤ 6개

13 승현이는 500원짜리 연필과 800원짜리 색연필을 사고 6800원을 냈다. 승현이가 산 색연필의 개수가 연필의 개수보다 2개 더 많을 때, 승현이가 산 색연필의 개수는?

① 4개 　　　　② 5개 　　　　③ 6개
④ 7개 　　　　⑤ 8개

14 민호와 윤식이가 같이 하면 12일 만에 끝낼 수 있는 일을 민호가 혼자 15일 동안 일한 다음 나머지를 윤식이가 혼자 10일 동안 일해서 끝냈다고 한다. 이 일을 민호가 혼자 한다면 며칠이 걸리는지 구하시오.

개념 32
연립방정식의 활용 (2)

01 은지는 10 km를 달리는 마라톤 대회에 참가하여 처음에는 시속 6 km로 달리다가 도중에 시속 4 km로 걸어서 2시간 만에 결승점을 통과하였다. 은지가 걸어간 거리를 구하려고 할 때, 다음 물음에 답하시오.

(1) 뛰어간 거리를 x km, 걸어간 거리를 y km라 할 때, 다음 표를 완성하고 연립방정식을 세우시오.

	뛰어갈 때	걸어갈 때	전체
거리	x km	y km	
속력	시속 6 km		
시간	$\dfrac{x}{6}$시간		2시간

➡ 연립방정식: _____

(2) (1)의 연립방정식을 푸시오.

(3) 뛰어간 거리와 걸어간 거리는 각각 몇 km인지 구하시오.

02 등산을 하는데 올라갈 때는 시속 3 km로 걷고, 내려올 때는 다른 길을 택하여 시속 4 km로 걸었더니 총 14 km를 걷는 데 걸린 시간은 4시간이었다. 올라간 거리와 내려온 거리를 각각 구하려고 할 때, 다음 물음에 답하시오.

(1) 올라간 거리를 x km, 내려온 거리를 y km라 할 때, 다음 표를 완성하고 연립방정식을 세우시오.

	올라갈 때	내려올 때	전체
거리	x km	y km	14 km
속력	시속 3 km		
시간	$\dfrac{x}{3}$시간		

➡ 연립방정식: _____

(2) (1)의 연립방정식을 푸시오.

(3) 올라간 거리와 내려온 거리는 각각 몇 km인지 구하시오.

03 8 km 떨어진 두 지점에서 윤찬이와 성진이가 마주 보고 동시에 출발하여 도중에 만났다. 윤찬이는 시속 5 km로, 성진이는 시속 3 km로 걸었다고 할 때, 윤찬이와 성진이가 걸은 거리는 각각 몇 km인지 구하려고 한다. 다음 물음에 답하시오.

(1) 윤찬이가 걸은 거리를 x km, 성진이가 걸은 거리를 y km라 할 때, 다음 표를 완성하고 연립방정식을 세우시오.

	윤찬	성진	전체
거리	x km	y km	8 km
속력	시속 5 km		
시간	$\dfrac{x}{5}$시간		

➡ 연립방정식: _____

(2) (1)의 연립방정식을 푸시오.

(3) 윤찬이와 성진이가 걸은 거리는 각각 몇 km인지 구하시오.

04 어느 중학교의 작년 2학년 학생 수는 170명이었다. 올해에는 작년에 비해 남학생 수는 15 % 감소하고, 여학생 수는 10 % 증가하여 전체적으로 학생 수가 3명 감소하였다. 작년 2학년 남학생 수와 여학생 수를 각각 구하려고 할 때, 다음 물음에 답하시오.

(1) 작년 2학년 남학생 수를 x명, 여학생 수를 y명이라 할 때, 다음 표를 완성하고 연립방정식을 세우시오.

	남학생 수	여학생 수	합계
작년	x명	y명	170명
변화량	$-\dfrac{15}{100}x$명		

⇨ 연립방정식:
_____

(2) (1)의 연립방정식을 푸시오.

(3) 작년 2학년 남학생 수와 여학생 수를 각각 구하시오.

05 어느 공장에서는 지난달 두 제품 A, B를 합하여 480개 생산하였다. 이번 달에는 지난달에 비해 제품 A의 생산량은 8 % 증가하고, 제품 B의 생산량은 5 % 감소하여 전체적으로 생산량이 15개 증가하였다. 이 공장에서 지난달에 생산한 제품 B의 개수를 구하려고 할 때, 다음 물음에 답하시오.

(1) 지난달 제품 A의 생산량을 x개, 제품 B의 생산량을 y개라 할 때, 다음 표를 완성하고 연립방정식을 세우시오.

	제품 A	제품 B	합계
지난달	x개	y개	480개
변화량	$+\dfrac{8}{100}x$개		

⇨ 연립방정식:
_____

(2) (1)의 연립방정식을 푸시오.

(3) 지난달 제품 B의 생산량을 구하시오.

기본 문제

06 지민이네 집에서 공원까지의 거리는 7 km이다. 지민이가 집에서 공원까지 자전거를 타고 시속 8 km로 가다가 중간에 힘이 들어 남은 거리는 시속 6 km로 갔더니 총 1시간이 걸렸다. 지민이가 시속 6 km로 이동한 거리를 구하시오.

07 등산을 하는데 올라갈 때는 시속 4 km로 걷고, 내려올 때는 다른 길을 택하여 시속 6 km로 뛰었더니 총 3시간이 걸렸다. 총 14 km를 걸었다고 할 때, 올라갈 때 걸은 거리를 구하시오.

08 36 km 떨어진 두 지점에서 하은이와 준희가 마주 보고 동시에 자전거를 타고 출발하여 도중에 만났다. 하은이는 시속 8 km로 준희는 시속 10 km로 자전거를 탔을 때, 준희가 자전거를 탄 거리는?

① 16 km   ② 17 km   ③ 18 km
④ 19 km   ⑤ 20 km

09 어느 마트에서 하루 동안 휴지 세트는 15 %, 샴푸 세트는 20 % 할인하여 판매하기로 하였다. 휴지 세트와 샴푸 세트의 할인 전 가격의 합은 28000원이고 할인 후 가격의 합은 할인 전 가격의 합보다 5000원이 더 적을 때, 샴푸 세트의 할인 전 가격을 구하시오.

10 어느 중학교의 작년 전체 학생 수는 950명이었다. 올해에는 작년에 비해 남학생 수는 10 % 감소하고 여학생 수는 5 % 증가하여 전체 학생 수가 8명이 감소하였을 때, 작년 여학생 수는?

① 580명   ② 589명   ③ 603명
④ 609명   ⑤ 615명

한번 더! 기본 문제

01 어느 자전거 보관소에 네발자전거와 두발자전거가 총 12대 있다. 네발자전거와 두발자전거의 바퀴의 개수의 합이 32개일 때, 두발자전거는 몇 대인가?

① 4대　　　② 5대　　　③ 6대
④ 7대　　　⑤ 8대

02 아랫변의 길이가 윗변의 길이보다 4 cm만큼 긴 사다리꼴이 있다. 이 사다리꼴의 높이가 6 cm이고, 넓이가 42 cm²일 때, 아랫변의 길이를 구하시오.

03 유빈이와 영빈이가 가위바위보를 하여 이긴 사람은 3계단씩 올라가고, 진 사람은 1계단씩 내려가기로 하였다. 가위바위보를 시작하여 얼마 후 유빈이는 처음보다 10계단을, 영빈이는 처음보다 2계단을 올라가 있었을 때, 영빈이가 이긴 횟수를 구하시오. (단, 비기는 경우는 없다.)

04 지은이는 친구와 만나기 위하여 오후 6시에 집에서 출발하여 시속 4 km로 걷다가 약속 시간에 늦을 것 같아서 도중에 시속 6 km로 달려 오후 7시 10분에 약속 장소에 도착하였다. 지은이네 집에서 약속 장소까지의 거리가 5 km일 때, 지은이가 걸어간 거리를 구하시오.

05 우진이가 공원을 걷는데 갈 때는 시속 4 km로 A 코스를 이용하고, 올 때는 시속 3 km로 A 코스보다 1 km 더 짧은 B 코스를 이용하였더니 총 2시간이 걸렸다. A 코스의 길이를 구하시오.

06 A 스포츠센터의 지난달 전체 회원 수는 560명이었다. 이번 달에는 지난달에 비하여 남자 회원 수는 15 % 줄고, 여자 회원 수는 20 % 늘었지만 전체 회원 수는 지난 달과 같을 때, 이번 달 남자 회원 수를 구하시오.

5

일차함수와 그 그래프

함수

01 다음 ☐ 안에 알맞은 것을 쓰시오.

> 두 변수 x, y에 대하여 x의 값이 변함에 따라 y의 값이 오직 하나씩 정해지는 대응 관계가 있을 때, y를 x의 ☐ 라 한다.

02 한 봉지에 1500원인 과자를 x봉지 살 때, 지불해야 할 금액을 y원이라 하자. 다음 x와 y 사이의 대응 관계를 나타낸 표를 완성하고, 물음에 답하시오.

x	1	2	3	4	5	...
y						...

(1) x의 값이 변함에 따라 y의 값이 오직 하나씩 대응하는지 말하시오.

(2) y가 x의 함수인지 말하시오.

03 자연수 x와 10의 공약수를 y라 하자. 다음 x와 y 사이의 대응 관계를 나타낸 표를 완성하고, 물음에 답하시오.

x	1	2	3	4	5	...
y						...

(1) x의 값이 변함에 따라 y의 값이 오직 하나씩 대응하는지 말하시오.

(2) y가 x의 함수인지 말하시오.

04 길이가 120 cm인 테이프를 x명에게 똑같이 나누어 줄 때, 한 사람이 받는 테이프의 길이를 y cm라 하자. 다음 x와 y 사이의 대응 관계를 나타낸 표를 완성하고, 물음에 답하시오.

x	1	2	3	4	5	...
y						...

(1) x의 값이 변함에 따라 y의 값이 오직 하나씩 대응하는지 말하시오.

(2) y가 x의 함수인지 말하시오.

05 자연수 x보다 작은 자연수를 y라 하자. 다음 x와 y 사이의 대응 관계를 나타낸 표를 완성하고, 물음에 답하시오.

x	1	2	3	4	5	...
y						...

(1) x의 값이 변함에 따라 y의 값이 오직 하나씩 대응하는지 말하시오.

(2) y가 x의 함수인지 말하시오.

06 용량이 60 L인 빈 물통에 매분 x L씩 일정하게 물을 채울 때, 물이 가득 찰 때까지 걸리는 시간을 y분이라 하자. 다음 x와 y 사이의 대응 관계를 나타낸 표를 완성하고, 물음에 답하시오.

x	1	2	3	4	5	...
y						...

(1) x의 값이 변함에 따라 y의 값이 오직 하나씩 대응하는지 말하시오.

(2) y가 x의 함수인지 말하시오.

07 다음 중 y가 x의 함수인 것은 ○표, 함수가 <u>아닌</u> 것은 ×표를 ( ) 안에 쓰시오.

(1) 자연수 x의 약수 y ( )

(2) 자연수 x의 배수 y ( )

(3) 자연수 x보다 작은 소수 y ( )

(4) 한 개에 12 g인 물건 x개의 무게 y g ( )

(5) 한 자루에 500원인 연필 x자루의 가격 y원 ( )

(6) 넓이가 240 cm^{2}인 직사각형의 가로의 길이가 x cm일 때, 세로의 길이 y cm ( )

(7) 시속 x km로 4시간 동안 달린 거리 y km ( )

기본 문제

08 다음 |보기| 중 y가 x의 함수인 것을 모두 고른 것은?

┤ 보기 ├
ㄱ. 자연수 x와 서로소인 수 y
ㄴ. 자연수 x와 8의 최소공배수 y
ㄷ. 밑변의 길이가 2 cm, 높이가 x cm인 삼각형의 넓이 y cm^2

① ㄴ　　　　② ㄷ　　　　③ ㄱ, ㄷ
④ ㄴ, ㄷ　　　⑤ ㄱ, ㄴ, ㄷ

09 다음 중 y가 x의 함수가 <u>아닌</u> 것은?

① 자연수 x를 2로 나누었을 때의 나머지는 y이다.
② 자연수 x보다 작은 소수의 개수는 y개이다.
③ 절댓값이 x인 자연수는 y이다.
④ 가로의 길이가 10 cm, 세로의 길이가 x cm인 직사각형의 둘레의 길이는 y cm이다.
⑤ 시속 3 km로 x시간 동안 걸은 거리는 y km이다.

함숫값

01 다음 □ 안에 알맞은 것을 쓰시오.

> 함수 $y=f(x)$에서 x의 값에 대응하는 y의 값을 □ 이라 한다.

02 함수 $f(x)=\dfrac{2}{5}x$에 대하여 다음 함숫값을 구하시오.

(1) $f(1)$

(2) $f(0)$

(3) $f(5)$

(4) $f(-1)$

(5) $f(-5)$

(6) $f\left(\dfrac{5}{2}\right)$

03 다음과 같은 함수 $f(x)$에 대하여 $f(2)$의 값을 구하시오.

(1) $f(x)=4x$

(2) $f(x)=-5x$

(3) $f(x)=\dfrac{16}{x}$

(4) $f(x)=-\dfrac{10}{x}$

04 다음과 같은 함수 $f(x)$에 대하여 $f\left(\dfrac{1}{3}\right)$의 값을 구하시오.

(1) $f(x)=3x$

(2) $f(x)=-\dfrac{3}{5}x$

(3) $f(x)=\dfrac{12}{x}$

(4) $f(x)=-\dfrac{6}{x}$

05 함수 $f(x)=ax$에 대하여 다음을 만족시키는 상수 a의 값을 구하시오.

(1) $f(2)=12$

(2) $f(-1)=5$

(3) $f(-3)=-6$

(4) $f\left(\dfrac{2}{3}\right)=2$

06 함수 $f(x)=\dfrac{a}{x}$에 대하여 다음을 만족시키는 상수 a의 값을 구하시오.

(1) $f(5)=1$

(2) $f(-2)=4$

(3) $f(-5)=-2$

(4) $f(3)=-2$

기본 문제

07 두 함수 $f(x)=-4x$, $g(x)=\dfrac{18}{x}$에 대하여 $f(2)+g(6)$의 값을 구하시오.

08 함수 $f(x)=(x$를 6으로 나누었을 때의 나머지)라 할 때, $f(16)-f(20)$의 값은?

① 1 　　　　② 2 　　　　③ 3

④ 4 　　　　⑤ 5

09 함수 $f(x)=\dfrac{12}{x}$에 대하여 $f(k)=-2$일 때, k의 값을 구하시오.

한번 더! 기본 문제

01 200쪽인 책을 x쪽 읽고 남은 쪽수를 y쪽이라 할 때, 다음 물음에 답하시오.

(1) x와 y 사이의 대응 관계를 나타낸 다음 표를 완성하시오.

x	1	2	3	4	5	⋯
y						⋯

(2) y가 x의 함수인지 말하시오.

02 다음 중 y가 x의 함수인 것을 모두 고르면? (정답 2개)

① 자연수 x와 6의 공배수 y

② 자연수 x보다 큰 자연수 y

③ 자연수 x를 4로 나누었을 때의 나머지 y

④ 한 변의 길이가 x인 정사각형의 넓이 y

⑤ 자연수 x보다 작은 짝수 y

03 함수 $f(x) = -\dfrac{20}{x}$에 대하여 다음 중 옳지 <u>않은</u> 것은?

① $f(-4) = 5$

② $f(-2) = 10$

③ $f\left(-\dfrac{1}{5}\right) = 4$

④ $f(1) = -20$

⑤ $f(5) + f(-10) = -2$

04 함수 $f(x) = (x$와 12의 최소공배수)라 할 때, $f(3) + f(18)$의 값은?

① 12   ② 24   ③ 36

④ 48   ⑤ 60

05 두 함수 $f(x) = \dfrac{1}{2}x$, $g(x) = -\dfrac{28}{x}$에 대하여 $f(a) = 2$일 때, $g(a)$의 값은?

① -7 ② -5 ③ -3

④ -1 ⑤ 1

자신감 UP
06 함수 $f(x) = ax$에 대하여 $f(3) = -\dfrac{9}{4}$일 때, $f(-8)$의 값을 구하시오. (단, a는 상수)

개념 35
일차함수

01 다음 □ 안에 알맞은 것을 쓰시오.

> 함수 $y=f(x)$에서 y가 x에 대한 일차식
> $$y=ax+b\,(a,\ b는\ 상수,\ a\neq0)$$
> 로 나타날 때, 이 함수를 x에 대한 □□□라 한다.

02 다음 중 일차함수인 것은 ○표, 일차함수가 아닌 것은 ✕표를 ( ) 안에 쓰시오.

(1) $y=3x$ ( )

(2) $y=5x-1$ ( )

(3) $y=5$ ( )

(4) $y=x^2-4$ ( )

(5) $2x-y=6$ ( )

(6) $y=x(2-x)+x^2$ ( )

03 다음 문장을 y를 x에 대한 식으로 나타내고, 그 식이 y가 x에 대한 일차함수인 것은 ○표, 일차함수가 아닌 것은 ✕표를 ( ) 안에 쓰시오.

(1) 시속 x km로 5시간 동안 달린 거리 y km

⇨ 식: _____ ( )

(2) 올해 40세인 아버지의 x년 후 나이 y세

⇨ 식: _____ ( )

(3) 한 변의 길이가 x cm인 정사각형의 넓이 y cm^2

⇨ 식: _____ ( )

(4) 무게가 800 g인 케이크를 x조각으로 똑같이 나눌 때, 한 조각의 무게 y g

⇨ 식: _____ ( )

(5) 한 개에 4000원인 물건 x개를 사고 10000원을 냈을 때의 거스름돈 y원

⇨ 식: _____ ( )

(6) 20 L의 물이 들어 있는 물통에 1분에 3 L씩 물을 넣을 때, x분 후의 물의 양 y L

⇨ 식: _____ ( )

04 일차함수 $f(x)=2x-3$에 대하여 다음 함숫값을 구하시오.

(1) $f(0)$

(2) $f(-1)$

(3) $f\left(\dfrac{1}{2}\right)$

(4) $f(3)-f(-3)$

05 다음을 만족시키는 상수 a의 값을 구하시오.

(1) 일차함수 $f(x)=-2x+a$에 대하여 $f(1)=2$이다.

(2) 일차함수 $f(x)=ax+5$에 대하여 $f(3)=-1$이다.

(3) 일차함수 $f(x)=4x+2$에 대하여 $f(a)=1$이다.

(4) 일차함수 $f(x)=-\dfrac{2}{3}x+2$에 대하여 $f(a)=4$이다.

기본 문제

06 다음 |보기| 중 일차함수인 것을 모두 고르시오.

┤ 보기 ├
ㄱ. $y=3$　　　　　　　ㄴ. $y=2x-1$
ㄷ. $y=\dfrac{3}{2}x$　　　　　　ㄹ. $y=\dfrac{3}{x}+5$
ㅁ. $y=x(x+1)$　　　　ㅂ. $3x-y+6=0$

07 다음 중 y가 x에 대한 일차함수인 것을 모두 고르면?

(정답 2개)

① y는 x보다 2만큼 큰 수이다.
② 반지름의 길이가 $x\,\text{cm}$인 원의 넓이는 $y\,\text{cm}^2$이다.
③ 밑변의 길이가 $x\,\text{cm}$, 높이가 $y\,\text{cm}$인 삼각형의 넓이는 $10\,\text{cm}^2$이다.
④ 시속 $x\,\text{km}$로 y시간 동안 달린 거리는 $10\,\text{km}$이다.
⑤ 한 자루에 x원인 볼펜 3자루를 사고 4000원을 냈을 때의 거스름돈은 y원이다.

08 일차함수 $f(x)=-x+4$에 대하여 $f(-2)=a$, $f(b)=7$일 때, $a+b$의 값을 구하시오.

개념 36

일차함수 $y=ax+b$의 그래프

01 다음 □ 안에 알맞은 것을 쓰시오.

> 한 도형을 일정한 방향으로 일정한 거리만큼 옮기는 것을 □이라 한다.
> 이때 일차함수 $y=ax+b$의 그래프는 일차함수 $y=ax$의 그래프를 y축의 방향으로 □만큼 평행이동한 것이다.

02 다음 표를 완성하고, 좌표평면 위의 일차함수의 그래프를 이용하여 주어진 일차함수의 그래프를 그리시오.

(1) $y=x+1$

x	$\cdots$	-2	-1	0	1	2	$\cdots$
$x+1$	$\cdots$						$\cdots$

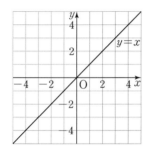

(2) $y=\dfrac{1}{2}x-2$

x	$\cdots$	-2	-1	0	1	2	$\cdots$
$\dfrac{1}{2}x$	$\cdots$						$\cdots$
$\dfrac{1}{2}x-2$	$\cdots$						$\cdots$

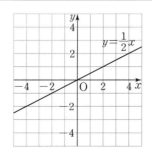

(3) $y=-2x-1$

x	$\cdots$	-2	-1	0	1	2	$\cdots$
$-2x$	$\cdots$						$\cdots$
$-2x-1$	$\cdots$						$\cdots$

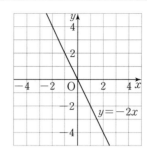

(4) $y=-\dfrac{3}{2}x+2$

x	$\cdots$	-2	-1	0	1	2	$\cdots$
$-\dfrac{3}{2}x$	$\cdots$						$\cdots$
$-\dfrac{3}{2}x+2$	$\cdots$						$\cdots$

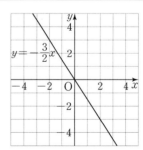

03 다음 일차함수의 그래프는 일차함수 $y=3x$의 그래프를 y축의 방향으로 얼마만큼 평행이동한 것인지 구하시오.

(1) $y=3x+7$ (2) $y=3x-\dfrac{1}{4}$

(3) $y=3(x+1)$ (4) $y=3\left(x-\dfrac{2}{3}\right)$

04 다음 일차함수의 그래프는 일차함수 $y=-x$의 그래프를 y축의 방향으로 얼마만큼 평행이동한 것인지 구하시오.

(1) $y=-x+4$ (2) $y=-x-3$

(3) $y=-(x-1)$ (4) $y=-\left(x+\dfrac{1}{4}\right)$

05 다음 일차함수의 그래프를 y축의 방향으로 [   ] 안의 수만큼 평행이동한 그래프가 나타내는 일차함수의 식을 구하시오.

(1) $y=5x$ $[\ 2\ ]$

(2) $y=\dfrac{2}{5}x$ $[-1]$

(3) $y=-\dfrac{3}{2}x$ $[-3]$

(4) $y=-4x$ $[\ 1\ ]$

(5) $y=-2x+2$ $[\ 3\ ]$

(6) $y=-\dfrac{1}{4}x+1$ $[-4]$

(7) $y=4(x-1)$ $[-3]$

(8) $y=-(x+2)$ $[\ 2\ ]$

06 다음 일차함수의 그래프가 주어진 점을 지나면 ○표, 지나지 않으면 ×표를 (   ) 안에 쓰시오.

(1) $y=4x-3$ $(2,\ 5)$ (   )

(2) $y=-3x+1$ $(-1,\ -2)$ (   )

(3) $y=\dfrac{1}{2}x+5$ $(-2,\ 6)$ (   )

(4) $y=-\dfrac{1}{3}x-1$ $(3,\ -2)$ (   )

기본 문제

07 일차함수 $y=-x$의 그래프를 y축의 방향으로 3만큼 평행이동하였더니 일차함수 $y=ax+b$의 그래프와 겹쳐졌다. 이때 상수 a, b에 대하여 $a+b$의 값을 구하시오.

08 다음 일차함수의 그래프 중 일차함수 $y=-4x+1$의 그래프를 평행이동한 그래프와 겹쳐지는 것은?

① $y=-x+1$ ② $y=-2x+1$
③ $y=-4x+2$ ④ $y=4x+1$
⑤ $y=5x+2$

09 일차함수 $y=\dfrac{2}{3}x$의 그래프를 y축의 방향으로 2만큼 평행이동한 그래프가 지나지 <u>않는</u> 사분면을 말하시오.

10 다음 중 일차함수 $y=-3x+2$의 그래프 위의 점이 <u>아닌</u> 것은?

① $(-2, 8)$ ② $(-1, 5)$ ③ $\left(\dfrac{2}{3}, 0\right)$
④ $(2, -4)$ ⑤ $(3, 7)$

11 다음 중 일차함수 $y=-2x$의 그래프를 y축의 방향으로 3만큼 평행이동한 그래프 위의 점이 <u>아닌</u> 것은?

① $(-5, 13)$ ② $(-2, 10)$ ③ $(0, 3)$
④ $(1, 1)$ ⑤ $(3, -3)$

12 일차함수 $y=3x+5$의 그래프를 y축의 방향으로 -6만큼 평행이동한 그래프가 점 $(k, -4)$를 지날 때, k의 값을 구하시오.

개념 35 ~ 개념 36

한번 더! 기본 문제

01 다음 |보기| 중 y가 x에 대한 일차함수인 것의 개수를 구하시오.

┤ 보기 ├

ㄱ. $x-xy=y(1-x)$ ㄴ. $x-y=1-x$

ㄷ. $x^2+y=x^2-x+1$ ㄹ. $x=x+y+1$

ㅁ. $x-y=x^2-x$ ㅂ. $x^2-y=x(x+1)$

02 일차함수 $f(x)=ax-3$에 대하여 $f(-1)=3$일 때, $f(1)$의 값을 구하시오. (단, a는 상수)

03 다음 중 일차함수 $y=-2x+5$의 그래프 위의 점이 <u>아닌</u> 것은?

① $(-3, 11)$ ② $(-2, 1)$ ③ $(1, 3)$

④ $(3, -1)$ ⑤ $(4, -3)$

04 두 일차함수 $y=4x+6$, $y=4x-\dfrac{1}{2}$의 그래프는 일차함수 $y=4x$의 그래프를 y축의 방향으로 각각 m, n만큼 평행이동한 것이다. 이때 mn의 값을 구하시오.

05 일차함수 $y=5x+b$의 그래프를 y축의 방향으로 -3만큼 평행이동하였더니 일차함수 $y=ax-2$의 그래프와 겹쳐졌다. 이때 상수 a, b에 대하여 $a+b$의 값은?

① 2   ② 3   ③ 4

④ 5   ⑤ 6

자신감 UP
06 일차함수 $y=\dfrac{2}{3}x-2$의 그래프를 y축의 방향으로 m만큼 평행이동한 그래프가 두 점 $(-6, -2)$, $(n, 4)$를 지날 때, $m+n$의 값을 구하시오.

개념 37
일차함수의 그래프의 x절편, y절편

01 다음 □ 안에 알맞은 것을 쓰시오.

일차함수의 그래프가 x축과 만나는 점의 x좌표를 이 그래프의 □, y축과 만나는 점의 y좌표를 이 그래프의 □ 이라 한다.

02 다음 일차함수의 그래프의 x절편과 y절편을 각각 구하시오.

(1)
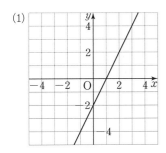

(2)
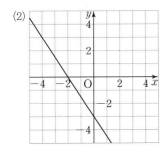

(3)
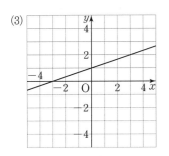

(4)

03 다음 일차함수의 그래프의 x절편과 y절편을 각각 구하시오.

(1) $y = 3x + 3$

(2) $y = -x + 6$

(3) $y = 2x - 5$

(4) $y = \dfrac{1}{2}x - 3$

(5) $y = -\dfrac{2}{3}x + 1$

(6) $y = -5x - 4$

기본 문제

04 일차함수 $y=3x-6$의 그래프의 x절편을 a, y절편을 b라 할 때, $a+b$의 값은?

① -5 ② -4 ③ -3

④ -2 ⑤ -1

05 다음 일차함수의 그래프 중 x절편이 나머지 넷과 <u>다른</u> 하나는?

① $y=-\dfrac{1}{2}x+\dfrac{1}{2}$ ② $y=\dfrac{1}{2}x+1$

③ $y=\dfrac{1}{3}(x-1)$ ④ $y=1-x$

⑤ $y=4x-4$

06 일차함수 $y=4x+2$의 그래프를 y축의 방향으로 6만큼 평행이동한 그래프의 x절편을 a, y절편을 b라 할 때, $a+b$의 값은?

① 3 ② 4 ③ 5

④ 6 ⑤ 7

07 다음 |보기|의 일차함수의 그래프 중 일차함수 $y=2x+3$의 그래프를 y축의 방향으로 -5만큼 평행이동한 그래프와 y축 위에서 만나는 것을 고르시오.

┤ 보기 ├
> ㄱ. $y=-2x+2$ ㄴ. $y=-\dfrac{3}{4}x+8$
>
> ㄷ. $y=\dfrac{5}{2}x-2$ ㄹ. $y=4x-8$

08 일차함수 $y=-\dfrac{2}{3}x+a$의 그래프의 x절편이 6일 때, y절편은? (단, a는 상수)

① 4 ② 5 ③ 6

④ 7 ⑤ 8

09 일차함수 $y=\dfrac{3}{5}x+6$의 그래프의 x절편과 일차함수 $y=-\dfrac{1}{3}x+a$의 그래프의 y절편이 서로 같을 때, 상수 a의 값을 구하시오.

개념 38

일차함수의 그래프의 기울기

01 다음 □ 안에 알맞은 것을 쓰시오.

> 일차함수 $y=ax+b$에서 x의 값의 증가량에 대한 y의 값의 증가량의 비율은 항상 일정하고, 그 비율은 x의 계수 a와 같다.
>
> 이때 이 증가량의 비율 a를 일차함수 $y=ax+b$의 그래프의 □라 한다. 즉,
>
> $$\left(\boxed{}\right)=\frac{(y\text{의 값의 증가량})}{(x\text{의 값의 증가량})}=a$$

02 다음 그림에서 □ 안에 알맞은 수를 쓰고, 일차함수의 기울기를 구하시오.

(1)
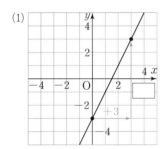

(2)
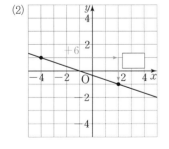

(3)
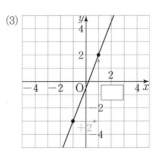

(4)
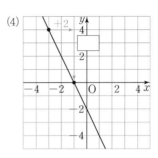

03 다음 일차함수의 그래프의 기울기를 구하시오.

(1) $y=-4x+3$

(2) $y=\dfrac{4}{5}x+2$

(3) $y=4-\dfrac{3}{2}x$

(4) $y=2(x-1)+2$

04 다음 두 점을 지나는 일차함수의 그래프의 기울기를 구하시오.

⑴ $(1, 2)$, $(3, 6)$

⑵ $(4, 1)$, $(0, -2)$

⑶ $(-1, 3)$, $(1, 9)$

⑷ $(-1, -1)$, $(-4, -3)$

07 일차함수 $y = \dfrac{5}{3}x - 1$의 그래프에서 x의 값이 -1에서 5까지 증가할 때, y의 값의 증가량을 구하시오.

08 두 점 $(-2, k)$, $(5, 6)$을 지나는 일차함수의 그래프의 기울기가 2일 때, k의 값을 구하시오.

기본 문제

05 오른쪽 그림과 같은 일차함수의 그래프의 기울기는?

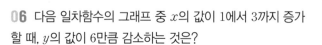

① $\dfrac{2}{3}$ ② 1

③ $\dfrac{4}{3}$ ④ $\dfrac{5}{3}$

⑤ 2

09 세 점 $A(1, 0)$, $B(3, 3)$, $C(-1, k)$가 한 직선 위에 있을 때, k의 값을 구하려고 한다. 다음 물음에 답하시오.

⑴ 두 점 A, B를 지나는 직선의 기울기를 구하시오.

⑵ 두 점 B, C를 지나는 직선의 기울기를 k에 대한 식으로 나타내시오.

⑶ k의 값을 구하시오.

06 다음 일차함수의 그래프 중 x의 값이 1에서 3까지 증가할 때, y의 값이 6만큼 감소하는 것은?

① $y = -\dfrac{1}{3}x + 1$ ② $y = \dfrac{1}{3}x - 3$

③ $y = -3x + 2$ ④ $y = 3x - 6$

⑤ $y = -6x + 3$

개념 39

일차함수의 그래프 그리기

01 일차함수의 그래프의 x절편과 y절편이 다음과 같을 때, 그 일차함수의 그래프를 좌표평면 위에 그리시오.

(1) x절편: 2, y절편: -2

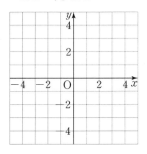

(2) x절편: 1, y절편: 3

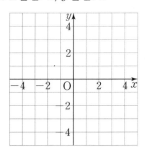

02 일차함수의 그래프의 기울기와 y절편이 다음과 같을 때, 그 일차함수의 그래프를 좌표평면 위에 그리시오.

(1) 기울기: $\dfrac{1}{2}$, y절편: -1

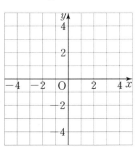

(2) 기울기: -3, y절편: 2

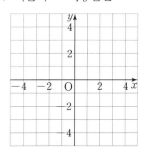

03 다음 일차함수의 그래프의 x절편과 y절편을 각각 구하고, 이를 이용하여 그 그래프를 좌표평면 위에 그리시오.

(1) $y = 2x + 2$

⇨ x절편: _____, y절편: _____

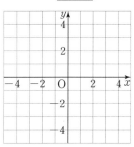

(2) $y = -\dfrac{2}{3}x - 2$

⇨ x절편: _____, y절편: _____

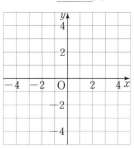

04 다음 일차함수의 그래프의 기울기와 y절편을 각각 구하고, 이를 이용하여 그 그래프를 좌표평면 위에 그리시오.

(1) $y=3x-1$

⇨ 기울기: _____ , y절편: _____

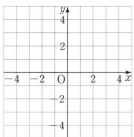

(2) $y=-\dfrac{3}{4}x+1$

⇨ 기울기: _____ , y절편: _____

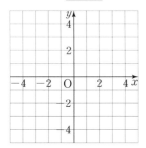

기본 문제

05 다음 중 일차함수 $y=\dfrac{1}{2}x-1$의 그래프는?

06 다음 일차함수의 그래프 중 제2사분면을 지나지 않는 것은?

① $y=-\dfrac{2}{3}x+5$ ② $y=-x+1$

③ $y=\dfrac{1}{2}x+2$ ④ $y=x+5$

⑤ $y=2x-2$

07 일차함수 $y=\dfrac{3}{2}x-6$의 그래프에 대하여 다음 물음에 답하시오.

(1) 주어진 일차함수의 그래프의 x절편과 y절편을 각각 구하시오.

(2) (1)을 이용하여 다음 좌표평면 위에 일차함수 $y=\dfrac{3}{2}x-6$의 그래프를 그리시오.

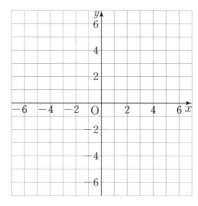

(3) (2)에서 그린 그래프와 x축, y축으로 둘러싸인 도형의 넓이를 구하시오.

한번 더! 기본 문제

01 두 일차함수 $y=ax+3$, $y=-4x-2$의 그래프가 x축 위에서 만날 때, 상수 a의 값을 구하시오.

02 일차함수 $y=-3x-a+1$의 그래프의 y절편이 -6일 때, x절편을 b라 하자. 이때 $a+b$의 값을 구하시오.

(단, a는 상수)

03 두 점 $(-1, 4)$, $(1, -4)$를 지나는 일차함수의 그래프에서 x의 값이 2에서 5까지 증가할 때, y의 값의 증가량을 구하시오.

04 오른쪽 그림과 같이 세 점 A, B, C가 한 직선 위에 있을 때, a의 값을 구하시오.

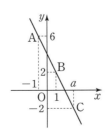

05 다음 중 일차함수 $y=-\dfrac{3}{2}x+3$의 그래프는?

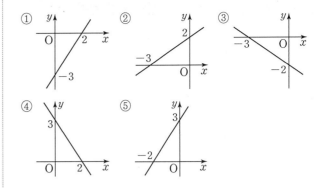

06 일차함수 $y=ax+1$의 그래프는 x의 값이 3만큼 증가할 때, y의 값이 1만큼 증가한다. 이때 이 그래프가 지나지 <u>않는</u> 사분면을 구하시오. (단, a는 상수)

07 일차함수 $y=-\dfrac{2}{5}x+4$의 그래프와 x축, y축으로 둘러싸인 도형의 넓이를 구하시오.

일차함수 $y=ax+b$의 그래프의 성질

01 다음 (   ) 안의 알맞은 것에 ○표 하시오.

> 일차함수 $y=ax+b$의 그래프에서 그래프의 모양은
> (a의 부호, b의 부호)가 결정하고, 그래프가 y축과 만나는
> 점의 위치는 (a의 부호, b의 부호)가 결정한다.

02 다음 조건을 만족시키는 일차함수의 그래프를 |보기|에서 모두 고르시오.

┤ 보기 ├

ㄱ. $y=3x-1$ ㄴ. $y=-\dfrac{1}{2}x+1$

ㄷ. $y=-x-\dfrac{1}{2}$ ㄹ. $y=5x+4$

ㅁ. $y=-7-2x$ ㅂ. $y=x+5$

(1) 기울기가 양수인 직선

(2) x의 값이 증가할 때, y의 값은 감소하는 직선

(3) 오른쪽 위로 향하는 직선

(4) 오른쪽 아래로 향하는 직선

(5) y절편이 양수인 직선

(6) y축과 음의 부분에서 만나는 직선

03 아래 그림이 일차함수 $y=ax+2$의 그래프일 때, 다음을 만족시키는 그래프를 모두 고르시오. (단, a는 상수)

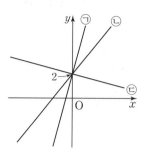

(1) $a>0$인 그래프

(2) $a<0$인 그래프

(3) a의 절댓값이 가장 큰 그래프

(4) a의 절댓값이 가장 작은 그래프

04 일차함수 $y=ax+b$의 그래프가 다음과 같을 때, 상수 a, b의 부호를 각각 정하시오.

(1)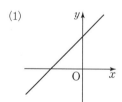

(2)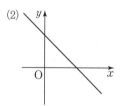

(3)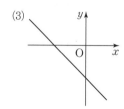

(4)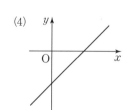

기본 문제

05 다음 중 일차함수 $y=-\dfrac{1}{3}x+4$의 그래프에 대한 설명으로 옳지 <u>않은</u> 것을 모두 고르면? (정답 2개)

① y축과 양의 부분에서 만난다.
② 제1사분면을 지나지 않는다.
③ 점 $(3, 3)$을 지난다.
④ 오른쪽 위로 향하는 직선이다.
⑤ x의 값이 3만큼 증가할 때 y의 값은 1만큼 감소한다.

06 다음 일차함수의 그래프 중 y축에 가장 가까운 것은?

① $y=\dfrac{1}{2}x+5$　　　　② $y=-2x-1$

③ $y=x-6$　　　　④ $y=-\dfrac{7}{2}x+3$

⑤ $y=-\dfrac{5}{4}x-2$

07 일차함수 $y=ax-b$의 그래프가 오른쪽 그림과 같을 때, 다음 중 옳은 것은? (단, a, b는 상수)

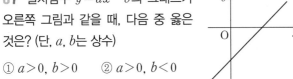

① $a>0$, $b>0$　　② $a>0$, $b<0$
③ $a<0$, $b>0$　　④ $a<0$, $b<0$
⑤ $a>0$, $b=0$

08 $a<0$, $b>0$일 때, 일차함수 $y=ax+b$의 그래프가 지나지 <u>않는</u> 사분면은? (단, a, b는 상수)

① 제1사분면　　② 제2사분면　　③ 제3사분면
④ 제4사분면　　⑤ 제1, 3사분면

09 $a>0$, $b<0$일 때, 다음 중 일차함수 $y=ax-b$의 그래프의 모양으로 알맞은 것은? (단, a, b는 상수)

①

②

③

④

⑤

일차함수의 그래프의 평행, 일치

01 다음 ☐ 안에 알맞은 것을 쓰시오.

(1) 기울기가 같은 두 일차함수의 그래프는 ☐ 하거나 일치한다.

(2) 평행한 두 일차함수의 그래프의 기울기는 ☐.

02 다음 |보기|의 일차함수의 그래프에 대하여 물음에 답하시오.

┤ 보기 ├

ㄱ. $y=\dfrac{1}{2}x+3$ ㄴ. $y=-\dfrac{1}{2}x+1$

ㄷ. $y=2(2x+3)$ ㄹ. $y=0.5x-2$

ㅁ. $y=-\dfrac{1}{2}(x-2)$ ㅂ. $y=4x+5$

(1) 평행한 것을 모두 찾아 짝 지으시오.

(2) 일치하는 것을 모두 찾아 짝 지으시오.

03 다음 두 일차함수의 그래프가 평행하면 '평', 일치하면 '일'을 ( ) 안에 쓰시오.

(1) $y=3x$, $y=3x-3$ (   )

(2) $y=2x+10$, $y=2(x+5)$ (   )

(3) $y=\dfrac{1}{5}(5x+10)$, $y=x-2$ (   )

04 다음 두 일차함수의 그래프가 평행할 때, 상수 a의 값을 구하시오.

(1) $y=ax+3$, $y=2x+6$

(2) $y=-x+2$, $y=ax-7$

(3) $y=4(1-x)$, $y=ax+2$

(4) $y=\dfrac{a}{3}x-5$, $y=2x+6$

05 다음 두 일차함수의 그래프가 일치할 때, 상수 a, b의 값을 각각 구하시오.

(1) $y=ax+1$, $y=3x+b$

(2) $y=2ax-2$, $y=6x+b$

(3) $y=\dfrac{2}{3}x-a$, $y=bx+9$

(4) $y=-3ax+3$, $y=6x-b$

기본 문제

06 다음 일차함수의 그래프 중 일차함수 $y=3x+2$의 그래프와 만나지 <u>않는</u> 것은?

① $y=\dfrac{1}{3}x+2$ ② $y=-3x-1$

③ $y=2(3-x)$ ④ $y=\dfrac{1}{2}(6x-1)$

⑤ $y=-(3x+2)$

07 다음 일차함수의 그래프 중 오른쪽 그림의 그래프와 평행한 것은?

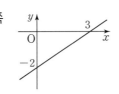

① $y=-\dfrac{3}{2}x+2$

② $y=-\dfrac{2}{3}x+2$

③ $y=\dfrac{1}{3}x-1$

④ $y=\dfrac{2}{3}x+2$

⑤ $y=\dfrac{3}{2}x+2$

08 두 일차함수 $y=ax-4$, $y=-\dfrac{1}{3}x+2b$의 그래프가 일치할 때, 상수 a, b에 대하여 $a+b$의 값은?

① $-\dfrac{7}{3}$ ② -2 ③ -1

④ 2 ⑤ $\dfrac{7}{3}$

09 두 일차함수 $y=ax-3$, $y=-6x+2$의 그래프가 평행할 때, 일차함수 $y=\dfrac{1}{2}ax+2$의 그래프의 x절편을 구하시오. (단, a는 상수)

10 일차함수 $y=x-4a$의 그래프가 점 $(1, 5)$를 지나고 일차함수 $y=bx+c$의 그래프와 일치할 때, 상수 a, b, c에 대하여 $a+b+c$의 값을 구하시오.

11 일차함수 $y=3x+b$의 그래프를 y축의 방향으로 -2만큼 평행이동하면 일차함수 $y=ax+3$의 그래프와 일치할 때, 상수 a, b에 대하여 $a+b$의 값을 구하시오.

한번 더! 기본 문제

01 다음 일차함수의 그래프 중 오른쪽 아래로 향하는 직선이면서 y축과 음의 부분에서 만나는 것은?

① $y=-3x+5$ 　　　　② $y=-2x+\dfrac{1}{3}$

③ $y=-\dfrac{1}{3}x-1$ 　　④ $y=x+3$

⑤ $y=2x-4$

02 일차함수 $y=ax-ab$의 그래프가 오른쪽 그림과 같을 때, 상수 a, b의 부호를 각각 정하시오.

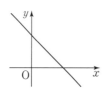

03 일차함수 $y=ax+b$의 그래프가 오른쪽 그림과 같을 때, 일차함수 $y=bx-a$의 그래프가 지나지 않는 사분면을 말하시오. (단, a, b는 상수)

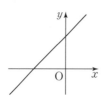

04 두 점 $(-1, 2)$, $(k, 4)$를 지나는 일차함수의 그래프가 일차함수 $y=x-4$의 그래프와 평행할 때, k의 값을 구하시오.

05 일차함수 $y=ax+3$의 그래프는 점 $(-1, b)$를 지나고, 일차함수 $y=-2x+\dfrac{1}{4}$의 그래프와 만나지 않을 때, $a+b$의 값을 구하시오. (단, a는 상수)

자신감 UP
06 다음 |보기| 중 일차함수 $y=-\dfrac{1}{2}x+2$의 그래프에 대한 설명으로 옳은 것을 모두 고르시오.

┤ 보기 ├

ㄱ. x절편은 $\dfrac{1}{2}$이고, y절편은 2이다.

ㄴ. 제1, 2, 4사분면을 지난다.

ㄷ. 일차함수 $y=\dfrac{1}{2}x-2$의 그래프와 평행하다.

ㄹ. 일차함수 $y=-\dfrac{1}{2}x$의 그래프를 y축의 방향으로 2만큼 평행이동한 그래프와 일치한다.

ㅁ. 일차함수 $y=-2x+1$의 그래프와 x축 위에서 만난다.

개념 42

일차함수의 식 구하기 (1)
– 기울기와 한 점을 알 때

01 다음 ☐ 안에 알맞은 것을 쓰시오.

기울기가 a이고, y절편이 b인 직선을 그래프로 하는 일차함수의 식은 ☐☐☐☐☐이다.

02 다음과 같은 직선을 그래프로 하는 일차함수의 식을 구하시오.

(1) 기울기가 1이고, y절편이 -2인 직선

(2) 기울기가 -3이고, y절편이 7인 직선

(3) 기울기가 $\dfrac{3}{4}$이고, y절편이 -5인 직선

(4) 기울기가 $-\dfrac{2}{9}$이고, y절편이 0인 직선

(5) 기울기가 2이고, 점 $(0, 4)$를 지나는 직선

(6) 기울기가 $\dfrac{1}{3}$이고, 점 $(0, -2)$를 지나는 직선

03 다음과 같은 직선을 그래프로 하는 일차함수의 식을 구하시오.

(1) 일차함수 $y=x+2$의 그래프와 평행하고, y절편이 5인 직선

(2) 일차함수 $y=\dfrac{1}{2}x-1$의 그래프와 평행하고, y절편이 -3인 직선

(3) 일차함수 $y=-3x$의 그래프와 평행하고, 점 $(0, 2)$를 지나는 직선

(4) x의 값이 3만큼 증가할 때 y의 값은 6만큼 증가하고, y절편이 -1인 직선

(5) x의 값이 2만큼 증가할 때 y의 값은 10만큼 감소하고, y절편이 6인 직선

(6) x의 값이 5만큼 증가할 때 y의 값은 3만큼 증가하고, 점 $(0, 8)$을 지나는 직선

04 다음 □ 안에 알맞은 것을 쓰고, 주어진 직선을 그래프로 하는 일차함수의 식을 구하시오.

(1) 기울기가 3이고, 점 $(2, 3)$을 지나는 직선

기울기가 3이므로 구하는 일차함수의 식을
$y=\boxed{}x+b$라 하자.
이 그래프가 점 $(2, 3)$을 지나므로
$3=\boxed{}+b$　∴ $b=\boxed{}$
따라서 구하는 일차함수의 식은
$y=\boxed{}$

(2) 기울기가 -4이고, 점 $(1, 1)$을 지나는 직선

(3) 기울기가 $\dfrac{1}{5}$이고, 점 $(-2, 1)$을 지나는 직선

(4) 기울기가 $-\dfrac{1}{2}$이고, 점 $\left(-4, \dfrac{3}{2}\right)$을 지나는 직선

(5) 기울기가 -1이고, x절편이 3인 직선

(6) 기울기가 $\dfrac{3}{2}$이고, x절편이 4인 직선

(7) 기울기가 $-\dfrac{1}{3}$이고, x절편이 -6인 직선

05 다음과 같은 직선을 그래프로 하는 일차함수의 식을 구하시오.

(1) 일차함수 $y=2x+1$의 그래프와 평행하고, 점 $(1, 5)$를 지나는 직선

(2) 일차함수 $y=-4x+2$의 그래프와 평행하고, 점 $(2, -1)$을 지나는 직선

(3) 일차함수 $y=\dfrac{5}{2}x-6$의 그래프와 평행하고, 점 $(-3, -3)$을 지나는 직선

(4) x의 값이 1만큼 증가할 때 y의 값은 3만큼 증가하고, 점 $(2, 4)$를 지나는 직선

(5) x의 값이 5만큼 증가할 때 y의 값은 5만큼 감소하고, 점 $(-1, 3)$을 지나는 직선

(6) x의 값이 2만큼 증가할 때 y의 값은 3만큼 증가하고, 점 $(-2, 1)$을 지나는 직선

기본 문제

06 x의 값이 3만큼 증가할 때 y의 값은 9만큼 증가하고, y절편이 -1인 직선을 그래프로 하는 일차함수의 식은?

① $y=-3x-1$ ② $y=-3x+1$

③ $y=3x-1$ ④ $y=3x+1$

⑤ $y=9x-1$

07 점 $(1, -2)$를 지나고, 일차함수 $y=2x-1$의 그래프와 평행한 직선을 그래프로 하는 일차함수의 식은?

① $y=2x-4$ ② $y=2x-3$

③ $y=2x+1$ ④ $y=-2x-1$

⑤ $y=-2x+2$

08 x의 값이 2만큼 증가할 때 y의 값은 6만큼 감소하고, 점 $(-1, 9)$를 지나는 직선을 그래프로 하는 일차함수의 식을 $y=ax+b$라 하자. 상수 a, b에 대하여 $a+b$의 값을 구하시오.

09 오른쪽 그림과 같은 직선과 평행하고, 점 $(1, 3)$을 지나는 직선을 그래프로 하는 일차함수의 식을 구하시오.

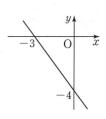

10 기울기가 $-\dfrac{2}{3}$이고 y절편이 2인 일차함수의 그래프의 x절편은?

① -3 ② -1 ③ 1

④ 3   ⑤ 5

11 기울기가 2이고 y절편이 -4인 일차함수의 그래프가 점 $(a, 6)$을 지날 때, a의 값을 구하시오.

일차함수의 식 구하기 (2)
− 서로 다른 두 점을 알 때

01 다음 □ 안에 알맞은 것을 쓰고, 주어진 직선을 그래프로 하는 일차함수의 식을 구하시오.

(1) 두 점 $(2, -3)$, $(4, 5)$를 지나는 직선

> $(기울기) = \dfrac{5-(-3)}{\boxed{}-2} = \boxed{}$ 이므로
>
> 구하는 일차함수의 식을 $y = \boxed{}x + b$라 하자.
>
> 이 그래프가 점 $(2, -3)$을 지나므로
>
> $-3 = \boxed{} + b$ $\therefore b = \boxed{}$
>
> 따라서 구하는 일차함수의 식은
>
> $y = \boxed{}$

(2) 두 점 $(1, 2)$, $(4, 3)$을 지나는 직선

(3) 두 점 $(-1, 0)$, $(2, 3)$을 지나는 직선

(4) 두 점 $(-1, 3)$, $(1, 8)$을 지나는 직선

(5) 두 점 $(2, 6)$, $(3, -1)$을 지나는 직선

(6) 두 점 $(-4, 5)$, $(2, 3)$을 지나는 직선

(7) 두 점 $(-4, 0)$, $(0, 1)$을 지나는 직선

02 다음 □ 안에 알맞은 것을 쓰고, 주어진 직선을 그래프로 하는 일차함수의 식을 구하시오.

(1) x절편이 1, y절편이 2인 직선

> 두 점 $(\boxed{}, 0)$, $(0, \boxed{})$를 지나므로
>
> $(기울기) = \dfrac{\boxed{} - \boxed{}}{0-1} = \boxed{}$
>
> 이때 y절편이 2이므로 구하는 일차함수의 식은
>
> $y = \boxed{}$

(2) x절편이 2, y절편이 -1인 직선

(3) x절편이 -3, y절편이 4인 직선

(4) x절편이 5, y절편이 8인 직선

(5) x절편이 6, y절편이 -3인 직선

(6) x절편이 4, y절편이 2인 직선

(7) x절편이 -5, y절편이 6인 직선

기본 문제

03 두 점 $(-1, 2)$, $(3, 6)$을 지나는 일차함수의 그래프의 x절편을 구하시오.

04 다음 중 두 점 $(2, 0)$, $(0, -4)$를 지나는 일차함수의 그래프 위의 점인 것은?

① $(-2, 0)$ ② $(-1, 2)$ ③ $(1, -2)$
④ $(2, 1)$ ⑤ $(3, -1)$

05 다음 중 두 점 $(-2, 1)$, $(2, -3)$을 지나는 일차함수의 그래프에 대한 설명으로 옳지 <u>않은</u> 것은?

① x절편은 -1이다.
② y절편은 -1이다.
③ 점 $(-5, 6)$을 지난다.
④ 일차함수 $y = -x + 3$의 그래프와 평행하다.
⑤ x의 값이 2만큼 증가하면 y의 값은 2만큼 감소한다.

06 x절편이 1, y절편이 -3인 일차함수의 그래프가 점 $(a, 2a)$를 지날 때, a의 값을 구하시오.

07 일차함수 $y = 2x + 4$의 그래프와 x축 위에서 만나고, 점 $(2, 1)$을 지나는 직선을 그래프로 하는 일차함수의 식은?

① $y = \dfrac{1}{4}x + \dfrac{1}{2}$ ② $y = \dfrac{1}{4}x + 1$
③ $y = 4x + \dfrac{1}{2}$ ④ $y = 4x + 1$
⑤ $y = 8x + \dfrac{1}{2}$

08 세 점 $(-5, 1)$, $(-3, 3)$, $(1, k)$를 지나는 직선을 그래프로 하는 일차함수의 식을 $y = ax + b$라 할 때, $a + b + k$의 값을 구하시오. (단, a, b는 상수)

일차함수의 활용

01 공기 중에서 소리의 속력은 기온이 0 ℃일 때 초속 331 m이고, 기온이 1 ℃씩 올라갈 때마다 초속 0.6 m씩 증가한다고 한다. 다음은 기온이 15 ℃일 때의 소리의 속력을 구하는 과정이다. ☐ 안에 알맞은 것을 쓰시오.

> ❶ 기온이 x ℃일 때의 소리의 속력을 초속 y m라 하자.
> ❷ 기온이 1 ℃씩 올라갈 때마다 소리의 속력이 초속 0.6 m씩 증가하므로 y를 x에 대한 식으로 나타내면
> $y=$ ☐
> ❸ 이 일차함수의 식에 $x=$ ☐ 를 대입하여 정리하면
> $y=$ ☐
> 따라서 기온이 15 ℃일 때의 소리의 속력은
> 초속 ☐ m이다.

02 길이가 40 cm인 용수철에 추를 한 개 매달 때마다 길이가 2 cm씩 늘어난다고 한다. 추를 x개 매달았을 때의 용수철의 길이를 y cm라 할 때, 다음 물음에 답하시오.

(1) 다음 표를 완성하고, y를 x에 대한 식으로 나타내시오.

x	0	1	2	3	4	⋯
y						⋯

⇨ 식: _____

(2) (1)의 식을 이용하여 추를 6개 매달았을 때의 용수철의 길이는 몇 cm인지 구하시오.

(3) (1)의 식을 이용하여 추를 몇 개 매달았을 때 용수철의 길이가 64 cm가 되는지 구하시오.

03 길이가 80 cm인 초에 불을 붙이면 1분에 3 cm씩 짧아진다고 한다. 다음은 초의 길이가 29 cm가 되는 것은 불을 붙인 지 몇 분 후인지 구하는 과정이다. ☐ 안에 알맞은 것을 쓰시오.

> ❶ x분 후의 초의 길이를 y cm라 하자.
> ❷ 초의 길이가 1분에 3 cm씩 짧아지므로 y를 x에 대한 식으로 나타내면
> $y=$ ☐
> ❸ 이 일차함수의 식에 $y=$ ☐ 를 대입하여 정리하면
> $x=$ ☐
> 따라서 초의 길이가 29 cm가 되는 것은 불을 붙인 지 ☐ 분 후이다.

04 30 L의 물이 들어 있는 물통에서 3분마다 6 L씩 물이 흘러나갈 때, 다음 물음에 답하시오.

(1) 1분마다 물통에서 흘러나가는 물의 양은 몇 L인지 구하시오.

(2) 물이 흘러나가기 시작한 지 x분 후에 물통에 들어 있는 물의 양을 y L라 할 때, y를 x에 대한 식으로 나타내시오.

(3) (2)의 식을 이용하여 물이 흘러나가기 시작한 지 10분 후에 물통에 들어 있는 물의 양은 몇 L인지 구하시오.

(4) (2)의 식을 이용하여 물통에 들어 있는 물의 양이 14 L가 되는 것은 몇 분 후인지 구하시오.

05 지안이가 집에서 280 km 떨어진 여행지까지 자동차를 타고 시속 70 km로 갈 때, 다음 물음에 답하시오.

(1) 다음 □ 안에 알맞은 식을 쓰고, 출발한 지 x시간 후에 여행지까지 남은 거리를 y km라 할 때, y를 x에 대한 식으로 나타내시오.

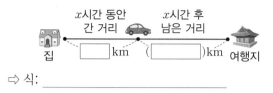

⇨ 식: _____

(2) (1)의 식을 이용하여 출발한 지 2시간 후에 여행지까지 남은 거리는 몇 km인지 구하시오.

(3) (1)의 식을 이용하여 지안이가 여행지까지 가는 데 몇 시간이 걸리는지 구하시오.

06 오른쪽 그림과 같은 직사각형 ABCD에서 점 P가 꼭짓점 A를 출발하여 변 AB를 따라 매초 0.2 cm의 속력으로 움직인다. 점 P가 꼭짓점 A를 출발한 지 x초 후의 사다리꼴 PBCD의 넓이를 y cm²라 할 때, 사다리꼴 PBCD의 넓이가 96 cm²가 되는 것은 점 P가 꼭짓점 A를 출발한 지 몇 초 후인지 구하려고 한다. 다음 물음에 답하시오.

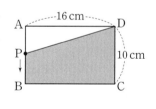

(1) 선분 PB의 길이를 x에 대한 식으로 나타내시오.

(2) (1)의 식을 이용하여 y를 x에 대한 식으로 나타내시오.

(3) (2)의 식을 이용하여 사다리꼴 PBCD의 넓이가 96 cm²가 되는 것은 점 P가 꼭짓점 A를 출발한 지 몇 초 후인지 구하시오.

07 지면에서 10 km까지는 높이가 1 m 높아질 때마다 기온이 0.006 °C씩 내려간다. 지면의 기온이 12 °C일 때, 기온이 9 °C인 지점의 지면으로부터의 높이는 몇 m인지 구하시오.

08 80 L의 물을 담을 수 있는 물탱크에 30 L의 물이 들어 있다. 이 물탱크에 5분에 10 L씩 물을 넣는다고 할 때, 물탱크를 가득 채우는 데 몇 분이 걸리는가?

① 25분 ② 30분 ③ 35분
④ 40분 ⑤ 45분

09 오른쪽 그림은 길이가 20 cm인 양초에 불을 붙인 지 x시간 후에 남은 양초의 길이를 y cm라 할 때, x와 y 사이의 관계를 그래프로 나타낸 것이다. 남은 양초의 길이가 8 cm가 되는 것은 불을 붙인 지 몇 시간 후인지 구하시오.

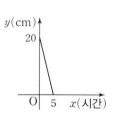

자신감 UP

개념 42 ~ 개념 44

한번 더! 기본 문제

01 오른쪽 그림과 같은 직선과 평행하고, 일차함수 $y=4x-1$의 그래프와 y축 위에서 만나는 직선을 그래프로 하는 일차함수의 식을 구하시오.

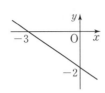

02 x의 값이 2만큼 증가할 때 y의 값은 -4만큼 증가하고, 점 $(-1, 3)$을 지나는 일차함수의 그래프가 x축과 만나는 점의 좌표는?

① $(-2, 0)$ ② $\left(-\dfrac{3}{2}, 0\right)$ ③ $\left(-\dfrac{1}{2}, 0\right)$

④ $\left(\dfrac{1}{2}, 0\right)$ ⑤ $\left(\dfrac{3}{2}, 0\right)$

03 기울기가 -3이고 점 $(2a-5, a)$를 지나는 일차함수의 그래프가 점 $(-2, 5)$를 지날 때, a의 값을 구하시오.

04 일차함수 $y=3x-5$의 그래프와 y축 위에서 만나고, 일차함수 $y=\dfrac{1}{2}x-1$의 그래프와 x축 위에서 만나는 직선을 그래프로 하는 일차함수의 식을 구하시오.

05 두 점 $(-3, -2)$, $(1, 6)$을 지나는 일차함수의 그래프를 y축의 방향으로 -4만큼 평행이동하면 점 $(a, 2)$를 지날 때, a의 값을 구하시오.

06 길이가 30 cm인 용수철에 물건을 달 때, 무게가 10 g씩 늘어날 때마다 용수철의 길이가 4 cm씩 늘어난다고 한다. 이 용수철에 무게가 45 g인 물건을 달았을 때, 용수철의 길이는 몇 cm인지 구하시오.

6

일차함수와 일차방정식

일차함수와 일차방정식의 관계

01 다음 □ 안에 알맞은 것을 쓰시오.

(1) x, y의 값의 범위가 수 전체일 때, 일차방정식
$ax+by+c=0$ (a, b, c는 상수, $a \neq 0$ 또는 $b \neq 0$)의
해는 무수히 많고, 그 해를 좌표평면 위에 나타내면 직선
이 된다. 이때 이 일차방정식을 □□□□□□□이라 한다.

(2) 미지수가 2개인 일차방정식
$ax+by+c=0$ (a, b, c는 상수, $a \neq 0$, $b \neq 0$)의 그래프는
일차함수 $y=$ □□□□ 의 그래프와 같다.

02 일차방정식 $2x+y+2=0$에 대하여 다음 물음에 답하시오.

(1) x, y의 값의 범위가 정수일 때, 일차방정식 $2x+y+2=0$
의 해를 구하여 다음 표를 완성하시오.

x	$\cdots$	-3	-2	-1	0	1	$\cdots$
y	$\cdots$						$\cdots$

(2) (1)에서 구한 해의 순서쌍 (x, y)를 좌표로 하는 점을 오른쪽 좌표평면 위에 나타내시오.

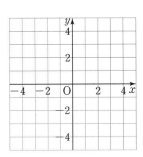

(3) x, y의 값의 범위가 수 전체일 때, (1)의 표를 이용하여 일차방정식 $2x+y+2=0$의 그래프를 오른쪽 좌표평면 위에 나타내시오.

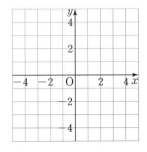

03 다음 중 일차방정식 $3x-4y+5=0$의 그래프 위의 점인 것은 ○표, 그래프 위의 점이 <u>아닌</u> 것은 ×표를 ( ) 안에 쓰시오.

(1) $(1, 2)$ ( )

(2) $(-3, 1)$ ( )

(3) $(5, 5)$ ( )

(4) $(-1, -2)$ ( )

04 다음 일차방정식을 $y=ax+b$의 꼴로 나타내고, 일차방정식의 그래프의 기울기, x절편, y절편을 각각 구하시오.
(단, a, b는 상수)

(1) $x-y-3=0$

(2) $-5x+y-9=0$

(3) $3x+4y-12=0$

(4) $-6x+2y+5=0$

05 다음 일차방정식을 $y=ax+b$의 꼴로 나타내고, 일차방정식의 그래프를 좌표평면 위에 그리시오. (단, a, b는 상수)

(1) $2x-3y+6=0$

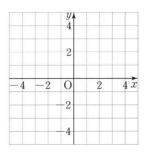

(2) $2x-y-4=0$

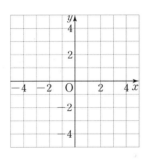

(3) $-4x-3y+12=0$

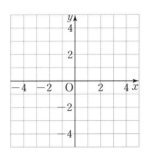

(4) $x+2y-3=0$

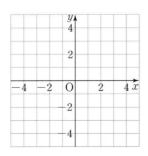

06 다음 중 일차방정식 $x+3y-9=0$의 그래프에 대한 설명으로 옳은 것은 ○표, 옳지 <u>않은</u> 것은 ×표를 ( ) 안에 쓰시오.

(1) 일차함수 $y=-\dfrac{1}{3}x+3$의 그래프와 일치한다. ( )

(2) x절편은 6이다. ( )

(3) y절편은 3이다. ( )

(4) x의 값이 3만큼 증가할 때, y의 값은 1만큼 감소한다. ( )

(5) 제4사분면을 지난다. ( )

(6) 오른쪽 위로 향하는 직선이다. ( )

(7) 점 $(3, 2)$를 지난다. ( )

기본 문제

07 다음 일차함수의 그래프 중 일차방정식 $x-2y-3=0$의 그래프와 일치하는 것은?

① $y=-2x+\dfrac{3}{2}$　　　　② $y=2x-\dfrac{3}{2}$

③ $y=-\dfrac{1}{2}x+\dfrac{3}{2}$　　　④ $y=\dfrac{1}{2}x-\dfrac{3}{2}$

⑤ $y=-x+3$

08 일차방정식 $2x-3y+12=0$의 그래프의 기울기를 a, x절편을 b, y절편을 c라 할 때, abc의 값을 구하시오.

09 다음 |보기|의 일차방정식의 그래프가 오른쪽 그림과 같을 때, 일차방정식과 그 그래프를 바르게 짝 지으시오.

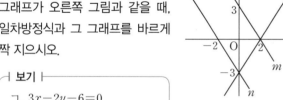

┤ 보기 ├
ㄱ. $3x-2y-6=0$
ㄴ. $3x+2y+6=0$
ㄷ. $3x+2y-6=0$

10 일차방정식 $ax-3y+18=0$의 그래프가 점 $(3, 5)$를 지날 때, 이 그래프의 x절편은? (단, a는 상수)

① -18　　　　② -15　　　　③ 3
④ 15　　　　⑤ 18

11 일차방정식 $ax+y+b=0$의 그래프가 오른쪽 그림과 같을 때, 상수 a, b의 부호를 각각 정하시오.

12 다음 중 x, y가 자연수일 때, 일차방정식 $2x+y=10$에 대한 설명으로 옳지 <u>않은</u> 것은?

① 해는 모두 4쌍이다.
② $x=3$일 때, $y=4$이다.
③ 그래프가 점 $(4, 2)$를 지난다.
④ 그래프의 모양은 점으로 나타난다.
⑤ 그래프는 제1사분면과 제3사분면 위에 있다.

개념 46

일차방정식 $x=p$, $y=q$의 그래프

01 다음 □ 안에 알맞은 것을 쓰고, 일차방정식의 그래프를 좌표평면 위에 그리시오.

(1) $x=1$

⇨ 점 (□, 0)을 지나고 □축에 평행한 직선

⇨ 점 (□, 0)을 지나고 □축에 수직인 직선

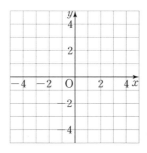

(2) $y=-3$

⇨ 점 (0, □)을 지나고 □축에 평행한 직선

⇨ 점 (0, □)을 지나고 □축에 수직인 직선

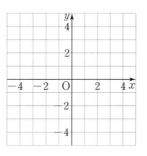

(3) $x+4=0$

⇨ 점 (□, 0)을 지나고 □축에 평행한 직선

⇨ 점 (□, 0)을 지나고 □축에 수직인 직선

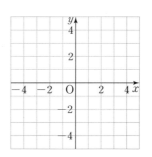

(4) $y-2=0$

⇨ 점 (0, □)를 지나고 □축에 평행한 직선

⇨ 점 (0, □)를 지나고 □축에 수직인 직선

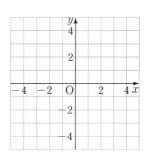

02 다음 그림과 같은 직선을 그래프로 하는 직선의 방정식을 구하시오.

(1)

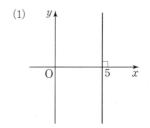

(2)

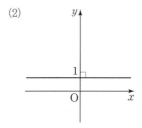

(3)

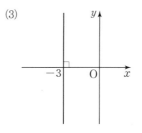

(4)

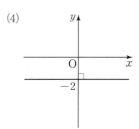

03 다음을 만족시키는 직선의 방정식을 구하시오.

(1) 점 $(3, 4)$를 지나고 x축에 평행한 직선

(2) 점 $(-1, 3)$을 지나고 y축에 평행한 직선

(3) 점 $(2, 7)$을 지나고 x축에 수직인 직선

(4) 점 $(5, -5)$를 지나고 y축에 수직인 직선

(5) 두 점 $(-4, 1)$, $(5, 1)$을 지나는 직선

(6) 두 점 $(6, -3)$, $(6, 6)$을 지나는 직선

(7) 두 점 $(1, 2)$, $(4, 2)$를 지나는 직선

(8) 두 점 $(-3, 0)$, $(-3, 1)$을 지나는 직선

기본 문제

04 다음 방정식의 그래프 중 축에 평행하지 <u>않은</u> 것은?

① $x = -1$　　　　② $y = 2$

③ $y = x$　　　　④ $2x + 1 = 0$

⑤ $3y - 3 = 0$

05 점 $(-1, 7)$을 지나고 x축에 수직인 직선과 점 $(4, -2)$를 지나고 x축에 평행한 직선이 만나는 점의 좌표가 (p, q)일 때, $p + q$의 값을 구하시오.

06 네 직선 $x = 5$, $y = 4$, $x = 0$, $y = 0$으로 둘러싸인 도형의 넓이를 구하시오.

한번 더! 기본 문제

01 다음 중 일차방정식 $x-3y+3=0$의 그래프에 대한 설명으로 옳지 <u>않은</u> 것은?

① x절편은 -3이다.
② y절편은 1이다.
③ 점 $(3, 2)$를 지난다.
④ 제4사분면을 지나지 않는다.
⑤ 일차함수 $y=3x$의 그래프와 평행하다.

02 일차방정식 $3x-y+8=0$의 그래프가 점 $(a-2, a)$를 지날 때, a의 값은?

① -5　　　② -3　　　③ -1
④ 3　　　⑤ 5

03 두 점 $(-2, -2)$, $(5, 8)$을 지나는 직선과 일차방정식 $ax+7y-2=0$의 그래프가 평행할 때, 상수 a의 값은?

① -15　　　② -10　　　③ -5
④ 5　　　⑤ 10

04 일차방정식 $x+ay-b=0$의 그래프가 오른쪽 그림과 같을 때, a, b의 부호는? (단, a, b는 상수)

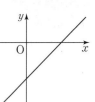

① $a>0$, $b>0$
② $a>0$, $b<0$
③ $a<0$, $b>0$
④ $a<0$, $b<0$
⑤ $a>0$, $b=0$

05 일차방정식 $2x-3y-12=0$의 그래프가 y축과 만나는 점을 지나고, x축에 평행한 직선의 방정식을 구하시오.

06 네 직선 $x=-2$, $2x-6=0$, $y=-1$, $y=2$로 둘러싸인 도형의 넓이는?

① 10　　　② 12　　　③ 14
④ 15　　　⑤ 16

개념 47

연립방정식의 해와 그래프

01 다음 ☐ 안에 알맞은 것을 쓰시오.

> 연립방정식 $\begin{cases} ax+by+c=0 \\ a'x+b'y+c'=0 \end{cases}$ 의 해는 두 일차방정식 $ax+by+c=0$, $a'x+b'y+c'=0$의 그래프, 즉 두 일차함수의 그래프의 ☐ 의 좌표와 같다.

02 다음 연립방정식에서 두 일차방정식의 그래프가 그림과 같을 때, 연립방정식의 해를 구하시오.

(1) $\begin{cases} x-y=4 \\ 4x+3y=9 \end{cases}$

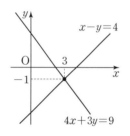

(2) $\begin{cases} 4x-y=6 \\ 4x+y=2 \end{cases}$

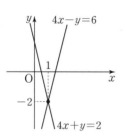

(3) $\begin{cases} 3x-2y=-2 \\ x+y=-4 \end{cases}$

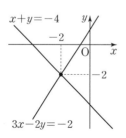

03 다음 연립방정식에서 두 일차방정식의 그래프를 각각 좌표평면 위에 나타내고, 그래프를 이용하여 연립방정식의 해를 구하시오.

(1) $\begin{cases} x-y=-3 \\ 5x+2y=-1 \end{cases}$

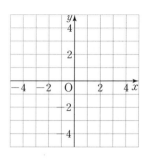

(2) $\begin{cases} 2x+y=6 \\ x-2y=-2 \end{cases}$

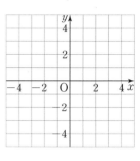

(3) $\begin{cases} 3x+4y=1 \\ 2x-3y=-5 \end{cases}$

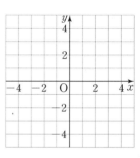

04 다음 두 일차방정식의 그래프의 교점의 좌표를 구하시오.

(1) $x+y=5$, $2x-y=4$

(2) $x+2y=7$, $3x+2y=1$

(3) $x-y=4$, $4x+3y=2$

(4) $2x+3y=5$, $5x-2y=3$

(5) $3x+y-14=0$, $7x-2y+2=0$

---

07 두 일차방정식 $3x+2y-9=0$, $5x+2y-3=0$의 그래프의 교점의 좌표를 구하시오.

기본 문제

05 다음 그림에서 연립방정식 $\begin{cases} x+3y=-5 \\ x-y=3 \end{cases}$ 의 해를 나타내는 점은?

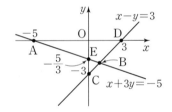

① 점 A   ② 점 B   ③ 점 C
④ 점 D   ⑤ 점 E

---

08 오른쪽 그림은 연립방정식 $\begin{cases} ax+y=-5 \\ x-2y=b \end{cases}$ 의 해를 구하기 위해 두 일차방정식의 그래프를 각각 그린 것이다. 상수 a, b에 대하여 $a+b$의 값을 구하시오.

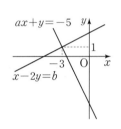

---

09 두 일차방정식 $x-2y=3$, $3x+2y=1$의 그래프의 교점이 일차함수 $y=ax+1$의 그래프 위에 있을 때, 상수 a의 값을 구하시오.

---

06 오른쪽 그림은 연립방정식 $\begin{cases} x+2y=4 \\ 2x-y=3 \end{cases}$ 의 해를 구하기 위해 두 일차방정식의 그래프를 각각 그린 것이다. 이 연립방정식의 해를 구하시오.

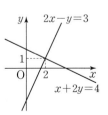

개념 48

연립방정식의 해의 개수와
두 그래프의 위치 관계

01 다음 □ 안에 알맞은 것을 쓰시오.

연립방정식에서 두 일차방정식의 그래프를 각각 그렸을 때,
두 그래프가

(1) ☐에서 만나면 해는 한 쌍이다.

(2) ☐하면 해는 무수히 많다.

(3) ☐하면 해는 없다.

02 다음 연립방정식에서 두 일차방정식의 그래프를 각각
좌표평면 위에 나타내고, 그래프를 이용하여 연립방정식의
해를 구하시오.

(1) $\begin{cases} x-2y=3 \\ -x+2y=-3 \end{cases}$

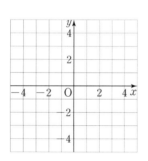

(2) $\begin{cases} 3x+4y=4 \\ 6x+8y=-16 \end{cases}$

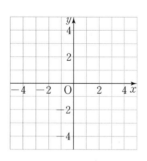

(3) $\begin{cases} 5x-y=-3 \\ -10x+2y=-8 \end{cases}$

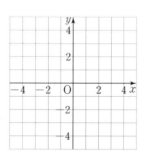

03 다음 연립방정식의 해가 없을 때, □ 안에 알맞은 것을
쓰고, 상수 a의 값을 구하시오.

(1) $\begin{cases} ax+y=3 \\ 3x+2y=4 \end{cases}$ $\xrightarrow[\text{식으로 나타내면}]{y를\ x에\ 대한}$ $\begin{cases} y= \boxed{} \\ y= \boxed{} \end{cases}$

두 그래프의 기울기는 같고 y절편은 달라야 하므로

$-a= \boxed{}$ $\quad \therefore a= \boxed{}$

(2) $\begin{cases} ax+3y=7 \\ -4x+6y=3 \end{cases}$ $\xrightarrow[\text{식으로 나타내면}]{y를\ x에\ 대한}$ $\begin{cases} y= \boxed{} \\ y= \boxed{} \end{cases}$

(3) $\begin{cases} -x+ay=6 \\ 2x+6y=9 \end{cases}$ $\xrightarrow[\text{식으로 나타내면}]{y를\ x에\ 대한}$ $\begin{cases} y= \boxed{} \\ y= \boxed{} \end{cases}$

04 다음 연립방정식의 해가 무수히 많을 때, □ 안에 알맞은 것을 쓰고, 상수 a의 값을 구하시오.

(1) $\begin{cases} x+2y=6 \\ ax+y=3 \end{cases}$ $\xrightarrow[\text{식으로 나타내면}]{y를\ x에\ 대한}$ $\begin{cases} y= \boxed{} \\ y= \boxed{} \end{cases}$

두 그래프의 기울기와 y절편이 각각 같아야 하므로

$\boxed{}=-a$ $\quad \therefore a= \boxed{}$

(2) $\begin{cases} -2x+y=a \\ 6x-3y=-9 \end{cases}$ $\xrightarrow[\text{식으로 나타내면}]{y를 \ x에 \ 대한}$ $\begin{cases} y=\boxed{} \\ y=\boxed{} \end{cases}$

(3) $\begin{cases} 3x+y=2 \\ ax-2y=-4 \end{cases}$ $\xrightarrow[\text{식으로 나타내면}]{y를 \ x에 \ 대한}$ $\begin{cases} y=\boxed{} \\ y=\boxed{} \end{cases}$

06 연립방정식 $\begin{cases} 2x-y=-3 \\ ax-3y=b \end{cases}$ 의 해가 무수히 많을 때, 상수 a, b에 대하여 $a+b$의 값을 구하시오.

07 연립방정식 $\begin{cases} x+y+3=0 \\ ax-y+1=0 \end{cases}$ 의 해가 없을 때, 상수 a의 값을 구하시오.

기본 문제

05 다음 | 보기 |의 연립방정식에 대하여 물음에 답하시오.

| 보기 |

ㄱ. $\begin{cases} 3x-y=14 \\ 5x-2y=5 \end{cases}$　　ㄴ. $\begin{cases} x+3y=1 \\ 3x+9y=3 \end{cases}$

ㄷ. $\begin{cases} 4x-y=3 \\ 2x+4y=3 \end{cases}$　　ㄹ. $\begin{cases} 6x+2y=8 \\ 3x+y=5 \end{cases}$

ㅁ. $\begin{cases} -x+y=5 \\ x-y=5 \end{cases}$　　ㅂ. $\begin{cases} 2x+y=4 \\ 4x+2y=8 \end{cases}$

(1) 해가 한 쌍인 연립방정식을 모두 고르시오.

(2) 해가 무수히 많은 연립방정식을 모두 고르시오.

(3) 해가 없는 연립방정식을 모두 고르시오.

08 두 일차방정식 $x+4y-3=0$, $ax-2y-3=0$의 그래프의 교점이 오직 한 개 존재하기 위한 상수 a의 조건을 구하시오.

개념 47 ~ 개념 48

한번 더! 기본 문제

01 두 일차방정식 $3x-y-2=0$, $x-2y+1=0$의 그래프의 교점의 좌표는?

① $(1, 0)$ ② $(1, 1)$ ③ $(1, 2)$

④ $(2, 1)$ ⑤ $(2, 2)$

02 오른쪽 그림은 연립방정식 $\begin{cases} 3x+ay=1 \\ ax+by=8 \end{cases}$의 해를 구하기 위해 두 일차방정식의 그래프를 각각 그린 것이다. 상수 a, b에 대하여 $a+b$의 값을 구하시오.

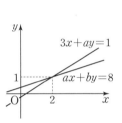

03 세 직선 $x+y=4$, $x-ay=1$, $4x-5y=7$이 한 점에서 만날 때, 상수 a의 값을 구하시오.

04 두 일차방정식 $3x+2y-7=0$, $2x+3y-8=0$의 그래프의 교점을 지나고 직선 $3x-y=0$과 평행한 직선의 방정식을 구하시오.

05 연립방정식 $\begin{cases} (a+2)x+y=4 \\ 2x-2y=b \end{cases}$의 해가 존재하지 않도록 하는 상수 a, b의 조건은?

① $a=-3$, $b=-8$ ② $a=-3$, $b\neq-8$

③ $a=0$, $b=-4$ ④ $a=0$, $b\neq-4$

⑤ $a=2$, $b\neq8$

06 다음 연립방정식 중 해가 무수히 많은 것은?

① $\begin{cases} x-3y=0 \\ x+3y=0 \end{cases}$ ② $\begin{cases} x+2y=2 \\ 2x-4y=4 \end{cases}$

③ $\begin{cases} x+2y=-3 \\ 2x+y=-3 \end{cases}$ ④ $\begin{cases} 2x-y=1 \\ -4x+2y=-2 \end{cases}$

⑤ $\begin{cases} 3x+y=-1 \\ 6x+2y=-1 \end{cases}$

PART 2

테스트

- ⊘ 단원 테스트
- ⊘ 서술형 테스트

01 다음 중 무한소수인 것은?

① 0.003003　　　　　② 0.9

③ 1.23456789　　　　④ 0.777…

⑤ 3.1415926535

02 다음 중 순환소수의 표현이 옳은 것은?

① 0.333… ⇨ 0.3̇3̇

② −1.6888… ⇨ −1.6̇8̇

③ 7.272727… ⇨ 7.2̇

④ 0.675675675… ⇨ 0.6̇75̇

⑤ −1.231231231… ⇨ −1.2̇31̇2̇

03 두 분수 $\frac{5}{14}$와 $\frac{41}{110}$을 소수로 나타낼 때, 순환마디를 이루는 숫자의 개수를 각각 a개, b개라 하자. 이때 ab의 값을 구하시오.

04 분수 $\frac{6}{13}$을 소수로 나타낼 때, 소수점 아래 12번째 자리의 숫자를 x, 소수점 아래 50번째 자리의 숫자를 y라 하자. 이때 $x+y$의 값을 구하시오.

05 다음 분수 중 분모, 분자에 2 또는 5의 거듭제곱을 곱해도 분모를 10의 거듭제곱의 꼴로 나타낼 수 없는 것은?

① $\frac{9}{12}$　　　② $\frac{18}{48}$　　　③ $\frac{13}{65}$

④ $\frac{34}{85}$　　　⑤ $\frac{21}{98}$

06 다음 |보기|의 분수 중 소수로 나타낼 때, 순환소수로만 나타낼 수 있는 것의 개수를 구하시오.

| 보기 |

ㄱ. $\frac{12}{2 \times 3^2 \times 5}$　　ㄴ. $\frac{15}{3^2 \times 5^2}$　　ㄷ. $\frac{21}{2^2 \times 3 \times 7}$

ㄹ. $\frac{9}{2^2 \times 5 \times 7}$　　ㅁ. $\frac{27}{2 \times 3^2 \times 5}$　　ㅂ. $\frac{55}{2^3 \times 5 \times 11}$

07 분수 $\frac{49}{2^2 \times 5 \times x}$를 소수로 나타내면 순환소수가 될 때, 다음 중 x의 값이 될 수 있는 것은?

① 7　　　　　② 14　　　　　③ 21

④ 28　　　　　⑤ 35

08 분수 $\dfrac{x}{440}$를 소수로 나타내면 유한소수가 되고, 기약분수로 나타내면 $\dfrac{7}{y}$이 된다. x가 두 자리의 자연수일 때, $x-y$의 값을 구하시오.

09 다음 중 주어진 순환소수를 x라 하고 순환소수를 분수로 나타내려고 할 때, 가장 편리한 식을 잘못 짝 지은 것은?

① $7.\dot{4} \Rightarrow 10x-x$

② $0.3\dot{5} \Rightarrow 100x-10x$

③ $2.1\dot{3}\dot{7} \Rightarrow 1000x-100x$

④ $5.0\dot{2}\dot{6} \Rightarrow 1000x-10x$

⑤ $3.\dot{2}\dot{8} \Rightarrow 100x-x$

10 다음 |보기| 중 순환소수를 분수로 나타내는 과정 또는 그 결과로 옳은 것을 모두 고르시오.

┤ 보기 ├

ㄱ. $0.\dot{3}\dot{4}=\dfrac{34}{99}$ ㄴ. $0.\dot{7}1\dot{3}=\dfrac{713-1}{990}$

ㄷ. $3.\dot{5}=\dfrac{35-3}{90}$ ㄹ. $2.3\dot{0}\dot{1}=\dfrac{2301-23}{990}$

11 다음 중 순환소수 $x=0.13989898\cdots$에 대한 설명으로 옳지 <u>않은</u> 것은?

① 무한소수이다.

② 순환마디는 98이다.

③ $0.13\dot{9}\dot{8}$로 나타낼 수 있다.

④ 기약분수로 나타내면 $\dfrac{1385}{99}$이다.

⑤ $10000x-100x$를 이용하여 분수로 나타낼 수 있다.

12 기약분수 $\dfrac{y}{x}$를 소수로 나타내는데 기준이는 분자를 잘못 보아서 $0.\dot{1}\dot{9}$로 나타냈고, 호영이는 분모를 잘못 보아서 $0.0\dot{2}\dot{9}$로 나타냈다. 이때 기약분수 $\dfrac{y}{x}$를 순환소수로 나타내시오.

13 $0.\dot{3}0\dot{9}=309 \times A$일 때, A의 값은?

① $0.\dot{0}0\dot{1}$ ② $0.\dot{1}0\dot{1}$ ③ $0.00\dot{1}$

④ $0.0\dot{0}\dot{1}$ ⑤ $0.0\dot{1}$

14 순환소수 $0.0\dot{7}\dot{2}$에 자연수 a를 곱하면 자연수가 될 때, a의 값이 될 수 있는 가장 작은 세 자리의 자연수를 구하시오.

15 다음 중 대소 관계가 옳은 것은?

① $0.4\dot{1}>0.\dot{4}\dot{1}$ ② $0.52<0.5\dot{1}$

③ $\dfrac{17}{90}>0.1\dot{7}$ ④ $0.20\dot{1}>\dfrac{2}{9}$

⑤ $1.2\dot{8}\dot{3}<1.2\dot{8}3$

16 $\dfrac{1}{3}<0.\dot{a}<\dfrac{5}{6}$ 를 만족시키는 모든 한 자리의 자연수 a의 값의 합은?

① 4   ② 9   ③ 15

④ 22   ⑤ 30

17 다음 | 보기 | 중 유리수인 것의 개수를 구하시오.

┌ 보기 ├──────────────

ㄱ. -3 ㄴ. $\dfrac{4}{7}$

ㄷ. 0 ㄹ. $5.\dot{6}$

ㅁ. $0.010010001\cdots$ ㅂ. π

★

18 다음 중 옳은 것을 모두 고르면? (정답 2개)

① 모든 무한소수는 유리수이다.

② 모든 순환소수는 $\dfrac{(정수)}{(0이\ 아닌\ 정수)}$의 꼴로 나타낼 수 있다.

③ 모든 유리수는 유한소수로 나타낼 수 있다.

④ 정수가 아닌 유리수는 순환소수로만 나타낼 수 있다.

⑤ 분모의 소인수가 2 또는 5뿐인 기약분수는 유한소수로 나타낼 수 있다.

서술형

19 두 분수 $\dfrac{x}{2\times3^2}$, $\dfrac{x}{2^2\times5^2\times13}$ 를 소수로 나타내면 모두 유한소수가 될 때, x의 값이 될 수 있는 가장 작은 자연수를 구하시오. (단, 풀이 과정을 자세히 쓰시오.)

[풀이]

[답]

20 다음 식을 만족시키는 A의 값을 순환소수로 나타내시오. (단, 풀이 과정을 자세히 쓰시오.)

$$\dfrac{19}{3}=A+0.\dot{5}$$

[풀이]

[답]

단원 테스트 | 1. 유리수와 소수 [2회]

01 다음 중 분수를 소수로 나타냈을 때, 유한소수인 것은?

① $\dfrac{2}{11}$ ② $\dfrac{7}{15}$ ③ $\dfrac{5}{8}$

④ $\dfrac{11}{24}$ ⑤ $\dfrac{19}{6}$

02 다음 중 순환마디가 바르게 연결된 것은?

① $0.666\cdots \Rightarrow 66$

② $0.595959\cdots \Rightarrow 95$

③ $0.2565656\cdots \Rightarrow 56$

④ $4.184184184\cdots \Rightarrow 418$

⑤ $0.912912912\cdots \Rightarrow 9129$

03 다음 중 분수를 순환소수로 나타낸 것으로 옳은 것은?

① $\dfrac{5}{12}=0.4\dot{1}\dot{6}$ ② $\dfrac{16}{27}=0.\dot{5}9\dot{2}$ ③ $\dfrac{7}{18}=0.3\dot{8}$

④ $\dfrac{13}{11}=1.\dot{1}\dot{8}$ ⑤ $\dfrac{19}{36}=0.52\dot{7}$

04 다음 중 순환소수의 소수점 아래 20번째 자리의 숫자를 나타낸 것으로 옳지 <u>않은</u> 것은?

① $8.\dot{6} \Rightarrow 6$ ② $2.9\dot{3} \Rightarrow 3$

③ $0.4\dot{5} \Rightarrow 5$ ④ $1.\dot{4}9\dot{7} \Rightarrow 9$

⑤ $0.\dot{2}31\dot{6} \Rightarrow 2$

05 분수 $\dfrac{11}{20}$ 을 $\dfrac{a}{10^n}$ 의 꼴로 고쳐서 유한소수로 나타내려 할 때, $a+n$의 값 중 가장 작은 수는? (단, a, n은 자연수)

① 55 ② 57 ③ 59

④ 61 ⑤ 63

06 다음 분수 중 유한소수로 나타낼 수 있는 것을 모두 고르면? (정답 2개)

① $\dfrac{10}{24}$ ② $\dfrac{6}{45}$ ③ $\dfrac{3}{90}$

④ $\dfrac{49}{175}$ ⑤ $\dfrac{81}{150}$

07 $\dfrac{6}{390} \times x$ 를 소수로 나타내면 유한소수가 될 때, x의 값이 될 수 있는 60 이하의 두 자리의 자연수의 개수를 구하시오.

08 두 분수 $\dfrac{a}{3\times5}$와 $\dfrac{a}{2\times5\times11}$를 소수로 나타내면 모두 유한소수가 될 때, 다음 중 a의 값이 될 수 있는 것은?

① 3 　　　　② 5 　　　　③ 11

④ 15 　　　⑤ 33

09 순환소수 $x=0.45\dot{8}$을 분수로 나타내려고 할 때, 다음 중 가장 편리한 식은?

① $10x-x$ 　　　　② $100x-10x$

③ $1000x-x$ 　　　④ $1000x-10x$

⑤ $1000x-100x$

10 다음 중 순환소수를 분수로 나타낸 것으로 옳지 <u>않은</u> 것은?

① $0.\dot{1}\dot{8}=\dfrac{2}{11}$ 　　② $0.4\dot{8}=\dfrac{22}{45}$ 　　③ $3.\dot{9}\dot{7}=\dfrac{397}{99}$

④ $0.\dot{1}4\dot{8}=\dfrac{148}{999}$ 　⑤ $1.2\dot{3}\dot{5}=\dfrac{1223}{990}$

11 기약분수 $\dfrac{a}{225}$를 소수로 나타내면 $0.25\dot{7}$일 때, 자연수 a의 값을 구하시오.

12 다음 |보기| 중 순환소수 3.9666…에 대한 설명으로 옳은 것을 모두 고르시오.

┤ 보기 ├

ㄱ. 순환마디는 96이다.

ㄴ. $3.9\dot{6}$으로 나타낼 수 있다.

ㄷ. $x=3.9666\cdots$을 x라 하면 분수로 나타낼 때, 이용할 수 있는 가장 편리한 식은 $100x-x$이다.

ㄹ. 기약분수로 나타내면 $\dfrac{119}{30}$이다.

13 다음을 계산하여 기약분수로 나타내시오.

$$0.7+0.04+0.002+0.0002+0.00002+\cdots$$

14 순환소수 $0.\dot{6}$을 기약분수로 나타낸 것을 x라 하고, $0.1\dot{3}$을 기약분수로 나타낸 것의 역수를 y라 하자. 이때 xy의 값을 구하시오.

15 순환소수 $0.2\dot{7}$에 자연수 n을 곱하여 소수로 나타냈더니 유한소수가 되었다. 이때 n의 값이 될 수 있는 가장 작은 자연수를 구하시오.

16 $0.5\dot{1}<\dfrac{x}{9}$ 를 만족시키는 한 자리의 자연수 x의 개수를 구하시오.

17 다음 중 $\dfrac{a}{b}\,(a,\,b$는 정수, $b\neq0)$의 꼴로 나타낼 수 <u>없는</u> 수는?

① 0   ② 0.1434343⋯   ③ $\dfrac{7}{8}$

④ 2.5143796⋯   ⑤ 3.14

18 다음 |보기| 중 옳지 <u>않은</u> 것을 모두 고르시오.

┤ 보기 ├
ㄱ. $0.\dot{3}$은 유리수이다.
ㄴ. 모든 소수는 분자, 분모가 정수인 분수로 나타낼 수 있다.
ㄷ. 순환소수가 아닌 무한소수 중에는 유리수인 것도 있다.
ㄹ. 모든 유한소수는 분모가 10의 거듭제곱의 꼴인 분수로 나타낼 수 있다.

19 분수 $\dfrac{51}{68\times x}$ 을 소수로 나타내면 유한소수가 될 때, x의 값이 될 수 있는 한 자리의 자연수의 개수를 구하시오.
(단, 풀이 과정을 자세히 쓰시오.)

[풀이]

[답]

20 $0.\dot{5}\dot{8}=5.8\times x$, $0.9\dot{4}=94\times y$를 만족시키는 x, y에 대하여 $x-y$의 값을 순환소수로 나타내시오.
(단, 풀이 과정을 자세히 쓰시오.)

[풀이]

[답]

01 다음 중 옳은 것은?

① $a^2 \times a^6 = a^{12}$

② $a^2 \times a^3 = (a^2)^3$

③ $a^6 \div a^3 = a^2$

④ $a^2 \div (a^4 \div a^3) = a$

⑤ $a^2 \times a^6 \div a^8 = 0$

02 다음 중 □ 안의 수가 나머지 넷과 다른 하나는?

① $a^{\square} \times a^4 = a^7$

② $a^3 \div a^6 = \dfrac{1}{a^{\square}}$

③ $\left(\dfrac{a^2}{b}\right)^3 = \dfrac{a^6}{b^{\square}}$

④ $a^3 \times (a^4)^2 \div a^{\square} = a^8$

⑤ $(a^{\square})^4 \div a^6 = a^2$

03 $A = 2^{x+1}$, $B = 3^{x-1}$일 때, 12^x을 A, B를 사용하여 나타내면?

① $\dfrac{AB}{6}$

② $\dfrac{3}{2}AB$

③ $\dfrac{A^2 B}{6}$

④ $\dfrac{3}{4}A^2 B$

⑤ $\dfrac{AB^2}{6}$

04 다음 |조건|을 만족시키는 자연수 x, y, z에 대하여 $x+y+z$의 값을 구하시오.

┤ 조건 ├

(가) $4^2 \times 4^2 \times 4^2 \times 4^2 = 16^x$

(나) $5^7 + 5^7 + 5^7 + 5^7 + 5^7 = 5^y$

(다) $(23^2)^3 = 23^z$

05 $(2^3)^2 \times 25^4$은 몇 자리의 자연수인가?

① 6자리

② 7자리

③ 8자리

④ 9자리

⑤ 10자리

06 직사각형 모양의 종이 1장을 반으로 접으면 그 두께는 처음의 2배가 된다. 종이 1장을 계속해서 반으로 접을 때, 10번 접은 종이 1장의 두께는 5번 접은 종이 1장의 두께의 몇 배인가?

① 2배

② 2^2배

③ 5배

④ 2^5배

⑤ 2^{10}배

07 $(2xy^2)^4 \times (-xy^4)^3 \times (-x^2 y)^2 = ax^b y^c$일 때, 상수 a, b, c에 대하여 $a+b+c$의 값을 구하시오.

08 다음 중 옳은 것은?

① $x^3 \times (-2x)^2 = -4x^5$

② $-2x^2y \times (-4x^3y^2) = 8x^6y^2$

③ $9x^3 \div 3x^2 = 6x$

④ $(-3x^4)^3 \div \dfrac{9}{2}x^6 = -6x^6$

⑤ $-x^3y \div 3xy^3 \times (-3x^2y)^2 = \dfrac{1}{9}x^2y^4$

09 $(2x^2y^3)^5 \times x^Ay^2 \div \dfrac{8}{5}xy^8 = Bx^{12}y^9$일 때, 상수 A, B에 대하여 $A+B$의 값은?

① 19   ② 20   ③ 21

④ 22   ⑤ 23

10 다음을 만족시키는 단항식 A를 구하시오.

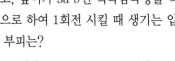

11 오른쪽 그림과 같이 밑변의 길이가 $2ab$이고, 높이가 $3a^2b$인 직각삼각형을 직선 l을 축으로 하여 1회전 시킬 때 생기는 입체도형의 부피는?

① $3\pi a^3b^2$ ② $3\pi a^4b^3$

③ $4\pi a^2b^3$ ④ $4\pi a^3b^2$

⑤ $4\pi a^4b^3$

12 다음 그림과 같은 전개도를 이용하여 직육면체를 만들었을 때, 마주 보는 두 면에 적혀 있는 두 다항식의 합이 모두 같다고 한다. 이때 다항식 A를 구하시오.

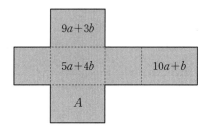

13 다음 □ 안에 알맞은 식을 구하시오.

$$2x - 4y - \{4x - (\boxed{})\} = x - 5y$$

14 $6\left(\dfrac{2}{3}x^2 - 2x + \dfrac{3}{2}\right) - 4\left(\dfrac{1}{2}x^2 - \dfrac{1}{4}\right) = ax^2 + bx + c$일 때, 상수 a, b, c에 대하여 $a - b + c$의 값을 구하시오.

15 $A = (-10x^2 + 25xy) \times \dfrac{3}{5x}$이고 $B = (21xy^2 - 7x^2y) \div 7xy$일 때, $A - B$를 계산하시오.

16 $3y(5x-4)+(4xy^3-16y^3+8y^2)\div(-2y)^2$을 계산하였을 때, xy의 계수와 상수항의 곱은?

① 8 ② 16 ③ 24

④ 32 ⑤ 40

17 $x=9$, $y=-\dfrac{1}{3}$일 때, 다음 식의 값을 구하시오.

$$(4x^2y^3-5xy^2)\times\frac{2}{xy}+(2x^2y+xy^2)\div xy$$

18 다음 그림과 같이 가로의 길이가 $5a$이고, 세로의 길이가 $3b$인 직사각형에서 색칠한 부분의 넓이를 구하시오.

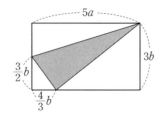

서술형

19 다음 그림과 같이 반지름의 길이가 ab인 구와 밑면의 반지름의 길이가 $2a$인 원뿔이 있다. 구의 부피와 원뿔의 부피가 같다고 할 때, 원뿔의 높이를 구하시오.

(단, 풀이 과정을 자세히 쓰시오.)

풀이

답

20 어떤 식에서 $-2x^2+3x-7$을 빼야 할 것을 잘못하여 더했더니 $5x^2-4x+3$이 되었다. 이때 바르게 계산한 식을 구하시오. (단, 풀이 과정을 자세히 쓰시오.)

풀이

답

단원 테스트   2. 식의 계산 [2회]

01 다음 |보기| 중 옳지 <u>않은</u> 것을 모두 고르시오.

| 보기 |

ㄱ. $x^9 \times x^2 = x^{11}$ 　　　ㄴ. $a^4 \times (-a^2)^3 = -a^{10}$

ㄷ. $a^7 \div a^8 = a$ 　　　ㄹ. $(a^2)^5 \div (a^4)^3 = \dfrac{1}{a^2}$

ㅁ. $(-2x^3 y)^2 = 4x^5 y^3$ 　　　ㅂ. $\left(-\dfrac{3}{2xy^2}\right)^2 = \dfrac{9}{4x^2 y^4}$

02 다음 중 계산 결과가 나머지 넷과 <u>다른</u> 하나는?

① $(a^2)^5$ 　　　② $a^3 \times a^4 \times a^3$ 　　　③ $(a^3)^4 \div a^2$

④ $(a^5 b^3)^2 \div b^6$ 　　　⑤ $\left(-\dfrac{1}{a^3}\right)^4 \times a^{20}$

03 두 자연수 x, y에 대하여 $3^2 \times 9^x = 81^4$이고 $(5^y)^2 = 5^6$일 때, $x - y$의 값을 구하시오.

04 다음 중 옳지 <u>않은</u> 것은?

① $2^2 + 2^2 = 2^3$ 　　　② $4^5 + 4^5 = 2^{11}$

③ $2^{10} + 2^{10} = 2^{20}$ 　　　④ $3^2 + 3^2 + 3^2 = 3^3$

⑤ $4^2 + 4^2 + 4^2 + 4^2 = 4^3$

05 $2^6 \times 3^3 \times 5^4$이 n자리의 자연수이고, 각 자리의 숫자의 합을 k라 할 때, $n + k$의 값을 구하시오.

06 컴퓨터에서 정보를 저장하는 기본 단위로 bit를 사용한다. $1\,\text{Byte} = 2^3\,\text{bit}$이고, $1\,\text{KB} = 2^{10}\,\text{Byte}$, $1\,\text{MB} = 2^{10}\,\text{KB}$일 때, $1\,\text{MB}$는 몇 bit인가?

① $2^{20}\,\text{bit}$ 　　　② $2^{22}\,\text{bit}$ 　　　③ $2^{23}\,\text{bit}$

④ $2^{25}\,\text{bit}$ 　　　⑤ $2^{30}\,\text{bit}$

07 $2x^5 \div (-xy)^3 \div \dfrac{1}{3}xy^2 = \dfrac{ax^b}{y^c}$일 때, 상수 a, b, c에 대하여 $a + b + c$의 값을 구하시오.

08 다음 중 옳지 <u>않은</u> 것은?

① $(-ab^2)^3 \div \left(\dfrac{a}{b}\right)^2 = -ab^8$

② $(-2ab)^2 \div a^2 b = 4b$

③ $6x^2 y^3 \times (2x)^2 \div (3xy^2)^2 = \dfrac{8x^2}{3y}$

④ $\left(\dfrac{1}{3}x\right)^3 \times (-2x^2 y)^3 \div \left(\dfrac{x}{y}\right)^2 = \dfrac{8}{27}x^9 y$

⑤ $(-5x^3 y^2)^2 \div \dfrac{10x^3}{y} = \dfrac{5}{2}x^3 y^5$

09 $(\boxed{}) \div (x^3 y^2)^2 \times \left(\dfrac{1}{3} x^2 y^3\right)^3 = 3xy^2$일 때, $\square$ 안에 알맞은 식을 구하시오.

10 $5x^3 y^2$에 단항식 A를 곱해야 할 것을 잘못하여 A로 나누었더니 $10xy$가 되었다. 이때 바르게 계산한 식을 구하시오.

11 오른쪽 그림과 같은 직사각형의 넓이는 한 변의 길이가 $5a^2 b^2$인 정사각형의 넓이의 몇 배인지 구하시오.

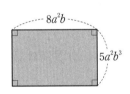

12 $\dfrac{3x+y}{5} - \dfrac{x-y}{3} = ax + by$일 때, 상수 a, b에 대하여 $a+b$의 값을 구하시오.

13 $a=1$, $b=-\dfrac{1}{2}$일 때, $(2a+b-3)-(a-3b+7)$의 값은?

① -13 ② -11 ③ -9

④ -7 ⑤ -5

14 다음 식에 대한 설명으로 옳지 <u>않은</u> 것은?

$$\underbrace{(5x^2+2x-6)}_{\text{(가)}} - \underbrace{(2x^2-7x-1)}_{\text{(나)}}$$

① (가), (나)는 모두 이차식이다.
② (가)의 일차항의 계수는 2이다.
③ (가)의 상수항은 -6이다.
④ (나)의 이차항의 계수는 2이다.
⑤ 계산하면 $3x^2-5x-7$이다.

15 $(\boxed{}) \div \dfrac{9}{2} x^2 y = -4xy + 10$일 때, $\square$ 안에 알맞은 식은?

① $-\dfrac{2}{9} x^2 y + \dfrac{5}{9} x^2$ ② $-\dfrac{18x^2}{y} + \dfrac{45}{x^2}$

③ $-18x^3 y^2 + 45x^2 y$ ④ $-18x^3 y^2 + 9x^2 y$

⑤ $18x^3 y^2 - 45x^2 y$

16 $\dfrac{5}{2}x(2x-4y)+(6x^2y+8xy)\div\dfrac{2}{3}x$를 계산했을 때, x^2의 계수를 a, xy의 계수를 b라 하자. 이때 $a+b$의 값을 구하시오.

17 다음 |보기| 중 옳지 <u>않은</u> 것을 모두 고르시오.

┤ 보기 ├

ㄱ. $a(a-2b+3)=a^2-2ab+3a$

ㄴ. $-3a(2a-b)-(2a)^2=-2a^2+3ab$

ㄷ. $(8x^3y-2y)\div 2y=4x^3-1$

ㄹ. $-(x+3y)\times(-x)+y(2x-y)=x^2-xy-y^2$

18 오른쪽 그림과 같이 밑면의 반지름의 길이가 $6a$인 원뿔의 부피가 $48\pi a^2b^3-60\pi a^3b^2$일 때, 이 원뿔의 높이는?

① $4b^3+5ab$ ② $4b^3-5ab$

③ $4b^3+5ab^2$ ④ $4b^3-5ab^2$

⑤ $8b^3-5ab^2$

19 다음 두 식을 만족시키는 자연수 a, b에 대하여 ab의 값을 구하시오. (단, 풀이 과정을 자세히 쓰시오.)

$$(x^4)^a\times(x^5)^3=x^{35}, \quad y^{21}\div(y^b)^6=y^3$$

풀이

답

20 다음 식을 계산했을 때, x^2의 계수를 a, x의 계수를 b, 상수항을 c라 하자. 이때 $a+b+c$의 값을 구하시오.

(단, 풀이 과정을 자세히 쓰시오.)

$$6x^2+4x-\{2x^2+1-5(2x+3)\}$$

풀이

답

01 다음 중 부등식인 것을 모두 고르면? (정답 2개)

① $2x+3=15$ ② $3(x-2)+3x$

③ $5x\leq 4x-3$ ④ $6x+3=1+2x$

⑤ $-3x<30$

02 $a<b$일 때, 다음 중 옳은 것은?

① $3a-4>3b-4$ ② $-2a<-2b$

③ $\dfrac{1}{3}a-1>\dfrac{1}{3}b-1$ ④ $5a-3>5b-3$

⑤ $-\dfrac{1}{4}a+2>-\dfrac{1}{4}b+2$

03 다음 |보기| 중 일차부등식인 것을 모두 고르시오.

┤ 보기 ├

ㄱ. $2x-5$ ㄴ. $x-5>-x+2$

ㄷ. $x^2<-x+2$ ㄹ. $2x-3<2(x+1)$

ㅁ. $2x^2+3=2(x^2-x)$ ㅂ. $3x^2-5\leq 3(x^2-x+1)$

04 다음 중 일차부등식 $6x-3\leq 4x+5$의 해가 <u>아닌</u> 것을 모두 고르면? (정답 2개)

① 2   ② 3   ③ 4

④ 5   ⑤ 6

05 다음 일차부등식 중 일차부등식 $3x+8\leq 4x+5$와 해가 같은 것은?

① $3x-5\leq 4$ ② $2x+1\leq 7$

③ $-4x-6\geq -18$ ④ $5x\leq 7x-6$

⑤ $12-4x\geq 3-x$

06 일차부등식 $-3x-3<x+a$의 해가 $x>1$일 때, 상수 a의 값은?

① -8 ② -7 ③ -6

④ -5 ⑤ -4

07 일차부등식 $5(x+1)<2(x-5)-1$의 해가 $x<\dfrac{16}{a}$일 때, 상수 a의 값은?

① -3 ② -2 ③ 1

④ 2   ⑤ 3

08 일차부등식 $\dfrac{x+1}{3}-\dfrac{x-2}{4}>0$을 만족시키는 x의 값 중 가장 작은 정수를 구하시오.

09 다음 중 일차부등식 $0.6x-1>0.2(x-3)$의 해를 수직선 위에 바르게 나타낸 것은?

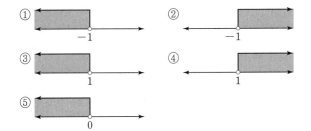

10 일차부등식 $\dfrac{3x+5}{2}\leq\dfrac{a}{3}+1$의 해 중 가장 큰 수가 1일 때, 상수 a의 값을 구하시오.

11 오른쪽 그림은 어느 일차부등식의 해를 수직선 위에 나타낸 것이다. 다음 중 그 일차부등식이 될 수 <u>없는</u> 것은?

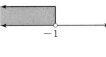

① $x+1<0$
② $2(x-1)<-4$
③ $4x+6<2$
④ $2-3x>-1$
⑤ $-\dfrac{1}{5}x+1>1.2$

12 $a<0$일 때, x에 대한 일차부등식 $4-ax<13$을 풀면?

① $x<-\dfrac{2}{a}$
② $x>-\dfrac{2}{a}$
③ $x<-\dfrac{9}{a}$
④ $x>-\dfrac{9}{a}$
⑤ $x<-\dfrac{12}{a}$

13 다음 두 일차부등식의 해가 서로 같을 때, 상수 a의 값은?

$$\dfrac{5x-1}{2}\leq3x-2,$$
$$6(x-2)+1\geq-(2x-a)$$

① 10
② 11
③ 12
④ 13
⑤ 14

14 연속하는 세 짝수의 합이 57보다 크다고 할 때, 이와 같은 수 중 가장 작은 연속하는 세 짝수의 합은?

① 58
② 60
③ 62
④ 64
⑤ 66

15 현재 어머니의 나이가 45세이고, 아들의 나이가 15세이다. 어머니의 나이가 아들의 나이의 2배 이하가 되는 것은 몇 년 후인지 구하시오.

16 오른쪽 그림과 같은 삼각형의 높이가 9 cm일 때, 이 삼각형의 넓이가 27 cm² 이상이 되려면 밑변의 길이는 몇 cm 이상이어야 하는가?

① 2 cm   ② 3 cm

③ 4 cm   ④ 5 cm

⑤ 6 cm

17 유료 회원제로 운영하고 있는 어떤 쇼핑몰에서 주문한 물건의 개수나 배송 장소에 관계없이 주문 횟수에 따라 다음 표와 같이 배송료를 받고 있다. 이 쇼핑몰을 1년에 몇 회 이상 이용할 경우 회원으로 가입하여 물건을 주문하는 것이 비회원으로 주문하는 것보다 유리한가?

구분	비회원	회원
연회비	없음	6000원
1회 주문시 배송료	2500원	1000원

① 1회 이상   ② 2회 이상   ③ 3회 이상

④ 4회 이상   ⑤ 5회 이상

18 승호가 역에서 기차를 기다리는데 출발하기 전까지 1시간 20분의 여유가 있어서 분식점에 가서 김밥을 먹고 오려고 한다. 시속 5 km로 걷고, 분식점에서 김밥을 먹는 데 20분이 걸린다고 할 때, 역에서 분식점은 몇 km 이내에 있어야 하는가?

① 2.5 km   ② 2.6 km   ③ 2.7 km

④ 2.8 km   ⑤ 2.9 km

서술형

19 일차부등식 $5x-2 \leq 2x - \dfrac{x+k}{3}$ 를 만족시키는 자연수 해가 없을 때, 상수 k의 값의 범위를 구하시오.

(단, 풀이 과정을 자세히 쓰시오.)

[풀이]

[답]

20 현재 기준이의 저축액은 70000원이고 윤동이의 저축액은 50000원이다. 매달 기준이는 5000원씩, 윤동이는 2000원씩 저축한다고 할 때, 기준이의 저축액이 윤동이의 저축액의 2배보다 많아지는 것은 몇 개월 후부터인지 구하시오. (단, 풀이 과정을 자세히 쓰시오.)

[풀이]

[답]

단원 테스트 3. 일차부등식 [2회]

01 다음 중 주어진 문장을 부등식으로 나타낸 것으로 옳지 <u>않은</u> 것은?

① 어떤 수 x의 6배는 x에 5를 더한 것보다 작지 않다.
　⇨ $6x \geq x+5$

② 한 변의 길이가 x인 정오각형의 둘레의 길이는 20보다 길다. ⇨ $5x > 20$

③ 한 권에 x원인 책 10권의 가격은 80000원 이하이다.
　⇨ $10x \leq 80000$

④ 전체 학생 200명 중 여학생이 x명일 때, 남학생은 120 명보다 많다. ⇨ $200-x \geq 120$

⑤ 총 15 km를 가는데 x km는 시속 25 km로 가고 남은 거리는 시속 6 km로 갔을 때, 걸린 시간은 2시간 미만 이다. ⇨ $\dfrac{x}{25}+\dfrac{15-x}{6}<2$

02 $4-2a<4-2b$일 때, 다음 중 옳지 <u>않은</u> 것은?

① $a-3>b-3$　　　　② $5-a<5-b$

③ $\dfrac{a}{2}>\dfrac{b}{2}$　　　　④ $2-\dfrac{a}{6}>2-\dfrac{b}{6}$

⑤ $2a+7>2b+7$

03 $-1 \leq x < 2$일 때, $4x+2$의 값이 될 수 있는 정수의 개수를 구하시오.

04 다음 |보기| 중 일차부등식인 것의 개수를 구하시오.

┤ 보기 ├
ㄱ. $x-1>2x+5$　　　ㄴ. $2x+5=5x+3$
ㄷ. $x-2<-(2-x)$　　ㄹ. $x^2-4x \geq x(x-1)$
ㅁ. $3x-y=2$　　　　ㅂ. $1-\dfrac{1}{x}<2$

05 다음 일차부등식 중 해가 나머지 넷과 <u>다른</u> 하나는?

① $-x-3>1$　　　　② $x+4<0$

③ $x>2x+4$　　　　④ $-3x-7>5$

⑤ $3x-2<4x-6$

06 일차부등식 $5x-a \leq 6x-2$를 만족시키는 자연수 x의 값 중 가장 작은 수가 3일 때, 상수 a의 값을 구하시오.

07 일차부등식 $\dfrac{x}{5}-1 \geq \dfrac{x-5}{3}$를 만족시키는 자연수 x의 개수를 구하시오.

08 다음 중 일차부등식 $5-(1-x)\leq2(x+1)$의 해를 수직선 위에 바르게 나타낸 것은?

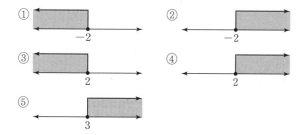

09 다음 중 일차부등식 $0.1(x-4)+2\leq0.3(6-2x)$의 해가 될 수 없는 것은?

① $-\dfrac{1}{7}$ ② 0 ③ $\dfrac{1}{7}$

④ $\dfrac{2}{7}$ ⑤ $\dfrac{3}{7}$

10 일차부등식 $\dfrac{1}{4}(x-2)>0.2(2x-3)+1$이 참이 되게 하는 x의 값 중 가장 큰 정수를 구하시오.

11 일차부등식 $-\dfrac{3}{2}(x-3)\leq a-x+1$의 해를 수직선 위에 나타내면 다음 그림과 같을 때, 상수 a의 값을 구하시오.

12 $a>0$일 때, x에 대한 일차부등식 $6a-3ax<0$을 풀면?

① $x<-2$ ② $x>-2$ ③ $x<2$

④ $x>2$ ⑤ $x<4$

13 일차부등식 $\dfrac{x}{2}-2\leq\dfrac{x-a}{3}$를 만족시키는 자연수의 해가 없을 때, 상수 a의 값 중 가장 작은 정수를 구하시오.

14 연서는 지난 네 번의 수학 시험의 평균 점수가 78.5점이었다. 다섯 번째 시험까지의 평균 점수가 80점 이상이 되려면 다섯 번째 수학 시험에서 몇 점 이상을 받아야 하는지 구하시오.

15 한 개에 1500원인 초콜릿을 포장하여 사려고 한다. 포장비가 2000원이라 할 때, 20000원으로 초콜릿은 최대 몇 개까지 살 수 있는지 구하시오.

16 175명의 학생이 45인승 버스와 20인승 버스에 나누어 타려고 한다. 45인승 버스와 20인승 버스를 합하여 5대를 이용할 때, 20인승 버스는 최대 몇 대까지 이용할 수 있는지 구하시오.

17 가로의 길이가 세로의 길이보다 4 cm만큼 더 긴 직사각형을 그리려고 한다. 이 직사각형의 둘레의 길이가 100 cm 이상이 되도록 하려면 세로의 길이는 몇 cm 이상이어야 하는지 구하시오.

18 민주네 집에 공기청정기를 설치하려고 한다. 공기청정기를 사면 800000원의 구입 비용과 매달 15000원의 유지비가 들고, 공기청정기를 업체에서 빌리면 매달 35000원의 대여비가 든다고 한다. 공기청정기를 몇 개월 이상 사용해야 공기청정기를 사는 것이 유리한지 구하시오.

서술형

19 두 일차방정식 $3(x+2)+1 \leq 2(x+3)$, $2x-5 \geq a+3x$의 해가 서로 같을 때, 상수 a의 값을 구하시오. (단, 풀이 과정을 자세히 쓰시오.)

풀이

답

20 연주가 등산을 하는데 올라갈 때는 시속 3 km로 걷고, 내려올 때는 올라갈 때보다 2 km 더 먼 길을 시속 5 km로 걸었다. 등산을 하는데 걸린 시간이 2시간 이내일 때, 연주가 올라간 거리는 최대 몇 km인지 구하시오.
(단, 풀이 과정을 자세히 쓰시오.)

풀이

답

01 다음 중 미지수가 2개인 일차방정식이 <u>아닌</u> 것을 모두 고르면? (정답 2개)

① $3y=6x-2$ ② $x+5y=0$

③ $\dfrac{3}{x}-\dfrac{6}{y}=1$ ④ $x+y-(x-y)=6$

⑤ $x^2+y=x(x+1)+5$

02 x, y가 자연수일 때, 일차방정식 $2x+y=5$의 해의 개수를 구하시오.

03 연립방정식 $\begin{cases} 4x+5y=10 \\ 2x+3y=a \end{cases}$ 의 해가 $x=5$, $y=b$일 때, $a+b$의 값을 구하시오.

04 연립방정식 $\begin{cases} x=-y+2 \\ x+3y=6 \end{cases}$ 을 풀면?

① $x=-2$, $y=0$ ② $x=-2$, $y=2$

③ $x=0$, $y=-2$ ④ $x=0$, $y=2$

⑤ $x=2$, $y=0$

05 연립방정식 $\begin{cases} 5x-3y=1 & \cdots \ ㉠ \\ 4x-4y=-3 & \cdots \ ㉡ \end{cases}$ 에서 y를 없애기 위해 필요한 식은?

① $㉠\times4+㉡\times3$ ② $㉠\times4-㉡\times3$

③ $㉠\times3+㉡\times4$ ④ $㉠\times3-㉡\times4$

⑤ $㉠\times4-㉡\times5$

06 연립방정식 $\begin{cases} x+3y=10 \\ kx+y=6 \end{cases}$ 을 만족시키는 x의 값이 y의 값의 2배일 때, 상수 k의 값을 구하시오.

07 연립방정식 $\begin{cases} 4x-y=2 \\ x-2y=a \end{cases}$ 의 해가 일차방정식 $3x+y=5$를 만족시킬 때, 상수 a의 값을 구하시오.

08 연립방정식 $\begin{cases} 4(x+y)-3y=-7 \\ 3x-2(x+y)=5 \end{cases}$ 의 해를 (a, b)라 할 때, $a-b$의 값을 구하시오.

09 연립방정식 $\begin{cases} \frac{1}{2}x+\frac{1}{3}y=2 \\ \frac{1}{2}x-\frac{1}{5}y=-\frac{2}{5} \end{cases}$ 를 풀면?

① $x=-1$, $y=\frac{9}{2}$ ② $x=1$, $y=\frac{9}{2}$

③ $x=2$, $y=3$ ④ $x=2$, $y=5$

⑤ $x=2$, $y=7$

10 연립방정식 $\begin{cases} 0.1x+0.3y=0.5 \\ 0.01x+0.05y=0.07 \end{cases}$ 의 해가 $x=a$, $y=b$일 때, $a+b$의 값을 구하시오.

11 두 연립방정식 $\begin{cases} ax+2y=16 \\ \frac{1}{2}x+\frac{1}{6}y=-1 \end{cases}$, $\begin{cases} -x+by=10 \\ \frac{1}{4}x-\frac{1}{3}y=-3 \end{cases}$ 의 해가 서로 같을 때, 상수 a, b에 대하여 ab의 값을 구하시오.

12 다음 방정식의 해는?

$$3x-4y-5=4x+4y+1=2x+y+2$$

① $(-3, 2)$ ② $(-2, 4)$ ③ $(-1, 5)$

④ $(2, -1)$ ⑤ $(3, -2)$

13 연립방정식 $\begin{cases} 4x+y=a-1 \\ 8x+2y=-2a+10 \end{cases}$ 의 해가 무수히 많을 때, 상수 a의 값을 구하시오.

14 다음 연립방정식 중 해가 <u>없는</u> 것은?

① $\begin{cases} x+y=-1 \\ x-y=3 \end{cases}$ ② $\begin{cases} y=x+2 \\ 2x+2y=4 \end{cases}$

③ $\begin{cases} x+2y=1 \\ -3x-6y=-3 \end{cases}$ ④ $\begin{cases} 2x-y=1 \\ 8x-4y=-4 \end{cases}$

⑤ $\begin{cases} 6x-8y=2 \\ 3x-4y=1 \end{cases}$

15 두 자리의 자연수가 있다. 각 자리의 숫자의 합은 9이고, 십의 자리의 숫자와 일의 자리의 숫자를 바꾼 수는 처음 수보다 45만큼 클 때, 처음 수를 구하시오.

16 현재 아버지의 나이와 아들의 나이의 합이 35세이고, 20년 후에는 아버지의 나이가 아들의 나이의 2배가 된다고 한다. 현재 아버지의 나이를 구하시오.

17 과녁에 화살을 쏘아 맞히는 게임을 하는데 과녁을 맞히면 3점을 얻고, 맞히지 못하면 1점을 잃는다고 한다. 윤주가 화살을 12발을 쏘아 16점을 얻었을 때, 과녁을 맞히지 못한 화살 수를 구하시오.

18 어느 상점에서 어제 두 상품 A, B를 합하여 100개를 판매하였다. 오늘은 어제보다 A상품의 판매량은 5 % 감소하고, B상품의 판매량은 20 % 증가하여 전체적으로 5개를 더 팔았다. 이때 어제 판매한 A상품의 개수를 구하시오.

서술형

19 x, y에 대한 연립방정식 $\begin{cases} ax+by=2 \\ bx-ay=4 \end{cases}$에서 잘못하여 a와 b를 서로 바꾸어 놓고 풀었더니 해가 $x=-3$, $y=1$이었다. 상수 a, b에 대하여 ab의 값을 구하시오. (단, 풀이 과정을 자세히 쓰시오.)

[풀이]

[답]

20 14 km 떨어진 두 지점에서 혜현이와 정환이가 서로 마주 보고 동시에 출발하여 도중에 만났다. 혜현이는 시속 3 km로 정환이는 시속 4 km로 걸었다고 할 때, 혜현이가 걸은 거리를 구하시오. (단, 풀이 과정을 자세히 쓰시오.)

[풀이]

[답]

단원 테스트   4. 연립일차방정식 [2회]

01 다음 |보기| 중 미지수가 2개인 일차방정식을 모두 고르시오.

┌ 보기 ┐
ㄱ. $2x+3y-3$ ㄴ. $x^2+4=y$

ㄷ. $5x+y=4$ ㄹ. $y=\dfrac{5}{x}+1$

ㅁ. $2(x+2y)=4y-3$ ㅂ. $2x+y(x+3)=xy$

02 다음 일차방정식 중 x, y의 순서쌍 $(2, 1)$을 해로 갖는 것은?

① $2x+3y=6$ ② $3x+2y=6$

③ $4x-y=6$ ④ $4x-2y=6$

⑤ $5x+3y=6$

03 연립방정식 $\begin{cases} x+ay=4 \\ x+2y=b \end{cases}$의 해가 $(1, 3)$일 때, $a-b$의 값을 구하시오. (단, a, b는 상수)

04 연립방정식 $\begin{cases} 3x+4y=4 & \cdots \ ㉠ \\ x=y+6 & \cdots \ ㉡ \end{cases}$을 풀기 위해 ㉡을 ㉠에 대입하여 x를 없앴더니 $ky=-14$가 되었다. 이때 상수 k의 값을 구하시오.

05 다음 중 연립방정식의 해가 나머지 넷과 다른 하나는?

① $\begin{cases} x+y=-3 \\ 3x-y=-1 \end{cases}$ ② $\begin{cases} x-2y=3 \\ 2x-3y=4 \end{cases}$

③ $\begin{cases} x+3y=-11 \\ 2x-y=6 \end{cases}$ ④ $\begin{cases} 5x-2y=-1 \\ x-y=1 \end{cases}$

⑤ $\begin{cases} x-3y=5 \\ 2x+y=-4 \end{cases}$

06 연립방정식 $\begin{cases} ax+2y=-6 \\ 6x-y=-4 \end{cases}$를 만족시키는 x와 y의 값의 합이 -10일 때, 상수 a의 값을 구하시오.

07 연립방정식 $\begin{cases} ax+by=7 \\ bx-ay=9 \end{cases}$의 해가 $x=3$, $y=-1$일 때, 상수 a, b에 대하여 $a+b$의 값을 구하시오.

08 두 연립방정식 $\begin{cases} 3x+4y=2 \\ ax-y=5 \end{cases}$, $\begin{cases} bx-2y=4 \\ x+3y=-1 \end{cases}$의 해가 서로 같을 때, 상수 a, b에 대하여 $a+b$의 값을 구하시오.

09 연립방정식 $\begin{cases} 6x+5(y+1)=3 \\ 2(x-2y)-y=18 \end{cases}$의 해가 $x=a$, $y=b$일 때, $a-5b$의 값을 구하시오.

10 연립방정식 $\begin{cases} \frac{1}{3}x+\frac{1}{4}y=2 \quad \cdots \text{㉠} \\ 0.1x+0.3y=1.5 \quad \cdots \text{㉡} \end{cases}$에서 y를 없애기 위해 필요한 식은?

① ㉠$\times 10+$㉡$\times 12$
② ㉠$\times 10-$㉡$\times 12$
③ ㉠$\times 12+$㉡$\times 10$
④ ㉠$\times 12-$㉡$\times 10$
⑤ ㉠$\times 12+$㉡$\times 15$

11 연립방정식 $\begin{cases} 0.3(x-y)-0.2x=0.5 \\ \dfrac{x-1}{2}-\dfrac{y+1}{3}=\dfrac{1}{2} \end{cases}$ 을 풀면?

① $x=-2$, $y=-1$
② $x=-2$, $y=1$
③ $x=-1$, $y=2$
④ $x=2$, $y=-1$
⑤ $x=2$, $y=1$

12 다음 방정식의 해가 $x=a$, $y=b$일 때, $a+b$의 값을 구하시오.

$$2x-3(2y+1)=4(x-y)+1=2+x$$

13 연립방정식 $\begin{cases} x+ay=2 \\ 2x+y=8 \end{cases}$의 해가 없을 때, 상수 a의 값을 구하시오.

14 다음 연립방정식 중 해가 무수히 많은 것은?

① $\begin{cases} x+y=4 \\ x+y=7 \end{cases}$
② $\begin{cases} x+y=3 \\ x-y=5 \end{cases}$
③ $\begin{cases} 2x=3y+5 \\ 2x+3y=5 \end{cases}$
④ $\begin{cases} 2x+y=1 \\ 4x+2y=2 \end{cases}$
⑤ $\begin{cases} x-3y=2 \\ 2x-3y=4 \end{cases}$

15 어느 농구 선수가 한 경기에서 2점 슛과 3점 슛을 합하여 11개 성공하여 24득점을 하였다. 이 선수가 성공한 2점 슛의 개수를 구하시오.

16 둘레의 길이가 36 cm인 직사각형이 있다. 이 직사각형의 가로의 길이를 3 cm만큼 줄이고, 세로의 길이를 2배만큼 늘였더니 둘레의 길이가 50 cm가 되었다. 처음 직사각형의 넓이를 구하시오.

17 다훈이와 희진이가 같이 하면 4일 만에 끝낼 수 있는 일을 다훈이가 혼자 2일 동안 일한 다음 나머지를 희진이가 혼자 8일 동안 일해서 끝냈다고 한다. 이 일을 다훈이가 혼자 한다면 며칠이 걸리는지 구하시오.

18 용하는 집에서 서점에 다녀오는데 갈 때는 시속 3 km로 걷고, 서점에서 30분 동안 머무른 후 돌아올 때는 갈 때보다 2 km가 더 먼 길을 택하여 시속 5 km로 걸어서 총 2시간 30분이 걸렸다. 용하가 서점에서 돌아올 때 걸은 거리는 몇 km인지 구하시오.

서술형

19 연립방정식 $\begin{cases} 2x-y=4 \\ x-2y=-7 \end{cases}$ 의 해가 일차방정식 $3x-ay=3$을 만족시킬 때, 상수 a의 값을 구하시오.
(단, 풀이 과정을 자세히 쓰시오.)

[풀이]

[답]

20 어느 학교 매점에 설치된 자동판매기에서는 600원짜리 율무차와 800원짜리 핫초코를 판매한다고 한다. 어느 날 이 자판기에서 60잔의 컵이 사용되었고, 총 판매액은 40000원이었다고 할 때, 이 자동판매기에서 판매된 율무차는 몇 잔인지 구하시오. (단, 풀이 과정을 자세히 쓰시오.)

[풀이]

[답]

01 다음 |보기| 중 y가 x의 함수인 것을 모두 고른 것은?

┤ 보기 ├

ㄱ. 자연수 x와 2의 공배수는 y이다.

ㄴ. 자연수 x의 모든 약수의 합은 y이다.

ㄷ. 자연수 x 이하의 홀수의 개수는 y개이다.

ㄹ. 자연수 x의 배수 중 25보다 작은 수는 y이다.

① ㄱ, ㄴ　　　　② ㄴ, ㄷ　　　　③ ㄷ, ㄹ

④ ㄱ, ㄴ, ㄹ　　⑤ ㄴ, ㄷ, ㄹ

02 두 함수 $f(x)=ax$, $g(x)=-\dfrac{15}{x}$에 대하여
$f(-3)=9$, $g(b)=a$일 때, ab의 값은? (단, a는 상수)

① -15　　　　② -12　　　　③ -6

④ 12　　　　　⑤ 15

03 다음 중 y가 x의 일차함수인 것은?

① $y=3$　　　　　　　② $y=4(x-1)$

③ $y=2x-(1+2x)$　　④ $y=x^2+3x+1$

⑤ $y=\dfrac{5}{x}+4$

04 다음 중 일차함수 $y=2x+1$의 그래프 위의 점이 <u>아닌</u> 것은?

① $(-3, -5)$　　② $(-2, -3)$　　③ $\left(-\dfrac{1}{2}, 0\right)$

④ $(0, -1)$　　　⑤ $(2, 5)$

05 일차함수 $y=3x$의 그래프를 y축의 방향으로 -2만큼 평행이동하면 점 $(a, 4)$를 지날 때, a의 값을 구하시오.

06 일차함수 $y=-2x+b$의 그래프의 x절편이 -1일 때, y절편은? (단, b는 상수)

① -2　　　　　② -1　　　　　③ 0

④ 1　　　　　　⑤ 2

07 일차함수 $y=-3x+4$의 그래프를 y축의 방향으로 -10만큼 평행이동한 그래프와 x축, y축으로 둘러싸인 도형의 넓이를 구하시오.

08 일차함수 $y=\dfrac{3}{5}x+1$의 그래프에서 x의 값이 -1에서 9까지 증가할 때, y의 값은 a만큼 증가한다. 이때 a의 값은?

① 2   ② 4   ③ 6

④ 8   ⑤ 10

09 다음 일차함수의 그래프 중 제1사분면을 지나지 <u>않는</u> 것은?

① $y=3x-2$ ② $y=2x+3$

③ $y=-2x-1$ ④ $y=-x+1$

⑤ $y=\dfrac{x}{2}$

10 일차함수 $y=-ax+b$의 그래프가 오른쪽 그림과 같을 때, 다음 중 옳은 것은? (단, a, b는 상수)

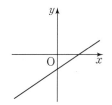

① $a<0$, $b<0$ ② $a<0$, $b>0$

③ $a>0$, $b>0$ ④ $a>0$, $b<0$

⑤ $a=0$, $b>0$

11 다음 중 일차함수 $y=-3x+3$의 그래프에 대한 설명으로 옳은 것은?

① 기울기는 3이다.

② y절편은 -3이다.

③ x절편은 3이다.

④ 제2사분면을 지나지 않는다.

⑤ $y=-3x-2$의 그래프와 평행하다.

12 다음 일차함수의 그래프 중 일차함수 $y=4x+2$의 그래프와 만나지 <u>않는</u> 것은?

① $y=\dfrac{1}{4}x+2$ ② $y=-4x-1$

③ $y=2(4-x)$ ④ $y=\dfrac{1}{2}(8x-1)$

⑤ $y=-(4x+2)$

13 두 점 $(-2, 0)$, $(3, 3)$을 지나는 직선과 평행하고, y절편이 5인 직선을 그래프로 하는 일차함수의 식을 $y=ax+b$라 하자. 이때 상수 a, b에 대하여 ab의 값을 구하시오.

14 일차함수 $y=\dfrac{1}{2}x+3$의 그래프와 평행하고, 점 $(6, -2)$를 지나는 직선을 그래프로 하는 일차함수의 식은?

① $y=-\dfrac{1}{2}x+5$ ② $y=-\dfrac{1}{2}x+3$

③ $y=\dfrac{1}{2}x-1$ ④ $y=\dfrac{1}{2}x-3$

⑤ $y=\dfrac{1}{2}x-5$

15 두 점 $(-1, 4)$, $(1, 2)$를 지나는 일차함수의 그래프의 x절편을 구하시오.

16 오른쪽 그림과 같은 일차함수의 그래프가 점 $(-3, k)$를 지날 때, k의 값은?

① -1　　　　② -2

③ -3　　　　④ -4

⑤ -5

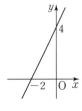

17 다음 |보기| 중 오른쪽 그림과 같은 일차함수의 그래프와 평행한 직선을 고르시오.

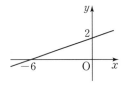

┤ 보기 ├

ㄱ. 기울기가 3이고 점 $(0, 3)$을 지나는 직선

ㄴ. 두 점 $(1, 5)$, $(4, 6)$을 지나는 직선

ㄷ. x절편이 6, y절편이 2인 직선

18 다음 그림과 같은 삼각형 ABC에서 점 P는 점 B를 출발하여 $\overline{BC}$ 위를 매초 $2\,\mathrm{cm}$의 속력으로 움직인다. 점 P가 점 B를 출발한 지 x초 후의 삼각형 ABP의 넓이를 $y\,\mathrm{cm}^2$라 할 때, 점 P가 점 B를 출발한 지 5초 후의 삼각형 ABP의 넓이를 구하시오.

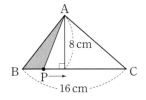

---

19 일차함수 $y = 2ax - 1$의 그래프를 y축의 방향으로 5만큼 평행이동하면 일차함수 $y = 6x - b$의 그래프와 일치할 때, 상수 a, b에 대하여 ab의 값을 구하시오.

(단, 풀이 과정을 자세히 쓰시오.)

풀이

답

20 어떤 환자가 주사약이 10분에 $50\,\mathrm{mL}$씩 들어가는 링거 주사를 맞고 있다. $700\,\mathrm{mL}$가 들어 있는 링거 주사를 다 맞는 데 걸리는 시간은 몇 분인지 구하시오.

(단, 풀이 과정을 자세히 쓰시오.)

풀이

답

단원 테스트 5. 일차함수와 그 그래프 [2회]

01 다음 중 y가 x의 함수가 <u>아닌</u> 것은?

① 음의 정수 x의 절댓값은 y이다.

② 자연수 x보다 5만큼 작은 자연수는 y이다.

③ 우유 20 L를 x명이 똑같이 나누어 마실 때, 한 사람이 마시는 우유의 양은 y L이다.

④ 시속 5 km로 x시간 동안 간 거리는 y km이다.

⑤ 한 변의 길이가 x cm인 정육각형의 둘레의 길이는 y cm이다.

02 자연수 x의 약수의 개수를 y개라 하면 y는 x의 함수이다. $y=f(x)$라 할 때, $f(5)+f(10)$의 값은?

① 2   ② 4   ③ 6

④ 8   ⑤ 10

03 다음 |보기| 중 y가 x의 일차함수인 것의 개수를 구하시오.

┤ 보기 ├

ㄱ. $\dfrac{3}{x}+y=1$ ㄴ. $y=2x-3(x+6)$

ㄷ. $5x+y=y+4$ ㄹ. $y=(4x-1)-4x$

04 두 일차함수 $y=4x+1$, $y=ax-2$의 그래프가 모두 점 $(1, b)$를 지날 때, $a+b$의 값을 구하시오. (단, a는 상수)

05 일차함수 $y=-x+a$의 그래프를 y축의 방향으로 -3만큼 평행이동하였더니 일차함수 $y=bx-7$의 그래프와 겹쳐졌다. 이때 상수 a, b에 대하여 $b-a$의 값을 구하시오.

06 두 일차함수 $y=ax+b$, $y=bx+4$의 그래프는 y축 위에서 만나고, 두 일차함수 $y=bx+4$, $y=-2x+a$의 그래프는 x축 위에서 만난다. 이때 상수 a, b에 대하여 $a+b$의 값을 구하시오.

07 오른쪽 그림과 같이 두 일차함수 $y=2x+4$, $y=-\dfrac{1}{2}x+4$의 그래프가 y축 위의 점 A에서 만날 때, x축과 만나는 점을 각각 B, C라 하자. 이때 $\triangle$ABC의 넓이를 구하시오.

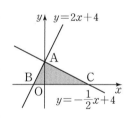

08 두 점 $(-1, 6)$, $(3, -2)$를 지나는 일차함수의 그래프에서 x의 값이 -2에서 4까지 증가할 때, y의 값의 증가량을 구하시오.

09 다음 중 일차함수 $y=2x+6$의 그래프는?

① ② ③

④ ⑤

10 $a<0$, $b>0$일 때, 일차함수 $y=-\dfrac{a}{b}x+ab$의 그래프가 지나지 <u>않는</u> 사분면은?

① 제1사분면   ② 제2사분면

③ 제3사분면   ④ 제4사분면

⑤ 제1, 3사분면

⭐11 다음 중 일차함수 $y=-\dfrac{2}{3}x+3$의 그래프에 대한 설명으로 옳지 <u>않은</u> 것은?

① x의 값이 3만큼 증가할 때, y의 값은 2만큼 감소한다.
② 제1, 2, 3사분면을 지난다.
③ 점 $(6, -1)$을 지난다.
④ 오른쪽 아래로 향하는 직선이다. .
⑤ 일차함수 $y=-\dfrac{2}{3}x$의 그래프와 만나지 않는다.

12 다음 |조건|을 모두 만족시키는 상수 a, b에 대하여 $a+b$의 값을 구하시오.

┤ 조건 ├

㈎ 두 일차함수 $y=-2x-7$과 $y=ax+3$의 그래프는 평행하다.

㈏ 두 일차함수 $y=x-3a+2$와 $y=x+b$의 그래프는 일치한다.

13 오른쪽 그림과 같은 직선과 평행하고, 일차함수 $y=3x-10$의 그래프와 y축 위에서 만나는 직선을 그래프로 하는 일차함수의 식이 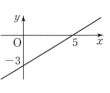 $y=ax+b$일 때, 상수 a, b에 대하여 ab의 값을 구하시오.

14 기울기가 $\dfrac{3}{2}$이고 점 $\left(-\dfrac{2}{3}, 2\right)$를 지나는 일차함수의 그래프의 x절편을 구하시오.

15 다음 일차함수의 그래프 중 두 점 $(-1, 3)$, $(1, 9)$를 지나는 일차함수의 그래프와 y축 위에서 만나는 것은?

① $y=-4x+3$ ② $y=-2x+\dfrac{3}{2}$

③ $y=-\dfrac{1}{3}x-6$ ④ $y=5x+3$

⑤ $y=8x+6$

16 일차함수 $y=2x+4$의 그래프와 x축 위에서 만나고 점 $(2, 1)$을 지나는 직선을 그래프로 하는 일차함수의 식은?

① $y=\dfrac{1}{4}x+\dfrac{1}{2}$　　　② $y=\dfrac{1}{4}x+1$

③ $y=\dfrac{3}{2}x-2$　　　　④ $y=\dfrac{3}{2}x+3$

⑤ $y=4x+\dfrac{1}{2}$

17 온도가 $100\,^{\circ}\mathrm{C}$인 물을 그릇에 담아 놓아 두면 10분이 지날 때마다 온도가 $6\,^{\circ}\mathrm{C}$씩 내려가서 x분 후에는 $y\,^{\circ}\mathrm{C}$가 된다고 한다. 이때 물의 온도가 $40\,^{\circ}\mathrm{C}$가 되는 것은 몇 분 후인지 구하시오.

18 길이가 $15\,\mathrm{cm}$인 용수철 저울이 있다. 이 용수철 저울에 무게가 $10\,\mathrm{g}$인 물건을 달면 용수철의 길이가 $18\,\mathrm{cm}$가 된다고 한다. 이 용수철 저울에 무게가 $30\,\mathrm{g}$인 물건을 달았을 때, 용수철의 길이는?

① $20\,\mathrm{cm}$　　　② $21\,\mathrm{cm}$　　　③ $22\,\mathrm{cm}$

④ $23\,\mathrm{cm}$　　　⑤ $24\,\mathrm{cm}$

서술형

19 일차함수 $y=-2x+1$의 그래프를 y축의 방향으로 m만큼 평행이동한 그래프가 점 $(-3, 6)$을 지날 때, m의 값을 구하시오. (단, 풀이 과정을 자세히 쓰시오.)

풀이

답

20 x의 값이 2만큼 증가할 때, y의 값은 8만큼 감소하고, 점 $(1, 5)$를 지나는 직선을 그래프로 하는 일차함수의 식을 구하시오. (단, 풀이 과정을 자세히 쓰시오.)

풀이

답

01 다음 일차방정식의 그래프 중 일차함수 $y = \frac{1}{3}x - 2$의 그래프와 일치하는 것은?

① $x + 3y + 6 = 0$　　② $x - 3y + 6 = 0$
③ $x - 3y - 6 = 0$　　④ $3x + y - 6 = 0$
⑤ $3x - y - 6 = 0$

04 일차방정식 $ax + 2y - 3 = 0$의 그래프가 오른쪽 그림의 직선과 평행할 때, 상수 a의 값은?

① $-\frac{14}{3}$　　② $-\frac{7}{3}$
③ -1　　④ $\frac{7}{3}$
⑤ $\frac{14}{3}$

02 일차방정식 $3x - 2y + 4 = 0$의 그래프의 기울기, x절편, y절편을 각각 a, b, c라 할 때, abc의 값은?

① -4　　② -2　　③ -1
④ 1　　⑤ 4

05 방정식 $x = m$의 그래프는 점 $(5, 1)$을 지나고 방정식 $y = n$의 그래프는 점 $(1, -4)$를 지날 때, 상수 m, n에 대하여 $m + n$의 값을 구하시오.

03 다음 일차방정식의 그래프 중 점 $(6, -1)$을 지나는 것은?

① $x + y - 7 = 0$　　② $x - y - 5 = 0$
③ $2x + y - 10 = 0$　　④ $2x - y - 13 = 0$
⑤ $3x - y - 22 = 0$

06 두 점 $(-2, a-3)$, $(2, 5-3a)$를 지나는 직선이 x축에 평행할 때, a의 값을 구하시오.

07 일차방정식 $ax+by=1$의 그래프가 오른쪽 그림과 같을 때, 상수 a, b에 대하여 $a+b$의 값을 구하시오.

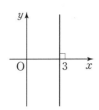

10 두 일차방정식 $2x+y-7=0$, $2x-3y-3=0$의 그래프의 교점을 지나고 점 $(-1, -3)$을 지나는 직선의 기울기를 구하시오.

08 다음 네 방정식의 그래프로 둘러싸인 도형의 넓이가 28일 때, 상수 m의 값을 구하시오. (단, $m>0$)

$$3x+6=0, \quad x=5, \quad y=-1, \quad y=m$$

11 오른쪽 그림은 연립방정식 $\begin{cases} x+ay+3=0 \\ 2x-3y-4=0 \end{cases}$ 의 해를 구하기 위해 두 일차방정식의 그래프를 각각 그린 것이다. 이때 $a+b$의 값을 구하시오. (단, a는 상수)

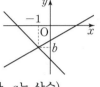

09 오른쪽 그림은 연립방정식 $\begin{cases} x+y=6 \\ 3x-y=10 \end{cases}$ 의 해를 구하기 위해 두 일차방정식의 그래프를 각각 그린 것이다. 이때 $a-b$의 값을 구하시오.

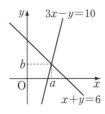

12 세 직선 $3x+y-5=0$, $ax+2y+3a=0$, $3x+2y+2=0$이 한 점에서 만날 때, 상수 a의 값은?

① -2 ② -1 ③ 1
④ 2 ⑤ 3

13 오른쪽 그림과 같이 두 직선 $3x-2y+16=0$, $x+y+2=0$과 y축으로 둘러싸인 도형의 넓이를 구하시오.

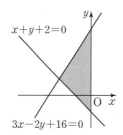

14 두 직선 $ax+y=-10$과 $5x-2y=0$의 교점이 존재하지 않을 때, 상수 a의 값은?

① -10 ② -5 ③ -2

④ $-\dfrac{5}{2}$ ⑤ $-\dfrac{5}{4}$

15 ★ 두 직선 $ax-2y=2$, $bx+y=-1$이 일치할 때, 연립방정식 $\begin{cases} ax+2y=-1 \\ bx-y=2 \end{cases}$ 의 해를 구하시오.

(단, a, b는 상수이고, $a \neq 0$, $b \neq 0$)

16 오른쪽 그림은 연립방정식 $\begin{cases} ax+by=5 \\ bx-ay=5 \end{cases}$ 의 해를 구하기 위해 두 일차방정식의 그래프를 각각 그린 것이다. 상수 a, b에 대하여 $a+b$의 값을 구하시오. (단, 풀이 과정을 자세히 쓰시오.)

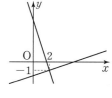

풀이

답

17 연립방정식 $\begin{cases} ax+y=10 \\ 2x-y=b \end{cases}$ 의 해가 무수히 많을 때, 상수 a, b에 대하여 $a+b$의 값을 구하시오.

(단, 풀이 과정을 자세히 쓰시오.)

풀이

답

단원 테스트 6. 일차함수와 일차방정식 [2회]

01 일차방정식 $x-2y+7=0$의 그래프가 일차함수 $y=ax+b$의 그래프와 일치할 때, 상수 a, b에 대하여 $a+b$의 값을 구하시오.

02 일차방정식 $x+2y+6=0$의 그래프가 지나지 <u>않는</u> 사분면은?

① 제1사분면 　　　　② 제2사분면
③ 제3사분면 　　　　④ 제4사분면
⑤ 제1, 3사분면

03 일차방정식 $2x+ay-8=0$의 그래프가 오른쪽 그림과 같을 때, 상수 a의 값을 구하시오.

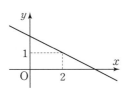

04 일차함수 $y=-4x+5$의 그래프와 평행한 일차방정식 $ax+y-2=0$의 그래프의 x절편을 구하시오.

(단, a는 상수)

05 일차방정식 $x=a$의 그래프가 두 점 $(b, -4)$, $(3, 4)$를 지날 때, $a+b$의 값은? (단, a는 상수)

① -2 　　　　② 0 　　　　③ 2
④ 4 　　　　⑤ 6

06 두 점 $(3, -a+9)$, $(5, 2a)$를 지나는 직선이 y축에 수직일 때, a의 값을 구하시오.

07 일차방정식 $ax-by-5=0$의 그래프가 오른쪽 그림과 같을 때, 상수 a, b에 대하여 $a+b$의 값을 구하시오.

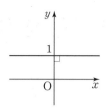

10 오른쪽 그림은 연립방정식 $\begin{cases} x-ay-11=0 \\ 2x+3y+b=0 \end{cases}$ 의 해를 구하기 위해 두 일차방정식의 그래프를 각각 그린 것이다. 상수 a, b에 대하여 $a+b$의 값을 구하시오.

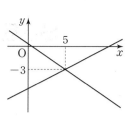

08 다음 네 방정식의 그래프로 둘러싸인 도형의 넓이가 15일 때, 상수 a의 값을 구하시오. (단, $a>0$)

$$x=a, \quad x=4a, \quad y=-1, \quad y-4=0$$

11 두 일차방정식 $x-y+1=0$, $2x+3y-3=0$의 그래프의 교점을 지나고 x절편이 4인 직선의 기울기는?

① -4 ② -2 ③ $-\dfrac{1}{2}$

④ $-\dfrac{1}{4}$ ⑤ 4

09 두 일차방정식 $3x-2y-5=0$, $2x-y+3=0$의 그래프의 교점의 좌표가 (a, b)일 때, $a-b$의 값을 구하시오.

12 두 점 $(-1, -3)$, $(2, 6)$을 지나는 직선 위에 두 일차방정식 $x-y+2=0$, $ax+y+3=0$의 그래프의 교점이 있다. 이때 상수 a의 값은?

① -7 ② -6 ③ -5

④ -4 ⑤ -3

13 오른쪽 그림과 같이 두 직선 $2x+y-4=0$, $2x-3y-12=0$과 y축으로 둘러싸인 도형의 넓이를 구하시오.

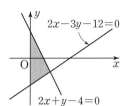

14 두 일차방정식 $2x-y-1=0$, $6x+by-12=0$의 그래프가 평행할 때, 상수 b의 값은?

① -3 ② -1 ③ 3
④ 5 ⑤ 7

15 연립방정식 $\begin{cases} x+ay=b \\ 3x-4y=-5 \end{cases}$ 의 해가 무수히 많을 때, 상수 a, b에 대하여 $a+b$의 값을 구하시오.

서술형

16 일차방정식 $ax-by+8=0$의 그래프가 점 $(4, -2)$를 지나고 x축에 수직일 때, 상수 a, b에 대하여 $a+b$의 값을 구하시오. (단, 풀이 과정을 자세히 쓰시오.)

풀이

답

17 오른쪽 그림의 두 직선 l, m의 교점의 좌표를 (a, b)라 할 때, $a+b$의 값을 구하시오. (단, 풀이 과정을 자세히 쓰시오.)

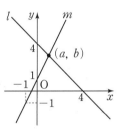

풀이

답

1 분수 $\dfrac{4}{33}$ 를 소수로 나타낼 때, 다음 물음에 답하시오.

(1) 순환마디를 구하시오.

(2) 소수점 아래 23번째 자리의 숫자를 구하시오.

풀이

답

2 $\dfrac{1}{7}$ 과 $\dfrac{3}{5}$ 사이의 분수 중에서 분모가 35이고 유한소수로 나타낼 수 있는 모든 분수의 개수를 구하시오.

풀이

답

3 분수 $\dfrac{37}{450}$ 에 어떤 자연수 x를 곱하면 유한소수로 나타낼 수 있을 때, x의 값이 될 수 있는 가장 작은 자연수를 구하시오.

풀이

답

4 두 분수 $\dfrac{a}{75}$, $\dfrac{a}{112}$ 를 소수로 나타내면 모두 유한소수가 될 때, a의 값이 될 수 있는 두 자리의 자연수의 개수를 구하시오.

풀이

답

5 순환소수 $0.4\dot{8}$을 기약분수로 나타내시오. (단, $0.4\dot{8}$을 x라 하고, 분수로 나타내는 과정을 자세히 쓰시오.)

풀이

답

6 어떤 기약분수를 소수로 나타내는데 보라는 분모를 잘못 보아 $0.6\dot{1}$로 나타내고, 민호는 분자를 잘못 보아 $0.4\dot{7}$로 나타냈다. 다음 물음에 답하시오.

(1) 순환소수 $0.6\dot{1}$을 기약분수로 나타내고, 처음 기약분수의 분자를 구하시오.

(2) 순환소수 $0.4\dot{7}$을 기약분수로 나타내고, 처음 기약분수의 분모를 구하시오.

(3) 처음 기약분수를 구하고 순환소수로 나타내시오.

풀이

답

7 $0.3\dot{5}=a\times0.0\dot{1}$, $0.\dot{5}\dot{6}=56\times b$를 만족시키는 유리수 a, b에 대하여 ab의 값을 순환소수로 나타내시오.

풀이

답

8 $\dfrac{1}{5}<0.\dot{x}<\dfrac{1}{2}$을 만족시키는 한 자리의 자연수 x를 구하려고 한다. 다음 물음에 답하시오.

(1) 순환소수 $0.\dot{x}$를 분수로 나타내시오.

(2) x의 값이 될 수 있는 자연수를 모두 구하시오.

(3) x의 값 중 가장 작은 자연수를 a, 가장 큰 자연수를 b라 할 때, $b-a$의 값을 구하시오.

풀이

답

1 $81^2 \times 12^3 \div 16 = 2^a \times 3^b$일 때, 자연수 a, b에 대하여 $a+b$의 값을 구하시오.

풀이

답

2 $2^{x+2} = A$일 때, 8^{x+1}을 A를 사용하여 나타내시오.

풀이

답

3 $A = 2^7 \times 5^{11}$일 때, 다음 물음에 답하시오.

(1) 자연수 a, n에 대하여 A를 $a \times 10^n$의 꼴로 나타낼 때, a의 최솟값과 그때의 n의 값을 각각 구하시오.

(2) (1)을 이용하여 A는 몇 자리의 자연수인지 구하시오.

풀이

답

4 어떤 식을 $-\dfrac{4}{3}a^3b$로 나누어야 할 것을 잘못하여 곱하였더니 $8a^5b^4$이 되었다. 다음 물음에 답하시오.

(1) 어떤 식을 구하시오.

(2) 바르게 계산한 식을 구하시오.

풀이

답

5 가로의 길이가 $4ab$이고, 세로의 길이가 $6a^2b^2$인 직사각형의 넓이와 밑변의 길이가 $16a^2b$인 삼각형의 넓이가 같을 때, 삼각형의 높이를 구하시오.

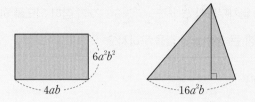

풀이

답

6 다음은 이웃한 두 칸의 식을 더하여 얻은 결과를 바로 아래의 칸에 쓴 것이다. 예를 들어,
$(-x^2+4)+(5x-1)=-x^2+5x+3$이다. 이때 두 다항식 A, B에 대하여 $A-B$를 계산하시오.

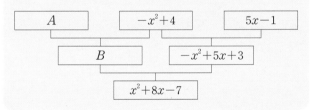

풀이

답

7 $-3x(2x+y)-(x+3y)\times(-5x)$를 계산했을 때, x^2의 계수를 a, xy의 계수를 b라 하자. 이때 $a+b$의 값을 구하시오.

풀이

답

8 오른쪽 그림과 같이 밑면의 반지름의 길이가 $3x$인 원기둥의 부피가 $9\pi x^3-36\pi x^2y^2$일 때, 이 원기둥의 높이를 구하시오.

풀이

답

1 $x < -1$일 때, $-2x+3 > a$이다. 상수 a의 값을 구하시오.

[풀이]

[답]

2 부등식 $(a-4)x^2 - 4bx < -ax+5$가 x에 대한 일차부등식이 되도록 하는 상수 a, b의 조건을 각각 구하시오.

[풀이]

[답]

3 일차부등식 $\dfrac{x}{6} - \dfrac{x-2}{3} > 3 + 2x$가 참이 되도록 하는 가장 큰 정수 x의 값을 구하시오.

[풀이]

[답]

4 일차부등식 $0.3(3x-4) \geq \dfrac{3x-6}{2}$을 만족시키는 모든 자연수 x의 값의 합을 구하시오.

[풀이]

[답]

5 일차부등식 $a+2x<6(x-1)+3$의 해가 $x>-1$일 때, 상수 a의 값을 구하시오.

풀이

답

6 다음 두 일차부등식의 해가 서로 같을 때, 상수 a의 값을 구하시오.

$$3(x+2)+1\leq2(x+3),\quad 2x-5\geq a+3x$$

풀이

답

7 호은이는 인터넷 쇼핑몰에서 볼펜 몇 자루를 사려고 한다. 동네 문구점에서 한 자루에 2000원인 볼펜을 인터넷 상점에서 한 자루에 1500원으로 팔고 있다. 인터넷 쇼핑몰에서 볼펜을 사면 배송비가 3000원일 때, 볼펜을 몇 자루 이상 살 경우 인터넷 쇼핑몰을 이용하는 것이 유리한지 구하시오.

풀이

답

8 집에서 $2\,km$ 떨어진 지하철역까지 갈 때, 처음에는 분속 $50\,m$로 걷다가 도중에 분속 $100\,m$로 뛰어서 30분 이내로 도착했다고 한다. 이때 걸어간 거리는 몇 m 이하인지 구하시오.

풀이

답

1 x, y의 순서쌍 $(k+1, k)$가 일차방정식 $x+3y-9=0$의 해일 때, k의 값을 구하시오.

풀이

답

2 연립방정식 $\begin{cases} x+4y=a \\ bx+3y=4 \end{cases}$ 의 해가 $x=-1, y=2$일 때, 다음 물음에 답하시오. (단, a, b는 상수)

(1) a의 값을 구하시오.

(2) b의 값을 구하시오.

(3) $a-b$의 값을 구하시오.

풀이

답

3 연립방정식 $\begin{cases} ax-y=5 \\ 2x+3y=13 \end{cases}$ 을 만족시키는 x와 y의 값의 비가 $2:3$일 때, 상수 a의 값을 구하시오.

풀이

답

4 두 연립방정식 $\begin{cases} 2x+y=3 \\ ax-y=11 \end{cases}$, $\begin{cases} 4x+3y=b \\ 3x-y=7 \end{cases}$ 의 해가 서로 같을 때, 다음 물음에 답하시오. (단, a, b는 상수)

(1) 두 연립방정식의 해를 구하시오.

(2) a, b의 값을 각각 구하시오.

(3) $a+b$의 값을 구하시오.

풀이

답

5 방정식 $x-3=\dfrac{y-2}{2}=\dfrac{x+y+1}{6}$ 의 해가 일차방정식 $3x-ay=3$의 해와 같을 때, 상수 a의 값을 구하시오.

풀이

답

6 연립방정식 $\begin{cases} ax+2y=x-10 \\ 2x+y=b \end{cases}$ 의 해가 무수히 많을 때, 상수 a, b에 대하여 $a-b$의 값을 구하시오.

풀이

답

7 다음은 중국의 수학책인 "산법통종"에 나오는 문제이다. 이 문제에서 구미호와 붕조는 각각 몇 마리인지 구하시오.

> 구미호는 머리가 하나에 꼬리가 아홉 개이고 붕조는 머리가 아홉 개에 꼬리가 한 개이다. 구미호와 붕조를 우리 안에 넣었더니 머리가 72개에 꼬리가 88개였다고 한다. 구미호와 붕조는 각각 몇 마리 있는가?

풀이

답

8 총 6 km의 거리를 이동하는데 처음에는 시속 6 km로 뛰다가 도중에 시속 4 km로 걸어서 모두 1시간 20분이 걸렸다고 한다. 이때 뛰어간 거리를 구하시오.

풀이

답

서술형 테스트

1 함수 $f(x)=$(자연수 x를 5로 나누었을 때의 나머지)에 대하여 $f(10)+f(29)$의 값을 구하시오.

풀이

답

2 함수 $f(x)=ax+b$에 대하여 $f(-1)=4$, $f(1)=-2$일 때, 상수 a, b에 대하여 $b-a$의 값을 구하시오.

풀이

답

3 점 $(1,-1)$을 지나는 일차함수 $y=2x-a$의 그래프를 y축의 방향으로 -3만큼 평행이동한 그래프가 점 $(p-1,\ -2p)$를 지날 때, p의 값을 구하시오.

(단, a는 상수)

풀이

답

4 일차함수 $y=ax+3$의 그래프에서 x의 값이 4에서 -2까지 감소할 때, y의 값은 -3만큼 증가한다. 다음 물음에 답하시오.

⑴ 상수 a의 값을 구하시오.

⑵ x의 값이 3만큼 증가할 때, y의 값의 증가량을 구하시오.

풀이

답

5 일차함수 $y=2x-3$의 그래프와 x축, y축으로 둘러싸인 도형의 넓이를 구하시오.

풀이

답

6 일차함수 $y=-2x+5$의 그래프와 평행하고, 점 $(-4, 2)$를 지나는 직선을 그래프로 하는 일차함수의 식을 구하시오.

풀이

답

7 x절편이 -3이고, y절편이 6인 일차함수의 그래프는 일차함수 $y=(a-b)x$의 그래프를 y축의 방향으로 b만큼 평행이동한 그래프와 일치한다. 이때 a, b의 값을 각각 구하시오. (단, a는 상수)

풀이

답

8 다음 그림과 같이 성냥개비를 사용하여 정삼각형 모양을 이어 붙이고 있다. 정삼각형을 x개 만드는 데 필요한 성냥개비가 y개일 때, 물음에 답하시오.

(1) y를 x에 대한 식으로 나타내시오.

(2) 37개의 성냥개비로 만들 수 있는 정삼각형의 개수를 구하시오.

풀이

답

1 일차방정식 $4x+2ay+3=0$의 그래프의 기울기는 3이고, 일차함수 $y=-ax+2a$의 그래프의 x절편은 b일 때, ab의 값을 구하시오. (단, a는 상수)

풀이

답

2 일차방정식 $3x+y-5=0$의 그래프가 두 점 $(-1, a)$, $(b, -1)$을 지날 때, $a+b$의 값을 구하시오.

풀이

답

3 두 점 $(-2, -a+4)$, $(3, 2a-5)$를 지나는 직선이 x축에 평행할 때, a의 값을 구하시오.

풀이

답

4 점 $(-2, 1)$을 지나고 y축에 평행한 직선과 점 $(3, -2)$를 지나고 y축에 수직인 직선이 만나는 점의 좌표가 (p, q)일 때, $p+q$의 값을 구하시오.

풀이

답

5 오른쪽 그림은 연립방정식
$\begin{cases} 3x+ay=5 \\ x-by=5 \end{cases}$ 의 해를 구하기 위해
두 일차방정식의 그래프를 각각 그
린 것이다. ab의 값을 구하시오.

(단, a, b는 상수)

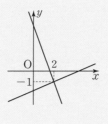

풀이

답

6 두 직선 $2x+3y-16=0$, $kx+y-12=0$의 교점이
직선 $x-y+2=0$ 위에 있을 때, 상수 k의 값을 구하시오.

풀이

답

7 연립방정식 $\begin{cases} ax+y=10 \\ 2x-y=b \end{cases}$ 의 해가 존재하지 않을 때, 상
수 a, b의 조건을 각각 구하시오.

풀이

답

8 두 일차방정식 $ax-3y=6$, $bx+y=3$의 그래프가 평
행할 때, 연립방정식 $\begin{cases} ax+3y=9 \\ bx-y=-3 \end{cases}$ 의 해를 구하시오.

(단, a, b는 상수이고, $a \neq 0$, $b \neq 0$)

풀이

답

MEMO

수학 숙제

중 2·1

수학 숙제

중2·1

수학 공부는 숙제다

중 2·1

정답 및 해설

진짜 공부 챌린지 내!가/스/터/디

메가스터디BOOKS

수학 공부는 숙제다

중 2·1

정답 및 해설

빠른 정답

PART I

1. 유리수와 소수

개념 01 본문 8~9쪽

01 (1) 유한소수 (2) 무한소수

02 (1) 2, $\dfrac{6}{2}$ (2) -7, $-\dfrac{10}{5}$ (3) 2, -7, $\dfrac{6}{2}$, 0, $-\dfrac{10}{5}$

(4) $\dfrac{1}{4}$, -1.84 (5) 2, $\dfrac{1}{4}$ -7, $\dfrac{6}{2}$, -1.84, 0, $-\dfrac{10}{5}$

03 (1) 무 (2) 유 (3) 무 (4) 유 (5) 무 (6) 유 (7) 유 (8) 무

04 (1) 0.5, 유한소수 (2) 0.4, 유한소수

(3) 0.333…, 무한소수 (4) 0.45, 유한소수

(5) 0.41666…, 무한소수 (6) $-2.1666…$, 무한소수

(7) 0.888…, 무한소수 (8) -0.375, 유한소수

05 2개 **06** ③, ⑤

07 ③, ⑤

개념 02 본문 10~12쪽

01 (1) 순환소수 (2) 순환마디

02 (1) ○ (2) ○ (3) × (4) × (5) ○ (6) ×

03 (1) 5 (2) 3 (3) 45 (4) 872 (5) 128 (6) 459 (7) 92

(8) 5431

04 (1) $0.\dot{8}$ (2) $0.2\dot{5}$ (3) $0.\dot{6}\dot{3}$ (4) $0.1\dot{7}\dot{4}$ (5) $3.4\dot{2}\dot{7}$ (6) $3.\dot{3}\dot{5}$

(7) $2.0\dot{6}2\dot{1}$ (8) $0.\dot{1}24\dot{8}$

05 (1) $0.\dot{4}$ (2) $0.\dot{6}$ (3) $0.0\dot{3}$ (4) $0.7\dot{2}$ (5) $0.\dot{4}\dot{2}$ (6) $1.41\dot{6}$

(7) $3.1\dot{6}$ (8) $0.05\dot{4}$

06 ③ **07** ①, ⑤

08 6 **09** ⑤

10 3 **11** 1

개념 03 본문 13~14쪽

01 (1) 2 (2) 5 **02** 풀이 참조

03 (1) 있다 (2) 없다 (3) 2, 7, 7, 없다

(4) 12, 2, 3, 3, 없다 (5) 50, 2, 5, 2, 있다

04 (1) ○ (2) × (3) × (4) ○ (5) × (6) ○ (7) × (8) ○

(9) ○

05 ③ **06** ㄷ, ㅁ, ㅂ

07 ①, ④

개념 04 본문 16~17쪽

01 10

02 (1) 10, 9, 5 (2) 100, 99, 18, $\dfrac{2}{11}$ (3) 1000, 999, 278

03 (1) $\dfrac{8}{9}$ (2) $\dfrac{29}{99}$ (3) $\dfrac{113}{99}$ (4) $\dfrac{28}{11}$ (5) $\dfrac{316}{999}$ (6) $\dfrac{484}{333}$

04 (1) 10, 90, 41 (2) 1000, 990, 36, $\dfrac{2}{55}$

(3) 1000, 900, 355, $\dfrac{71}{180}$

05 (1) $\dfrac{13}{15}$ (2) $\dfrac{49}{45}$ (3) $\dfrac{273}{110}$ (4) $\dfrac{709}{495}$ (5) $\dfrac{401}{450}$ (6) $\dfrac{1447}{450}$

06 ③ **07** ③

개념 05 본문 18~19쪽

01 9, 0, 분자

02 (1) 9 (2) 1, 9, $\dfrac{14}{9}$ (3) 99 (4) 2, 99, $\dfrac{235}{99}$

(5) 999 (6) 3, 999, $\dfrac{3449}{999}$

03 (1) $\dfrac{2}{3}$ (2) $\dfrac{25}{9}$ (3) $\dfrac{83}{99}$ (4) $\dfrac{41}{33}$ (5) $\dfrac{173}{999}$ (6) $\dfrac{2455}{999}$

04 (1) 5, 90, $\dfrac{49}{90}$ (2) 14, 134, $\dfrac{67}{45}$

(3) 3, 990, $\dfrac{301}{990}$ (4) 52, 5162, $\dfrac{2581}{495}$

(5) 46, 900, $\dfrac{421}{900}$ (6) 241, 2174, $\dfrac{1087}{450}$

05 (1) $\dfrac{41}{45}$ (2) $\dfrac{229}{90}$ (3) $\dfrac{133}{198}$ (4) $\dfrac{95}{22}$ (5) $\dfrac{421}{450}$ (6) $\dfrac{233}{180}$

06 ⑤ **07** ③

08 ④ **09** $0.8\dot{9}$

개념 06 본문 20~21쪽

01 (1) 유한 (2) 유리수 (3) 유리수, 유리수

02 (1) ○ (2) ○ (3) ○ (4) × (5) × (6) ○ (7) ○ (8) ×

03 (1) ○ (2) × (3) × (4) × (5) ○ (6) ×

04 ④ **05** ⑤

06 ③ **07** ㄱ, ㄷ, ㄹ

한번 더! 기본 문제 (개념 04~06)
본문 22쪽

01 ④　　**02** 7　　**03** ②, ⑤　　**04** ②

05 (1) $\frac{76}{99}$　(2) $\frac{29}{45}$　(3) $0.2\dot{9}$　　**06** ㄴ, ㄹ

---

2. 식의 계산

개념 07
본문 24~25쪽

01 $m+n$

02 (1) a^7　(2) x^9　(3) 3^6　(4) 5^8　(5) a^9　(6) b^{11}　(7) 5^{13}　(8) 7^{12}

03 (1) x^8y^{10}　(2) a^4b^3　(3) $x^{10}y^2$　(4) a^3b^4　(5) x^5y^5　(6) a^3b^9
　　　(7) a^6b^7　(8) a^9b^8

04 (1) 8　(2) 3　(3) 7　(4) 8　(5) 4　(6) 5　(7) 5, 7　(8) 7, 9

05 ⑤　　　　　　**06** 2

07 1

개념 08
본문 26~27쪽

01 mn

02 (1) a^8　(2) b^{15}　(3) x^{12}　(4) y^{30}　(5) z^{27}　(6) 2^{24}　(7) 3^{14}
　　　(8) 5^{36}

03 (1) a^8　(2) b^9　(3) a^{18}　(4) x^{22}　(5) a^{19}　(6) x^{25}　(7) $a^{17}b^{15}$
　　　(8) $x^{21}y^{27}$

04 (1) 7　(2) 3　(3) 8　(4) 3　(5) 5　(6) 3　(7) 4　(8) 2

05 4　　　　　　**06** 15

07 ⑤

개념 09
본문 28~29쪽

01 (1) $m-n$　(2) 1　(3) $n-m$

02 (1) a^3　(2) b^4　(3) 1　(4) $\frac{1}{a^3}$　(5) $\frac{1}{b^5}$　(6) 3^6　(7) 1　(8) $\frac{1}{5^4}$

03 (1) a^4　(2) 1　(3) $\frac{1}{y^3}$　(4) 2^2　(5) 1　(6) $\frac{1}{3^2}$　(7) x^3　(8) $\frac{1}{y^2}$

04 (1) a^7　(2) b^6　(3) $\frac{1}{x^6}$　(4) a^7　(5) 1　(6) $\frac{1}{b^3}$

---

05 (1) 4　(2) 5　(3) 6　(4) 8　(5) 6　(6) 9

06 ②, ⑤　　　　　　**07** ④

08 4　　　　　　**09** 3

개념 10
본문 30~32쪽

01 (1) m, m　(2) m, m

02 (1) a^2b^2　(2) $x^{12}y^9$　(3) $a^{15}b^{20}$　(4) x^8y^{24}　(5) $9x^8$　(6) $16a^8$
　　　(7) $25a^2b^8$　(8) $8x^6b^9$

03 (1) $\frac{y^4}{x^2}$　(2) $\frac{a^3}{b^6}$　(3) $\frac{b^8}{a^{12}}$　(4) $\frac{y^{10}}{x^6}$　(5) $\frac{16}{x^8}$　(6) $\frac{a^6}{9}$
　　　(7) $\frac{y^{12}}{8x^6}$　(8) $\frac{25b^6}{9a^{10}}$

04 (1) x^2y^2　(2) $-a^3b^6$　(3) $9x^6$　(4) $-8a^9b^6$　(5) $-\frac{a^3}{b^3}$
　　　(6) $-\frac{x^{15}}{y^{10}}$　(7) $\frac{16}{a^{12}}$　(8) $\frac{x^4}{9y^6}$

05 (1) 2　(2) 2　(3) 3, 16　(4) 7　(5) 3, 15　(6) 4　(7) 9, 15
　　　(8) 4

06 ③　　　　　　**07** ②, ④

08 8　　　　　　**09** 1

10 ①　　　　　　**11** (1) $a=8$, $n=5$　(2) 6자리

한번 더! 기본 문제 (개념 07~10)
본문 33쪽

01 ③　　**02** ④　　**03** ②　　**04** ⑤

05 ③　　**06** 6

개념 11
본문 34~35쪽

01 계수, 문자, 지수법칙, 2, a

02 (1) $8ab$　(2) $10xy$　(3) $-6ab$　(4) $28xy$　(5) $-12x^2y$
　　　(6) $-15a^3b^6$　(7) $-2a^5$　(8) $3x^6$

03 (1) $20xy^5$　(2) $21a^8b$　(3) $15x^4y^6$　(4) $-8a^5b^3$
　　　(5) $-18x^4y^6$　(6) $28a^7b^3$　(7) $18x^4y^6$　(8) $10a^3b^3$
　　　(9) $-30a^2b^3$　(10) $-6x^9y^7$

04 (1) $45x^8$　(2) $16a^7b^2$　(3) $9x^5y^3$　(4) $2x^6y^4$　(5) $a^{11}b^4$
　　　(6) $\frac{16x^{18}}{y}$

05 ④　　　　　　**06** -2

07 15

01 곱셈, 계수, $3x^3$, $\dfrac{3}{2x^3}$

02 (1) $3a$ (2) $-2x^2$ (3) $5a^2$ (4) $12x$ (5) $-10x$ (6) $-21a^2$

03 (1) $3x^2y^4$ (2) $-5a^3b^2$ (3) $-4xy^2$ (4) $-9a^3b^2$ (5) $2x^2y$
(6) $-3a^4b^2$ (7) $10xy^3$ (8) $2ab$ (9) $-2x^2y^5$ (10) $24x^2y^7$

04 (1) $8a^4b^5$ (2) x^3y^2 (3) $\dfrac{2}{5}ab$ (4) $-\dfrac{32}{27}x^3y^4$ (5) $36a^4b^4$

(6) $\dfrac{4y^7}{x}$

05 ②   **06** ①

07 4

01 분배법칙, 곱셈

02 (1) x^4 (2) $2a^6$ (3) $-5x$ (4) $2a^3b^2$ (5) $10xy^4$ (6) xy^4

03 (1) $-x$ (2) $9y^2$ (3) $-2a^2b^7$ (4) $12x^6y$ (5) $4a^2b^3$
(6) $-60x^6y^4$ (7) $3ab^7$ (8) $3x^3y^7$

04 (1) $2ab^4$ (2) $4x^2y^2$ (3) $-6a^2b$ (4) $5x^2y^4$ (5) $3a^5b$
(6) $-2x^2y^2$ (7) $-xy^2$ (8) $-8x^6$

05 ②   **06** 4

07 $9x^4y^2$

한번 더! 기본 문제 (개념 11~13)   본문 40쪽

01 ①	**02** 10	**03** ②, ⑤	**04** ③
05 ②	**06** $\dfrac{3}{4x^3y^2}$		

01 동류항

02 (1) $8x+2y$ (2) $-6x-2y$ (3) $6a+3b$ (4) $9a-3b$
(5) $4x-2y-7$ (6) $-14x+y-3$

03 (1) $2x+3y$ (2) $2a-8b$ (3) $4x+6y$ (4) $-2a+3b$
(5) $5x-5y+16$ (6) $-2x+8y-3$

04 (1) $\dfrac{3}{4}x-\dfrac{1}{4}y$ (2) $\dfrac{19}{15}a-\dfrac{2}{15}b$ (3) $\dfrac{9}{10}x+\dfrac{13}{10}y$

(4) $\dfrac{1}{6}a+\dfrac{5}{12}b$ (5) $\dfrac{1}{2}x-\dfrac{2}{3}y$ (6) $-\dfrac{1}{2}a+\dfrac{11}{6}b$

05 (1) $3x+5y$ (2) $-6x-7y$ (3) $-5x-8y$ (4) $-4y$

06 3   **07** ③

08 $4a-2b$

01 (1) 이차식 (2) 동류항

02 (1) ○ (2) × (3) ○ (4) × (5) ○ (6) ×

03 (1) $3x^2-x+1$ (2) a^2+2a (3) $2y^2+y+2$
(4) $-2a^2+5a-4$ (5) $-2x^2-12x+9$ (6) $4a^2+a-2$

04 (1) $3x^2-4x-5$ (2) $-2a^2-3a$ (3) $-6x^2+11x-7$
(4) $2a^2-a-5$ (5) x^2+7x-7 (6) $14a^2-13a+5$

05 (1) $3x^2-x-2$ (2) $-2a^2+10a$ (3) $9x^2-7x$
(4) $7x^2-6x+1$

06 ③   **07** ④

08 ③

한번 더! 기본 문제 (개념 14~15)   본문 45쪽

01 4	**02** 14	**03** $\dfrac{1}{12}$	**04** ②
05 $2x$	**06** $10x^2-11x+17$		

01 전개

02 (1) $12x^2+8x$ (2) $10ab-6a$ (3) $6xy-3y$ (4) $3a^2+4a$
(5) $-4ab-6b$ (6) $3x^2-3xy$ (7) $6a^2-2ab$
(8) $-4x^2+3xy$

03 (1) $8x^2-6xy+4x$ (2) $15a^2-10ab+15a$
(3) $6x^2-9xy+12x$ (4) $3a^2-9ab+12a$
(5) $-3x^2+xy-2x$ (6) $-2a^2+ab+a$
(7) $xy-3y^2+5y$ (8) $-3ab+2b^2-4b$

04 ②   **05** 3

06 ③, ⑤   **07** 13

08 (1) $2a^2-8ab+2a$ (2) $21xy^2+6y^3$

01 분수

02 (1) $3b+1$ (2) $4y-3$ (3) $-x+4$ (4) $-3a-4$
(5) $3xy^2-4y$ (6) $5x^2y-4y$ (7) $-3a+2b$
(8) $2x^2-3xy$ (9) $2x+3y-5$ (10) $3xy-4y^2+1$

03 (1) $-32a+64$ (2) $8a^2b^2+6ab$ (3) $-9x^2+3xy$
(4) $-14a+4a^3b$ (5) $12b^2+16a-20ab$
(6) $-4a^2b+2a+8b^3$

04 ④   **05** $12xy^2-8x$

06 ④   **07** -3

08 ①   **09** ③

개념 18 본문 50~51쪽

01 지수법칙, 동류항

02 (1) $-x^2-x$ (2) a^2b+2ab^2 (3) $-4xy+4y^2$
(4) $14x^2+xy$ (5) $10a^2b-6a^2$ (6) $-5x^2-4xy$
(7) $9x^2-18x-2$ (8) $-ab-24b-3$ (9) $11a^2b+8ab$
(10) $-9x^2+3x+3$

03 (1) $15y-\dfrac{6y^2}{x}$ (2) $3xy-2y^2$ (3) $-\dfrac{1}{2}a^3+3a^2$
(4) $3x^2y^3+9xy+6y^2$

04 $-16x^2-13xy+5y$ **05** ②

06 ⑤ **07** -36

08 18 **09** ②

한번 더! 기본 문제 [개념 16~18] 본문 52쪽

01 ㄴ, ㅁ **02** ② **03** 38 **04** 56
05 $15x^2+12xy+4x^2y$

3. 일차부등식

개념 19 본문 54~55쪽

01 (1) 부등식 (2) 해

02 (1) × (2) ○ (3) × (4) ○ (5) ○ (6) ×

03 (1) $x+5\geq4$ (2) $2x-3<8$ (3) $400x+900\geq5000$
(4) $500+300x>2500$

04 (1) × (2) ○ (3) ○ (4) ×

05 풀이 참조 **06** ③, ⑤

07 ⑤ **08** 2개

개념 20 본문 56~57쪽

01 (1) <, < (2) <, < (3) >, >

02 (1) < (2) < (3) < (4) > (5) < (6) >

03 (1) ≥ (2) ≥ (3) ≤ (4) ≥

04 (1) < (2) > (3) > (4) <

05 (1) < (2) ≥ (3) ≤ (4) >

06 (1) $x+3>5$ (2) $2x\leq6$ (3) $3x+5\geq-4$
(4) $-x+3>2$ (5) $\dfrac{x}{2}-1\leq-2$

07 ③, ④ **08** ⑤

09 (1) $-6\leq3x<9$ (2) $-10\leq3x-4<5$

한번 더! 기본 문제 [개념 19~20] 본문 58쪽

01 ㄱ, ㄷ, ㄹ **02** ㄴ, ㄹ **03** ④
04 ③ **05** ⑤ **06** -6

개념 21 본문 59~60쪽

01 일차부등식 **02** ㄱ, ㄹ, ㅁ

03 (1) $x<-3$ (2) $x\geq8$ (3) $x\leq\dfrac{21}{4}$ (4) $x<4$
(5) $x<-5$ (6) $x\leq\dfrac{7}{3}$ (7) $x\geq6$ (8) $x>-1$

04 풀이 참조

05 (1) $x\leq2$, 그림은 풀이 참조 (2) $x\geq-1$, 그림은 풀이 참조
(3) $x>4$, 그림은 풀이 참조 (4) $x<3$, 그림은 풀이 참조

06 ①, ③ **07** ㄱ, ㄷ

08 ⑤ **09** ③

개념 22 본문 61~63쪽

01 (1) 분배법칙 (2) 정수

02 (1) $x>5$ (2) $x\leq3$ (3) $x>2$ (4) $x\geq3$ (5) $x\geq4$
(6) $x<1$

03 (1) $x<-3$ (2) $x<4$ (3) $x>-2$ (4) $x\leq-1$ (5) $x\leq2$
(6) $x\geq3$

04 (1) $x\geq7$ (2) $x\geq8$ (3) $x>10$ (4) $x<-9$ (5) $x\leq-4$
(6) $x<8$

05 (1) $x\geq5$ (2) $x>-4$ (3) $x<10$ (4) $x\leq2$ (5) $x>24$
(6) $x\leq-5$

06 (1) $x>\dfrac{1}{a}$ (2) $x<1$

07 (1) $x>\dfrac{3}{a}$ (2) $x<-1$

08 ④ **09** -3

10 ④ **11** 7개

12 ①

한번 더! 기본 문제 [개념 21~22] 본문 64쪽

01 ④ **02** ③ **03** 11 **04** -3
05 ② **06** ⑤

01 풀이 참조   **02** 풀이 참조

03 (1) $x+2$ (2) $3x-1\geq 2(x+2)$ (3) $x\geq 5$ (4) 6, 8

04 (1) $2(40+x)\geq 200$ (2) $x\geq 60$ (3) 60 cm

05 (1) $300x+700\leq 4000$ (2) $x\leq 11$ (3) 11개

06 (1) 풀이 참조 (2) $x\leq 4$ (3) 4개

07 (1) 풀이 참조 (2) $x>5$ (3) 6개월 후

08 (1) $\dfrac{80+85+x}{3}\geq 86$ (2) $x\geq 93$ (3) 93점

09 23   **10** 6, 7, 8

11 ③   **12** ①

13 7명   **14** 86점

01 (1) 풀이 참조 (2) $x>7$ (3) 8개

02 (1) $1500x>1200x+2700$ (2) $x>9$ (3) 10자루

03 (1) 풀이 참조 (2) $x\geq 5$ (3) 5 km

04 (1) 풀이 참조 (2) $x\leq \dfrac{12}{5}$ (3) $\dfrac{12}{5}$ km

05 5송이   **06** 6켤레

07 6 km   **08** 4 km

09 6 km   **10** $\dfrac{14}{3}$ km

한번 더! 기본 문제 개념 23~24   본문 70쪽

01 15개 **02** 16개월 후 **03** ④

04 36개 **05** ③ **06** ①

4. 연립일차방정식

01 일차방정식

02 (1) × (2) × (3) ○ (4) ○ (5) × (6) ×

03 (1) $6x+3y=15$ (2) $2x+3y=41$ (3) $2x+4y=32$

 (4) $\dfrac{x}{20}+\dfrac{y}{4}=2$

04 (1) ○ (2) × (3) ○ (4) ×

05 풀이 참조   **06** ③

07 ④   **08** ③, ⑤

09 ㄴ, ㄷ

01 연립일차방정식 **02** (1) × (2) ○ (3) ○ (4) ×

03 풀이 참조 **04** ③

05 $\begin{cases} 3x+2y=30 \\ x+y=12 \end{cases}$ **06** ④

07 -1 **08** ③

한번 더! 기본 문제 개념 25~26   본문 76쪽

01 ㄱ, ㅁ, ㅂ **02** ③ **03** 1

04 ㄴ **05** ③ **06** ④

01 대입

02 (1) $2x$, 2, 2, 4, 2, 4 (2) $x=5$, $y=1$ (3) $x=1$, $y=1$

 (4) $x=4$, $y=13$ (5) $x=1$, $y=2$ (6) $x=2$, $y=-2$

 (7) $x=3$, $y=-1$ (8) $x=-3$, $y=5$

03 ②   **04** 2

05 ④   **06** 9

07 (1) $x=y+3$ (2) $x=7$, $y=4$ (3) 17

01 더하거나 빼어서

02 (1) 풀이 참조 (2) $x=3$, $y=7$ (3) $x=2$, $y=1$

 (4) $x=-1$, $y=3$ (5) $x=2$, $y=-2$

03 (1) 풀이 참조 (2) $x=3$, $y=2$ (3) $x=2$, $y=-1$

 (4) $x=10$, $y=3$ (5) $x=1$, $y=1$ (6) $x=2$, $y=1$

04 ②   **05** -7

06 ③   **07** ⑤

한번 더! 기본 문제 개념 27~28   본문 81쪽

01 ④   **02** 2

03 (1) $x=2$, $y=9$ (2) $x=3$, $y=2$

04 ④ **05** -1

06 (1) $x=1$, $y=3$ (2) $a=3$, $b=10$

개념 29
본문 82~84쪽

01 (1) 분배법칙 (2) 정수 (3) C, C

02 (1) 풀이 참조 (2) $x=-3$, $y=7$ (3) $x=-1$, $y=-3$
　　(4) $x=4$, $y=-1$

03 (1) 풀이 참조 (2) $x=2$, $y=0$ (3) $x=10$, $y=4$
　　(4) $x=6$, $y=-4$

04 (1) 풀이 참조 (2) $x=6$, $y=-2$ (3) $x=2$, $y=-3$
　　(4) $x=3$, $y=1$

05 (1) $x=-1$, $y=-1$ (2) $x=2$, $y=5$

06 (1) $x=0$, $y=7$ (2) $x=-2$, $y=1$ (3) $x=4$, $y=7$
　　(4) $x=2$, $y=1$ (5) $x=-1$, $y=2$

07 ①　　　　　　　　　**08** ④

09 ③

10 (1) $x=2$, $y=1$ (2) $x=6$, $y=3$

11 ③　　　　　　　**12** $x=\dfrac{3}{5}$, $y=\dfrac{6}{5}$

개념 30
본문 85~86쪽

01 (1) 무수히 많다 (2) 없다

02 빈칸은 풀이 참조 (1) ㄱ, ㅁ (2) ㄴ, ㄹ (3) ㄷ

03 (1) 해가 무수히 많다. (2) 해가 없다. (3) 해가 없다.
　　(4) 해가 무수히 많다. (5) 해가 무수히 많다.

04 (1) 1 (2) 2 (3) -8　　**05** (1) 2 (2) 4 (3) -4

06 ③, ⑤　　　　　　　**07** ⑤

08 2

한번 더! 기본 문제 개념 29~30
본문 87쪽

01 3　**02** ③　**03** $x=3$, $y=1$
04 ④　**05** ③　**06** 11

개념 31
본문 88~90쪽

01 풀이 참조　　　　　**02** 풀이 참조

03 (1) $\begin{cases} x+y=40 \\ 4x+2y=140 \end{cases}$　(2) $x=30$, $y=10$
　　(3) 양: 30마리, 오리: 10마리

04 (1) $\begin{cases} x=y-4 \\ 2(x+y)=72 \end{cases}$　(2) $x=16$, $y=20$
　　(3) 가로의 길이: 16 cm, 세로의 길이: 20 cm

05 (1) 풀이 참조 (2) $x=7$, $y=6$ (3) 76

06 (1) $\begin{cases} x+y=5 \\ 3x-y=11 \end{cases}$　(2) $x=4$, $y=1$ (3) 1회

07 (1) 풀이 참조 (2) $x=8$, $y=7$
　　(3) 햄버거: 8개, 음료수: 7개

08 (1) $\begin{cases} 6x+6y=1 \\ 3x+8y=1 \end{cases}$ (2) $x=\dfrac{1}{15}$, $y=\dfrac{1}{10}$ (3) 15일

09 ②　　　　　　　　**10** 16세
11 79　　　　　　　　**12** ⑤
13 ③　　　　　　　　**14** 30일

개념 32
본문 91~93쪽

01 (1) 풀이 참조 (2) $x=6$, $y=4$
　　(3) 뛰어간 거리: 6 km, 걸어간 거리: 4 km

02 (1) 풀이 참조 (2) $x=6$, $y=8$
　　(3) 올라간 거리: 6 km, 내려온 거리: 8 km

03 (1) 풀이 참조 (2) $x=5$, $y=3$
　　(3) 윤찬: 5 km, 성진: 3 km

04 (1) 풀이 참조 (2) $x=80$, $y=90$
　　(3) 남학생: 80명, 여학생: 90명

05 (1) 풀이 참조 (2) $x=300$, $y=180$ (3) 180개

06 3 km　　　　　　　**07** 8 km
08 ⑤　　　　　　　　**09** 16000원
10 ①

한번 더! 기본 문제 개념 31~32
본문 94쪽

01 ⑤　**02** 9 cm　**03** 2회　**04** 4 km
05 4 km　**06** 272명

5. 일차함수와 그 그래프

개념 33
본문 96~97쪽

01 함수

02 표는 풀이 참조 (1) 오직 하나씩 대응한다. (2) 함수이다.

03 표는 풀이 참조 (1) 하나씩 대응하지 않는다.
　　(2) 함수가 아니다.

04 표는 풀이 참조 (1) 오직 하나씩 대응한다. (2) 함수이다.

05 표는 풀이 참조 (1) 하나씩 대응하지 않는다.
　　(2) 함수가 아니다.

06 표는 풀이 참조 (1) 오직 하나씩 대응한다. (2) 함수이다.

07 (1) × (2) × (3) × (4) ○ (5) ○ (6) ○ (7) ○

08 ④　　　　　　　　**09** ③

01 함숫값

02 (1) $\dfrac{2}{5}$ (2) 0 (3) 2 (4) $-\dfrac{2}{5}$ (5) -2 (6) 1

03 (1) 8 (2) -10 (3) 8 (4) -5

04 (1) 1 (2) $-\dfrac{1}{5}$ (3) 36 (4) -18

05 (1) 6 (2) -5 (3) 2 (4) 3

06 (1) 5 (2) -8 (3) 10 (4) -6

07 -5 **08** ②

09 -6

한번 더! 기본 문제 (개념 33~34) 본문 100쪽

01 (1) 풀이 참조 (2) 함수이다. **02** ③, ④
03 ③ **04** ④ **05** ① **06** 6

01 일차함수

02 (1) ○ (2) ○ (3) × (4) × (5) ○ (6) ○

03 (1) $y=5x$, ○ (2) $y=40+x$, ○ (3) $y=x^2$, ×

(4) $y=\dfrac{800}{x}$, × (5) $y=10000-4000x$, ○

(6) $y=20+3x$, ○

04 (1) -3 (2) -5 (3) -2 (4) 12

05 (1) 4 (2) -2 (3) $-\dfrac{1}{4}$ (4) -3

06 ㄴ, ㄷ, ㅂ **07** ①, ⑤

08 3

01 평행이동, b **02** 풀이 참조

03 (1) 7 (2) $-\dfrac{1}{4}$ (3) 3 (4) -2

04 (1) 4 (2) -3 (3) 1 (4) $-\dfrac{1}{4}$

05 (1) $y=5x+2$ (2) $y=\dfrac{2}{5}x-1$ (3) $y=-\dfrac{3}{2}x-3$

(4) $y=-4x+1$ (5) $y=-2x+5$ (6) $y=-\dfrac{1}{4}x-3$

(7) $y=4x-7$ (8) $y=-x$

06 (1) ○ (2) × (3) × (4) ○

07 2 **08** ③

09 제4사분면 **10** ⑤

11 ② **12** -1

한번 더! 기본 문제 (개념 35~36) 본문 106쪽

01 4개 **02** -9 **03** ② **04** -3
05 ⑤ **06** 7

01 x절편, y절편

02 (1) x절편: 1, y절편: -2 (2) x절편: -2, y절편: -3

(3) x절편: -3, y절편: 1 (4) x절편: -4, y절편: -4

03 (1) x절편: -1, y절편: 3 (2) x절편: 6, y절편: 6

(3) x절편: $\dfrac{5}{2}$, y절편: -5 (4) x절편: 6, y절편: -3

(5) x절편: $\dfrac{3}{2}$, y절편: 1 (6) x절편: $-\dfrac{4}{5}$, y절편: -4

04 ② **05** ②

06 ④ **07** ㄷ

08 ① **09** -10

01 기울기, 기울기

02 (1) $+6$, 기울기: 2 (2) -2, 기울기: $-\dfrac{1}{3}$

(3) $+5$, 기울기: $\dfrac{5}{2}$ (4) -4, 기울기: -2

03 (1) -4 (2) $\dfrac{4}{5}$ (3) $-\dfrac{3}{2}$ (4) 2

04 (1) 2 (2) $\dfrac{3}{4}$ (3) 3 (4) $\dfrac{2}{3}$

05 ④ **06** ③

07 10 **08** -8

09 (1) $\dfrac{3}{2}$ (2) $\dfrac{3-k}{4}$ (3) -3

01 풀이 참조 **02** 풀이 참조

03 (1) -1, 2, 그림은 풀이 참조

(2) -3, -2, 그림은 풀이 참조

04 (1) 3, -1, 그림은 풀이 참조

(2) $-\dfrac{3}{4}$, 1, 그림은 풀이 참조

05 ⑤ **06** ⑤

07 (1) x절편: 4, y절편: -6 (2) 풀이 참조 (3) 12

한번 더! 기본 문제 (개념 37~39)   본문 113쪽

01 6   **02** 5   **03** -12 **04** 3

05 ④   **06** 제4사분면   **07** 20

개념 40   본문 114~115쪽

01 a의 부호, b의 부호

02 (1) ㄱ, ㄹ, ㅂ   (2) ㄴ, ㄷ, ㅁ   (3) ㄱ, ㄹ, ㅂ
     (4) ㄴ, ㄷ, ㅁ   (5) ㄴ, ㄹ, ㅂ   (6) ㄱ, ㄷ, ㅁ

03 (1) ㉠, ㉡   (2) ㉢   (3) ㉠   (4) ㉢

04 (1) $a>0$, $b>0$ (2) $a<0$, $b>0$
     (3) $a<0$, $b<0$ (4) $a>0$, $b<0$

05 ②, ④   **06** ④

07 ①   **08** ③

09 ④

개념 41   본문 116~117쪽

01 (1) 평행   (2) 같다

02 (1) ㄱ과 ㄹ, ㄷ과 ㅂ   (2) ㄴ과 ㅁ

03 (1) 평   (2) 일   (3) 평

04 (1) 2   (2) -1 (3) -4 (4) 6

05 (1) $a=3$, $b=1$ (2) $a=3$, $b=-2$
     (3) $a=-9$, $b=\dfrac{2}{3}$ (4) $a=-2$, $b=-3$

06 ④   **07** ④

08 ①   **09** $\dfrac{2}{3}$

10 4   **11** 8

한번 더! 기본 문제 (개념 40~41)   본문 118쪽

01 ③   **02** $a<0$, $b>0$ **03** 제2사분면

04 1   **05** 3   **06** ㄴ, ㄹ

개념 42   본문 119~121쪽

01 $y=ax+b$

02 (1) $y=x-2$ (2) $y=-3x+7$ (3) $y=\dfrac{3}{4}x-5$
     (4) $y=-\dfrac{2}{9}x$ (5) $y=2x+4$ (6) $y=\dfrac{1}{3}x-2$

03 (1) $y=x+5$ (2) $y=\dfrac{1}{2}x-3$ (3) $y=-3x+2$
     (4) $y=2x-1$ (5) $y=-5x+6$ (6) $y=\dfrac{3}{5}x+8$

---

04 (1) 3, 6, -3, $3x-3$ (2) $y=-4x+5$
     (3) $y=\dfrac{1}{5}x+\dfrac{7}{5}$ (4) $y=-\dfrac{1}{2}x-\dfrac{1}{2}$ (5) $y=-x+3$
     (6) $y=\dfrac{3}{2}x-6$ (7) $y=-\dfrac{1}{3}x-2$

05 (1) $y=2x+3$ (2) $y=-4x+7$ (3) $y=\dfrac{5}{2}x+\dfrac{9}{2}$
     (4) $y=3x-2$ (5) $y=-x+2$ (6) $y=\dfrac{3}{2}x+4$

06 ③   **07** ①

08 3   **09** $y=-\dfrac{4}{3}x+\dfrac{13}{3}$

10 ④   **11** 5

개념 43   본문 122~123쪽

01 (1) 4, 4, 4, 8, -11, $4x-11$ (2) $y=\dfrac{1}{3}x+\dfrac{5}{3}$
     (3) $y=x+1$ (4) $y=\dfrac{5}{2}x+\dfrac{11}{2}$ (5) $y=-7x+20$
     (6) $y=-\dfrac{1}{3}x+\dfrac{11}{3}$ (7) $y=\dfrac{1}{4}x+1$

02 (1) 1, 2, 2, 0, -2, $-2x+2$ (2) $y=\dfrac{1}{2}x-1$
     (3) $y=\dfrac{4}{3}x+4$ (4) $y=-\dfrac{8}{5}x+8$ (5) $y=\dfrac{1}{2}x-3$
     (6) $y=-\dfrac{1}{2}x+2$ (7) $y=\dfrac{6}{5}x+6$

03 -3 **04** ③

05 ③   **06** 3

07 ①   **08** 14

개념 44   본문 124~125쪽

01 $331+0.6x$, 15, 340, 340

02 (1) 풀이 참조   (2) 52 cm   (3) 12개

03 $80-3x$, 29, 17, 17

04 (1) 2 L   (2) $y=30-2x$ (3) 10 L   (4) 8분 후

05 (1) $70x$, $280-70x$, $y=280-70x$ (2) 140 km   (3) 4시간

06 (1) $(10-0.2x)$ cm   (2) $y=160-1.6x$ (3) 40초 후

07 500 m   **08** ①

09 3시간 후

한번 더! 기본 문제 (개념 42~44)   본문 126쪽

01 $y=-\dfrac{2}{3}x-1$ **02** ④   **03** 2

04 $y=\dfrac{5}{2}x-5$ **05** 1   **06** 48 cm

6. 일차함수와 일차방정식

개념 45 본문 128~130쪽

01 (1) 직선의 방정식 (2) $-\dfrac{a}{b}x - \dfrac{c}{b}$

02 풀이 참조   **03** (1) ○ (2) × (3) ○ (4) ×

04 (1) $y = x - 3$, 기울기: 1, x절편: 3, y절편: -3

   (2) $y = 5x + 9$, 기울기: 5, x절편: $-\dfrac{9}{5}$, y절편: 9

   (3) $y = -\dfrac{3}{4}x + 3$, 기울기: $-\dfrac{3}{4}$, x절편: 4, y절편: 3

   (4) $y = 3x - \dfrac{5}{2}$, 기울기: 3, x절편: $\dfrac{5}{6}$, y절편: $-\dfrac{5}{2}$

05 (1) $y = \dfrac{2}{3}x + 2$, 그림은 풀이 참조

   (2) $y = 2x - 4$, 그림은 풀이 참조

   (3) $y = -\dfrac{4}{3}x + 4$, 그림은 풀이 참조

   (4) $y = -\dfrac{1}{2}x + \dfrac{3}{2}$, 그림은 풀이 참조

06 (1) ○ (2) × (3) ○ (4) ○ (5) ○ (6) × (7) ○

07 ④   **08** -16

09 ㄱ과 l, ㄴ과 n, ㄷ과 m **10** ⑤

11 $a > 0,\ b > 0$ **12** ⑤

개념 46 본문 131~132쪽

01 (1) 1, y, 1, x, 그림은 풀이 참조

   (2) -3, x, -3, y, 그림은 풀이 참조

   (3) -4, y, -4, x, 그림은 풀이 참조

   (4) 2, x, 2, y, 그림은 풀이 참조

02 (1) $x = 5$ (2) $y = 1$ (3) $x = -3$ (4) $y = -2$

03 (1) $y = 4$ (2) $x = -1$ (3) $x = 2$ (4) $y = -5$

   (5) $y = 1$ (6) $x = 6$ (7) $y = 2$ (8) $x = -3$

04 ③   **05** -3

06 20

한번 더! 기본 문제 (개념 45~46) 본문 133쪽

> **01** ⑤   **02** ③   **03** ②   **04** ③
> **05** $y = -4$ **06** ④

개념 47 본문 134~135쪽

01 교점

02 (1) $x = 3,\ y = -1$ (2) $x = 1,\ y = -2$ (3) $x = -2,\ y = -2$

03 (1) 그림은 풀이 참조, $x = -1,\ y = 2$

   (2) 그림은 풀이 참조, $x = 2,\ y = 2$

   (3) 그림은 풀이 참조, $x = -1,\ y = 1$

04 (1) $(3, 2)$ (2) $(-3, 5)$ (3) $(2, -2)$ (4) $(1, 1)$

   (5) $(2, 8)$

05 ②   **06** $x = 2,\ y = 1$

07 $(-3, 9)$ **08** -3

09 -2

개념 48 본문 136~137쪽

01 (1) 한 점 (2) 일치 (3) 평행

02 (1) 그림은 풀이 참조, 해가 무수히 많다.

   (2) 그림은 풀이 참조, 해가 없다.

   (3) 그림은 풀이 참조, 해가 없다.

03 (1) $-ax + 3$, $-\dfrac{3}{2}x + 2$, $-\dfrac{3}{2}$, $\dfrac{3}{2}$

   (2) $-\dfrac{a}{3}x + \dfrac{7}{3}$, $\dfrac{2}{3}x + \dfrac{1}{2}$, $a = -2$

   (3) $\dfrac{1}{a}x + \dfrac{6}{a}$, $-\dfrac{1}{3}x + \dfrac{3}{2}$, $a = -3$

04 (1) $-\dfrac{1}{2}x + 3$, $-ax + 3$, $-\dfrac{1}{2}$, $\dfrac{1}{2}$

   (2) $2x + a$, $2x + 3$, $a = 3$

   (3) $-3x + 2$, $\dfrac{a}{2}x + 2$, $a = -6$

05 (1) ㄱ, ㄷ (2) ㄴ, ㅂ (3) ㄹ, ㅁ

06 -3 **07** -1

08 $a \neq -\dfrac{1}{2}$

한번 더! 기본 문제 (개념 47~48) 본문 138쪽

> **01** ②   **02** 13   **03** 2
> **04** $y = 3x - 1$ **05** ②   **06** ④

PART Ⅱ

단원 테스트

1. 유리수와 소수 [1회]
본문 140~142쪽

01 ④	**02** ④	**03** 12	**04** 14
05 ⑤	**06** 3개	**07** ③	**08** 37
09 ④	**10** ㄱ, ㄹ	**11** ④	**12** $0.2\dot{9}$
13 ①	**14** 110	**15** ③	**16** ④
17 4개	**18** ②, ⑤	**19** 117	**20** $5.\dot{7}$

1. 유리수와 소수 [2회]
본문 143~145쪽

01 ③	**02** ③	**03** ⑤	**04** ⑤
05 ②	**06** ④, ⑤	**07** 4개	**08** ⑤
09 ④	**10** ③	**11** 58	**12** ㄴ, ㄹ
13 $\dfrac{167}{225}$	**14** 5	**15** 9	**16** 5개
17 ④	**18** ㄴ, ㄷ	**19** 7개	**20** $0.0\dot{9}$

2. 식의 계산 [1회]
본문 146~148쪽

01 ④	**02** ⑤	**03** ④	**04** 18
05 ③	**06** ④	**07** 17	**08** ④
09 ⑤	**10** $-8x^3y^3$	**11** ⑤	**12** $6a+2b$
13 $3x-y$	**14** 24	**15** $-5x+12y$	
16 ④	**17** 29	**18** $\dfrac{15}{4}ab+b^2$	
19 ab^3	**20** $9x^2-10x+17$		

2. 식의 계산 [2회]
본문 149~151쪽

01 ㄷ, ㅁ	**02** ⑤	**03** 4	**04** ③
05 16	**06** ③	**07** 0	**08** ④
09 $\dfrac{81x}{y^3}$	**10** $\dfrac{5}{2}x^5y^3$	**11** $\dfrac{8}{5}$배	**12** $\dfrac{4}{5}$
13 ②	**14** ⑤	**15** ③	**16** 4
17 ㄴ, ㄹ	**18** ④	**19** 15	**20** 32

3. 일차부등식 [1회]
본문 152~154쪽

01 ③, ⑤	**02** ⑤	**03** ㄴ, ㅂ	**04** ④, ⑤
05 ④	**06** ②	**07** ①	**08** -9
09 ④	**10** 9	**11** ④	**12** ③
13 ④	**14** ②	**15** 15년 후	**16** ⑤
17 ⑤	**18** ①	**19** $k>-4$	**20** 31개월 후

3. 일차부등식 [2회]
본문 155~157쪽

01 ④	**02** ④	**03** 12개	**04** 2개
05 ⑤	**06** -1	**07** 5개	**08** ④
09 ⑤	**10** -7	**11** 3	**12** ④
13 6	**14** 86점	**15** 12개	**16** 2대
17 23 cm	**18** 41개월	**19** -4	**20** 3 km

4. 연립일차방정식 [1회]
본문 158~160쪽

01 ③, ④	**02** 2개	**03** 2	**04** ④
05 ②	**06** 1	**07** -3	**08** 2
09 ②	**10** 3	**11** -1	**12** ④
13 3	**14** ④	**15** 27	**16** 30세
17 5개	**18** 60개	**19** 1	**20** 6 km

4. 연립일차방정식 [2회]
본문 161~163쪽

01 ㄷ, ㅂ	**02** ④	**03** -6	**04** 7
05 ③	**06** -5	**07** 5	**08** 3
09 16	**10** ④	**11** ④	**12** -2
13 $\dfrac{1}{2}$	**14** ④	**15** 9개	**16** 80 cm²
17 6일	**18** 5 km	**19** 2	**20** 40잔

5. 일차함수와 그 그래프 [1회]
본문 164~166쪽

01 ②	**02** ①	**03** ②	**04** ④
05 2	**06** ①	**07** 6	**08** ③
09 ③	**10** ①	**11** ⑤	**12** ④
13 3	**14** ⑤	**15** 3	**16** ②
17 ㄴ	**18** 40 cm²	**19** -12	**20** 140분

5. 일차함수와 그 그래프 [2회]
본문 167~169쪽

01 ②　　**02** ③　　**03** 1개　　**04** 12

05 3　　**06** 2　　**07** 20　　**08** −12

09 ②　　**10** ②　　**11** ②　　**12** 6

13 −6　　**14** −2　　**15** ⑤　　**16** ①

17 100분 후　**18** ⑤　　**19** −1

20 $y=-4x+9$

---

6. 일차함수와 일차방정식 [1회]
본문 170~172쪽

01 ③　　**02** ①　　**03** ④　　**04** ①

05 1　　**06** 2　　**07** $\dfrac{1}{3}$　　**08** 3

09 2　　**10** 1　　**11** −1　　**12** ④

13 20　　**14** ④　　**15** 해가 없다.

16 4　　**17** −12

---

6. 일차함수와 일차방정식 [2회]
본문 173~175쪽

01 4　　**02** ①　　**03** 4　　**04** $\dfrac{1}{2}$

05 ⑤　　**06** 3　　**07** −5　　**08** 1

09 8　　**10** 1　　**11** ④　　**12** ②

13 12　　**14** ①　　**15** −3　　**16** −2

17 4

서술형 테스트

1. 유리수와 소수
본문 176~177쪽

1 (1) 12　(2) 1　　**2** 2개　　**3** 9

4 4개　　**5** $\dfrac{22}{45}$　　**6** (1) 61　(2) 90　(3) $0.6\dot{7}$

7 $0.3\dot{2}$　　**8** (1) $\dfrac{x}{9}$　(2) 2, 3, 4　(3) 2

---

2. 식의 계산
본문 178~179쪽

1 13　　　**2** $\dfrac{A^3}{8}$

3 (1) $a=625$, $n=7$　(2) 10자리

4 (1) $-6a^2b^3$　(2) $\dfrac{9b^2}{2a}$　　**5** $3ab^2$　　**6** x^2-4

7 11　　　**8** $x-4y^2$

---

3. 일차부등식
본문 180~181쪽

1 5　　　**2** $a=4$, $b\neq1$　　　**3** −2

4 6　　　**5** −7　　　**6** −4　　　**7** 7자루

8 1000 m

---

4. 연립일차방정식
본문 182~183쪽

1 2　　　**2** (1) 7　(2) 2　(3) 5　　　**3** 4

4 (1) $x=2$, $y=-1$　(2) $a=5$, $b=5$　(3) 10

5 2　　　**6** 10

7 구미호: 9마리, 붕조: 7마리　　　**8** 2 km

---

5. 일차함수와 그 그래프
본문 184~185쪽

1 4　　　**2** 4　　　**3** 2

4 (1) $\dfrac{1}{2}$　(2) $\dfrac{3}{2}$　　　**5** $\dfrac{9}{4}$

6 $y=-2x-6$　　　**7** $a=8$, $b=6$

8 (1) $y=2x+1$　(2) 18개

---

6. 일차함수와 일차방정식
본문 186~187쪽

1 $-\dfrac{4}{3}$　　**2** 10　　**3** 3　　**4** −4

5 3　　**6** 4　　**7** $a=-2$, $b\neq-10$

8 해가 무수히 많다.

1. 유리수와 소수

본문 8~9쪽

개념 01 유리수와 소수

01 답 (1) 유한소수 (2) 무한소수

02 답 (1) 2, $\frac{6}{2}$ (2) -7, $-\frac{10}{5}$ (3) 2, -7, $\frac{6}{2}$, 0, $-\frac{10}{5}$
(4) $\frac{1}{4}$, -1.84 (5) 2, $\frac{1}{4}$ -7, $\frac{6}{2}$, -1.84, 0, $-\frac{10}{5}$

03 답 (1) 무 (2) 유 (3) 무 (4) 유 (5) 무 (6) 유 (7) 유 (8) 무

04 답 (1) 0.5, 유한소수 (2) 0.4, 유한소수
(3) 0.333…, 무한소수 (4) 0.45, 유한소수
(5) 0.41666…, 무한소수 (6) −2.1666…, 무한소수
(7) 0.888…, 무한소수 (8) −0.375, 유한소수

(1) $\frac{1}{2}=1\div2=0.5$이므로 유한소수이다.

(2) $\frac{2}{5}=2\div5=0.4$이므로 유한소수이다.

(3) $\frac{1}{3}=1\div3=0.333\cdots$이므로 무한소수이다.

(4) $\frac{9}{20}=9\div20=0.45$이므로 유한소수이다.

(5) $\frac{5}{12}=5\div12=0.41666\cdots$이므로 무한소수이다.

(6) $-\frac{13}{6}=-(13\div6)=-2.1666\cdots$이므로 무한소수이다.

(7) $\frac{8}{9}=8\div9=0.888\cdots$이므로 무한소수이다.

(8) $-\frac{3}{8}=-(3\div8)=-0.375$이므로 유한소수이다.

05 답 2개

정수가 아닌 유리수는 $\frac{1}{3}$, 2.33의 2개이다.

06 답 ③, ⑤

① $\frac{1}{5}=1\div5=0.2$이므로 유한소수이다.

② $-\frac{3}{6}=-(3\div6)=-0.5$이므로 유한소수이다.

③ $\frac{1}{9}=1\div9=0.111\cdots$이므로 무한소수이다.

④ $\frac{7}{8}=7\div8=0.875$이므로 유한소수이다.

⑤ $\frac{5}{18}=5\div18=0.2777\cdots$이므로 무한소수이다.

따라서 소수로 나타냈을 때 무한소수인 것은 ③, ⑤이다.

07 답 ③, ⑤

③ $\frac{9}{4}=9\div4=2.25$이므로 유한소수이다.

⑤ $-\frac{7}{11}=-(7\div11)=-0.636363\cdots$이므로 무한소수이다.

본문 10~12쪽

개념 02 순환소수

01 답 (1) 순환소수 (2) 순환마디

02 답 (1) ○ (2) ○ (3) × (4) × (5) ○ (6) ×

03 답 (1) 5 (2) 3 (3) 45 (4) 872 (5) 128 (6) 459
(7) 92 (8) 5431

04 답 (1) $0.\dot{8}$ (2) $0.2\dot{5}$ (3) $0.\dot{6}\dot{3}$ (4) $0.1\dot{7}\dot{4}$
(5) $3.\dot{4}2\dot{7}$ (6) $3.3\dot{5}$ (7) $2.0\dot{6}2\dot{1}$ (8) $0.\dot{1}24\dot{8}$

순환마디를 구하고, 순환마디를 이용하여 간단히 나타내면 다음과 같다.

(1) 순환마디는 8이므로 $0.\dot{8}$이다.
(2) 순환마디는 5이므로 $0.2\dot{5}$이다.
(3) 순환마디는 63이므로 $0.\dot{6}\dot{3}$이다
(4) 순환마디는 74이므로 $0.1\dot{7}\dot{4}$이다.
(5) 순환마디는 427이므로 $3.\dot{4}2\dot{7}$이다.
(6) 순환마디는 35이므로 $3.3\dot{5}$이다.
(7) 순환마디는 621이므로 $2.0\dot{6}2\dot{1}$이다.
(8) 순환마디는 1248이므로 $0.\dot{1}24\dot{8}$이다.

05 답 (1) $0.\dot{4}$ (2) $0.\dot{6}$ (3) $0.0\dot{3}$ (4) $0.\dot{7}\dot{2}$
(5) $0.\dot{4}\dot{2}$ (6) $1.41\dot{6}$ (7) $3.1\dot{6}$ (8) $0.\dot{0}5\dot{4}$

(1) $\frac{4}{9}=0.444\cdots=0.\dot{4}$

(2) $\frac{2}{3}=0.666\cdots=0.\dot{6}$

(3) $\frac{1}{30}=0.0333\cdots=0.0\dot{3}$

(4) $\frac{8}{11}=0.727272\cdots=0.\dot{7}\dot{2}$

(5) $\frac{14}{33}=0.424242\cdots=0.\dot{4}\dot{2}$

(6) $\frac{17}{12}=1.41666\cdots=1.41\dot{6}$

(7) $\frac{19}{6}=3.1666\cdots=3.1\dot{6}$

(8) $\frac{2}{37}=0.054054054\cdots=0.\dot{0}5\dot{4}$

06 답 ③

주어진 순환소수의 순환마디를 구하면 다음과 같다.

① 2   ② 48   ③ 31   ④ 61   ⑤ 017

따라서 바르게 연결된 것은 ③이다.

07 답 ①, ⑤

② $0.341341341\cdots = 0.\dot{3}4\dot{1}$

③ $0.606060\cdots = 0.\dot{6}\dot{0}$

④ $2.424242\cdots = 2.\dot{4}\dot{2}$

따라서 순환소수의 표현이 옳은 것은 ①, ⑤이다.

08 답 6

$\dfrac{17}{30} = 0.5666\cdots$이므로 순환마디는 6이다.

09 답 ⑤

⑤ $\dfrac{10}{33} = 0.303030\cdots = 0.\dot{3}\dot{0}$

10 답 3

$0.\dot{2}36\dot{4}$의 순환마디를 이루는 숫자의 개수는 4개이다.

이때 $50 = 4 \times 12 + 2$이므로 $0.\dot{2}36\dot{4}$에서 소수점 아래 50번째 자리의 숫자는 순환마디의 두 번째 숫자인 3이다.

11 답 1

$\dfrac{5}{27} = 0.\dot{1}8\dot{5}$이므로 순환마디를 이루는 숫자의 개수는 3개이다.

이때 $40 = 3 \times 13 + 1$이므로 소수점 아래 40번째 자리의 숫자는 순환마디의 첫 번째 숫자인 1이다.

본문 13~14쪽

개념 03 **유한소수로 나타낼 수 있는 분수**

01 답 (1) 2 (2) 5

02 답 풀이 참조

(1) $\dfrac{5}{2} = \dfrac{5 \times \boxed{5}}{2 \times \boxed{5}} = \dfrac{25}{\boxed{10}} = \boxed{2.5}$

(2) $\dfrac{9}{4} = \dfrac{9}{2^2} = \dfrac{9 \times \boxed{5^2}}{2^2 \times \boxed{5^2}} = \dfrac{\boxed{225}}{100} = \boxed{2.25}$

(3) $\dfrac{7}{20} = \dfrac{7}{2^2 \times \boxed{5}} = \dfrac{7 \times \boxed{5}}{2^2 \times \boxed{5^2}} = \dfrac{\boxed{35}}{100} = \boxed{0.35}$

(4) $\dfrac{11}{40} = \dfrac{11}{2^3 \times \boxed{5}} = \dfrac{11 \times \boxed{5^2}}{2^3 \times \boxed{5^3}} = \dfrac{\boxed{275}}{1000} = \boxed{0.275}$

03 답 (1) 있다 (2) 없다 (3) 2, 7, 7, 없다
(4) 12, 2, 3, 3, 없다 (5) 50, 2, 5, 2, 있다

04 답 (1) ○ (2) × (3) × (4) ○ (5) × (6) ○ (7) ×
(8) ○ (9) ○

(1) 분모에 2 또는 5 이외의 소인수가 없으므로 유한소수로 나타낼 수 있다.

(2) 분모에 2 또는 5 이외의 소인수 3이 있으므로 유한소수로 나타낼 수 없다.

(3) 분모에 2 또는 5 이외의 소인수 7이 있으므로 유한소수로 나타낼 수 없다.

(4) $\dfrac{9}{2 \times 3 \times 5} = \dfrac{3}{2 \times 5}$에서 분모에 2 또는 5 이외의 소인수가 없으므로 유한소수로 나타낼 수 있다.

(5) $\dfrac{3}{2 \times 3^2 \times 5^2} = \dfrac{1}{2 \times 3 \times 5^2}$에서 분모에 2 또는 5 이외의 소인수 3이 있으므로 유한소수로 나타낼 수 없다.

(6) $\dfrac{1}{8} = \dfrac{1}{2^3}$에서 분모에 2 또는 5 이외의 소인수가 없으므로 유한소수로 나타낼 수 있다.

(7) $\dfrac{8}{96} = \dfrac{1}{12} = \dfrac{1}{2^2 \times 3}$에서 분모에 2 또는 5 이외의 소인수 3이 있으므로 유한소수로 나타낼 수 없다.

(8) $\dfrac{27}{150} = \dfrac{9}{50} = \dfrac{9}{2 \times 5^2}$에서 분모에 2 또는 5 이외의 소인수가 없으므로 유한소수로 나타낼 수 있다.

(9) $\dfrac{21}{240} = \dfrac{7}{80} = \dfrac{7}{2^4 \times 5}$에서 분모에 2 또는 5 이외의 소인수가 없으므로 유한소수로 나타낼 수 있다.

05 답 ③

$\dfrac{13}{40} = \dfrac{13}{2^{\boxed{3}} \times 5} = \dfrac{13 \times \boxed{5^2}}{2^3 \times 5 \times \boxed{5^2}} = \dfrac{325}{\boxed{1000}} = \boxed{0.325}$

따라서 옳지 않은 것은 ③이다.

06 답 ㄷ, ㅁ, ㅂ

ㄱ. $\dfrac{12}{2 \times 3^2 \times 5} = \dfrac{2}{3 \times 5}$

ㄴ. $\dfrac{15}{3^2 \times 5^2} = \dfrac{1}{3 \times 5}$

ㄷ. $\dfrac{63}{2^2 \times 3 \times 7} = \dfrac{3}{2^2}$

ㄹ. $\dfrac{9}{2^2 \times 5 \times 7}$

ㅁ. $\dfrac{27}{2 \times 3^2 \times 5} = \dfrac{3}{2 \times 5}$

ㅂ. $\dfrac{55}{2^3 \times 5 \times 11} = \dfrac{1}{2^3}$

따라서 유한소수로 나타낼 수 있는 것은 ㄷ, ㅁ, ㅂ이다.

07 답 ①, ④

$\dfrac{3}{2 \times 5 \times 7} \times A$가 유한소수가 되려면 A는 7의 배수이어야 한다.

따라서 A의 값이 될 수 있는 자연수는 ①, ④이다.

01 ③, ④	02 ④	03 ⑤	04 4
05 ②, ⑤	06 3		

01 답 ③, ④

② $\dfrac{15}{5}=3$이므로 정수이다.

③ 0은 유리수이다.

④ $0.3\dot{4}$는 순환소수이므로 유한소수가 아니다.

⑤ $1.292929\cdots=1.2\dot{9}$이므로 순환소수이다.

따라서 옳지 않은 것은 ③, ④이다.

02 답 ④

① $\dfrac{2}{3}=0.666\cdots$이므로 순환마디는 6이다.

② $\dfrac{11}{6}=1.8333\cdots$이므로 순환마디는 3이다.

③ $\dfrac{7}{15}=0.4666\cdots$이므로 순환마디는 6이다.

④ $\dfrac{3}{11}=0.272727\cdots$이므로 순환마디는 27이다.

⑤ $\dfrac{7}{30}=0.2333\cdots$이므로 순환마디는 3이다.

따라서 순환마디를 이루는 숫자의 개수가 나머지 넷과 다른 하나는 ④이다.

03 답 ⑤

① $0.0020202\cdots=0.00\dot{2}\dot{0}$

② $1.542542542\cdots=1.\dot{5}4\dot{2}$

③ $3.434343\cdots=3.\dot{4}\dot{3}$

④ $0.5616161\cdots=0.5\dot{6}\dot{1}$

따라서 옳은 것은 ⑤이다.

04 답 4

$\dfrac{5}{7}=0.\dot{7}1428\dot{5}$이므로 순환마디를 이루는 숫자의 개수는 6개이다.

이때 $99=6\times16+3$이므로 소수점 아래 99번째 자리의 숫자는 순환마디의 세 번째 숫자인 4이다.

05 답 ②, ⑤

① $\dfrac{14}{2\times5^2\times7}=\dfrac{1}{5^2}$ ② $\dfrac{7}{2^2\times3\times5}$ ③ $\dfrac{11}{44}=\dfrac{1}{4}=\dfrac{1}{2^2}$

④ $\dfrac{42}{105}=\dfrac{2}{5}$ ⑤ $\dfrac{13}{15}=\dfrac{13}{3\times5}$

따라서 순환소수로만 나타낼 수 있는 것은 ②, ⑤이다.

06 답 3

$\dfrac{35}{420}=\dfrac{1}{12}=\dfrac{1}{2^2\times3}$이므로 어떤 자연수를 곱하여 유한소수로 나타낼 수 있으려면 3의 배수를 곱해야 한다.

따라서 곱할 수 있는 가장 작은 자연수는 3이다.

개념 04 순환소수의 분수 표현 (1) – 10의 거듭제곱 이용

01 답 10

02 답 (1) 10, 9, 5   (2) 100, 99, 18, $\dfrac{2}{11}$ (3) 1000, 999, 278

03 답 (1) $\dfrac{8}{9}$ (2) $\dfrac{29}{99}$ (3) $\dfrac{113}{99}$ (4) $\dfrac{28}{11}$ (5) $\dfrac{316}{999}$ (6) $\dfrac{484}{333}$

(1) $0.\dot{8}$을 x라 하면 $x=0.888\cdots$이므로

$10x=8.888\cdots$

$\underline{-)x=0.888\cdots}$

$9x=8$

$\therefore x=\dfrac{8}{9}$

(2) $0.\dot{2}\dot{9}$를 x라 하면 $x=0.292929\cdots$이므로

$100x=29.292929\cdots$

$\underline{-)x=0.292929\cdots}$

$99x=29$

$\therefore x=\dfrac{29}{99}$

(3) $1.\dot{1}\dot{4}$를 x라 하면 $x=1.141414\cdots$이므로

$100x=114.141414\cdots$

$\underline{-)x=1.141414\cdots}$

$99x=113$

$\therefore x=\dfrac{113}{99}$

(4) $2.\dot{5}\dot{4}$를 x라 하면 $x=2.545454\cdots$이므로

$100x=254.545454\cdots$

$\underline{-)x=2.545454\cdots}$

$99x=252$

$\therefore x=\dfrac{252}{99}=\dfrac{28}{11}$

(5) $0.\dot{3}1\dot{6}$을 x라 하면 $x=0.316316316\cdots$이므로

$1000x=316.316316316\cdots$

$\underline{-)x=0.316316316\cdots}$

$999x=316$

$\therefore x=\dfrac{316}{999}$

(6) $1.\dot{4}5\dot{3}$을 x라 하면 $x=1.453453453\cdots$이므로

$1000x=1453.453453453\cdots$

$\underline{-)x=1.453453453\cdots}$

$999x=1452$

$\therefore x=\dfrac{1452}{999}=\dfrac{484}{333}$

04 답 (1) 10, 90, 41   (2) 1000, 990, 36, $\dfrac{2}{55}$

     (3) 1000, 900, 355, $\dfrac{71}{180}$

05 답 (1) $\dfrac{13}{15}$ (2) $\dfrac{49}{45}$ (3) $\dfrac{273}{110}$ (4) $\dfrac{709}{495}$ (5) $\dfrac{401}{450}$

(6) $\dfrac{1447}{450}$

(1) $0.8\dot{6}$을 x라 하면 $x=0.8666\cdots$이므로

$\qquad 100x=86.666\cdots$

$\qquad -)\ \underline{\ 10x=\ \ 8.666\cdots}$

$\qquad\quad 90x=78$

$\qquad \therefore x=\dfrac{78}{90}=\dfrac{13}{15}$

(2) $1.0\dot{8}$을 x라 하면 $x=1.0888\cdots$이므로

$\qquad 100x=108.888\cdots$

$\qquad -)\ \underline{\ 10x=\ 10.888\cdots}$

$\qquad\quad 90x=\ 98$

$\qquad \therefore x=\dfrac{98}{90}=\dfrac{49}{45}$

(3) $2.4\dot{8}\dot{1}$을 x라 하면 $x=2.4818181\cdots$이므로

$\qquad 1000x=2481.818181\cdots$

$\qquad -)\ \underline{\ \ 10x=\ \ 24.818181\cdots}$

$\qquad\quad 990x=2457$

$\qquad \therefore x=\dfrac{2457}{990}=\dfrac{273}{110}$

(4) $1.4\dot{3}\dot{2}$를 x라 하면 $x=1.4323232\cdots$이므로

$\qquad 1000x=1432.323232\cdots$

$\qquad -)\ \underline{\ \ 10x=\ \ 14.323232\cdots}$

$\qquad\quad 990x=1418$

$\qquad \therefore x=\dfrac{1418}{990}=\dfrac{709}{495}$

(5) $0.89\dot{1}$을 x라 하면 $x=0.89111\cdots$이므로

$\qquad 1000x=891.111\cdots$

$\qquad -)\ \underline{\ 100x=\ 89.111\cdots}$

$\qquad\quad 900x=802$

$\qquad \therefore x=\dfrac{802}{900}=\dfrac{401}{450}$

(6) $3.21\dot{5}$를 x라 하면 $x=3.21555\cdots$이므로

$\qquad 1000x=3215.555\cdots$

$\qquad -)\ \underline{\ 100x=\ 321.555\cdots}$

$\qquad\quad 900x=2894$

$\qquad \therefore x=\dfrac{2894}{900}=\dfrac{1447}{450}$

06 답 ③

③ $1000x-10x=990x$이므로

ⓛ−ⓒ을 하면

$\boxed{990}\,x=2336$

07 답 ③

③ $1.\dot{7}\dot{3}\dot{4}$를 x라 하면 $x=1.734734734\cdots$이고

$\qquad 1000x=1734.734734734\cdots$이므로

$\qquad 1000x-x=1733$

즉, 가장 편리한 식은 $1000x-x$이다.

개념 05 순환소수의 분수 표현 (2) – 공식 이용

01 답 9, 0, 분자

02 답 (1) 9 (2) 1, 9, $\dfrac{14}{9}$ (3) 99 (4) 2, 99, $\dfrac{235}{99}$

(5) 999 (6) 3, 999, $\dfrac{3449}{999}$

(2) $1.\dot{5}=\dfrac{15-\boxed{1}}{\boxed{9}}=\boxed{\dfrac{14}{9}}$

(4) $2.\dot{3}\dot{7}=\dfrac{237-\boxed{2}}{\boxed{99}}=\boxed{\dfrac{235}{99}}$

(6) $3.\dot{4}5\dot{2}=\dfrac{3452-\boxed{3}}{\boxed{999}}=\boxed{\dfrac{3449}{999}}$

03 답 (1) $\dfrac{2}{3}$ (2) $\dfrac{25}{9}$ (3) $\dfrac{83}{99}$ (4) $\dfrac{41}{33}$ (5) $\dfrac{173}{999}$ (6) $\dfrac{2455}{999}$

(2) $2.\dot{7}=\dfrac{27-2}{9}=\dfrac{25}{9}$

(4) $1.\dot{2}\dot{4}=\dfrac{124-1}{99}=\dfrac{123}{99}=\dfrac{41}{33}$

(6) $2.\dot{4}5\dot{7}=\dfrac{2457-2}{999}=\dfrac{2455}{999}$

04 답 (1) 5, 90, $\dfrac{49}{90}$ (2) 14, 134, $\dfrac{67}{45}$

(3) 3, 990, $\dfrac{301}{990}$ (4) 52, 5162, $\dfrac{2581}{495}$

(5) 46, 900, $\dfrac{421}{900}$ (6) 241, 2174, $\dfrac{1087}{450}$

(1) $0.5\dot{4}=\dfrac{54-\boxed{5}}{\boxed{90}}=\boxed{\dfrac{49}{90}}$

(3) $0.3\dot{0}\dot{4}=\dfrac{304-\boxed{3}}{\boxed{990}}=\boxed{\dfrac{301}{990}}$

(5) $0.46\dot{7}=\dfrac{467-\boxed{46}}{\boxed{900}}=\boxed{\dfrac{421}{900}}$

05 답 (1) $\dfrac{41}{45}$ (2) $\dfrac{229}{90}$ (3) $\dfrac{133}{198}$ (4) $\dfrac{95}{22}$ (5) $\dfrac{421}{450}$ (6) $\dfrac{233}{180}$

(1) $0.9\dot{1}=\dfrac{91-9}{90}=\dfrac{82}{90}=\dfrac{41}{45}$

(2) $2.5\dot{4}=\dfrac{254-25}{90}=\dfrac{229}{90}$

(3) $0.6\dot{7}\dot{1}=\dfrac{671-6}{990}=\dfrac{665}{990}=\dfrac{133}{198}$

(4) $4.3\dot{1}\dot{8}=\dfrac{4318-43}{990}=\dfrac{4275}{990}=\dfrac{95}{22}$

(5) $0.93\dot{5}=\dfrac{935-93}{900}=\dfrac{842}{900}=\dfrac{421}{450}$

(6) $1.29\dot{4}=\dfrac{1294-129}{900}=\dfrac{1165}{900}=\dfrac{233}{180}$

06 답 ⑤

① $0.1\dot{3}=\dfrac{13-1}{90}$　　　② $2.1\dot{5}=\dfrac{215-21}{90}$

③ $3.\dot{2}\dot{7}=\dfrac{327-3}{99}$　　　④ $0.05\dot{3}=\dfrac{53}{990}$

따라서 옳은 것은 ⑤이다.

07 답 ③

$0.5\dot{9}\dot{0}=\dfrac{590-5}{990}=\dfrac{585}{990}=\dfrac{13}{22}$이므로

$a=13$

08 답 ④

$0.\dot{3}=\dfrac{3}{9}=\dfrac{1}{3}$, $0.4\dot{2}=\dfrac{42-4}{90}=\dfrac{38}{90}=\dfrac{19}{45}$이므로

$a=3$, $b=\dfrac{45}{19}$

$\therefore a+19b=3+19\times\dfrac{45}{19}=48$

09 답 $0.\dot{8}\dot{9}$

$0.\dot{4}=\dfrac{4}{9}$이므로

$A-0.\dot{4}=\dfrac{5}{11}$에서 $A-\dfrac{4}{9}=\dfrac{5}{11}$

$A=\dfrac{5}{11}+\dfrac{4}{9}=\dfrac{45}{99}+\dfrac{44}{99}=\dfrac{89}{99}=0.\dot{8}\dot{9}$

본문 20~21쪽

개념 06 유리수와 소수의 관계

01 답 (1) 유한　(2) 유리수　(3) 유리수, 유리수

02 답 (1) ○　(2) ○　(3) ○　(4) ×　(5) ×　(6) ○　(7) ○　(8) ×

03 답 (1) ○　(2) ×　(3) ×　(4) ×　(5) ○　(6) ×

(2), (3) 순환소수가 아닌 무한소수는 유리수가 아니다.

(4) 모든 순환소수는 유리수이다.

(6) 정수가 아닌 유리수는 소수로 나타내면 유한소수 또는 순환소수가 된다.

04 답 ④

유리수는 $\dfrac{1}{7}$, -3, 0, $0.2\dot{7}$, 3.9의 5개이다.

05 답 ⑤

$\dfrac{(정수)}{(0이\ 아닌\ 정수)}$의 꼴로 나타낼 수 있는 수는 유리수이고, 보기에서 유리수가 아닌 것은 ⑤이다.

06 답 ③

③ $\dfrac{1}{3}$은 기약분수이지만 $\dfrac{1}{3}=0.333\cdots$이므로 유한소수가 아니다.

07 답 ㄱ, ㄷ, ㄹ

ㄴ. 무한소수 중에서 순환소수는 유리수이다.

따라서 옳은 것은 ㄱ, ㄷ, ㄹ이다.

한번 더! 기본 문제 개념 04~06　　본문 22쪽

01 ④	**02** 7	**03** ②, ⑤	**04** ②
05 (1) $\dfrac{76}{99}$ (2) $\dfrac{29}{45}$ (3) $0.2\dot{9}$			**06** ㄴ, ㄹ

01 답 ④

$x=4.1\dot{3}\dot{2}=4.1323232\cdots$이므로

$1000x=4132.323232\cdots$, $10x=41.323232\cdots$

$1000x-10x=4091$

따라서 가장 편리한 식은 ④이다.

02 답 7

$0.1272727\cdots=0.1\dot{2}\dot{7}=\dfrac{127-1}{990}=\dfrac{126}{990}=\dfrac{7}{55}$이므로

$x=7$

03 답 ②, ⑤

② 순환마디는 6이다.

⑤ 기약분수로 나타내면 $2.0\dot{6}=\dfrac{206-20}{90}=\dfrac{186}{90}=\dfrac{31}{15}$이다.

04 답 ②

$0.2\dot{6}=\dfrac{26-2}{90}=\dfrac{24}{90}=\dfrac{4}{15}=\dfrac{4}{3\times5}$

따라서 $0.2\dot{6}\times a$가 유한소수가 되기 위해서는 a가 3의 배수가 되어야 하므로 자연수 a의 값 중 가장 작은 수는 3이다.

05 답 (1) $\dfrac{76}{99}$　(2) $\dfrac{29}{45}$　(3) $0.2\dot{9}$

(1) $0.\dot{7}\dot{6}=\dfrac{76}{99}$

(2) $0.6\dot{4}=\dfrac{64-6}{90}=\dfrac{58}{90}=\dfrac{29}{45}$

(3) 현진이는 분모를 제대로 보았고 상영이는 분자를 제대로 보았으므로 (1), (2)에서 처음 기약분수는 $\dfrac{29}{99}$이고, 이 분수를 순환소수로 나타내면

$\dfrac{29}{99}=0.292929\cdots=0.\dot{2}\dot{9}$

06 답 ㄴ, ㄹ

ㄱ. 0은 유리수이다.

ㄷ. 순환소수는 유리수이지만 무한소수이다.

ㅁ. 분모의 소인수가 2 또는 5뿐인 기약분수는 유한소수로 나타낼 수 있다.

따라서 옳은 것은 ㄴ, ㄹ이다.

2. 식의 계산

개념 07 지수법칙 (1) – 지수의 합

01 답 $m+n$

02 답 (1) a^7 (2) x^9 (3) 3^6 (4) 5^8 (5) a^9 (6) b^{11} (7) 5^{13}
(8) 7^{12}

(5) $a \times a^3 \times a^5 = a^{1+3+5} = a^9$
(6) $b^2 \times b^4 \times b^5 = b^{2+4+5} = b^{11}$
(7) $5^3 \times 5^4 \times 5^6 = 5^{3+4+6} = 5^{13}$
(8) $7^4 \times 7 \times 7^7 = 7^{4+1+7} = 7^{12}$

03 답 (1) $x^8 y^{10}$ (2) $a^4 b^3$ (3) $x^{10} y^2$ (4) $a^3 b^4$ (5) $x^5 y^5$ (6) $a^3 b^9$
(7) $a^6 b^7$ (8) $a^9 b^8$

(1) $x^5 \times x^3 \times y^{10} = x^{5+3} \times y^{10} = x^8 y^{10}$
(2) $a^4 \times b^2 \times b = a^4 \times b^{2+1} = a^4 b^3$
(3) $x^3 \times y^2 \times x^7 = x^{3+7} \times y^2 = x^{10} y^2$
(4) $a \times a^2 \times b \times b^3 = a^{1+2} \times b^{1+3} = a^3 b^4$
(5) $x \times y^3 \times x^4 \times y^2 = x^{1+4} \times y^{3+2} = x^5 y^5$
(6) $a \times b^4 \times a^2 \times b^5 = a^{1+2} \times b^{4+5} = a^3 b^9$
(7) $a^2 \times b^3 \times a^4 \times b \times b^3 = a^{2+4} \times b^{3+1+3} = a^6 b^7$
(8) $a^2 \times b^2 \times a^3 \times b^6 \times a^4 = a^{2+3+4} \times b^{2+6} = a^9 b^8$

04 답 (1) 8 (2) 3 (3) 7 (4) 8 (5) 4 (6) 5 (7) 5, 7 (8) 7, 9

(1) $a^{\square+2} = a^{10}$에서 $\square + 2 = 10$ ∴ $\square = 8$
(2) $b^{\square+4} = b^7$에서 $\square + 4 = 7$ ∴ $\square = 3$
(3) $3^{5+\square} = 3^{12}$에서 $5 + \square = 12$ ∴ $\square = 7$
(4) $5^{\square+6} = 5^{14}$에서 $\square + 6 = 14$ ∴ $\square = 8$
(5) $a^{2+3+\square} = a^9$에서 $5 + \square = 9$ ∴ $\square = 4$
(6) $b^{4+\square+6} = b^{15}$에서 $\square + 10 = 15$ ∴ $\square = 5$
(7) $x^{3+㉠} \times y^{4+㉡} = x^8 y^{11}$에서 $3 + ㉠ = 8$, $4 + ㉡ = 11$
∴ $㉠ = 5$, $㉡ = 7$
(8) $a^{5+㉠} \times b^{6+㉡} = a^{12} b^{15}$에서 $5 + ㉠ = 12$, $6 + ㉡ = 15$
∴ $㉠ = 7$, $㉡ = 9$

05 답 ⑤
$ab = 5^x \times 5^y = 5^{x+y} = 5^3 = 125$

06 답 2
$256 = 2^8$이므로 $2^{1+5+x} = 2^8$에서
$6 + x = 8$ ∴ $x = 2$

07 답 1
$27 = 3^3$, $243 = 3^5$이므로 $3^{a+1+3} = 3^5$에서
$a + 4 = 5$ ∴ $a = 1$

개념 08 지수법칙 (2) – 지수의 곱

01 답 mn

02 답 (1) a^8 (2) b^{15} (3) x^{12} (4) y^{30} (5) z^{27} (6) 2^{24} (7) 3^{14}
(8) 5^{36}

03 답 (1) a^8 (2) b^9 (3) a^{18} (4) x^{22} (5) a^{19} (6) x^{25} (7) $a^{17} b^{15}$
(8) $x^{21} y^{27}$

(1) $(a^2)^3 \times a^2 = a^{2 \times 3} \times a^2 = a^6 \times a^2 = a^8$
(2) $b \times (b^2)^4 = b \times b^{2 \times 4} = b \times b^8 = b^9$
(3) $(a^3)^4 \times (a^2)^3 = a^{3 \times 4} \times a^{2 \times 3} = a^{12} \times a^6 = a^{18}$
(4) $(x^2)^5 \times (x^3)^4 = x^{2 \times 5} \times x^{3 \times 4} = x^{10} \times x^{12} = x^{22}$
(5) $a^5 \times (a^4)^3 \times a^2 = a^5 \times a^{4 \times 3} \times a^2 = a^5 \times a^{12} \times a^2 = a^{19}$
(6) $(x^3)^5 \times x^4 \times (x^2)^3 = x^{3 \times 5} \times x^4 \times x^{2 \times 3} = x^{15} \times x^4 \times x^6 = x^{25}$
(7) $(a^2)^7 \times (b^3)^5 \times a^3 = a^{2 \times 7} \times b^{3 \times 5} \times a^3 = a^{14} \times a^3 \times b^{15} = a^{17} b^{15}$
(8) $x \times (y^3)^3 \times (x^5)^4 \times (y^9)^2 = x \times y^{3 \times 3} \times x^{5 \times 4} \times y^{9 \times 2}$
$= x \times x^{20} \times y^9 \times y^{18} = x^{21} y^{27}$

04 답 (1) 7 (2) 3 (3) 8 (4) 3 (5) 5 (6) 3 (7) 4 (8) 2

(1) $a^{2 \times \square} = a^{14}$에서 $2 \times \square = 14$ ∴ $\square = 7$
(2) $b^{\square \times 7} = b^{21}$에서 $\square \times 7 = 21$ ∴ $\square = 3$
(3) $3^{4 \times \square} = 3^{32}$에서 $4 \times \square = 32$ ∴ $\square = 8$
(4) $5^{\square \times 6} = 5^{18}$에서 $\square \times 6 = 18$ ∴ $\square = 3$
(5) $x^2 \times x^{3 \times \square} = x^{17}$에서 $2 + 3 \times \square = 17$
$3 \times \square = 15$ ∴ $\square = 5$
(6) $y^{\square \times 4} \times y^2 = y^{14}$에서 $\square \times 4 + 2 = 14$
$\square \times 4 = 12$ ∴ $\square = 3$
(7) $a^{2 \times \square} \times a^5 = a^{13}$에서 $2 \times \square + 5 = 13$
$2 \times \square = 8$ ∴ $\square = 4$
(8) $x^{5 \times 2} \times x^{4 \times \square} = x^{18}$에서 $10 + 4 \times \square = 18$
$4 \times \square = 8$ ∴ $\square = 2$

05 답 4
$a^{3 \times 2} \times a^{x \times 2} = a^{14}$에서
$6 + 2x = 14$, $2x = 8$
∴ $x = 4$

06 답 15
$x^{2 \times a} \times y^{b \times 3} = x^{10} y^9$에서
$2a = 10$, $3b = 9$이므로
$a = 5$, $b = 3$
∴ $ab = 5 \times 3 = 15$

07 답 ⑤
$4 = 2^2$이므로 $4^{x+2} = (2^2)^{x+2} = 2^{2(x+2)} = 2^{16}$에서
$2(x+2) = 16$, $x + 2 = 8$ ∴ $x = 6$

개념 09 **지수법칙 (3) – 지수의 차**

01 답 (1) $m-n$ (2) 1   (3) $n-m$

02 답 (1) a^3 (2) b^4 (3) 1   (4) $\dfrac{1}{a^3}$ (5) $\dfrac{1}{b^5}$ (6) 3^6 (7) 1

(8) $\dfrac{1}{5^4}$

03 답 (1) a^4 (2) 1   (3) $\dfrac{1}{y^3}$ (4) 2^2 (5) 1   (6) $\dfrac{1}{3^2}$ (7) x^3

(8) $\dfrac{1}{y^2}$

(1) $a^7 \div a \div a^2 = a^6 \div a^2 = a^4$

(2) $b^{10} \div b^4 \div b^6 = b^6 \div b^6 = 1$

(3) $y^8 \div y^6 \div y^5 = y^2 \div y^5 = \dfrac{1}{y^3}$

(4) $2^9 \div 2^3 \div 2^4 = 2^6 \div 2^4 = 2^2$

(5) $5^7 \div 5^2 \div 5^5 = 5^5 \div 5^5 = 1$

(6) $3^5 \div 3^4 \div 3^3 = 3 \div 3^3 = \dfrac{1}{3^2}$

(7) $x^5 \div (x^6 \div x^4) = x^5 \div x^2 = x^3$

(8) $y^2 \div (y^5 \div y) = y^2 \div y^4 = \dfrac{1}{y^2}$

04 답 (1) a^7 (2) b^6 (3) $\dfrac{1}{x^6}$ (4) a^7 (5) 1   (6) $\dfrac{1}{b^3}$

(1) $a^{15} \div (a^2)^4 = a^{15} \div a^8 = a^7$

(2) $(b^3)^5 \div b^9 = b^{15} \div b^9 = b^6$

(3) $(x^2)^3 \div (x^4)^3 = x^6 \div x^{12} = \dfrac{1}{x^6}$

(4) $(a^4)^5 \div (a^2)^3 \div a^7 = a^{20} \div a^6 \div a^7 = a^{14} \div a^7 = a^7$

(5) $(y^6)^2 \div y^8 \div (y^2)^2 = y^{12} \div y^8 \div y^4 = y^4 \div y^4 = 1$

(6) $(b^2)^3 \div (b^2)^2 \div b^5 = b^6 \div b^4 \div b^5 = b^2 \div b^5 = \dfrac{1}{b^3}$

05 답 (1) 4   (2) 5   (3) 6   (4) 8   (5) 6   (6) 9

(1) $a^{8-\square} = a^4$에서 $8 - \boxed{} = 4$ $\therefore \boxed{} = 4$

(2) $x^5 \div x^{\square} = 1$에서 $\boxed{} = 5$

(3) $\dfrac{1}{b^{9-\square}} = \dfrac{1}{b^3}$에서 $9 - \boxed{} = 3$ $\therefore \boxed{} = 6$

(4) $a^{12} \div a^{\square} = a^{12-\square} = a^4$에서 $12 - \boxed{} = 4$ $\therefore \boxed{} = 8$

(5) $b^{\square} \div b^6 = 1$에서 $\boxed{} = 6$

(6) $x^6 \div x^{\square} = \dfrac{1}{x^{\square-6}} = \dfrac{1}{x^3}$에서 $\boxed{} - 6 = 3$ $\therefore \boxed{} = 9$

06 답 ②, ⑤

② $a^{12} \div a^4 = a^8$

⑤ $a^6 \div a^3 \div a^3 = a^3 \div a^3 = 1$

07 답 ④

① $x^9 \div x^6 = x^3$

② $(x^2)^5 \div x^7 = x^{10} \div x^7 = x^3$

③ $x^{24} \div x^{12} \div x^9 = x^{12} \div x^9 = x^3$

④ $(x^4)^3 \div x^5 \div x^3 = x^{12} \div x^5 \div x^3 = x^7 \div x^3 = x^4$

⑤ $x^{10} \div (x^9 \div x^2) = x^{10} \div x^7 = x^3$

따라서 나머지 넷과 다른 하나는 ④이다.

08 답 4

$2^{15-3a} \div 2^2 = 2^{15-3a-2} = 2$에서 $13 - 3a = 1$

$-3a = -12$ $\therefore a = 4$

09 답 3

$\dfrac{1}{9} = \dfrac{1}{3^2}$이므로

$3^x \div 3^4 = \dfrac{1}{3^{4-x}} = \dfrac{1}{3^2}$에서 $4 - x = 2$ $\therefore x = 2$

$16 = 2^4$, $8 = 2^3$이므로

$2^4 \div 2^y = 2^{4-y} = 2^3$에서 $4 - y = 3$ $\therefore y = 1$

$\therefore x + y = 2 + 1 = 3$

개념 10 **지수법칙 (4) – 지수의 분배**

01 답 (1) m, m (2) m, m

02 답 (1) a^2b^2 (2) $x^{12}y^9$ (3) $a^{15}b^{20}$ (4) x^8y^{24} (5) $9x^8$ (6) $16a^8$

(7) $25a^2b^8$ (8) $8x^6b^9$

03 답 (1) $\dfrac{y^4}{x^2}$ (2) $\dfrac{a^3}{b^6}$ (3) $\dfrac{b^8}{a^{12}}$ (4) $\dfrac{y^{10}}{x^6}$ (5) $\dfrac{16}{x^8}$ (6) $\dfrac{a^6}{9}$

(7) $\dfrac{y^{12}}{8x^6}$ (8) $\dfrac{25b^6}{9a^{10}}$

04 답 (1) x^2y^2 (2) $-a^3b^6$ (3) $9x^6$ (4) $-8a^9b^6$ (5) $-\dfrac{a^3}{b^3}$

(6) $-\dfrac{x^{15}}{y^{10}}$ (7) $\dfrac{16}{a^{12}}$ (8) $\dfrac{x^4}{9y^6}$

(1) $(-xy)^2 = (-1)^2 \times x^2y^2 = x^2y^2$

(2) $(-ab^2)^3 = (-1)^3 \times a^3b^6 = -a^3b^6$

(3) $(-3x^3)^2 = (-3)^2 \times x^6 = 9x^6$

(4) $(-2a^3b^2)^3 = (-2)^3 \times a^9b^6 = -8a^9b^6$

(5) $\left(-\dfrac{a}{b}\right)^3 = (-1)^3 \times \dfrac{a^3}{b^3} = -\dfrac{a^3}{b^3}$

(6) $\left(-\dfrac{x^3}{y^2}\right)^5 = (-1)^5 \times \dfrac{x^{15}}{y^{10}} = -\dfrac{x^{15}}{y^{10}}$

(7) $\left(-\dfrac{2}{a^3}\right)^4 = (-1)^4 \times \dfrac{2^4}{a^{12}} = \dfrac{16}{a^{12}}$

(8) $\left(-\dfrac{x^2}{3y^3}\right)^2 = (-1)^2 \times \dfrac{x^4}{3^2y^6} = \dfrac{x^4}{9y^6}$

05 답 (1) 2 (2) 2 (3) 3, 16 (4) 7 (5) 3, 15 (6) 4

　　　　(7) 9, 15 (8) 4

(1) $x^3 y^{\square \times 3} = x^3 y^6$에서 $\square \times 3 = 6$ $\therefore \square = 2$

(2) $a^{4 \times \square} b^{5 \times \square} = a^8 b^{10}$에서 $4 \times \square = 8$, $5 \times \square = 10$

　　$\therefore \square = 2$

(3) $a^{\boxed{つ} \times 4} b^{16} = a^{12} b^{\boxed{く}}$이므로

　　$a^{\boxed{つ} \times 4} = a^{12}$에서 $\boxed{つ} \times 4 = 12$ $\therefore \boxed{つ} = 3$

　　$b^{16} = b^{\boxed{く}}$에서 $\boxed{く} = 16$

(4) $25 x^6 y^{\square \times 2} = 25 x^6 y^{14}$에서 $\square \times 2 = 14$

　　$\therefore \square = 7$

(5) $(-2)^3 \times x^{\boxed{つ} \times 3} y^{15} = -8 x^9 y^{\boxed{く}}$이므로

　　$x^{\boxed{つ} \times 3} = x^9$에서 $\boxed{つ} \times 3 = 9$ $\therefore \boxed{つ} = 3$

　　$y^{15} = y^{\boxed{く}}$에서 $\boxed{く} = 15$

(6) $\dfrac{a^4}{b^{\square \times 4}} = \dfrac{a^4}{b^{16}}$에서 $\square \times 4 = 16$ $\therefore \square = 4$

(7) $\dfrac{y^{\boxed{つ} \times 5}}{x^{15}} = \dfrac{y^{45}}{x^{\boxed{く}}}$이므로

　　$y^{\boxed{つ} \times 5} = y^{45}$에서 $\boxed{つ} \times 5 = 45$ $\therefore \boxed{つ} = 9$

　　$x^{15} = x^{\boxed{く}}$에서 $\boxed{く} = 15$

(8) $(-1)^2 \times \dfrac{b^{\square \times 2}}{a^{10}} = \dfrac{b^8}{a^{10}}$에서 $\square \times 2 = 8$ $\therefore \square = 4$

06 답 ③

① $(-a^2 b)^3 = (-1)^3 \times a^6 b^3 = -a^6 b^3$

② $(-3a^3)^2 = (-3)^2 \times a^6 = 9a^6$

④ $(-a^5 b^2)^4 = (-1)^4 \times a^{20} b^8 = a^{20} b^8$

⑤ $(2ab)^5 = 2^5 a^5 b^5 = 32 a^5 b^5$

따라서 옳은 것은 ③이다.

07 답 ②, ④

① $\left(\dfrac{x}{2}\right)^3 = \dfrac{x^3}{2^3} = \dfrac{x^3}{8}$

③ $\left(-\dfrac{b^4}{a^3}\right)^2 = (-1)^2 \times \dfrac{b^8}{a^6} = \dfrac{b^8}{a^6}$

⑤ $\left(-\dfrac{2x^2}{3}\right)^3 = (-1)^3 \times \dfrac{2^3 x^6}{3^3} = -\dfrac{8x^6}{27}$

따라서 옳은 것은 ②, ④이다.

08 답 8

$125 = 5^3$이므로 $5^b x^{ab} = 5^3 x^{15}$에서 $b = 3$, $ab = 15$

즉, $a \times 3 = 15$이므로 $a = 5$

$\therefore a + b = 5 + 3 = 8$

09 답 1

$\left(-\dfrac{2x^a}{y^3}\right)^3 = (-1)^3 \times \dfrac{2^3 x^{3a}}{y^9} = -\dfrac{8x^{3a}}{y^9} = \dfrac{b x^6}{y^c}$이므로

$3a = 6$에서 $a = 2$이고, $b = -8$, $c = 9$

$\therefore a - b - c = 2 - (-8) - 9 = 1$

10 답 ①

$18 = 2 \times 3^2$이므로

$18^2 = (2 \times 3^2)^2 = 2^2 \times (3^2)^2 = AB^2$

11 답 (1) $a = 8$, $n = 5$ (2) 6자리

(1) $2^8 \times 5^5 = 2^3 \times (2^5 \times 5^5) = 8 \times 10^5$

　　따라서 $a = 8$, $n = 5$이다.

(2) $2^8 \times 5^5 = 8 \times 10^5 = 800000$이므로

　　$2^8 \times 5^5$은 6자리의 자연수이다.

한번 더! 기본 문제 (개념 07~10)　　　　　본문 33쪽

01 ③	02 ④	03 ②	04 ⑤
05 ③	06 6		

01 답 ③

①, ②, ④, ⑤ x^8 ③ x^{14}

따라서 나머지 넷과 다른 하나는 ③이다.

02 답 ④

① $x^{10} \div (x^5 \div x^2) = x^{10} \div x^3 = x^7$

② $(-a^3)^2 \times a^3 = a^6 \times a^3 = a^9$

④ $(-5a^2 b^3)^2 = 25 a^4 b^6$

따라서 옳지 않은 것은 ④이다.

03 답 ②

① $a^{2 \times \square} b^{4 \times \square} = a^4 b^8$에서

　　$2 \times \square = 4$, $4 \times \square = 8$ $\therefore \square = 2$

② $a^{6 + \square} = a^{10}$에서 $6 + \square = 10$ $\therefore \square = 4$

③ $\dfrac{b^{\square \times 3}}{a^3} = \dfrac{b^9}{a^3}$에서 $\square \times 3 = 9$ $\therefore \square = 3$

④ $\dfrac{1}{a^{6 - \square}} = \dfrac{1}{a^5}$에서 $6 - \square = 5$ $\therefore \square = 1$

⑤ $27 = 3^3$이므로 $3^{\square \times 3} a^9 = 3^3 a^9$에서

　　$\square \times 3 = 3$ $\therefore \square = 1$

따라서 $\square$ 안에 들어갈 수가 가장 큰 것은 ②이다.

04 답 ⑤

$3^3 \times 3^3 \times 3^3 = 3^{3+3+3} = 3^9$ $\therefore a = 9$

$3^3 + 3^3 + 3^3 = 3 \times 3^3 = 3^4$ $\therefore b = 4$

$\therefore a + b = 9 + 4 = 13$

05 답 ③

$A = 4^{x+1} = 4 \times 4^x$이므로 $4^x = \dfrac{A}{4}$

또 $64 = 4^3$이므로

$64^x = (4^3)^x = (4^x)^3 = \left(\dfrac{A}{4}\right)^3 = \dfrac{A^3}{64}$

06 답 6

$2^6 \times 3 \times 5^4 = 2^2 \times 3 \times (2^4 \times 5^4) = 12 \times 10^4 = 120000$

따라서 $2^6 \times 3 \times 5^4$은 6자리의 자연수이므로

$n=6$

개념 11 단항식의 곱셈

01 답 계수, 문자, 지수법칙, 2, a

02 답 (1) $8ab$ (2) $10xy$ (3) $-6ab$ (4) $28xy$ (5) $-12x^2y$
(6) $-15a^3b^6$ (7) $-2a^5$ (8) $3x^6$

03 답 (1) $20xy^5$ (2) $21a^8b$ (3) $15x^4y^6$ (4) $-8a^5b^3$
(5) $-18x^4y^6$ (6) $28a^7b^3$ (7) $18x^4y^6$ (8) $10a^3b^3$
(9) $-30a^2b^3$ (10) $-6x^9y^7$

(9) $5ab \times (-3a) \times 2b^2 = -15a^2b \times 2b^2 = -30a^2b^3$

(10) $3x^5 \times 2x^3y^4 \times (-xy^3) = 6x^8y^4 \times (-xy^3) = -6x^9y^7$

04 답 (1) $45x^8$ (2) $16a^7b^2$ (3) $9x^5y^3$ (4) $2x^6y^4$ (5) $a^{11}b^4$
(6) $\dfrac{16x^{18}}{y}$

(1) $5x^2 \times (-3x^3)^2 = 5x^2 \times 9x^6 = 45x^8$

(2) $(2a^3)^2 \times 4ab^2 = 4a^6 \times 4ab^2 = 16a^7b^2$

(3) $(-3xy)^2 \times x^3y = 9x^2y^2 \times x^3y = 9x^5y^3$

(4) $\left(-\dfrac{1}{2}x^2y\right)^3 \times (-16y) = -\dfrac{1}{8}x^6y^3 \times (-16y) = 2x^6y^4$

(5) $(ab^2)^3 \times \left(\dfrac{a^4}{b}\right)^2 = a^3b^6 \times \dfrac{a^8}{b^2} = a^{11}b^4$

(6) $\left(\dfrac{2x^3}{y}\right)^4 \times (x^2y)^3 = \dfrac{16x^{12}}{y^4} \times x^6y^3 = \dfrac{16x^{18}}{y}$

05 답 ④

$(2x^2y)^3 \times (-xy^2)^2 \times (x^3y^2)^2 = 8x^6y^3 \times x^2y^4 \times x^6y^4$
$\qquad\qquad\qquad\qquad\qquad\qquad = 8x^{14}y^{11}$

06 답 -2

$(-5x^3)^2 \times \dfrac{1}{3}x^2y \times \left(-\dfrac{9}{5}xy^3\right) = 25x^6 \times \dfrac{1}{3}x^2y \times \left(-\dfrac{9}{5}xy^3\right)$
$\qquad\qquad\qquad\qquad\qquad\qquad\qquad = -15x^9y^4$

이므로 $a=-15$, $b=9$, $c=4$

$\therefore a+b+c = -15+9+4 = -2$

07 답 15

$Ax^3y^3 \times (-x^2y)^B = Ax^3y^3 \times (-1)^B \times x^{2B}y^B$
$\qquad\qquad\qquad\qquad = (-1)^B \times Ax^{3+2B}y^{3+B} = -3x^{13}y^8$

$(-1)^B \times A = -3$, $3+2B=13$, $3+B=8$에서

$A=3$, $B=5$

$\therefore AB = 3 \times 5 = 15$

개념 12 단항식의 나눗셈

01 답 곱셈, 계수, $3x^3$, $\dfrac{3}{2x^3}$

02 답 (1) $3a$ (2) $-2x^2$ (3) $5a^2$ (4) $12x$ (5) $-10x$
(6) $-21a^2$

(1) $6a^2 \div 2a = \dfrac{6a^2}{2a} = 3a$

(2) $-10x^4 \div 5x^2 = \dfrac{-10x^4}{5x^2} = -2x^2$

(3) $15a^3 \div 3a = \dfrac{15a^3}{3a} = 5a^2$

(4) $8x^2 \div \dfrac{2}{3}x = 8x^2 \times \dfrac{3}{2x} = 12x$

(5) $-4x^3 \div \dfrac{2}{5}x^2 = -4x^3 \times \dfrac{5}{2x^2} = -10x$

(6) $6a^3 \div \left(-\dfrac{2}{7}a\right) = 6a^3 \times \left(-\dfrac{7}{2a}\right) = -21a^2$

03 답 (1) $3x^2y^4$ (2) $-5a^3b^2$ (3) $-4xy^2$ (4) $-9a^3b^2$
(5) $2x^2y$ (6) $-3a^4b^2$ (7) $10xy^3$ (8) $2ab$
(9) $-2x^2y^5$ (10) $24x^2y^7$

(1) $9x^5y^4 \div 3x^3 = \dfrac{9x^5y^4}{3x^3} = 3x^2y^4$

(2) $5a^3b^4 \div (-b^2) = \dfrac{5a^3b^4}{-b^2} = -5a^3b^2$

(3) $-x^2y^4 \div \dfrac{1}{4}xy^2 = -x^2y^4 \times \dfrac{4}{xy^2} = -4xy^2$

(4) $27a^5b^3 \div (-3a^2b) = \dfrac{27a^5b^3}{-3a^2b} = -9a^3b^2$

(5) $-8x^3y^2 \div (-4xy) = \dfrac{-8x^3y^2}{-4xy} = 2x^2y$

(6) $5a^6b^3 \div \left(-\dfrac{5}{3}a^2b\right) = 5a^6b^3 \times \left(-\dfrac{3}{5a^2b}\right) = -3a^4b^2$

(7) $-12x^2y^7 \div \left(-\dfrac{6}{5}xy^4\right) = -12x^2y^7 \times \left(-\dfrac{5}{6xy^4}\right) = 10xy^3$

(8) $8a^6b^6 \div a^4b^3 \div 4ab^2 = 8a^6b^6 \times \dfrac{1}{a^4b^3} \times \dfrac{1}{4ab^2}$
$\qquad\qquad\qquad\qquad\qquad = 8a^2b^3 \times \dfrac{1}{4ab^2} = 2ab$

(9) $12x^3y^7 \div (-2xy) \div 3y = 12x^3y^7 \times \left(-\dfrac{1}{2xy}\right) \times \dfrac{1}{3y}$
$\qquad\qquad\qquad\qquad\qquad = -6x^2y^6 \times \dfrac{1}{3y} = -2x^2y^5$

(10) $9x^4y^8 \div \left(-\dfrac{1}{2}x\right) \div \left(-\dfrac{3}{4}xy\right)$
$\quad = 9x^4y^8 \times \left(-\dfrac{2}{x}\right) \times \left(-\dfrac{4}{3xy}\right)$
$\quad = -18x^3y^8 \times \left(-\dfrac{4}{3xy}\right)$
$\quad = 24x^2y^7$

04 답 (1) $8a^4b^5$　(2) x^3y^2　(3) $\dfrac{2}{5}ab$　(4) $-\dfrac{32}{27}x^3y^4$

　　　(5) $36a^4b^4$　(6) $\dfrac{4y^7}{x}$

(1) $8a^6b^9 \div (ab^2)^2 = 8a^6b^9 \div a^2b^4 = \dfrac{8a^6b^9}{a^2b^4} = 8a^4b^5$

(2) $(-x^2y^3)^2 \div xy^4 = x^4y^6 \div xy^4 = \dfrac{x^4y^6}{xy^4} = x^3y^2$

(3) $\left(-\dfrac{1}{5}ab^2\right)^2 \div \dfrac{1}{10}ab^3 = \dfrac{1}{25}a^2b^4 \times \dfrac{10}{ab^3} = \dfrac{2}{5}ab$

(4) $\left(-\dfrac{4}{3}x^2y^2\right)^3 \div 2x^3y^2 = -\dfrac{64}{27}x^6y^6 \times \dfrac{1}{2x^3y^2}$

　　　　　　$= -\dfrac{32}{27}x^3y^4$

(5) $(3a^2b^3)^2 \div \left(-\dfrac{1}{2}b\right)^2 = 9a^4b^6 \div \dfrac{1}{4}b^2$

　　　　　　$= 9a^4b^6 \times \dfrac{4}{b^2} = 36a^4b^4$

(6) $(-2xy^5)^2 \div (xy)^3 = 4x^2y^{10} \div x^3y^3$

　　　　　　$= \dfrac{4x^2y^{10}}{x^3y^3} = \dfrac{4y^7}{x}$

05 답 ②

$(-3x^2y)^2 \div \dfrac{x^2}{2y} \div \left(\dfrac{3y^2}{x}\right)^3 = 9x^4y^2 \times \dfrac{2y}{x^2} \div \dfrac{27y^6}{x^3}$

　　　　　　$= 18x^2y^3 \times \dfrac{x^3}{27y^6} = \dfrac{2x^5}{3y^3}$

06 답 ①

$2x^5 \div (-xy)^3 \div \dfrac{1}{4}xy^2 = 2x^5 \div (-x^3y^3) \times \dfrac{4}{xy^2}$

　　　　　　$= 2x^5 \times \dfrac{1}{-x^3y^3} \times \dfrac{4}{xy^2}$

　　　　　　$= -\dfrac{2x^2}{y^3} \times \dfrac{4}{xy^2} = -\dfrac{8x}{y^5}$

이므로 $a=-8$, $b=1$, $c=5$

$\therefore a+b+c = -8+1+5 = -2$

07 답 4

$(2x^Ay)^3 \div (x^2y^B)^2 = 8x^{3A}y^3 \div x^4y^{2B}$

　　　　　　$= \dfrac{8x^{3A}y^3}{x^4y^{2B}} = \dfrac{8x^{3A-4}}{y^{2B-3}} = \dfrac{8x^2}{y}$

$3A-4=2$에서 $3A=6$　$\therefore A=2$

$2B-3=1$에서 $2B=4$　$\therefore B=2$

$\therefore A+B = 2+2 = 4$

본문 38~39쪽

개념 13 **단항식의 곱셈과 나눗셈의 혼합 계산**

01 답 분배법칙, 곱셈

02 답 (1) x^4　(2) $2a^6$　(3) $-5x$　(4) $2a^3b^2$　(5) $10xy^4$　(6) xy^4

(1) $2x^2 \times 4x^3 \div 8x = 2x^2 \times 4x^3 \times \dfrac{1}{8x} = x^4$

(2) $3a^5 \times 4a^3 \div 6a^2 = 3a^5 \times 4a^3 \times \dfrac{1}{6a^2} = 2a^6$

(3) $x^2 \times (-10x^3) \div 2x^4 = x^2 \times (-10x^3) \times \dfrac{1}{2x^4} = -5x$

(4) $3a^4b \div 6a^3 \times 4a^2b = 3a^4b \times \dfrac{1}{6a^3} \times 4a^2b = 2a^3b^2$

(5) $8x^2y^5 \div 2xy^2 \times \dfrac{5}{2}y = 8x^2y^5 \times \dfrac{1}{2xy^2} \times \dfrac{5}{2}y = 10xy^4$

(6) $6x^2y^3 \div 12x^4y \times 2x^3y^2 = 6x^2y^3 \times \dfrac{1}{12x^4y} \times 2x^3y^2 = xy^4$

03 답 (1) $-x$　(2) $9y^2$　(3) $-2a^2b^7$　(4) $12x^6y$　(5) $4a^2b^3$

　　　(6) $-60x^6y^4$　(7) $3ab^7$　(8) $3x^3y^7$

(1) $(2x)^2 \times (-x^3) \div 4x^4 = 4x^2 \times (-x^3) \times \dfrac{1}{4x^4} = -x$

(2) $(3x^2y)^2 \times y^3 \div x^4y^3 = 9x^4y^2 \times y^3 \times \dfrac{1}{x^4y^3} = 9y^2$

(3) $(2a^2b^3)^2 \times 3a^3b \div (-6a^5) = 4a^4b^6 \times 3a^3b \times \left(-\dfrac{1}{6a^5}\right)$

　　　　　　$= -2a^2b^7$

(4) $(4x^2y)^2 \div 8x^3y^4 \times 6x^5y^3 = 16x^4y^2 \times \dfrac{1}{8x^3y^4} \times 6x^5y^3 = 12x^6y$

(5) $18a^5b^4 \div (3a^2b)^2 \times 2ab = 18a^5b^4 \times \dfrac{1}{9a^4b^2} \times 2ab = 4a^2b^3$

(6) $(-2x^3y^2)^3 \div \dfrac{2}{5}x^5y^3 \times 3x^2y = -8x^9y^6 \times \dfrac{5}{2x^5y^3} \times 3x^2y$

　　　　　　$= -60x^6y^4$

(7) $(ab^3)^2 \times 3a^3b \div (-a)^4 = a^2b^6 \times 3a^3b \times \dfrac{1}{a^4} = 3ab^7$

(8) $-\dfrac{1}{5}x^2y^2 \div \left(-\dfrac{3}{5}x^3y\right) \times (-3x^2y^3)^2$

　　　$= -\dfrac{1}{5}x^2y^2 \times \left(-\dfrac{5}{3x^3y}\right) \times 9x^4y^6 = 3x^3y^7$

04 답 (1) $2ab^4$　(2) $4x^2y^2$　(3) $-6a^2b$　(4) $5x^2y^4$　(5) $3a^5b$

　　　(6) $-2x^2y^2$　(7) $-xy^2$　(8) $-8x^6$

(1) $\boxed{} = \dfrac{6a^3b^4}{3a^2} = 2ab^4$

(2) $8x^3y^2 \times \dfrac{1}{\boxed{}} = 2x$이므로

　　　$\boxed{} = \dfrac{8x^3y^2}{2x} = 4x^2y^2$

(3) $\boxed{} = \dfrac{-36a^3b^4}{6ab^3} = -6a^2b$

(4) $-25x^5y^6 \times \dfrac{1}{\boxed{}} = -5x^3y^2$이므로

　　　$\boxed{} = \dfrac{-25x^5y^6}{-5x^3y^2} = 5x^2y^4$

(5) $9a^2b^4 \times \boxed{} = 27a^7b^5$이므로

　　　$\boxed{} = \dfrac{27a^7b^5}{9a^2b^4} = 3a^5b$

(6) $-8x^6y^9 \times \dfrac{1}{\boxed{}} = 4x^4y^7$이므로

$\boxed{} = \dfrac{-8x^6y^9}{4x^4y^7} = -2x^2y^2$

(7) $\boxed{} = -3x^5y \div 12x^6y^3 \times (-2xy^2)^2$

$= -3x^5y \times \dfrac{1}{12x^6y^3} \times 4x^2y^4 = -xy^2$

(8) $\boxed{} = 9x^2y \div (3xy^2)^2 \times (-2x^2y)^3$

$= 9x^2y \times \dfrac{1}{9x^2y^4} \times (-8x^6y^3) = -8x^6$

05 답 ②

② $(-2x^2y)^3 \times (2xy)^2 = (-8x^6y^3) \times 4x^2y^2 = -32x^8y^5$

③ $16x^2y \div 2xy \times 3x = 16x^2y \times \dfrac{1}{2xy} \times 3x = 24x^2$

④ $(-x^2y^3)^2 \div \left(\dfrac{1}{2}xy^2\right)^2 = x^4y^6 \times \dfrac{4}{x^2y^4} = 4x^2y^2$

⑤ $(-3a^2b)^2 \times (-a^3b) \div 3ab^3 = 9a^4b^2 \times (-a^3b) \times \dfrac{1}{3ab^3}$

$= -3a^6$

따라서 옳지 않은 것은 ②이다.

06 답 4

$(4x^3y^A)^2 \div \left(\dfrac{2x}{y}\right)^B \times x^2y = 16x^6y^{2A} \times \dfrac{y^B}{2^Bx^B} \times x^2y$

$= 2^{4-B} \times x^{6-B+2}y^{2A+B+1} = 2x^5y^6$

$2^{4-B} = 2, \ 8-B = 5, \ 2A+B+1 = 6$에서

$A = 1, \ B = 3$

$\therefore A + B = 1 + 3 = 4$

07 답 $9x^4y^2$

$A \div (-6x^2y^2) \times (2xy^2)^3 = -12x^5y^6$이므로

$A = -12x^5y^6 \div (2xy^2)^3 \times (-6x^2y^2)$

$= -12x^5y^6 \times \dfrac{1}{8x^3y^6} \times (-6x^2y^2) = 9x^4y^2$

한번 더! 기본 문제 개념 11~13   본문 40쪽

01 ①	**02** 10	**03** ②, ⑤	**04** ③
05 ②	**06** $\dfrac{3}{4x^3y^2}$		

01 답 ①

$\left(\dfrac{3}{4}x^4y\right)^2 \times xy^2 \times \left(-\dfrac{2y}{x^2}\right)^3 = \dfrac{9}{16}x^8y^2 \times xy^2 \times \left(-\dfrac{8y^3}{x^6}\right)$

$= -\dfrac{9}{2}x^3y^7$

02 답 10

$(4x^3y^2)^3 \div 8x^2y \div (-2xy)^2 = 64x^9y^6 \times \dfrac{1}{8x^2y} \times \dfrac{1}{4x^2y^2} = 2x^5y^3$

따라서 $a=2, \ b=5, \ c=3$이므로

$a + b + c = 2 + 5 + 3 = 10$

03 답 ②, ⑤

② $(-3x)^3 \div \left(-\dfrac{9}{2}x^3\right) = -27x^3 \times \left(-\dfrac{2}{9x^3}\right) = 6$

③ $8a^3b^2 \div (-2ab) \times 4a^2b^3 = 8a^3b^2 \times \left(-\dfrac{1}{2ab}\right) \times 4a^2b^3$

$= -16a^4b^4$

④ $(6x^2y)^2 \times (-2x)^2 \div 3xy$

$= 36x^4y^2 \times 4x^2 \times \dfrac{1}{3xy} = 48x^5y$

⑤ $-3x^2y^2 \times 16x^7y^3 \div (-2x^3y^2)^3$

$= -3x^2y^2 \times 16x^7y^3 \times \left(-\dfrac{1}{8x^9y^6}\right) = \dfrac{6}{y}$

따라서 옳지 않은 것은 ②, ⑤이다.

04 답 ③

$(-3x)^2 \div \left(-\dfrac{3}{2}xy\right)^3 \times \boxed{} = \dfrac{x}{3y}$에서

$\boxed{} = \dfrac{x}{3y} \div (-3x)^2 \times \left(-\dfrac{3}{2}xy\right)^3$

$= \dfrac{x}{3y} \times \dfrac{1}{9x^2} \times \left(-\dfrac{27}{8}x^3y^3\right) = -\dfrac{1}{8}x^2y^2$

05 답 ②

$2a^2 \times 3b \times (높이) = 72a^4b^2$이므로

$(높이) = 72a^4b^2 \times \dfrac{1}{2a^2} \times \dfrac{1}{3b} = 12a^2b$

06 답 $\dfrac{3}{4x^3y^2}$

어떤 단항식을 A라 하면

$A \times 4x^2y^3 = 12xy^4$이므로

$A = 12xy^4 \times \dfrac{1}{4x^2y^3} = \dfrac{3y}{x}$

따라서 바르게 계산한 식은

$\dfrac{3y}{x} \div 4x^2y^3 = \dfrac{3y}{x} \times \dfrac{1}{4x^2y^3} = \dfrac{3}{4x^3y^2}$

본문 41~42쪽

개념 14 **다항식의 덧셈과 뺄셈**

01 답 동류항

02 답 (1) $8x+2y$ (2) $-6x-2y$ (3) $6a+3b$ (4) $9a-3b$

(5) $4x-2y-7$ (6) $-14x+y-3$

(4) $(3a-5b)+2(3a+b) = 3a-5b+6a+2b$

$= 9a-3b$

(6) $3(-6x+2y-2)+(4x-5y+3)$
$\quad=-18x+6y-6+4x-5y+3$
$\quad=-14x+y-3$

03 답 (1) $2x+3y$ (2) $2a-8b$ (3) $4x+6y$
      (4) $-2a+3b$ (5) $5x-5y+16$ (6) $-2x+8y-3$

(1) $(5x+7y)-(3x+4y)=5x+7y-3x-4y$
$\qquad\qquad\qquad\qquad\quad=2x+3y$

(2) $(4a-5b)-(2a+3b)=4a-5b-2a-3b$
$\qquad\qquad\qquad\qquad\quad=2a-8b$

(3) $(5x+4y)-(x-2y)=5x+4y-x+2y$
$\qquad\qquad\qquad\qquad=4x+6y$

(4) $(-8a+5b)-2(-3a+b)=-8a+5b+6a-2b$
$\qquad\qquad\qquad\qquad\qquad=-2a+3b$

(5) $(7x-4y+15)-(2x+y-1)=7x-4y+15-2x-y+1$
$\qquad\qquad\qquad\qquad\qquad\qquad=5x-5y+16$

(6) $(4x-7y-6)-3(2x-5y-1)$
$\quad=4x-7y-6-6x+15y+3$
$\quad=-2x+8y-3$

04 답 (1) $\dfrac{3}{4}x-\dfrac{1}{4}y$ (2) $\dfrac{19}{15}a-\dfrac{2}{15}b$ (3) $\dfrac{9}{10}x+\dfrac{13}{10}y$
      (4) $\dfrac{1}{6}a+\dfrac{5}{12}b$ (5) $\dfrac{1}{2}x-\dfrac{2}{3}y$ (6) $-\dfrac{1}{2}a+\dfrac{11}{6}b$

(1) $\dfrac{x-3y}{4}+\dfrac{x+y}{2}=\dfrac{x-3y+2(x+y)}{4}$
$\qquad\qquad\qquad\quad=\dfrac{x-3y+2x+2y}{4}$
$\qquad\qquad\qquad\quad=\dfrac{3}{4}x-\dfrac{1}{4}y$

(2) $\dfrac{3a+b}{5}+\dfrac{2a-b}{3}=\dfrac{3(3a+b)+5(2a-b)}{15}$
$\qquad\qquad\qquad\quad=\dfrac{9a+3b+10a-5b}{15}$
$\qquad\qquad\qquad\quad=\dfrac{19}{15}a-\dfrac{2}{15}b$

(3) $\dfrac{x+3y}{2}+\dfrac{2x-y}{5}=\dfrac{5(x+3y)+2(2x-y)}{10}$
$\qquad\qquad\qquad\quad=\dfrac{5x+15y+4x-2y}{10}$
$\qquad\qquad\qquad\quad=\dfrac{9}{10}x+\dfrac{13}{10}y$

(4) $\dfrac{2a-b}{4}-\dfrac{a-2b}{3}=\dfrac{3(2a-b)-4(a-2b)}{12}$
$\qquad\qquad\qquad\quad=\dfrac{6a-3b-4a+8b}{12}$
$\qquad\qquad\qquad\quad=\dfrac{1}{6}a+\dfrac{5}{12}b$

(5) $\dfrac{3x+y}{3}-\dfrac{x+2y}{2}=\dfrac{2(3x+y)-3(x+2y)}{6}$
$\qquad\qquad\qquad\quad=\dfrac{6x+2y-3x-6y}{6}$
$\qquad\qquad\qquad\quad=\dfrac{1}{2}x-\dfrac{2}{3}y$

(6) $\dfrac{-a+7b}{3}-\dfrac{a+3b}{6}=\dfrac{2(-a+7b)-(a+3b)}{6}$
$\qquad\qquad\qquad\quad=\dfrac{-2a+14b-a-3b}{6}$
$\qquad\qquad\qquad\quad=-\dfrac{1}{2}a+\dfrac{11}{6}b$

05 답 (1) $3x+5y$ (2) $-6x-7y$ (3) $-5x-8y$ (4) $-4y$

(1) $5x+\{2y-(2x-3y)\}=5x+(2y-2x+3y)$
$\qquad\qquad\qquad\qquad=5x+(-2x+5y)$
$\qquad\qquad\qquad\qquad=5x-2x+5y$
$\qquad\qquad\qquad\qquad=3x+5y$

(2) $2x-\{5x+(3x-y)+8y\}=2x-(5x+3x-y+8y)$
$\qquad\qquad\qquad\qquad\qquad=2x-(8x+7y)$
$\qquad\qquad\qquad\qquad\qquad=2x-8x-7y$
$\qquad\qquad\qquad\qquad\qquad=-6x-7y$

(3) $-3x-\{4x+y-(2x-7y)\}=-3x-(4x+y-2x+7y)$
$\qquad\qquad\qquad\qquad\qquad=-3x-(2x+8y)$
$\qquad\qquad\qquad\qquad\qquad=-3x-2x-8y$
$\qquad\qquad\qquad\qquad\qquad=-5x-8y$

(4) $x-[3y-\{x-(2x+y)\}]=x-\{3y-(x-2x-y)\}$
$\qquad\qquad\qquad\qquad\qquad=x-\{3y-(-x-y)\}$
$\qquad\qquad\qquad\qquad\qquad=x-(3y+x+y)$
$\qquad\qquad\qquad\qquad\qquad=x-(x+4y)$
$\qquad\qquad\qquad\qquad\qquad=x-x-4y$
$\qquad\qquad\qquad\qquad\qquad=-4y$

06 답 3

$\left(\dfrac{3}{4}x+\dfrac{2}{3}y\right)-\left(\dfrac{1}{2}x-\dfrac{1}{6}y\right)=\dfrac{3}{4}x+\dfrac{2}{3}y-\dfrac{1}{2}x+\dfrac{1}{6}y$
$\qquad\qquad\qquad\qquad\qquad=\dfrac{3}{4}x-\dfrac{2}{4}x+\dfrac{4}{6}y+\dfrac{1}{6}y$
$\qquad\qquad\qquad\qquad\qquad=\dfrac{1}{4}x+\dfrac{5}{6}y$

따라서 $A=\dfrac{1}{4}$, $B=\dfrac{5}{6}$이므로

$2A+3B=2\times\dfrac{1}{4}+3\times\dfrac{5}{6}=3$

07 답 ③

$(6x-2y+3)-2(-2x+5y-1)=6x-2y+3+4x-10y+2$
$\qquad\qquad\qquad\qquad\qquad\quad=10x-12y+5$

따라서 x의 계수는 10, 상수항은 5이므로 그 합은
$10+5=15$

08 답 $4a-2b$

$6a-[-a+3b-\{2b-(3a+b)\}]$
$=6a-\{-a+3b-(2b-3a-b)\}$
$=6a-\{-a+3b-(-3a+b)\}$
$=6a-(-a+3b+3a-b)$
$=6a-(2a+2b)$
$=6a-2a-2b=4a-2b$

개념 15 이차식의 덧셈과 뺄셈

01 답 (1) 이차식 (2) 동류항

02 답 (1) ○ (2) × (3) ○ (4) × (5) ○ (6) ×

03 답 (1) $3x^2-x+1$ (2) a^2+2a (3) $2y^2+y+2$
(4) $-2a^2+5a-4$ (5) $-2x^2-12x+9$ (6) $4a^2+a-2$

(5) $(4x^2-2x+1)+2(-3x^2-5x+4)$
$=4x^2-2x+1-6x^2-10x+8$
$=-2x^2-12x+9$

(6) $3(2a^2-a+2)+2(-a^2+2a-4)$
$=6a^2-3a+6-2a^2+4a-8$
$=4a^2+a-2$

04 답 (1) $3x^2-4x-5$ (2) $-2a^2-3a$ (3) $-6x^2+11x-7$
(4) $2a^2-a-5$ (5) x^2+7x-7 (6) $14a^2-13a+5$

(1) $(x^2-4x)-(-2x^2+5)$
$=x^2-4x+2x^2-5$
$=3x^2-4x-5$

(2) $(a^2-5a)-(3a^2-2a)$
$=a^2-5a-3a^2+2a$
$=-2a^2-3a$

(3) $(-2x^2+5x-4)-(4x^2-6x+3)$
$=-2x^2+5x-4-4x^2+6x-3$
$=-6x^2+11x-7$

(4) $(3a^2+2a-1)-(a^2+3a+4)$
$=3a^2+2a-1-a^2-3a-4$
$=2a^2-a-5$

(5) $3(x^2+2x-1)-(2x^2-x+4)$
$=3x^2+6x-3-2x^2+x-4$
$=x^2+7x-7$

(6) $4(5a^2-a+2)-3(2a^2+3a+1)$
$=20a^2-4a+8-6a^2-9a-3$
$=14a^2-13a+5$

05 답 (1) $3x^2-x-2$ (2) $-2a^2+10a$ (3) $9x^2-7x$
(4) $7x^2-6x+1$

(1) $4x^2-\{x^2+2x-(x-2)\}=4x^2-(x^2+2x-x+2)$
$=4x^2-(x^2+x+2)$
$=4x^2-x^2-x-2$
$=3x^2-x-2$

(2) $6a-\{3a^2-(a^2+4a)\}=6a-(3a^2-a^2-4a)$
$=6a-(2a^2-4a)$
$=6a-2a^2+4a$
$=-2a^2+10a$

(3) $3x^2+2x-\{5x-(6x^2-4x)\}$
$=3x^2+2x-(5x-6x^2+4x)$
$=3x^2+2x-(-6x^2+9x)$
$=3x^2+2x+6x^2-9x$
$=9x^2-7x$

(4) $2x^2+[5-\{-4x^2-(x^2-4)+6x\}]$
$=2x^2+\{5-(-4x^2-x^2+4+6x)\}$
$=2x^2+\{5-(-5x^2+6x+4)\}$
$=2x^2+(5+5x^2-6x-4)$
$=2x^2+5+5x^2-6x-4$
$=7x^2-6x+1$

06 답 ③
$2(2x^2-4x+1)-3(x^2-x+1)=4x^2-8x+2-3x^2+3x-3$
$=x^2-5x-1$

07 답 ④
$\dfrac{x^2-x+3}{2}+\dfrac{x^2-2x-1}{3}=\dfrac{3(x^2-x+3)+2(x^2-2x-1)}{6}$
$=\dfrac{3x^2-3x+9+2x^2-4x-2}{6}$
$=\dfrac{5}{6}x^2-\dfrac{7}{6}x+\dfrac{7}{6}$

08 답 ③
어떤 식을 A라 하면
$A-(5x^2-2x+1)=-3x^2+3x-2$이므로
$A=-3x^2+3x-2+(5x^2-2x+1)$
$=2x^2+x-1$

한번 더! 기본 문제 개념 14~15 본문 45쪽

01 4	**02** 14	**03** $\dfrac{1}{12}$	**04** ②
05 $2x$	**06** $10x^2-11x+17$		

01 답 4
$2(4x-2y+7)+3(-x+3y-5)$
$=8x-4y+14-3x+9y-15$
$=5x+5y-1$
따라서 y의 계수는 5, 상수항은 -1이므로 그 합은
$5+(-1)=4$

02 답 14
$3(2x^2-x-1)-4(x^2+2x-1)=6x^2-3x-3-4x^2-8x+4$
$=2x^2-11x+1$
따라서 $a=2$, $b=-11$, $c=1$이므로
$a-b+c=2-(-11)+1=14$

03 답 $\dfrac{1}{12}$

$$\dfrac{2x+y}{3}-\dfrac{3x+2y}{4}=\dfrac{4(2x+y)-3(3x+2y)}{12}$$
$$=\dfrac{8x+4y-9x-6y}{12}$$
$$=-\dfrac{1}{12}x-\dfrac{1}{6}y$$

따라서 x의 계수는 $-\dfrac{1}{12}$, y의 계수는 $-\dfrac{1}{6}$이므로

$a=-\dfrac{1}{12}$, $b=-\dfrac{1}{6}$

$\therefore a-b=-\dfrac{1}{12}-\left(-\dfrac{1}{6}\right)=\dfrac{1}{12}$

04 답 ②

$2a-\{-4a+b-(\boxed{})\}$
$=2a+4a-b+(\boxed{})$
$=6a-b+(\boxed{})$

따라서 $6a-b+(\boxed{})=12a-8b$이므로

$\boxed{}=(12a-8b)-(6a-b)$
$\qquad\quad=12a-8b-6a+b=6a-7b$

05 답 $2x$

$(2x^2-6x+1)+A=-x^2+x-1$이므로
$A=(-x^2+x-1)-(2x^2-6x+1)$
$\quad=-x^2+x-1-2x^2+6x-1$
$\quad=-3x^2+7x-2$

$(6x^2-5x+3)-B=3x^2+1$이므로
$B=(6x^2-5x+3)-(3x^2+1)$
$\quad=6x^2-5x+3-3x^2-1$
$\quad=3x^2-5x+2$

$\therefore A+B=(-3x^2+7x-2)+(3x^2-5x+2)=2x$

06 답 $10x^2-11x+17$

어떤 다항식을 A라 하면
$A+(-3x^2+5x-6)=4x^2-x+5$이므로
$A=(4x^2-x+5)-(-3x^2+5x-6)$
$\quad=4x^2-x+5+3x^2-5x+6$
$\quad=7x^2-6x+11$

따라서 바르게 계산한 식은
$(7x^2-6x+11)-(-3x^2+5x-6)$
$=7x^2-6x+11+3x^2-5x+6$
$=10x^2-11x+17$

본문 46~47쪽

개념 16 **단항식과 다항식의 곱셈**

01 답 전개

02 답 (1) $12x^2+8x$ (2) $10ab-6a$ (3) $6xy-3y$
(4) $3a^2+4a$ (5) $-4ab-6b$ (6) $3x^2-3xy$
(7) $6a^2-2ab$ (8) $-4x^2+3xy$

03 답 (1) $8x^2-6xy+4x$ (2) $15a^2-10ab+15a$
(3) $6x^2-9xy+12x$ (4) $3a^2-9ab+12a$
(5) $-3x^2+xy-2x$ (6) $-2a^2+ab+a$
(7) $xy-3y^2+5y$ (8) $-3ab+2b^2-4b$

04 답 ②

$(9ab-12b^2)\times\left(-\dfrac{1}{3}a\right)=-3a^2b+4ab^2$

05 답 3

$-3x(x^2-4x+2)=-3x^3+12x^2-6x$
따라서 $a=-3$, $b=12$, $c=-6$이므로
$a+b+c=-3+12+(-6)=3$

06 답 ③, ⑤

① $5x(x-3)=5x^2-15x$
② $(a-b+3)\times ab=a^2b-ab^2+3ab$
④ $-a(3a-4b-1)=-3a^2+4ab+a$
따라서 옳은 것은 ③, ⑤이다.

07 답 13

$3x(x-y+1)=3x^2-3xy+3x$에서
x^2의 계수는 3이므로 $a=3$
$-2x(3x-5y-1)=-6x^2+10xy+2x$에서
xy의 계수는 10이므로 $b=10$
$\therefore a+b=3+10=13$

08 답 (1) $2a^2-8ab+2a$ (2) $21xy^2+6y^3$

(1) (삼각형의 넓이)$=\dfrac{1}{2}\times(a-4b+1)\times 4a$
$\qquad\qquad\qquad=(a-4b+1)\times 2a=2a^2-8ab+2a$
(2) (직사각형의 넓이)$=(7x+2y)\times 3y^2=21xy^2+6y^3$

본문 48~49쪽

개념 17 **다항식과 단항식의 나눗셈**

01 답 분수

02 답 (1) $3b+1$ (2) $4y-3$ (3) $-x+4$ (4) $-3a-4$
(5) $3xy^2-4y$ (6) $5x^2y-4y$ (7) $-3a+2b$
(8) $2x^2-3xy$ (9) $2x+3y-5$ (10) $3xy-4y^2+1$

(1) $(6ab+2a)\div 2a=\dfrac{6ab+2a}{2a}=3b+1$

(2) $(12xy-9x)\div 3x=\dfrac{12xy-9x}{3x}=4y-3$

(3) $(-4x^2+16x)\div 4x=\dfrac{-4x^2+16x}{4x}=-x+4$

(4) $(6a^2+8a)\div(-2a)=\dfrac{6a^2+8a}{-2a}=-3a-4$

(5) $(18x^2y^2-24xy)\div 6x=\dfrac{18x^2y^2-24xy}{6x}=3xy^2-4y$

(6) $(15x^3y^2-12xy^2)\div 3xy=\dfrac{15x^3y^2-12xy^2}{3xy}=5x^2y-4y$

(7) $(12a^2b-8ab^2)\div(-4ab)=\dfrac{12a^2b-8ab^2}{-4ab}=-3a+2b$

(8) $(14x^4y-21x^3y^2)\div 7x^2y=\dfrac{14x^4y-21x^3y^2}{7x^2y}=2x^2-3xy$

(9) $(6x^2+9xy-15x)\div 3x=\dfrac{6x^2+9xy-15x}{3x}=2x+3y-5$

(10) $(-9x^2y^3+12xy^4-3xy^2)\div(-3xy^2)$

$=\dfrac{-9x^2y^3+12xy^4-3xy^2}{-3xy^2}=3xy-4y^2+1$

03 답 (1) $-32a+64$ (2) $8a^2b^2+6ab$ (3) $-9x^2+3xy$
      (4) $-14a+4a^3b$ (5) $12b^2+16a-20ab$
      (6) $-4a^2b+2a+8b^3$

(1) $(8a^2-16a)\div\left(-\dfrac{a}{4}\right)=(8a^2-16a)\times\left(-\dfrac{4}{a}\right)$

$=-32a+64$

(2) $(4a^3b^2+3a^2b)\div\dfrac{1}{2}a=(4a^3b^2+3a^2b)\times\dfrac{2}{a}=8a^2b^2+6ab$

(3) $(6x^2y-2xy^2)\div\left(-\dfrac{2}{3}y\right)=(6x^2y-2xy^2)\times\left(-\dfrac{3}{2y}\right)$

$=-9x^2+3xy$

(4) $(-7a^2b^2+2a^4b^3)\div\dfrac{1}{2}ab^2=(-7a^2b^2+2a^4b^3)\times\dfrac{2}{ab^2}$

$=-14a+4a^3b$

(5) $(9ab^2+12a^2-15a^2b)\div\dfrac{3}{4}a=(9ab^2+12a^2-15a^2b)\times\dfrac{4}{3a}$

$=12b^2+16a-20ab$

(6) $(6a^3b^2-3a^2b-12ab^4)\div\left(-\dfrac{3}{2}ab\right)$

$=(6a^3b^2-3a^2b-12ab^4)\times\left(-\dfrac{2}{3ab}\right)$

$=-4a^2b+2a+8b^3$

04 답 ④

④ $(20x^3y-10x^2y)\div\dfrac{5}{2}y=(20x^3y-10x^2y)\times\dfrac{2}{5y}=8x^3-4x^2$

⑤ $(-12a^2b^2+24ab^3)\div\left(-\dfrac{4}{3}ab^2\right)$

$=(-12a^2b^2+24ab^3)\times\left(\dfrac{3}{-4ab^2}\right)=9a-18b$

따라서 옳지 않은 것은 ④이다.

05 답 $12xy^2-8x$

$(18x^2y^3-12x^2y)\div\dfrac{3}{2}xy=(18x^2y^3-12x^2y)\times\dfrac{2}{3xy}$

$=12xy^2-8x$

06 답 ④

$(28xy^3-14xy^2+7xy)\div 7xy=\dfrac{28xy^3-14xy^2+7xy}{7xy}$

$=4y^2-2y+1$

07 답 -3

$(-5x^3y^5+10x^2y^3)\div\left(-\dfrac{5}{3}xy^2\right)$

$=(-5x^3y^5+10x^2y^3)\times\left(-\dfrac{3}{5xy^2}\right)$

$=3x^2y^3-6xy$

따라서 $a=3$, $b=-6$이므로

$a+b=3+(-6)=-3$

08 답 ①

$\boxed{}=(-12ab+6b)\div 6b=\dfrac{-12ab+6b}{6b}=-2a+1$

09 답 ③

$\dfrac{1}{3}\times 6a^2\times(높이)=4a^4-12a^3b$이므로

$2a^2\times(높이)=4a^4-12a^3b$

$\therefore (높이)=(4a^4-12a^3b)\div 2a^2$

$=\dfrac{4a^4-12a^3b}{2a^2}=2a^2-6ab$

본문 50~51쪽

개념 18 다항식과 단항식의 혼합 계산

01 답 지수법칙, 동류항

02 답 (1) $-x^2-x$ (2) a^2b+2ab^2 (3) $-4xy+4y^2$
     (4) $14x^2+xy$ (5) $10a^2b-6a^2$ (6) $-5x^2-4xy$
     (7) $9x^2-18x-2$ (8) $-ab-24b-3$
     (9) $11a^2b+8ab$ (10) $-9x^2+3x+3$

(1) $4x(-x+2)+3x(x-3)=-4x^2+8x+3x^2-9x$

$=-x^2-x$

(2) $ab(4a+b)-(3ab-b^2)\times a=4a^2b+ab^2-3a^2b+ab^2$

$=a^2b+2ab^2$

(3) $(2xy^2-6y^3)\div(-2y)+(-3x+y)\times y$

$=\dfrac{2xy^2-6y^3}{-2y}-3xy+y^2$

$=-xy+3y^2-3xy+y^2$

$=-4xy+4y^2$

(4) $2x(5x+2y)+(8x^3-6x^2y)\div 2x$

$=10x^2+4xy+\dfrac{8x^3-6x^2y}{2x}$

$=10x^2+4xy+4x^2-3xy$

$=14x^2+xy$

(5) $-2a^2(b-5)-4a(-3ab+4a)$
$=-2a^2b+10a^2+12a^2b-16a^2$
$=10a^2b-6a^2$

(6) $-3x(x-2y)+(x+5y)\times(-2x)$
$=-3x^2+6xy-2x^2-10xy$
$=-5x^2-4xy$

(7) $(6x^2+4x)\div(-2x)+(3x-5)\times 3x$
$=\dfrac{6x^2+4x}{-2x}+9x^2-15x$
$=-3x-2+9x^2-15x$
$=9x^2-18x-2$

(8) $-6b(a+4)-(15a^2b-9a)\div(-3a)$
$=-6ab-24b-\dfrac{15a^2b-9a}{-3a}$
$=-6ab-24b+5ab-3$
$=-ab-24b-3$

(9) $(-3a^2b^2+ab^2)\div\left(-\dfrac{1}{2}b\right)+5a(ab+2b)$
$=(-3a^2b^2+ab^2)\times\left(-\dfrac{2}{b}\right)+5a^2b+10ab$
$=6a^2b-2ab+5a^2b+10ab$
$=11a^2b+8ab$

(10) $-3x(x-4)-(8x^2y+12xy-4y)\div\dfrac{4}{3}y$
$=-3x^2+12x-(8x^2y+12xy-4y)\times\dfrac{3}{4y}$
$=-3x^2+12x-6x^2-9x+3$
$=-9x^2+3x+3$

03 답 (1) $15y-\dfrac{6y^2}{x}$ (2) $3xy-2y^2$ (3) $-\dfrac{1}{2}a^3+3a^2$
(4) $3x^2y^3+9xy+6y^2$

(1) $(20x^2-8xy)\div(2x)^2\times 3y$
$=(20x^2-8xy)\times\dfrac{1}{4x^2}\times 3y$
$=\left(5-\dfrac{2y}{x}\right)\times 3y$
$=15y-\dfrac{6y^2}{x}$

(2) $(-6x^2y+4xy^2)\times 4x^2y^3\div(-2xy)^3$
$=(-6x^2y+4xy^2)\times 4x^2y^3\times\left(-\dfrac{1}{8x^3y^3}\right)$
$=(-24x^4y^4+16x^3y^5)\times\left(-\dfrac{1}{8x^3y^3}\right)$
$=3xy-2y^2$

(3) $(4a^4b^3-2a^5)\div(2a)^2+\left(3ab^2-\dfrac{9a}{b}\right)\times\left(-\dfrac{1}{3}ab\right)$
$=\dfrac{4a^4b^3-2a^5}{4a^2}-a^2b^3+3a^2$
$=a^2b^3-\dfrac{1}{2}a^3-a^2b^3+3a^2$
$=-\dfrac{1}{2}a^3+3a^2$

(4) $(4+xy^2)\times 3xy+(3x^4y-6x^3y^2)\div(-x)^3$
$=12xy+3x^2y^3+\dfrac{3x^4y-6x^3y^2}{-x^3}$
$=12xy+3x^2y^3-3xy+6y^2$
$=3x^2y^3+9xy+6y^2$

04 답 $-16x^2-13xy+5y$
$-5x(3x+2y)-(x^3y+3x^2y^2-5xy^2)\div xy$
$=-15x^2-10xy-\dfrac{x^3y+3x^2y^2-5xy^2}{xy}$
$=-15x^2-10xy-x^2-3xy+5y$
$=-16x^2-13xy+5y$

05 답 ②
$(6xy-12x^2y)\div 3y-(6x^2-4x)\div\dfrac{2}{3}x$
$=(6xy-12x^2y)\times\dfrac{1}{3y}-(6x^2-4x)\times\dfrac{3}{2x}$
$=2x-4x^2-9x+6$
$=-4x^2-7x+6$
따라서 x의 계수는 -7이다.

06 답 ⑤
$2xy(4x-2y)-\dfrac{3x^3y^2-2x^2y^3}{xy}=8x^2y-4xy^2-3x^2y+2xy^2$
$\qquad\qquad\qquad\qquad\qquad\qquad =5x^2y-2xy^2$
따라서 $a=5$, $b=-2$이므로
$a+b=5+(-2)=3$

07 답 -36
$xy(x-y)-y(x^2+xy)=x^2y-xy^2-x^2y-xy^2$
$\qquad\qquad\qquad\qquad\quad =-2xy^2$
$\qquad\qquad\qquad\qquad\quad =-2\times\dfrac{1}{2}\times(-6)^2$
$\qquad\qquad\qquad\qquad\quad =-2\times\dfrac{1}{2}\times 36$
$\qquad\qquad\qquad\qquad\quad =-36$

08 답 18
$\dfrac{xy^2+2x^3y}{xy}+\dfrac{x^2y-3y^2}{y}=y+2x^2+x^2-3y$
$\qquad\qquad\qquad\qquad\qquad =3x^2-2y$
$\qquad\qquad\qquad\qquad\qquad =3\times 2^2-2\times(-3)$
$\qquad\qquad\qquad\qquad\qquad =12+6$
$\qquad\qquad\qquad\qquad\qquad =18$

09 답 ②
(사다리꼴의 넓이)$=\dfrac{1}{2}\times\{(3y+4)+(xy-2y)\}\times 6x$
$\qquad\qquad\qquad =(xy+y+4)\times 3x$
$\qquad\qquad\qquad =3x^2y+3xy+12x$

01 ㄴ, ㅁ   02 ②   03 38   04 56
05 $15x^2+12xy+4x^2y$

01 탭 ㄴ, ㅁ

ㄱ. $-2x(y-1)=-2xy+2x$

ㄷ. $(3a^2-9a+3)\times\dfrac{2}{3}b=2a^2b-6ab+2b$

ㄹ. $\dfrac{10x^2y-5xy^2}{5x}=2xy-y^2$

따라서 옳은 것은 ㄴ, ㅁ이다.

02 탭 ②

$A\times\left(-\dfrac{5}{3}x^2y\right)=-10x^4y^2+20x^3y^2-5x^2y$이므로

$A=(-10x^4y^2+20x^3y^2-5x^2y)\div\left(-\dfrac{5}{3}x^2y\right)$

$\quad=(-10x^4y^2+20x^3y^2-5x^2y)\times\left(-\dfrac{3}{5x^2y}\right)$

$\quad=6x^2y-12xy+3$

03 탭 38

$3y(6x-4)+(4xy^3-16y^3+8y^2)\div(-2y)^2$

$=18xy-12y+\dfrac{4xy^3-16y^3+8y^2}{4y^2}$

$=18xy-12y+xy-4y+2$

$=19xy-16y+2$

따라서 xy의 계수는 19, 상수항은 2이므로 그 곱은

$19\times2=38$

04 탭 56

$(4x^2y^3-5xy^2)\div\dfrac{1}{2}xy+\dfrac{2x^2y+xy^2}{xy}$

$=(4x^2y^3-5xy^2)\times\dfrac{2}{xy}+2x+y$

$=8xy^2-10y+2x+y=8xy^2-9y+2x$

$=8\times9\times\left(-\dfrac{2}{3}\right)^2-9\times\left(-\dfrac{2}{3}\right)+2\times9=32+6+18=56$

05 탭 $15x^2+12xy+4x^2y$

(텃밭의 넓이)=(땅의 넓이)−(집의 넓이)

$\qquad=(5x+4y)\times7x-(5x+4y-xy)\times(7x-3x)$

$\qquad=35x^2+28xy-(5x+4y-xy)\times4x$

$\qquad=35x^2+28xy-20x^2-16xy+4x^2y$

$\qquad=15x^2+12xy+4x^2y$

다른 풀이

(텃밭의 넓이)=(㉠의 넓이)+(㉡의 넓이)

$\qquad=(5x+4y)\times3x+xy\times4x$

$\qquad=15x^2+12xy+4x^2y$

---

3. 일차부등식

개념 19 부등식과 그 해

01 탭 (1) 부등식 (2) 해

02 탭 (1) × (2) ○ (3) × (4) ○ (5) ○ (6) ×

03 탭 (1) $x+5\geq4$ (2) $2x-3<8$ (3) $400x+900\geq5000$
(4) $500+300x>2500$

04 탭 (1) × (2) ○ (3) ○ (4) ×

(1) $x=-1$을 주어진 부등식에 대입하면

$\quad3\times(-1)=-3<-4$ (거짓)

따라서 -1은 주어진 부등식의 해가 아니다.

(2) $x=-3$을 주어진 부등식에 대입하면

$\quad2\times(-3)+7=1\geq1$ (참)

따라서 -3은 주어진 부등식의 해이다.

(3) $x=-2$를 주어진 부등식에 대입하면

$\quad3\times(-2)+1=-5,\ 2\times(-2)+5=1$에서

$\quad-5<1$ (참)

따라서 -2는 주어진 부등식의 해이다.

(4) $x=3$을 주어진 부등식에 대입하면

$\quad-2\times3+4=-2,\ -3+2=-1$에서

$\quad-2\geq-1$ (거짓)

따라서 3은 주어진 부등식의 해가 아니다.

05 탭 풀이 참조

(1)

x의 값	좌변의 값	대소 비교	우변의 값	참, 거짓
-2	$2\times(-2)+1=-3$	$<$	3	거짓
-1	$2\times(-1)+1=-1$	$<$	3	거짓
0	$2\times0+1=1$	$<$	3	거짓
1	$2\times1+1=3$	$=$	3	참
2	$2\times2+1=5$	$>$	3	참

⇨ 부등식의 해는 1, 2이다.

(2)

x의 값	좌변의 값	대소 비교	우변의 값	참, 거짓
-2	$3\times(-2)-4=-10$	$<$	2	참
-1	$3\times(-1)-4=-7$	$<$	2	참
0	$3\times0-4=-4$	$<$	2	참
1	$3\times1-4=-1$	$<$	2	참
2	$3\times2-4=2$	$=$	2	거짓

⇨ 부등식의 해는 -2, -1, 0, 1이다.

(3)

x의 값	좌변의 값	대소 비교	우변의 값	참, 거짓
-2	$4\times(-2)+3=-5$	$<$	-1	참
-1	$4\times(-1)+3=-1$	$=$	-1	참
0	$4\times0+3=3$	$>$	-1	거짓
1	$4\times1+3=7$	$>$	-1	거짓
2	$4\times2+3=11$	$>$	-1	거짓

➡ 부등식의 해는 -2, -1이다.

06 답 ③, ⑤

① 등식 ② 다항식 ④ 방정식
따라서 부등식인 것은 ③, ⑤이다.

07 답 ⑤

⑤ $800+2000x\geq5000$

08 답 2개

$x=-3$, -2, -1, 0을 $2x+4<1-x$에 차례로 대입하면
$x=-3$일 때, $2\times(-3)+4=-2$, $1-(-3)=4$에서
$-2<4$ (참)
$x=-2$일 때, $2\times(-2)+4=0$, $1-(-2)=3$에서
$0<3$ (참)
$x=-1$일 때, $2\times(-1)+4=2$, $1-(-1)=2$에서
$2<2$ (거짓)
$x=0$일 때, $2\times0+4=4$, $1-0=1$에서
$4<1$ (거짓)
따라서 주어진 부등식의 해는 -3, -2의 2개이다.

본문 56~57쪽

개념 20 부등식의 성질

01 답 (1) $<$, $<$ (2) $<$, $<$ (3) $>$, $>$

02 답 (1) $<$ (2) $<$ (3) $<$ (4) $>$ (5) $<$ (6) $>$

03 답 (1) $\geq$ (2) $\geq$ (3) $\leq$ (4) $\geq$

04 답 (1) $<$ (2) $>$ (3) $>$ (4) $<$

(1) $a<b$의 양변에 2를 곱하면 $2a<2b$
   $2a<2b$의 양변에 1을 더하면
   $2a+1 \enclose{circle}{<} 2b+1$

(2) $a<b$의 양변에 -4를 곱하면 $-4a>-4b$
   $-4a>-4b$의 양변에 3을 더하면
   $-4a+3 \enclose{circle}{>} -4b+3$

(3) $a<b$의 양변에 $-\dfrac{3}{5}$을 곱하면 $-\dfrac{3}{5}a>-\dfrac{3}{5}b$

$-\dfrac{3}{5}a>-\dfrac{3}{5}b$의 양변에 8을 더하면

$8-\dfrac{3}{5}a \enclose{circle}{>} 8-\dfrac{3}{5}b$

(4) $a<b$의 양변에 $\dfrac{5}{2}$를 곱하면 $\dfrac{5}{2}a<\dfrac{5}{2}b$

$\dfrac{5}{2}a<\dfrac{5}{2}b$의 양변에서 1을 빼면

$\dfrac{5}{2}a-1 \enclose{circle}{<} \dfrac{5}{2}b-1$

05 답 (1) $<$ (2) $\geq$ (3) $\leq$ (4) $>$

(1) $a+9<b+9$의 양변에서 9를 빼면
   $a \enclose{circle}{<} b$

(2) $a-5\geq b-5$의 양변에 5를 더하면
   $a \enclose{circle}{\geq} b$

(3) $7a\leq7b$의 양변을 7로 나누면
   $a \enclose{circle}{\leq} b$

(4) $-\dfrac{a}{6}<-\dfrac{b}{6}$의 양변에 -6을 곱하면
   $a \enclose{circle}{>} b$

06 답 (1) $x+3>5$ (2) $2x\leq6$ (3) $3x+5\geq-4$
         (4) $-x+3>2$ (5) $\dfrac{x}{2}-1\leq-2$

(1) $x>2$의 양변에 3을 더하면 $x+3>5$

(2) $x\leq3$의 양변에 2를 곱하면 $2x\leq6$

(3) $x\geq-3$의 양변에 3을 곱하면 $3x\geq-9$
   $3x\geq-9$의 양변에 5를 더하면 $3x+5\geq-4$

(4) $x<1$의 양변에 -1을 곱하면 $-x>-1$
   $-x>-1$의 양변에 3을 더하면 $-x+3>2$

(5) $x\leq-2$의 양변을 2로 나누면 $\dfrac{x}{2}\leq-1$
   $\dfrac{x}{2}\leq-1$의 양변에서 1을 빼면 $\dfrac{x}{2}-1\leq-2$

07 답 ③, ④

① $a<b$에서 $a+3<b+3$
② $a<b$에서 $-7a>-7b$
③ $a<b$에서 $\dfrac{a}{4}<\dfrac{b}{4}$
④ $a<b$에서 $-a>-b$ ∴ $2-a>2-b$
⑤ $a<b$에서 $-5a>-5b$ ∴ $-5a-1>-5b-1$
따라서 옳은 것은 ③, ④이다.

08 답 ⑤

① $a>b$에서 $a-\dfrac{1}{2} \enclose{circle}{>} b-\dfrac{1}{2}$
② $a>b$에서 $a-(-3) \enclose{circle}{>} b-(-3)$
③ $a>b$에서 $-1+a \enclose{circle}{>} -1+b$
④ $a>b$에서 $3a>3b$ ∴ $3a+2 \enclose{circle}{>} 3b+2$
⑤ $a>b$에서 $-\dfrac{2}{3}a<-\dfrac{2}{3}b$ ∴ $-\dfrac{2}{3}a+5 \enclose{circle}{<} -\dfrac{2}{3}b+5$
따라서 부등호의 방향이 나머지 넷과 다른 하나는 ⑤이다.

09 답 (1) $-6\leq 3x<9$ (2) $-10\leq 3x-4<5$

(1) $-2\leq x<3$의 각 변에 3을 곱하면

$-6\leq 3x<9$

(2) $-6\leq 3x<9$의 각 변에서 4를 빼면

$-10\leq 3x-4<5$

한번 더! 기본 문제 (개념 19~20)   본문 58쪽

01 ㄱ, ㄷ, ㄹ	**02** ㄴ, ㄹ	**03** ④
04 ③	**05** ⑤	**06** -6

01 답 ㄱ, ㄷ, ㄹ

ㄴ. 방정식   ㅁ. 다항식

따라서 부등식인 것은 ㄱ, ㄷ, ㄹ이다.

02 답 ㄴ, ㄹ

ㄱ. $x+3\geq 5x$ ㄷ. $4x>16$

따라서 부등식으로 나타낸 것으로 옳은 것은 ㄴ, ㄹ이다.

03 답 ④

[ ] 안의 수를 각 부등식에 대입하면

① $-3+3=0<1$ (참)   ② $2\times 4-3=5\geq 3$ (참)

③ $5-2\times 2=1\geq -1$ (참)   ④ $3-1=2\leq 1$ (거짓)

⑤ $3-0=3$, $0-2=-2$에서 $3>-2$ (참)

따라서 부등식의 해가 아닌 것은 ④이다.

04 답 ③

① $a<b$에서 $2a<2b$ ∴ $2a-5<2b-5$

② $a<b$에서 $8a<8b$ ∴ $8a+6<8b+6$

③ $a<b$에서 $-\dfrac{a}{4}>-\dfrac{b}{4}$ ∴ $1-\dfrac{a}{4}>1-\dfrac{b}{4}$

④ $a<b$에서 $\dfrac{a}{3}<\dfrac{b}{3}$ ∴ $\dfrac{a}{3}-2<\dfrac{b}{3}-2$

⑤ $a<b$에서 $-a>-b$ ∴ $7-a>7-b$

따라서 옳은 것은 ③이다.

05 답 ⑤

① $a\leq b$일 때, $a-6\leq b-6$

② $a-1\leq b-1$일 때, $a\leq b$이므로 $-3a\geq -3b$

③ $a+2\leq b+2$일 때, $a\leq b$이므로 $-\dfrac{a}{6}\geq -\dfrac{b}{6}$

∴ $-\dfrac{a}{6}+3\geq -\dfrac{b}{6}+3$

④ $5a\leq 5b$일 때, $a\leq b$이므로 $\dfrac{a}{2}\leq \dfrac{b}{2}$

∴ $\dfrac{a}{2}-1\leq \dfrac{b}{2}-1$

⑤ $-\dfrac{1}{4}a\leq -\dfrac{1}{4}b$일 때, $a\geq b$이므로 $a+4\geq b+4$

따라서 옳은 것은 ⑤이다.

---

06 답 -6

$-5<5x<10$에서 $-1<x<2$

$-4<-2x<2$에서 $-3<-2x+1<3$

따라서 $a=-3$, $b=3$이므로

$a-b=-3-3=-6$

개념 21 일차부등식의 풀이

01 답 일차부등식

02 답 ㄱ, ㄹ, ㅁ

ㄱ. $x+5<8$에서 $x-3<0$이므로 일차부등식이다.

ㄴ. $7+2>4$에서 $5>0$이므로 일차부등식이 아니다.

ㄷ. 방정식이다.

ㄹ. $x+8<3x+4$에서 $-2x+4<0$이므로 일차부등식이다.

ㅁ. $x^2+x\leq x^2$에서 $x\leq 0$이므로 일차부등식이다.

ㅂ. $-x+3\geq 5-x$에서 $-2\geq 0$이므로 일차부등식이 아니다.

따라서 일차부등식인 것은 ㄱ, ㄹ, ㅁ이다.

03 답 (1) $x<-3$ (2) $x\geq 8$ (3) $x\leq \dfrac{21}{4}$ (4) $x<4$

(5) $x<-5$ (6) $x\leq \dfrac{7}{3}$ (7) $x\geq 6$ (8) $x>-1$

(1) $x+5<2$에서 $x<-3$

(2) $x-2\geq 6$에서 $x\geq 8$

(3) $4x\leq 21$에서 $x\leq \dfrac{21}{4}$

(4) $-2x+5>-3$에서 $-2x>-8$ ∴ $x<4$

(5) $3x<x-10$에서 $2x<-10$ ∴ $x<-5$

(6) $9x-2\leq 6x+5$에서 $3x\leq 7$ ∴ $x\leq \dfrac{7}{3}$

(7) $7x-5\geq 5x+7$에서 $2x\geq 12$ ∴ $x\geq 6$

(8) $-6x-5<x+2$에서 $-7x<7$ ∴ $x>-1$

04 답

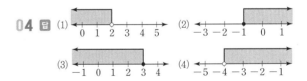

05 답 (1) $x\leq 2$, (2) $x\geq -1$, (3) $x>4$, (4) $x<3$,

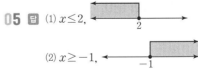

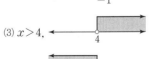

(1) $x+3\leq 5$에서 $x\leq 2$

(2) $-x+2\leq 3$에서 $-x\leq 1$ ∴ $x\geq -1$

(3) $4x+4>2x+12$에서 $2x>8$ $\therefore x>4$

(4) $-3x+1>-8$에서 $-3x>-9$ $\therefore x<3$

06 답 ①, ③

① $x+1<-1$에서 $x+2<0$이므로 일차부등식이다.

② $2x^2+3\leq-4x$에서 $2x^2+4x-3\leq0$이므로 일차부등식이 아니다.

③ $\dfrac{x}{3}>2+x$에서 $-\dfrac{2}{3}x-2>0$이므로 일차부등식이다.

④ $x-1<x+5$에서 $-6<0$이므로 일차부등식이 아니다.

⑤ 방정식이다.

따라서 일차부등식인 것은 ①, ③이다.

07 답 ㄱ, ㄷ

(개) $-3x+5<-7$의 양변에서 5를 빼면 $-3x<-12$ ⇨ ㄱ

(내) $-3x<-12$의 양변을 -3으로 나누면 $x>4$ ⇨ ㄷ

따라서 (개), (내)에 이용된 부등식의 성질은 차례로 ㄱ, ㄷ이다.

08 답 ⑤

① $2+3x<5$에서 $3x<3$ $\therefore x<1$

② $x+1<2$에서 $x<1$

③ $4-x>3$에서 $-x>-1$ $\therefore x<1$

④ $2x+3<5$에서 $2x<2$ $\therefore x<1$

⑤ $-2x+1<-1$에서 $-2x<-2$ $\therefore x>1$

따라서 해가 나머지 넷과 다른 하나는 ⑤이다.

09 답 ③

수직선 위에 나타낸 해를 부등식으로 나타내면 $x\geq3$이다.

① $7x>4+3x$에서 $4x>4$ $\therefore x>1$

② $3x>x+4$에서 $2x>4$ $\therefore x>2$

③ $-x+5\leq2x-4$에서 $-3x\leq-9$ $\therefore x\geq3$

④ $2x-6\leq x-2$에서 $x\leq4$

⑤ $3-2x\leq2-x$에서 $-x\leq-1$ $\therefore x\geq1$

따라서 일차부등식 중 그 해를 수직선 위에 나타냈을 때, 주어진 그림과 같은 것은 ③이다.

본문 61~63쪽

개념22 복잡한 일차부등식의 풀이

01 답 (1) 분배법칙 (2) 정수

02 답 (1) $x>5$ (2) $x\leq3$ (3) $x>2$
(4) $x\geq3$ (5) $x\geq4$ (6) $x<1$

(1) $4(x-3)>8$에서 $4x-12>8$

$4x>20$ $\therefore x>5$

(2) $3(2-x)+4\geq1$에서 $6-3x+4\geq1$

$-3x\geq-9$ $\therefore x\leq3$

(3) $2(x+3)<7x-4$에서 $2x+6<7x-4$

$-5x<-10$ $\therefore x>2$

(4) $3x-2\geq-(x-10)$에서 $3x-2\geq-x+10$

$4x\geq12$ $\therefore x\geq3$

(5) $12-4(x+1)\leq-2x$에서 $12-4x-4\leq-2x$

$-2x\leq-8$ $\therefore x\geq4$

(6) $2(4x+1)-2x<5x+3$에서 $8x+2-2x<5x+3$

$\therefore x<1$

03 답 (1) $x<-3$ (2) $x<4$ (3) $x>-2$
(4) $x\leq-1$ (5) $x\leq2$ (6) $x\geq3$

(1) $0.5x+4.5<3$의 양변에 10을 곱하면

$5x+45<30$, $5x<-15$ $\therefore x<-3$

(2) $0.3x+0.2>0.6x-1$의 양변에 10을 곱하면

$3x+2>6x-10$, $-3x>-12$ $\therefore x<4$

(3) $1.3x+0.6>0.4x-1.2$의 양변에 10을 곱하면

$13x+6>4x-12$, $9x>-18$ $\therefore x>-2$

(4) $0.2x+0.35\geq0.25x+0.4$의 양변에 100을 곱하면

$20x+35\geq25x+40$, $-5x\geq5$ $\therefore x\leq-1$

(5) $0.3x-0.1\leq-0.5(x-3)$의 양변에 10을 곱하면

$3x-1\leq-5(x-3)$에서

$3x-1\leq-5x+15$, $8x\leq16$ $\therefore x\leq2$

(6) $0.7(3x+1)\leq2.7x-1.1$의 양변에 10을 곱하면

$7(3x+1)\leq27x-11$에서

$21x+7\leq27x-11$, $-6x\leq-18$ $\therefore x\geq3$

04 답 (1) $x\geq7$ (2) $x\geq8$ (3) $x>10$
(4) $x<-9$ (5) $x\leq-4$ (6) $x<8$

(1) $\dfrac{2x-5}{3}\geq3$의 양변에 3을 곱하면

$2x-5\geq9$, $2x\geq14$ $\therefore x\geq7$

(2) $\dfrac{3}{4}x+\dfrac{2}{3}\leq\dfrac{5}{6}x$의 양변에 12를 곱하면

$9x+8\leq10x$, $-x\leq-8$ $\therefore x\geq8$

(3) $\dfrac{1}{2}x-7>\dfrac{1}{5}x-4$의 양변에 10을 곱하면

$5x-70>2x-40$, $3x>30$ $\therefore x>10$

(4) $\dfrac{x}{3}-\dfrac{x-5}{2}>4$의 양변에 6을 곱하면

$2x-3(x-5)>24$, $2x-3x+15>24$

$-x>9$ $\therefore x<-9$

(5) $\dfrac{x-2}{3}\geq\dfrac{4x+6}{5}$의 양변에 15를 곱하면

$5(x-2)\geq3(4x+6)$, $5x-10\geq12x+18$

$-7x\geq28$ $\therefore x\leq-4$

(6) $\dfrac{1}{2}(x-4)<\dfrac{1}{6}(x+4)$의 양변에 6을 곱하면

$3(x-4)<x+4$에서 $3x-12<x+4$

$2x<16$ $\therefore x<8$

05 답 (1) $x \geq 5$ (2) $x > -4$ (3) $x < 10$
　　　(4) $x \leq 2$ (5) $x > 24$ (6) $x \leq -5$

(1) $0.5x - 1.3 \geq \dfrac{x+1}{5}$에서 $\dfrac{1}{2}x - \dfrac{13}{10} \geq \dfrac{x+1}{5}$

　　이 부등식의 양변에 10을 곱하면

　　$5x - 13 \geq 2(x+1)$에서 $5x - 13 \geq 2x + 2$

　　$3x \geq 15$　　$\therefore x \geq 5$

(2) $0.7x + 1 > \dfrac{3}{10}(x-2)$에서 $\dfrac{7}{10}x + 1 > \dfrac{3}{10}(x-2)$

　　이 부등식의 양변에 10을 곱하면

　　$7x + 10 > 3(x-2)$, $7x + 10 > 3x - 6$

　　$4x > -16$　　$\therefore x > -4$

(3) $0.5x - 4 < \dfrac{1}{4}(x-6)$에서 $\dfrac{1}{2}x - 4 < \dfrac{1}{4}(x-6)$

　　이 부등식의 양변에 4를 곱하면

　　$2x - 16 < x - 6$　　$\therefore x < 10$

(4) $-0.3x + 1 \geq \dfrac{3}{5}x - 0.8$에서 $-\dfrac{3}{10}x + 1 \geq \dfrac{3}{5}x - \dfrac{4}{5}$

　　이 부등식의 양변에 10을 곱하면

　　$-3x + 10 \geq 6x - 8$, $-9x \geq -18$

　　$\therefore x \leq 2$

(5) $\dfrac{1}{3}x - \dfrac{2}{5} < 0.4x - 2$에서 $\dfrac{1}{3}x - \dfrac{2}{5} < \dfrac{2}{5}x - 2$

　　이 부등식의 양변에 15를 곱하면

　　$5x - 6 < 6x - 30$, $-x < -24$

　　$\therefore x > 24$

(6) $-0.5(x-6) \geq 13 + \dfrac{3}{2}x$에서 $-\dfrac{1}{2}(x-6) \geq 13 + \dfrac{3}{2}x$

　　이 부등식의 양변에 2를 곱하면

　　$-(x-6) \geq 26 + 3x$, $-x + 6 \geq 26 + 3x$

　　$-4x \geq 20$　　$\therefore x \leq -5$

06 답 (1) $x > \dfrac{1}{a}$ (2) $x < 1$

(1) $a > 0$이므로 $ax > 1$에서 $x > \dfrac{1}{a}$

(2) $ax - a < 0$에서 $ax < a$

　　$a > 0$이므로 $x < 1$

07 답 (1) $x > \dfrac{3}{a}$ (2) $x < -1$

(1) $a < 0$이므로 $ax < 3$에서 $x > \dfrac{3}{a}$

(2) $ax + a > 0$에서 $ax > -a$

　　$a < 0$이므로 $x < -1$

08 답 ④

$-2(x+13) \leq 4(x-2)$에서

$-2x - 26 \leq 4x - 8$, $-2x - 4x \leq -8 + 26$

$-6x \leq 18$　　$\therefore x \geq -3$

해를 수직선 위에 나타내면 오른쪽 그림과
같다.

따라서 처음으로 틀린 곳은 ㉣이다.

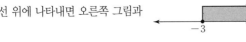

09 답 -3

$-3(x-1) > 1 - (x-6)$에서 $-3x + 3 > 1 - x + 6$

$-2x > 4$　　$\therefore x < -2$

따라서 주어진 부등식을 만족시키는 가장 큰 정수 x의 값은 -3
이다.

10 답 ④

① $5(x+1) > -5$에서 $5x + 5 > -5$

　$5x > -10$　　$\therefore x > -2$

② $-(x+5) < 3(1+x)$에서 $-x - 5 < 3 + 3x$

　$-4x < 8$　　$\therefore x > -2$

③ $-0.2x < 0.1(x+6)$의 양변에 10을 곱하면

　$-2x < x + 6$, $-3x < 6$　　$\therefore x > -2$

④ $\dfrac{1}{3}x + 1 < \dfrac{1}{2}(x+1)$의 양변에 6을 곱하면

　$2x + 6 < 3(x+1)$, $2x + 6 < 3x + 3$

　$-x < -3$　　$\therefore x > 3$

⑤ $\dfrac{1-x}{3} < x + 3$의 양변에 3을 곱하면

　$1 - x < 3(x+3)$, $1 - x < 3x + 9$

　$-4x < 8$　　$\therefore x > -2$

따라서 해가 나머지 넷과 다른 하나는 ④이다.

11 답 7개

$\dfrac{3}{5}x - 1.4 \leq \dfrac{3x+7}{10}$에서 $\dfrac{3}{5}x - \dfrac{7}{5} \leq \dfrac{3x+7}{10}$

이 부등식의 양변에 10을 곱하면

$6x - 14 \leq 3x + 7$, $3x \leq 21$　　$\therefore x \leq 7$

따라서 주어진 부등식을 만족시키는 자연수 x는 1, 2, 3, $\cdots$, 7의
7개이다.

12 답 ①

$ax - 4 > -8$에서 $ax > -4$

$a < 0$이므로 $x < -\dfrac{4}{a}$

한번 더! 기본 문제　개념 21~22　　　본문 64쪽

01 ④	**02** ③	**03** 11	**04** -3
05 ②	**06** ⑤		

01 답 ④

① $3x - 5 \leq 2x$에서 $x - 5 \leq 0$

② $5x < 3000$에서 $5x - 3000 < 0$

③ $\dfrac{x}{60} \geq 3$에서 $\dfrac{x}{60} - 3 \geq 0$

④ $x^2 \geq 300$에서 $x^2 - 300 \geq 0$

⑤ $2\pi x > 50$에서 $2\pi x - 50 > 0$

따라서 일차부등식이 아닌 것은 ④이다.

02 답 ③

$3x+3>4x+6$에서 $-x>3$ $\therefore x<-3$

① $x-2>-5$에서 $x>-3$

② $1-x<4$에서 $-x<3$ $\therefore x>-3$

③ $4-3x>7-2x$에서 $-x>3$ $\therefore x<-3$

④ $3x-4>-13$에서 $3x>-9$ $\therefore x>-3$

⑤ $x+5<2x+8$에서 $-x<3$ $\therefore x>-3$

따라서 주어진 부등식과 해가 같은 것은 ③이다.

03 답 11

$2x+3<-6x+a$에서 $8x<a-3$ $\therefore x<\dfrac{a-3}{8}$

이 부등식의 해가 $x<1$이므로 $\dfrac{a-3}{8}=1$

$a-3=8$ $\therefore a=11$

04 답 -3

$\dfrac{2x+3}{5}-5\le 1.2x+\dfrac{x-1}{2}$에서 $\dfrac{2x+3}{5}-5\le \dfrac{6}{5}x+\dfrac{x-1}{2}$

이 부등식의 양변에 10을 곱하면

$2(2x+3)-50\le 12x+5(x-1)$

$4x+6-50\le 12x+5x-5$

$-13x\le 39$ $\therefore x\ge -3$

따라서 주어진 부등식을 만족시키는 가장 작은 정수 x의 값은 -3이다.

05 답 ②

$0.3(x+4)\ge \dfrac{1}{3}(x+4)$에서 $\dfrac{3}{10}(x+4)\ge \dfrac{1}{3}(x+4)$

이 부등식의 양변에 30을 곱하면

$9(x+4)\ge 10(x+4)$, $9x+36\ge 10x+40$

$-x\ge 4$ $\therefore x\le -4$

따라서 주어진 부등식의 해를 수직선 위에 바르게 나타낸 것은 ②이다.

06 답 ⑤

$\dfrac{5x-3}{4}\le 2x-3$에서 $5x-3\le 4(2x-3)$

$5x-3\le 8x-12$, $-3x\le -9$ $\therefore x\ge 3$ $\cdots$ ㉠

$4(x-1)+1\ge -(3x+a)$에서 $4x-4+1\ge -3x-a$

$7x\ge 3-a$ $\therefore x\ge \dfrac{3-a}{7}$ $\cdots$ ㉡

㉠, ㉡의 해가 서로 같으므로 $\dfrac{3-a}{7}=3$

$3-a=21$ $\therefore a=-18$

본문 65~67쪽

개념 23 일차부등식의 활용 (1)

01 답 풀이 참조

❶ 어떤 자연수를 x라 하자.

❷ 어떤 자연수의 4배에서 5를 뺀 수는 $\boxed{4x-5}$이고, 이 수가 23보다 크므로 일차부등식을 세우면 $\boxed{4x-5}>23$이다.

❸ 이 일차부등식을 풀면

$4x-5>23$에서 $4x>28$ $\therefore x>\boxed{7}$

따라서 어떤 자연수 중 가장 작은 수는 $\boxed{8}$이다.

❹ $\boxed{7}$의 4배에서 5를 뺀 수는 23이므로 $23\ge 23$이고,

$\boxed{8}$의 4배에서 5를 뺀 수는 27이므로 $27>23$이다.

즉, 문제의 뜻에 맞는다.

02 답 풀이 참조

❶ 어머니의 나이가 딸의 나이의 2배 이하가 되는 것은 x년 후부터라 하자.

❷ x년 후에 어머니의 나이는 ($\boxed{43+x}$)세이고, 딸의 나이는 ($\boxed{15+x}$)세이므로 일차부등식을 세우면 $\boxed{43+x}\le 2(\boxed{15+x})$이다.

❸ 이 일차부등식을 풀면

$43+x\le 2(15+x)$에서 $43+x\le 30+2x$

$-x\le -13$ $\therefore x\ge \boxed{13}$

따라서 어머니의 나이가 딸의 나이의 2배 이하가 되는 것은 $\boxed{13}$년 후부터이다.

❹ $\boxed{12}$년 후에 어머니와 딸의 나이는 각각 55세, 27세이므로

$55>2\times 27$이고,

$\boxed{13}$년 후에 어머니와 딸의 나이는 각각 56세, 28세이므로

$56\le 2\times 28$이다.

즉, 문제의 뜻에 맞는다.

03 답 (1) $x+2$ (2) $3x-1\ge 2(x+2)$ (3) $x\ge 5$ (4) 6, 8

(3) $3x-1\ge 2(x+2)$에서 $3x-1\ge 2x+4$ $\therefore x\ge 5$

(4) $x\ge 5$에서 x의 값 중 가장 작은 짝수는 6이므로 구하는 가장 작은 두 짝수는 6, 8이다.

04 답 (1) $2(40+x)\ge 200$ (2) $x\ge 60$ (3) 60 cm

(2) $2(40+x)\ge 200$에서 $80+2x\ge 200$

$2x\ge 120$ $\therefore x\ge 60$

(3) 세로의 길이는 60 cm 이상이어야 한다.

05 답 (1) $300x+700\le 4000$ (2) $x\le 11$ (3) 11개

(2) $300x+700\le 4000$에서 $300x\le 3300$ $\therefore x\le 11$

(3) 사탕을 최대 11개까지 살 수 있다.

06 답 (1) 풀이 참조 (2) $x\le 4$ (3) 4개

(1)

	초콜릿	과자
주문 개수(개)	x	$10-x$
가격(원)	800	600
주문 금액(원)	$800x$	$600(10-x)$

⇨ 일차부등식: $800x+600(10-x)\le 6800$

(2) $800x+600(10-x)\leq6800$에서

$800x+6000-600x\leq6800,\ 200x\leq800$ $\therefore x\leq4$

(3) 초콜릿은 최대 4개까지 살 수 있다.

07 답 (1) 풀이 참조   (2) $x>5$ (3) 6개월 후

(1)

	형	동생
현재 저축액(원)	12000	7000
매월 저축액(원)	1000	2000
x개월 후의 저축액(원)	$12000+1000x$	$7000+2000x$

⇨ 일차부등식: $12000+1000x<7000+2000x$

(2) $12000+1000x<7000+2000x$에서

$-1000x<-5000$ $\therefore x>5$

(3) 동생의 저축액이 형의 저축액보다 많아지는 것은 6개월 후부터 이다.

08 답 (1) $\dfrac{80+85+x}{3}\geq86$ (2) $x\geq93$ (3) 93점

(2) $\dfrac{80+85+x}{3}\geq86$에서 $165+x\geq258$ $\therefore x\geq93$

(3) 세 번째 시험에서 93점 이상을 받아야 한다.

09 답 23

어떤 두 자연수를 $x,\ x-5$라 하면

$x+(x-5)>39$에서 $2x-5>39$

$2x>44$ $\therefore x>22$

따라서 x의 값이 될 수 있는 가장 작은 수는 23이다.

10 답 6, 7, 8

연속하는 세 자연수를 $x-1,\ x,\ x+1$이라 하면

$(x-1)+x+(x+1)<24$에서 $3x<24$ $\therefore x<8$

따라서 구하는 가장 큰 세 자연수는 6, 7, 8이다.

11 답 ③

$\overline{CD}=x\,\text{cm}$라 하면

(사다리꼴의 넓이)$=\dfrac{1}{2}\times(5+7)\times x=6x\,(\text{cm}^2)$이므로

$6x\geq48$ $\therefore x\geq8$

따라서 $\overline{CD}$의 길이는 8 cm 이상이어야 한다.

12 답 ①

백합을 x송이 산다고 하면

$1200x+2000\leq15000,\ 1200x\leq13000$

$\therefore x\leq\dfrac{65}{6}(=10.8\times\times)$

따라서 백합을 최대 10송이까지 살 수 있다.

13 답 7명

어른이 x명 입장한다고 하면 학생은 $(20-x)$명 입장할 수 있으므로

$2000x+1200(20-x)\leq30000$에서

$2000x+24000-1200x\leq30000$

$800x\leq6000$ $\therefore x\leq\dfrac{15}{2}(=7.5)$

따라서 어른은 최대 7명까지 입장할 수 있다.

14 답 86점

네 번째 과목의 시험 점수를 x점이라 하면

$\dfrac{76+92+86+x}{4}\geq85$에서 $254+x\geq340$ $\therefore x\geq86$

따라서 네 번째 과목에서 86점 이상을 받아야 한다.

본문 68~69쪽

개념 24 일차부등식의 활용 (2)

01 답 (1) 풀이 참조   (2) $x>7$ (3) 8개

(1)

	동네 과일 가게	청과물 도매시장
가격(원)	$2000x$	$1600x$
교통비(원)	0	2800
전체 금액(원)	$2000x$	$1600x+2800$

⇨ 일차부등식: $2000x>1600x+2800$

(2) $2000x>1600x+2800$에서 $400x>2800$ $\therefore x>7$

(3) 사과를 8개 이상 살 경우 청과물 도매시장에서 사는 것이 유리하다.

02 답 (1) $1500x>1200x+2700$ (2) $x>9$ (3) 10자루

(2) $1500x>1200x+2700$에서 $300x>2700$ $\therefore x>9$

(3) 펜을 10자루 이상 살 경우 대형 문구점에서 사는 것이 유리하다.

03 답 (1) 풀이 참조   (2) $x\geq5$ (3) 5 km

(1)

	빠르게 걸어갈 때	걸어갈 때
거리	x km	$(13-x)$ km
속력	시속 5 km	시속 4 km
시간	$\dfrac{x}{5}$시간	$\dfrac{13-x}{4}$시간

⇨ 일차부등식: $\dfrac{x}{5}+\dfrac{13-x}{4}\leq3$

(2) $\dfrac{x}{5}+\dfrac{13-x}{4}\leq3$에서 $4x+5(13-x)\leq60$

$4x+65-5x\leq60,\ -x\leq-5$ $\therefore x\geq5$

(3) 시속 5 km로 빠르게 걸어간 거리는 최소 5 km이다.

04 답 (1) 풀이 참조   (2) $x\leq\dfrac{12}{5}$ (3) $\dfrac{12}{5}$ km

(1)

	갈 때	올 때
거리	x km	x km
속력	시속 3 km	시속 2 km
시간	$\dfrac{x}{3}$시간	$\dfrac{x}{2}$시간

⇨ 일차부등식: $\dfrac{x}{3}+\dfrac{x}{2}\leq2$

(2) $\dfrac{x}{3}+\dfrac{x}{2}\leq 2$에서 $2x+3x\leq 12$

$\qquad 5x\leq 12 \qquad \therefore x\leq\dfrac{12}{5}$

(3) 최대 $\dfrac{12}{5}$ km 떨어진 곳까지 갔다 올 수 있다.

05 답 5송이

튤립을 x송이 산다고 하면

$2500x>1500x+4000$에서

$1000x>4000 \qquad \therefore x>4$

따라서 튤립을 5송이 이상 살 경우 화원 단지에서 사는 것이 유리하다.

06 답 6켤레

양말을 x켤레 산다고 하면

$2300x>1800x+2500$에서

$500x>2500 \qquad \therefore x>5$

따라서 양말을 6켤레 이상 살 경우 인터넷 쇼핑몰에서 사는 것이 유리하다.

07 답 6 km

집에서 x km 떨어진 지점에서 자전거가 고장났다고 하면

$\dfrac{x}{12}+\dfrac{8-x}{4}\leq 1$에서 $x+3(8-x)\leq 12$

$x+24-3x\leq 12,\ -2x\leq -12 \qquad \therefore x\geq 6$

따라서 자전거가 고장 난 지점은 집에서 최소 6 km 떨어진 지점이다.

08 답 4 km

x km 떨어진 지점까지 갔다 온다고 하면

$\dfrac{x}{2}+\dfrac{x}{4}\leq 3$에서 $2x+x\leq 12$

$3x\leq 12 \qquad \therefore x\leq 4$

따라서 최대 4 km 떨어진 지점까지 갔다 올 수 있다.

09 답 6 km

x km 떨어진 지점까지 올라갔다고 하면 내려올 때의 거리는 $(x+2)$ km이므로

$\dfrac{x}{3}+\dfrac{x+2}{4}\leq 4$에서 $4x+3(x+2)\leq 48$

$4x+3x+6\leq 48,\ 7x\leq 42 \qquad \therefore x\leq 6$

따라서 최대 6 km 떨어진 지점까지 올라갈 수 있다.

10 답 $\dfrac{14}{3}$ km

x km 떨어진 카페까지 갔다 온다고 하면

$\dfrac{x}{4}+1+\dfrac{x}{2}\leq\dfrac{9}{2}$에서 $x+4+2x\leq 18$

$3x\leq 14 \qquad \therefore x\leq\dfrac{14}{3}$

따라서 최대 $\dfrac{14}{3}$ km 떨어진 카페까지 갔다 올 수 있다.

01 15개	**02** 16개월 후	**03** ④
04 36개	**05** ③	**06** ①

01 답 15개

엘리베이터에 상자를 x개 싣는다고 하면

$50+20x\leq 350$에서

$20x\leq 300 \qquad \therefore x\leq 15$

따라서 상자는 한 번에 최대 15개까지 실을 수 있다.

02 답 16개월 후

x개월 후부터 시안이의 저금액이 도영이의 저금액의 2배보다 많아진다고 하면

$35000+5000x>2(25000+2000x)$에서

$35000+5000x>50000+4000x$

$1000x>15000 \qquad \therefore x>15$

따라서 시안이의 저금액이 도영이의 저금액의 2배보다 많아지는 것은 16개월 후부터이다.

03 답 ④

볼펜을 x자루 산다고 하면 연필은 $(10-x)$자루 살 수 있으므로

$500(10-x)+700x+3000\leq 9000$에서

$5000-500x+700x\leq 6000$

$200x\leq 1000 \qquad \therefore x\leq 5$

따라서 볼펜은 최대 5자루까지 살 수 있다.

04 답 36개

시리얼바를 x개 산다고 하면

$900x>800x+3500$에서

$100x>3500 \qquad \therefore x>35$

따라서 시리얼바를 36개 이상 살 경우 할인 마트에서 사는 것이 유리하다.

05 답 ③

시속 15 km로 달린 거리를 x km라 하면 시속 20 km로 달린 거리는 $(30-x)$ km이므로

$\dfrac{30-x}{20}+\dfrac{x}{15}\leq\dfrac{7}{4}$에서 $3(30-x)+4x\leq 105$

$90-3x+4x\leq 105 \qquad \therefore x\leq 15$

따라서 시속 15 km로 달린 거리는 최대 15 km이다.

06 답 ①

기차역에서 식당까지의 거리를 x km라 하면

$\dfrac{x}{2}+\dfrac{1}{2}+\dfrac{x}{2}\leq\dfrac{3}{2}$에서 $x+1+x\leq 3$

$2x\leq 2 \qquad \therefore x\leq 1$

따라서 역에서 최대 1 km 이내에 있는 식당까지 다녀올 수 있다.

4. 연립일차방정식

개념 25 **미지수가 2개인 일차방정식**

01 답 일차방정식

02 답 (1) × (2) × (3) ○ (4) ○ (5) × (6) ×

(6) $2(x+y)-1=2x+y$에서 $2x+2y-1=2x+y$

$\therefore y-1=0$

03 답 (1) $6x+3y=15$ (2) $2x+3y=41$

(3) $2x+4y=32$ (4) $\dfrac{x}{20}+\dfrac{y}{4}=2$

04 답 (1) ○ (2) × (3) ○ (4) ×

(1) $x=2$, $y=1$을 주어진 방정식에 대입하면

$2\times2-3\times1=1$

따라서 $(2, 1)$은 주어진 방정식의 해이다.

(2) $x=4$, $y=3$을 주어진 방정식에 대입하면

$2\times4-3\times3=-1\neq1$

따라서 $(4, 3)$은 주어진 방정식의 해가 아니다.

(3) $x=-1$, $y=-1$을 주어진 방정식에 대입하면

$2\times(-1)-3\times(-1)=1$

따라서 $(-1, -1)$은 주어진 방정식의 해이다.

(4) $x=-2$, $y=-3$을 주어진 방정식에 대입하면

$2\times(-2)-3\times(-3)=5\neq1$

따라서 $(-2, -3)$은 주어진 방정식의 해가 아니다.

05 답 풀이 참조

(1) $2x+y=7$에 $x=1$, 2, 3, 4를 차례로 대입하면 y의 값은 다음과 같다.

x	1	2	3	4
y	5	3	1	-1

이때 x, y가 자연수이므로 구하는 해는

$(1, 5)$, $(2, 3)$, $(3, 1)$이다.

(2) $x+y=4$에 $x=1$, 2, 3, 4를 차례로 대입하면 y의 값은 다음과 같다.

x	1	2	3	4
y	3	2	1	0

이때 x, y가 자연수이므로 구하는 해는

$(1, 3)$, $(2, 2)$, $(3, 1)$이다.

(3) $x+3y=10$에 $y=1$, 2, 3, 4를 차례로 대입하면 x의 값은 다음과 같다.

x	7	4	1	-2
y	1	2	3	4

이때 x, y가 자연수이므로 구하는 해는

$(7, 1)$, $(4, 2)$, $(1, 3)$이다.

06 답 ③

② x, y가 분모에 있으므로 일차방정식이 아니다.

③ $2x-y=3-3y$에서 $2x+2y-3=0$

④ $-x+y-z-5=0$이므로 미지수가 3개이다.

⑤ $x=2y+x-7$에서 $-2y+7=0$이므로 미지수가 1개이다.

따라서 미지수가 2개인 일차방정식인 것은 ③이다.

07 답 ④

④ $2(x+y)=20$

08 답 ③, ⑤

$x=2$, $y=-3$을 주어진 방정식에 각각 대입하면

① $2+(-3)-1=-2\neq0$ ② $2+2\times(-3)+5=1\neq0$

③ $2-(-3)-5=0$ ④ $2-2\times(-3)-6=2\neq0$

⑤ $\dfrac{1}{2}\times2+\dfrac{2}{3}\times(-3)+1=0$

따라서 $x=2$, $y=-3$을 해로 갖는 것은 ③, ⑤이다.

09 답 ㄴ, ㄷ

ㄱ. $x=3$일 때, $4\times3+3y=17$, $3y=5$ $\therefore y=\dfrac{5}{3}$

ㄴ. $4x+3y=17$에 $x=1$, 2, 3, 4, 5를 차례로 대입하면 y의 값은 다음과 같다.

x	1	2	3	4	5
y	$\dfrac{13}{3}$	3	$\dfrac{5}{3}$	$\dfrac{1}{3}$	-1

이때 x, y가 자연수이므로 해는 $(2, 3)$의 1개이다.

ㄷ. $x=-1$, $y=7$을 $4x+3y=17$에 대입하면

$4\times(-1)+3\times7=17$이므로 $(-1, 7)$을 해로 갖는다.

따라서 옳은 것은 ㄴ, ㄷ이다.

개념 26 **미지수가 2개인 연립일차방정식**

01 답 연립일차방정식

02 답 (1) × (2) ○ (3) ○ (4) ×

(1) $x=-1$, $y=2$를 $x+y=1$에 대입하면

$-1+2=1$

$x=-1$, $y=2$를 $2x-y=4$에 대입하면

$2\times(-1)-2=-4\neq4$

따라서 $(-1, 2)$는 주어진 연립방정식의 해가 아니다.

(2) $x=-1$, $y=2$를 $-2x+3y=8$에 대입하면

$-2\times(-1)+3\times2=8$

$x=-1$, $y=2$를 $3x-y=-5$에 대입하면

$3\times(-1)-2=-5$

따라서 $(-1,\,2)$는 주어진 연립방정식의 해이다.

(3) $x=-1$, $y=2$를 $3x+y=-1$에 대입하면

$3\times(-1)+2=-1$

$x=-1$, $y=2$를 $x+5y=9$에 대입하면

$-1+5\times2=9$

따라서 $(-1,\,2)$는 주어진 연립방정식의 해이다.

(4) $x=-1$, $y=2$를 $x-y=-3$에 대입하면

$-1-2=-3$

$x=-1$, $y=2$를 $2x+5y=-7$에 대입하면

$2\times(-1)+5\times2=8\neq-7$

따라서 $(-1,\,2)$는 주어진 연립방정식의 해가 아니다.

03 답 풀이 참조

(1) $\begin{cases} x+y=6 & \cdots\ \text{㉠} \\ 2x+y=8 & \cdots\ \text{㉡} \end{cases}$ 에서

㉠의 해:

x	1	2	3	4	5
y	5	4	3	2	1

㉡의 해:

x	1	2	3
y	6	4	2

따라서 구하는 연립방정식의 해는 $x=2$, $y=4$이다.

(2) $\begin{cases} x-y=2 & \cdots\ \text{㉠} \\ 3x+y=10 & \cdots\ \text{㉡} \end{cases}$ 에서

㉠의 해:

x	3	4	5	6	$\cdots$
y	1	2	3	4	$\cdots$

㉡의 해:

x	1	2	3
y	7	4	1

따라서 구하는 연립방정식의 해는 $x=3$, $y=1$이다.

(3) $\begin{cases} x+4y=14 & \cdots\ \text{㉠} \\ 2x+y=7 & \cdots\ \text{㉡} \end{cases}$ 에서

㉠의 해:

x	10	6	2
y	1	2	3

㉡의 해:

x	1	2	3
y	5	3	1

따라서 구하는 연립방정식의 해는 $x=2$, $y=3$이다.

04 답 ③

$\begin{cases} \text{(동전의 개수에 대한 일차방정식)} \\ \text{(지불한 금액에 대한 일차방정식)} \end{cases} \Rightarrow \begin{cases} x+y=13 \\ 100x+500y=3700 \end{cases}$

05 답 $\begin{cases} 3x+2y=30 \\ x+y=12 \end{cases}$

$\begin{cases} \text{(학생 수에 대한 일차방정식)} \\ \text{(보트 수에 대한 일차방정식)} \end{cases} \Rightarrow \begin{cases} 3x+2y=30 \\ x+y=12 \end{cases}$

06 답 ④

$x=-4$, $y=5$를 주어진 연립방정식에 각각 대입하면

① $\begin{cases} 2\times(-4)+5=-3 \\ 3\times(-4)-2\times5=-22\neq1 \end{cases}$

② $\begin{cases} -4+2\times5=6 \\ -(-4)+5=9\neq7 \end{cases}$

③ $\begin{cases} -4+3\times5=11\neq10 \\ -4-5=-9 \end{cases}$

④ $\begin{cases} -(-4)+5=9 \\ 3\times(-4)+2\times5=-2 \end{cases}$

⑤ $\begin{cases} 2\times(-4)+3\times5=7 \\ 4\times(-4)-5=-21\neq5 \end{cases}$

따라서 $(-4,\,5)$를 해로 갖는 연립방정식은 ④이다.

07 답 -1

$x=3$, $y=-2$를 $ax-2y=13$에 대입하면

$a\times3-2\times(-2)=13$, $3a=9$ $\qquad \therefore a=3$

$x=3$, $y=-2$를 $5x+by=7$에 대입하면

$5\times3+b\times(-2)=7$, $-2b=-8$ $\qquad \therefore b=4$

$\therefore a-b=3-4=-1$

08 답 ③

$x=-5$를 $x=2y+3$에 대입하면

$-5=2y+3$, $-2y=8$ $\qquad \therefore y=-4$

$x=-5$, $y=-4$를 $2x+m=5y-1$에 대입하면

$2\times(-5)+m=5\times(-4)-1$, $-10+m=-21$

$\therefore m=-11$

한번 더! 기본 문제 [개념 25~26] 본문 76쪽

01 ㄱ, ㅁ, ㅂ	02 ③	03 1
04 ㄴ	05 ③	06 ④

01 답 ㄱ, ㅁ, ㅂ

ㄹ. $5x+2y=2(x+y)+2$에서 $5x+2y=2x+2y+2$

$\therefore 3x-2=0$

ㅂ. $4x-y^2=5y-y^2+4$에서 $4x-5y-4=0$

따라서 미지수가 2개인 일차방정식은 ㄱ, ㅁ, ㅂ이다.

02 답 ③

③ $300x+500y=6000$

03 답 1

$x=a$, $y=a-4$를 $7x+2y=1$에 대입하면

$7a+2(a-4)=1$, $7a+2a-8=1$

$9a=9$ $\qquad \therefore a=1$

04 답 ㄴ

$$\begin{cases} \text{(점수에 대한 일차방정식)} \\ \text{(문제 수에 대한 일차방정식)} \end{cases} \Rightarrow \begin{cases} 3x+4y=74 \\ x+y=20 \end{cases}$$

05 답 ③

$x=2$, $y=1$을 주어진 연립방정식에 각각 대입하면

① $\begin{cases} 2+1=3 \\ 2\times 2+1=5\neq 2 \end{cases}$ ② $\begin{cases} 2\times 2-1=3\neq -1 \\ 2+2\times 1=4 \end{cases}$

③ $\begin{cases} 2-1=1 \\ 3\times 2+2\times 1=8 \end{cases}$ ④ $\begin{cases} 2+4\times 1=6 \\ 5\times 2-2\times 1=8\neq -9 \end{cases}$

⑤ $\begin{cases} 3\times 2+2\times 1=8\neq 9 \\ 2\times 2+3\times 1=7 \end{cases}$

따라서 해가 $x=2$, $y=1$인 연립방정식은 ③이다.

06 답 ④

$x=-1$, $y=b$를 $x-4y=7$에 대입하면
$-1-4\times b=7$, $-4b=8$ ∴ $b=-2$
$x=-1$, $y=-2$를 $2x-ay=2$에 대입하면
$2\times(-1)-a\times(-2)=2$, $2a=4$ ∴ $a=2$

본문 77~78쪽

개념 27 연립방정식의 풀이 (1) – 대입법

01 답 대입

02 답 (1) $2x$, 2, 2, 4, 2, 4 (2) $x=5$, $y=1$
(3) $x=1$, $y=1$ (4) $x=4$, $y=13$
(5) $x=1$, $y=2$ (6) $x=2$, $y=-2$
(7) $x=3$, $y=-1$ (8) $x=-3$, $y=5$

(2) ㉠을 ㉡에 대입하면 $2\times 5y-3y=7$
$7y=7$ ∴ $y=1$
$y=1$을 ㉠에 대입하면 $x=5\times 1=5$
따라서 구하는 연립방정식의 해는 $x=5$, $y=1$이다.

(3) ㉠을 ㉡에 대입하면 $3x-(4x-3)=2$
$-x+3=2$, $-x=-1$ ∴ $x=1$
$x=1$을 ㉠에 대입하면 $y=4\times 1-3=1$
따라서 구하는 연립방정식의 해는 $x=1$, $y=1$이다.

(4) ㉡을 ㉠에 대입하면 $5x-(3x+1)=7$
$2x-1=7$, $2x=8$ ∴ $x=4$
$x=4$를 ㉡에 대입하면 $y=3\times 4+1=13$
따라서 구하는 연립방정식의 해는 $x=4$, $y=13$이다.

(5) ㉠을 ㉡에 대입하면 $-x+3=3x-1$
$-4x=-4$ ∴ $x=1$
$x=1$을 ㉠에 대입하면 $y=-1+3=2$
따라서 구하는 연립방정식의 해는 $x=1$, $y=2$이다.

(6) ㉠에서 $x=3y+8$ ⋯ ㉢
이므로 ㉢을 ㉡에 대입하면
$(3y+8)-2y=6$ ∴ $y=-2$
$y=-2$를 ㉢에 대입하면 $x=3\times(-2)+8=2$
따라서 구하는 연립방정식의 해는 $x=2$, $y=-2$이다.

(7) ㉠에서 $x=y+4$ ⋯ ㉢
이므로 ㉢을 ㉡에 대입하면
$4(y+4)+3y=9$, $7y=-7$ ∴ $y=-1$
$y=-1$을 ㉢에 대입하면 $x=-1+4=3$
따라서 구하는 연립방정식의 해는 $x=3$, $y=-1$이다.

(8) ㉠에서 $y=-2x-1$ ⋯ ㉢
이므로 ㉢을 ㉡에 대입하면
$3x+2(-2x-1)=1$, $-x=3$ ∴ $x=-3$
$x=-3$을 ㉢에 대입하면 $y=-2\times(-3)-1=5$
따라서 구하는 연립방정식의 해는 $x=-3$, $y=5$이다.

03 답 ②

② $2(-x+10)=-2x+20$

04 답 2

$\begin{cases} x=2y+7 & \cdots ㉠ \\ 3x-4y=9 & \cdots ㉡ \end{cases}$에서 ㉠을 ㉡에 대입하면

$3(2y+7)-4y=9$ ∴ $2y=-12$
∴ $k=2$

05 답 ④

$\begin{cases} x+y=5 & \cdots ㉠ \\ y=-2x+7 & \cdots ㉡ \end{cases}$에서 ㉡을 ㉠에 대입하면

$x+(-2x+7)=5$, $-x=-2$ ∴ $x=2$
$x=2$를 ㉡에 대입하면 $y=-2\times 2+7=3$
따라서 연립방정식의 해는 $x=2$, $y=3$이다.

06 답 9

$\begin{cases} 5x-y=15 & \cdots ㉠ \\ x=2y-6 & \cdots ㉡ \end{cases}$에서 ㉡을 ㉠에 대입하면

$5(2y-6)-y=15$, $9y=45$ ∴ $y=5$
$y=5$를 ㉡에 대입하면 $x=2\times 5-6=4$
따라서 $a=4$, $b=5$이므로
$a+b=4+5=9$

07 답 (1) $x=y+3$ (2) $x=7$, $y=4$ (3) 17
(2) $x=y+3$을 ㉠에 대입하면
$3(y+3)-2y=13$ ∴ $y=4$
$y=4$를 $x=y+3$에 대입하면 $x=4+3=7$
(3) $x=7$, $y=4$를 ㉡에 대입하면
$7+3\times 4=a+2$ ∴ $a=17$

개념 28 연립방정식의 풀이 (2) – 가감법

01 답 더하거나 빼어서

02 답 (1) 풀이 참조 (2) $x=3, y=7$ (3) $x=2, y=1$
(4) $x=-1, y=3$ (5) $x=2, y=-2$

(1) y를 없애기 위하여 ㉠+㉡을 하면

$$\begin{array}{r} x-y=3 \\ +)\ 2x+y=12 \\ \hline \boxed{3}x\ \ =\boxed{15} \quad \therefore x=\boxed{5} \end{array}$$

$x=\boxed{5}$를 ㉠에 대입하면
$\boxed{5}-y=3 \quad \therefore y=\boxed{2}$
따라서 구하는 연립방정식의 해는 $x=\boxed{5}, y=\boxed{2}$이다.

(2) y를 없애기 위하여 ㉠+㉡을 하면

$$\begin{array}{r} x+y=10 \\ +)\ 4x-y=5 \\ \hline 5x\ \ =15 \quad \therefore x=3 \end{array}$$

$x=3$을 ㉠에 대입하면 $3+y=10 \quad \therefore y=7$
따라서 구하는 연립방정식의 해는 $x=3, y=7$이다.

(3) y를 없애기 위하여 ㉠-㉡을 하면

$$\begin{array}{r} 7x-4y=10 \\ -)\ 5x-4y=6 \\ \hline 2x\ \ =4 \quad \therefore x=2 \end{array}$$

$x=2$를 ㉠에 대입하면 $7\times2-4y=10$
$-4y=-4 \quad \therefore y=1$
따라서 구하는 연립방정식의 해는 $x=2, y=1$이다.

(4) y를 없애기 위하여 ㉠+㉡을 하면

$$\begin{array}{r} 4x+y=-1 \\ +)\ x-y=-4 \\ \hline 5x\ \ =-5 \quad \therefore x=-1 \end{array}$$

$x=-1$을 ㉠에 대입하면 $4\times(-1)+y=-1 \quad \therefore y=3$
따라서 구하는 연립방정식의 해는 $x=-1, y=3$이다.

(5) x를 없애기 위하여 ㉠-㉡을 하면

$$\begin{array}{r} x-3y=8 \\ -)\ x-2y=6 \\ \hline -y=2 \quad \therefore y=-2 \end{array}$$

$y=-2$를 ㉠에 대입하면 $x-3\times(-2)=8 \quad \therefore x=2$
따라서 구하는 연립방정식의 해는 $x=2, y=-2$이다.

03 답 (1) 풀이 참조 (2) $x=3, y=2$ (3) $x=2, y=-1$
(4) $x=10, y=3$ (5) $x=1, y=1$ (6) $x=2, y=1$

(1) y를 없애기 위하여 ㉠×$\boxed{2}$+㉡을 하면

$$\begin{array}{r} \boxed{2}x+\boxed{2}y=\boxed{22} \\ +)\ 3x-\ 2y=3 \\ \hline \boxed{5}x\ \ =\boxed{25} \quad \therefore x=\boxed{5} \end{array}$$

$x=\boxed{5}$를 ㉠에 대입하면
$\boxed{5}+y=11 \quad \therefore y=\boxed{6}$
따라서 구하는 연립방정식의 해는 $x=\boxed{5}, y=\boxed{6}$이다.

(2) y를 없애기 위하여 ㉠×3+㉡을 하면

$$\begin{array}{r} 3x+3y=15 \\ +)\ 4x-3y=6 \\ \hline 7x\ \ =21 \quad \therefore x=3 \end{array}$$

$x=3$을 ㉠에 대입하면
$3+y=5 \quad \therefore y=2$
따라서 구하는 연립방정식의 해는 $x=3, y=2$이다.

(3) y를 없애기 위하여 ㉠+㉡×2를 하면

$$\begin{array}{r} 3x-2y=8 \\ +)\ 4x+2y=6 \\ \hline 7x\ \ =14 \quad \therefore x=2 \end{array}$$

$x=2$를 ㉠에 대입하면
$3\times2-2y=8, -2y=2 \quad \therefore y=-1$
따라서 구하는 연립방정식의 해는 $x=2, y=-1$이다.

(4) x를 없애기 위하여 ㉠-㉡×3을 하면

$$\begin{array}{r} 3x-4y=18 \\ -)\ 3x-9y=3 \\ \hline 5y=15 \quad \therefore y=3 \end{array}$$

$y=3$을 ㉠에 대입하면
$3x-4\times3=18, 3x=30 \quad \therefore x=10$
따라서 구하는 연립방정식의 해는 $x=10, y=3$이다.

(5) y를 없애기 위하여 ㉠×3+㉡×2를 하면

$$\begin{array}{r} 15x-6y=9 \\ +)\ 4x+6y=10 \\ \hline 19x\ \ =19 \quad \therefore x=1 \end{array}$$

$x=1$을 ㉠에 대입하면
$5\times1-2y=3, -2y=-2 \quad \therefore y=1$
따라서 구하는 연립방정식의 해는 $x=1, y=1$이다.

(6) x를 없애기 위하여 ㉠×3-㉡×4를 하면

$$\begin{array}{r} 12x+15y=39 \\ -)\ 12x+16y=40 \\ \hline -y=-1 \quad \therefore y=1 \end{array}$$

$y=1$을 ㉠에 대입하면
$4x+5\times1=13, 4x=8 \quad \therefore x=2$
따라서 구하는 연립방정식의 해는 $x=2, y=1$이다.

04 답 ②
㉠×2+㉡을 하면 $13y=26$

05 답 -7
$\begin{cases} x-3y=-1 & \cdots ㉠ \\ 2x+y=5 & \cdots ㉡ \end{cases}$ 에서 ㉠×2-㉡을 하면
$-7y=-7 \quad \therefore a=-7$

06 답 ③

① $\begin{cases} x+y=5 & \cdots \text{㉠} \\ x-y=-3 & \cdots \text{㉡} \end{cases}$ 에서 ㉠+㉡을 하면

$2x=2 \quad \therefore x=1$

$x=1$을 ㉠에 대입하면 $1+y=5 \quad \therefore y=4$

즉, 연립방정식의 해는 $x=1$, $y=4$이다.

② $\begin{cases} x-2y=-7 & \cdots \text{㉠} \\ 2x+y=6 & \cdots \text{㉡} \end{cases}$ 에서 ㉠×2-㉡을 하면

$-5y=-20 \quad \therefore y=4$

$y=4$를 ㉠에 대입하면 $x-2\times4=-7 \quad \therefore x=1$

즉, 연립방정식의 해는 $x=1$, $y=4$이다.

③ $\begin{cases} 3x+y=7 & \cdots \text{㉠} \\ x+3y=5 & \cdots \text{㉡} \end{cases}$ 에서 ㉠-㉡×3을 하면

$-8y=-8 \quad \therefore y=1$

$y=1$을 ㉡에 대입하면 $x+3\times1=5 \quad \therefore x=2$

즉, 연립방정식의 해는 $x=2$, $y=1$이다.

④ $\begin{cases} 5x-y=1 & \cdots \text{㉠} \\ x+3y=13 & \cdots \text{㉡} \end{cases}$ 에서 ㉠×3+㉡을 하면

$16x=16 \quad \therefore x=1$

$x=1$을 ㉠에 대입하면 $5\times1-y=1 \quad \therefore y=4$

즉, 연립방정식의 해는 $x=1$, $y=4$이다.

⑤ $\begin{cases} x-4y=-15 & \cdots \text{㉠} \\ 4x+5y=24 & \cdots \text{㉡} \end{cases}$ 에서 ㉠×4-㉡을 하면

$-21y=-84 \quad \therefore y=4$

$y=4$를 ㉠에 대입하면 $x-4\times4=-15 \quad \therefore x=1$

즉, 연립방정식의 해는 $x=1$, $y=4$이다.

따라서 해가 나머지 넷과 다른 하나는 ③이다.

07 답 ⑤

$\begin{cases} 5x-2y=9 & \cdots \text{㉠} \\ 3x+4y=-5 & \cdots \text{㉡} \end{cases}$ 에서 ㉠×2+㉡을 하면

$13x=13 \quad \therefore x=1$

$x=1$을 ㉡에 대입하면 $3\times1+4y=-5$

$4y=-8 \quad \therefore y=-2$

따라서 $x=1$, $y=-2$를 $x-2y+a=0$에 대입하면

$1-2\times(-2)+a=0 \quad \therefore a=-5$

한번 더! 기본 문제 (개념 27~28)

01 ④ 　　**02** 2

03 (1) $x=2$, $y=9$ 　(2) $x=3$, $y=2$

04 ④ 　　**05** -1

06 (1) $x=1$, $y=3$ 　(2) $a=3$, $b=10$

01 답 ④

④ ㉡에서 얻은 식 $y=3x-2$를 ㉠에 대입한다.

02 답 2

㉡을 ㉠에 대입하면 $3(y+1)+2y=8$

$3y+3+2y=8$에서 $5y+3=8$

따라서 $a=5$, $b=3$이므로

$a-b=5-3=2$

03 답 (1) $x=2$, $y=9$ 　(2) $x=3$, $y=2$

(1) $\begin{cases} y=4x+1 & \cdots \text{㉠} \\ 5x+y=19 & \cdots \text{㉡} \end{cases}$ 에서 ㉠을 ㉡에 대입하면

$5x+(4x+1)=19$, $9x=18 \quad \therefore x=2$

$x=2$를 ㉠에 대입하면 $y=4\times2+1=9$

따라서 연립방정식의 해는 $x=2$, $y=9$이다.

(2) $\begin{cases} 3x-2y=5 & \cdots \text{㉠} \\ 4x-5y=2 & \cdots \text{㉡} \end{cases}$ 에서 ㉠×4-㉡×3을 하면

$7y=14 \quad \therefore y=2$

$y=2$를 ㉠에 대입하면 $3x-2\times2=5$, $3x=9 \quad \therefore x=3$

따라서 연립방정식의 해는 $x=3$, $y=2$이다.

04 답 ④

$x:y=1:3$에서 $y=3x$이므로 주어진 연립방정식을 정리하면

$\begin{cases} y=3x & \cdots \text{㉠} \\ 5x-2y=-2 & \cdots \text{㉡} \end{cases}$

㉠을 ㉡에 대입하면

$5x-2\times3x=-2$, $-x=-2 \quad \therefore x=2$

$x=2$를 ㉠에 대입하면 $y=3\times2=6$

$\therefore x+y=2+6=8$

05 답 -1

$x<y$이고 x와 y의 값의 차가 1이므로

$y-x=1$

즉, 주어진 연립방정식의 해는 연립방정식

$\begin{cases} y-x=1 & \cdots \text{㉠} \\ 3x-y=5 & \cdots \text{㉡} \end{cases}$ 의 해와 같다.

㉠+㉡을 하면 $2x=6 \quad \therefore x=3$

$x=3$을 ㉠에 대입하면 $y=4$

$x=3$, $y=4$를 $x+ay=-1$에 대입하면

$3+4\times a=-1$, $4a=-4 \quad \therefore a=-1$

06 답 (1) $x=1$, $y=3$ 　(2) $a=3$, $b=10$

(1) 주어진 두 연립방정식의 해는 연립방정식

$\begin{cases} 2x-y=-1 & \cdots \text{㉠} \\ 3x+y=6 & \cdots \text{㉡} \end{cases}$ 의 해와 같다.

㉠+㉡을 하면 $5x=5 \quad \therefore x=1$

$x=1$을 ㉡에 대입하면 $3\times1+y=6 \quad \therefore y=3$

(2) $x=1$, $y=3$을 $ax+2y=9$에 대입하면

$a+2\times3=9 \quad \therefore a=3$

$x=1$, $y=3$을 $x+3y=b$에 대입하면

$1+3\times3=b \quad \therefore b=10$

개념 29 여러 가지 연립방정식의 풀이

01 답 (1) 분배법칙 (2) 정수 (3) C, C

02 답 (1) 풀이 참조 (2) $x=-3, y=7$
　　　(3) $x=-1, y=-3$ (4) $x=4, y=-1$

(1) ㉠의 괄호를 풀어 동류항끼리 정리하면
　$x+2y=1$ ··· ㉢
　㉢$\times 2+$㉡을 하면 $\boxed{5}x=\boxed{15}$ ∴ $x=\boxed{3}$
　$x=\boxed{3}$을 ㉢에 대입하면
　$3+2y=1, 2y=-2$ ∴ $y=\boxed{-1}$
　따라서 구하는 연립방정식의 해는
　$x=\boxed{3}, y=\boxed{-1}$이다.

(2) ㉠의 괄호를 풀어 동류항끼리 정리하면
　$2x+y=1$ ··· ㉢
　㉢$+$㉡을 하면 $3x=-9$ ∴ $x=-3$
　$x=-3$을 ㉢에 대입하면
　$2\times(-3)+y=1$ ∴ $y=7$
　따라서 구하는 연립방정식의 해는 $x=-3, y=7$이다.

(3) ㉠, ㉡의 괄호를 풀어 각각 동류항끼리 정리하면
　$x-2y=5$ ··· ㉢
　$4x+y=-7$ ··· ㉣
　㉢$+$㉣$\times 2$를 하면 $9x=-9$ ∴ $x=-1$
　$x=-1$을 ㉣에 대입하면
　$4\times(-1)+y=-7$ ∴ $y=-3$
　따라서 구하는 연립방정식의 해는 $x=-1, y=-3$이다.

(4) ㉠, ㉡의 괄호를 풀어 각각 동류항끼리 정리하면
　$x+2y=2$ ··· ㉢
　$3x-4y=16$ ··· ㉣
　㉢$\times 2+$㉣을 하면 $5x=20$ ∴ $x=4$
　$x=4$를 ㉢에 대입하면
　$4+2y=2, 2y=-2$ ∴ $y=-1$
　따라서 구하는 연립방정식의 해는 $x=4, y=-1$이다.

03 답 (1) 풀이 참조 (2) $x=2, y=0$
　　　(3) $x=10, y=4$ (4) $x=6, y=-4$

(1) ㉠$\times\boxed{4}$를 하면 $\boxed{x-4y}=8$ ··· ㉢
　㉡$\times 6$을 하면 $\boxed{2x-3y}=6$ ··· ㉣
　㉢$\times 2-$㉣을 하면 $\boxed{-5}y=10$ ∴ $y=\boxed{-2}$
　$y=\boxed{-2}$를 ㉢에 대입하면 $x-4\times(-2)=8$ ∴ $x=\boxed{0}$
　따라서 구하는 연립방정식의 해는
　$x=\boxed{0}, y=\boxed{-2}$이다.

(2) ㉡$\times 12$를 하면 $4x-3y=8$ ··· ㉢
　㉠$\times 4-$㉢$\times 5$를 하면 $-y=0$ ∴ $y=0$
　$y=0$을 ㉠에 대입하면 $5x-4\times 0=10$ ∴ $x=2$
　따라서 구하는 연립방정식의 해는 $x=2, y=0$이다.

(3) ㉠$\times 40$을 하면 $8x+5y=100$ ··· ㉢
　㉡$\times 10$을 하면 $x+5y=30$ ··· ㉣
　㉢$-$㉣을 하면 $7x=70$ ∴ $x=10$
　$x=10$을 ㉣에 대입하면
　$10+5y=30, 5y=20$ ∴ $y=4$
　따라서 구하는 연립방정식의 해는 $x=10, y=4$이다.

(4) ㉠$\times 8$을 하면 $6x+y=32$ ··· ㉢
　㉡$\times 6$을 하면 $2x+15y=-48$ ··· ㉣
　㉢$-$㉣$\times 3$을 하면 $-44y=176$ ∴ $y=-4$
　$y=-4$를 ㉢에 대입하면
　$6x+(-4)=32, 6x=36$ ∴ $x=6$
　따라서 구하는 연립방정식의 해는 $x=6, y=-4$이다.

04 답 (1) 풀이 참조 (2) $x=6, y=-2$
　　　(3) $x=2, y=-3$ (4) $x=3, y=1$

(1) ㉠$\times 10$을 하면 $3x+2y=3$ ··· ㉢
　㉡$\times\boxed{10}$을 하면 $\boxed{3x+y}=6$ ··· ㉣
　㉢$-$㉣을 하면 $y=\boxed{-3}$
　$y=\boxed{-3}$을 ㉢에 대입하면
　$3x+(-3)=6, 3x=9$ ∴ $x=\boxed{3}$
　따라서 구하는 연립방정식의 해는
　$x=\boxed{3}, y=\boxed{-3}$이다.

(2) ㉡$\times 10$을 하면 $2x-y=14$ ··· ㉢
　㉠$-$㉢을 하면 $4y=-8$ ∴ $y=-2$
　$y=-2$를 ㉢에 대입하면
　$2x-(-2)=14, 2x=12$ ∴ $x=6$
　따라서 구하는 연립방정식의 해는 $x=6, y=-2$이다.

(3) ㉠$\times 10$을 하면 $x-2y=8$ ··· ㉢
　㉡$\times 10$을 하면 $4x+3y=-1$ ··· ㉣
　㉢$\times 4-$㉣을 하면 $-11y=33$ ∴ $y=-3$
　$y=-3$을 ㉢에 대입하면
　$x-2\times(-3)=8$ ∴ $x=2$
　따라서 구하는 연립방정식의 해는 $x=2, y=-3$이다.

(4) ㉠$\times 10$을 하면 $3x-7y=2$ ··· ㉢
　㉡$\times 100$을 하면 $5x+2y=17$ ··· ㉣
　㉢$\times 2+$㉣$\times 7$을 하면 $41x=123$ ∴ $x=3$
　$x=3$을 ㉢에 대입하면
　$3\times 3-7y=2, -7y=-7$ ∴ $y=1$
　따라서 구하는 연립방정식의 해는 $x=3, y=1$이다.

05 답 (1) $x=-1, y=-1$ (2) $x=2, y=5$

(1) ㉠$\times 10$을 하면 $13x-3y=-10$ ··· ㉢
　㉡$\times 6$을 하면 $4x-y=-3$ ··· ㉣
　㉢$-$㉣$\times 3$을 하면 $x=-1$
　$x=-1$을 ㉣에 대입하면
　$4\times(-1)-y=-3, -y=1$ ∴ $y=-1$
　따라서 구하는 연립방정식의 해는 $x=-1, y=-1$이다.

(2) ㉠×20을 하면 $5x-4y=-10$ $\cdots$ ㉢

㉡×10을 하면 $2x+3y=19$ $\cdots$ ㉣

㉢×3+㉣×4를 하면 $23x=46$ $\therefore x=2$

$x=2$를 ㉣에 대입하면

$2\times2+3y=19,\ 3y=15$ $\therefore y=5$

따라서 구하는 연립방정식의 해는 $x=2,\ y=5$이다.

06 目 (1) $x=0,\ y=7$ (2) $x=-2,\ y=1$ (3) $x=4,\ y=7$
(4) $x=2,\ y=1$ (5) $x=-1,\ y=2$

(1) 주어진 방정식에서

$\begin{cases} x+y=7 & \cdots ㉠ \\ -2x+y=7 & \cdots ㉡ \end{cases}$

㉠-㉡을 하면 $3x=0$ $\therefore x=0$

$x=0$을 ㉠에 대입하면 $y=7$

따라서 구하는 방정식의 해는 $x=0,\ y=7$이다.

(2) 주어진 방정식에서

$\begin{cases} 3x+y=-5 & \cdots ㉠ \\ x-3y=-5 & \cdots ㉡ \end{cases}$

㉠×3+㉡을 하면 $10x=-20$ $\therefore x=-2$

$x=-2$를 ㉠에 대입하면

$3\times(-2)+y=-5$ $\therefore y=1$

따라서 구하는 방정식의 해는 $x=-2,\ y=1$이다.

(3) 주어진 방정식에서

$\begin{cases} x-y+8=5 \\ 3x-y=5 \end{cases}$, 즉 $\begin{cases} x-y=-3 & \cdots ㉠ \\ 3x-y=5 & \cdots ㉡ \end{cases}$

㉠-㉡을 하면 $-2x=-8$ $\therefore x=4$

$x=4$를 ㉠에 대입하면 $4-y=-3,\ -y=-7$ $\therefore y=7$

따라서 구하는 방정식의 해는 $x=4,\ y=7$이다.

(4) 주어진 방정식에서

$\begin{cases} x+y=2x-1 \\ x+y=-3y+6 \end{cases}$, 즉 $\begin{cases} -x+y=-1 & \cdots ㉠ \\ x+4y=6 & \cdots ㉡ \end{cases}$

㉠+㉡을 하면 $5y=5$ $\therefore y=1$

$y=1$을 ㉡에 대입하면 $x+4\times1=6$ $\therefore x=2$

따라서 구하는 방정식의 해는 $x=2,\ y=1$이다.

(5) 주어진 방정식에서

$\begin{cases} x+4y=3x+5y \\ 5x-2y+16=3x+5y \end{cases}$, 즉 $\begin{cases} -2x-y=0 & \cdots ㉠ \\ 2x-7y=-16 & \cdots ㉡ \end{cases}$

㉠+㉡을 하면 $-8y=-16$ $\therefore y=2$

$y=2$를 ㉠에 대입하면

$-2x-2=0,\ -2x=2$ $\therefore x=-1$

따라서 구하는 방정식의 해는 $x=-1,\ y=2$이다.

07 目 ①

주어진 연립방정식의 괄호를 풀어 정리하면

$\begin{cases} -x+y=9 & \cdots ㉠ \\ x+3y=-1 & \cdots ㉡ \end{cases}$

㉠+㉡을 하면 $4y=8$ $\therefore y=2$

$y=2$를 ㉡에 대입하면 $x+3\times2=-1$ $\therefore x=-7$

따라서 구하는 연립방정식의 해는 $x=-7,\ y=2$이다.

08 目 ④

$\begin{cases} x-\dfrac{1}{2}y=\dfrac{1}{4} & \cdots ㉠ \\ \dfrac{2}{3}x-y=-\dfrac{5}{6} & \cdots ㉡ \end{cases}$

㉠×4를 하면 $4x-2y=1$ $\cdots ㉢$

㉡×6을 하면 $4x-6y=-5$ $\cdots ㉣$

㉢-㉣을 하면 $4y=6$ $\therefore y=\dfrac{3}{2}$

$y=\dfrac{3}{2}$을 ㉢에 대입하면

$4x-2\times\dfrac{3}{2}=1,\ 4x=4$ $\therefore x=1$

따라서 $a=1,\ b=\dfrac{3}{2}$이므로

$a+2b=1+2\times\dfrac{3}{2}=4$

09 目 ③

$\begin{cases} 0.2x-0.7y=-2 & \cdots ㉠ \\ 0.03x+0.05y=0.01 & \cdots ㉡ \end{cases}$

㉠×10를 하면 $2x-7y=-20$ $\cdots ㉢$

㉡×100을 하면 $3x+5y=1$ $\cdots ㉣$

㉢×3-㉣×2를 하면 $-31y=-62$ $\therefore y=2$

$y=2$를 ㉣에 대입하면

$3x+5\times2=1,\ 3x=-9$ $\therefore x=-3$

$\therefore xy=-3\times2=-6$

10 目 (1) $x=2,\ y=1$ (2) $x=6,\ y=3$

(1) $\begin{cases} 0.2x-0.3y=0.1 & \cdots ㉠ \\ x-\dfrac{1-y}{2}=\dfrac{x+4}{3} & \cdots ㉡ \end{cases}$

㉠×10을 하면 $2x-3y=1$ $\cdots ㉢$

㉡×6을 하면 $6x-3(1-y)=2(x+4)$

$\therefore 4x+3y=11$ $\cdots ㉣$

㉢+㉣을 하면 $6x=12$ $\therefore x=2$

$x=2$를 ㉣에 대입하면

$4\times2+3y=11,\ 3y=3$ $\therefore y=1$

따라서 구하는 연립방정식의 해는 $x=2,\ y=1$이다.

(2) $\begin{cases} 0.2(x+1)-0.3y=0.5 & \cdots ㉠ \\ \dfrac{3x-2}{2}+y=11 & \cdots ㉡ \end{cases}$

㉠×10을 하면 $2(x+1)-3y=5$

$\therefore 2x-3y=3$ $\cdots ㉢$

㉡×2를 하면 $(3x-2)+2y=22$

$\therefore 3x+2y=24$ $\cdots ㉣$

㉢×2+㉣×3을 하면 $13x=78$ $\therefore x=6$

$x=6$을 ㉣에 대입하면

$3\times6+2y=24,\ 2y=6$ $\therefore y=3$

따라서 구하는 연립방정식의 해는 $x=6,\ y=3$이다.

11 답 ③

주어진 방정식에서

$\begin{cases} 2x+y=x-3y-7 \\ 4x+5y+2=x-3y-7 \end{cases}$, 즉 $\begin{cases} x+4y=-7 & \cdots\ \text{㉠} \\ 3x+8y=-9 & \cdots\ \text{㉡} \end{cases}$

㉠$\times 2$ $-$ ㉡을 하면 $-x=-5$ $\quad \therefore x=5$

$x=5$를 ㉠에 대입하면

$5+4y=-7$, $4y=-12$ $\quad \therefore y=-3$

따라서 구하는 방정식의 해는 $x=5$, $y=-3$이다.

12 답 $x=\dfrac{3}{5}$, $y=\dfrac{6}{5}$

주어진 방정식에서

$\begin{cases} \dfrac{x+y}{3}=\dfrac{3}{5} \\ \dfrac{2x+y}{4}=\dfrac{3}{5} \end{cases}$, 즉 $\begin{cases} 5x+5y=9 & \cdots\ \text{㉠} \\ 10x+5y=12 & \cdots\ \text{㉡} \end{cases}$

㉠$-$㉡을 하면 $-5x=-3$ $\quad \therefore x=\dfrac{3}{5}$

$x=\dfrac{3}{5}$을 ㉠에 대입하면

$5\times\dfrac{3}{5}+5y=9$, $5y=6$ $\quad \therefore y=\dfrac{6}{5}$

따라서 구하는 방정식의 해는 $x=\dfrac{3}{5}$, $y=\dfrac{6}{5}$이다.

본문 85~86쪽

개념 30 해가 특수한 연립방정식의 풀이

01 답 (1) 무수히 많다 (2) 없다

02 답 빈칸은 풀이 참조 (1) ㄱ, ㅁ (2) ㄴ, ㄹ (3) ㄷ

ㄱ. $\begin{cases} x+y=2 \\ 4x+4y=8 \end{cases}$ ⇨ $\begin{cases} \boxed{4x+4y=8} \\ 4x+4y=8 \end{cases}$

ㄴ. $\begin{cases} x-2y=3 \\ 3x-6y=-9 \end{cases}$ ⇨ $\begin{cases} \boxed{3x-6y=9} \\ 3x-6y=-9 \end{cases}$

ㄷ. $\begin{cases} 2x-y=-1 \\ 8x+4y=-4 \end{cases}$ ⇨ $\begin{cases} \boxed{8x-4y=-4} \\ 8x+4y=-4 \end{cases}$

ㄹ. $\begin{cases} 4x+y=3 \\ 8x+2y=4 \end{cases}$ ⇨ $\begin{cases} \boxed{8x+2y=6} \\ 8x+2y=4 \end{cases}$

ㅁ. $\begin{cases} 3x+y=1 \\ 6x+2y=2 \end{cases}$ ⇨ $\begin{cases} \boxed{6x+2y=2} \\ 6x+2y=2 \end{cases}$

(1) x의 계수, y의 계수, 상수항이 각각 같으면 해가 무수히 많으므로 해가 무수히 많은 연립방정식은 ㄱ, ㅁ이다.

(2) x의 계수, y의 계수가 각각 같고, 상수항이 다르면 해가 없으므로 해가 없는 연립방정식은 ㄴ, ㄹ이다.

(3) x의 계수가 같고 y의 계수가 다르면 해가 한 쌍 존재하므로 해가 한 쌍인 연립방정식은 ㄷ이다.

03 답 (1) 해가 무수히 많다. (2) 해가 없다. (3) 해가 없다.
(4) 해가 무수히 많다. (5) 해가 무수히 많다.

(1) ㉠$\times 2$를 하면 $2x-2y=8$ $\cdots$ ㉢

이때 ㉡과 ㉢의 x의 계수, y의 계수, 상수항이 각각 같으므로 해가 무수히 많다.

(2) ㉠$\times 2$를 하면 $6x+2y=12$ $\cdots$ ㉢

이때 ㉡과 ㉢의 x의 계수, y의 계수는 각각 같고, 상수항은 다르므로 해가 없다.

(3) ㉠$\times 3$을 하면 $6x-9y=3$ $\cdots$ ㉢

이때 ㉡과 ㉢의 x의 계수, y의 계수는 각각 같고, 상수항은 다르므로 해가 없다.

(4) ㉠$\times(-3)$을 하면 $-3x-6y=-15$ $\cdots$ ㉢

이때 ㉡과 ㉢의 x의 계수, y의 계수, 상수항이 각각 같으므로 해가 무수히 많다.

(5) ㉠$\times(-2)$를 하면 $4x-2y=-6$ $\cdots$ ㉢

이때 ㉡과 ㉢의 x의 계수, y의 계수, 상수항이 각각 같으므로 해가 무수히 많다.

04 답 (1) 1 (2) 2 (3) -8

연립방정식의 해가 무수히 많으면 두 일차방정식의 x의 계수, y의 계수, 상수항이 각각 같다.

(1) $\begin{cases} x+ay=4 \\ 2x+2y=8 \end{cases}$, 즉 $\begin{cases} 2x+2ay=8 \\ 2x+2y=8 \end{cases}$의 해가 무수히 많으므로

$2a=2$ $\quad \therefore a=1$

(2) $\begin{cases} x-3y=3 \\ ax-6y=6 \end{cases}$, 즉 $\begin{cases} 2x-6y=6 \\ ax-6y=6 \end{cases}$의 해가 무수히 많으므로

$a=2$

(3) $\begin{cases} x-2y=4 \\ 4x+ay=16 \end{cases}$, 즉 $\begin{cases} 4x-8y=16 \\ 4x+ay=16 \end{cases}$의 해가 무수히 많으므로

$a=-8$

05 답 (1) 2 (2) 4 (3) -4

연립방정식의 해가 없으면 두 일차방정식의 x의 계수, y의 계수는 각각 같고, 상수항은 다르다.

(1) $\begin{cases} 2x-y=6 \\ ax-y=10 \end{cases}$의 해가 없으므로

$a=2$

(2) $\begin{cases} 3x+ay=5 \\ 6x+8y=12 \end{cases}$, 즉 $\begin{cases} 6x+2ay=10 \\ 6x+8y=12 \end{cases}$의 해가 없으므로

$2a=8$ $\quad \therefore a=4$

(3) $\begin{cases} -3x+6y=-4 \\ 2x+ay=1 \end{cases}$, 즉 $\begin{cases} 6x-12y=8 \\ 6x+3ay=3 \end{cases}$의 해가 없으므로

$3a=-12$ $\quad \therefore a=-4$

06 답 ③, ⑤

① x의 계수를 같게 하면 $\begin{cases} 2x+2y=2 \\ 2x-3y=1 \end{cases}$

② x의 계수를 같게 하면 $\begin{cases} 6x-3y=9 \\ 6x-3y=-9 \end{cases}$

③ x의 계수를 같게 하면 $\begin{cases} 4x-6y=2 \\ 4x-6y=2 \end{cases}$

④ y의 계수를 같게 하면 $\begin{cases} 8x-2y=8 \\ 5x-2y=6 \end{cases}$

⑤ x의 계수를 같게 하면 $\begin{cases} 2x-4y=10 \\ 2x-4y=10 \end{cases}$

따라서 해가 무수히 많은 것은 ③, ⑤이다.

07 답 ⑤

① x의 계수를 같게 하면 $\begin{cases} 4x+y=1 \\ 4x-2y=4 \end{cases}$

② x의 계수를 같게 하면 $\begin{cases} 6x+4y=8 \\ 6x+4y=8 \end{cases}$

③ y의 계수를 같게 하면 $\begin{cases} -4x+6y=-4 \\ 5x+6y=8 \end{cases}$

④ x의 계수를 같게 하면 $\begin{cases} 4x-2y=6 \\ 4x-2y=6 \end{cases}$

⑤ x의 계수를 같게 하면 $\begin{cases} 6x+2y=10 \\ 6x+2y=5 \end{cases}$

따라서 해가 없는 것은 ⑤이다.

08 답 2

$\begin{cases} 3x-y=a \\ bx+2y=8 \end{cases}$, 즉 $\begin{cases} -6x+2y=-2a \\ bx+2y=8 \end{cases}$의 해가 무수히 많으므로

$-6=b$, $-2a=8$ ∴ $a=-4$, $b=-6$

∴ $a-b=-4-(-6)=2$

한번 더! 기본 문제 개념 29~30   본문 87쪽

| 01 | 3 | 02 | ③ | 03 | $x=3$, $y=1$ |
| 04 | ④ | 05 | ③ | 06 | 11 |

01 답 3

$\begin{cases} 5(x+2y)-4y=4 \\ 2(x-y)=x+3y+7 \end{cases}$, 즉 $\begin{cases} 5x+6y=4 & \cdots ㉠ \\ x-5y=7 & \cdots ㉡ \end{cases}$

㉠$-$㉡$\times 5$를 하면 $31y=-31$ ∴ $y=-1$

$y=-1$을 ㉡에 대입하면 $x-5\times(-1)=7$ ∴ $x=2$

따라서 $a=2$, $b=-1$이므로

$a-b=2-(-1)=3$

02 답 ③

$\begin{cases} 0.3(x-y)-0.2x=0.5 & \cdots ㉠ \\ \dfrac{x-1}{2}-\dfrac{y+1}{3}=\dfrac{1}{2} & \cdots ㉡ \end{cases}$

㉠$\times 10$을 하면 $3(x-y)-2x=5$

∴ $x-3y=5$ $\cdots ㉢$

㉡$\times 6$을 하면 $3(x-1)-2(y+1)=3$

∴ $3x-2y=8$ $\cdots ㉣$

㉢$\times 3-$㉣을 하면 $-7y=7$ ∴ $y=-1$

$y=-1$을 ㉢에 대입하면 $x-3\times(-1)=5$ ∴ $x=2$

따라서 연립방정식의 해는 $x=2$, $y=-1$이다.

03 답 $x=3$, $y=1$

주어진 방정식에서

$\begin{cases} \dfrac{3x-y}{2}=x+1 \\ \dfrac{6x+2y}{5}=x+1 \end{cases}$, 즉 $\begin{cases} x-y=2 & \cdots ㉠ \\ x+2y=5 & \cdots ㉡ \end{cases}$

㉠$-$㉡을 하면 $-3y=-3$ ∴ $y=1$

$y=1$을 ㉠에 대입하면 $x-1=2$ ∴ $x=3$

따라서 구하는 방정식의 해는 $x=3$, $y=1$이다.

04 답 ④

$x=2$, $y=k$를 $4(3x-2)+y=3$에 대입하면

$4\times(3\times 2-2)+k=3$ ∴ $k=-13$

$x=2$, $y=-13$을 $x+ay=-11$에 대입하면

$2+a\times(-13)=-11$, $-13a=-13$ ∴ $a=1$

∴ $a-k=1-(-13)=14$

05 답 ③

$\begin{cases} \dfrac{1}{6}x+\dfrac{1}{4}y=k \\ 2x+3y=3 \end{cases}$, 즉 $\begin{cases} 2x+3y=12k \\ 2x+3y=3 \end{cases}$의 해가 없으므로

$12k\neq 3$ ∴ $k\neq\dfrac{1}{4}$

06 답 11

주어진 연립방정식을 정리하면

$\begin{cases} 4x+y=-3 & \cdots ㉠ \\ ax-y=a+b & \cdots ㉡ \end{cases}$

㉠$\times(-1)$을 하면 $-4x-y=3$ $\cdots ㉢$

해가 무수히 많으므로 ㉡과 ㉢의 x의 계수, 상수항이 각각 같다.

즉, $a=-4$, $a+b=3$이므로 $a=-4$, $b=7$

∴ $b-a=7-(-4)=11$

본문 88~90쪽

개념 31 연립방정식의 활용 (1)

01 답 풀이 참조

❶ 두 수 중 큰 수를 x, 작은 수를 y라 하자.

❷ 큰 수와 작은 수의 합이 28이므로

$\boxed{x+y}=28$

큰 수와 작은 수의 차가 2이므로

$\boxed{x-y}=2$

즉, 연립방정식을 세우면 $\begin{cases} \boxed{x+y}=28 & \cdots ㉠ \\ \boxed{x-y}=2 & \cdots ㉡ \end{cases}$이다.

❸ ㉠$+$㉡을 하면 $2x=30$ ∴ $x=\boxed{15}$

$x=15$를 ㉠에 대입하면 $15+y=28$ ∴ $y=\boxed{13}$

따라서 큰 수는 $\boxed{15}$, 작은 수는 $\boxed{13}$이다.

❹ $\boxed{15}+13=28$이고, $\boxed{15}-13=2$이므로 구한 해는 문제의 뜻에 맞는다.

02 답 풀이 참조

❶ 현재 아버지의 나이를 x세, 아들의 나이를 y세라 하자.

❷ 현재 아버지와 아들의 나이의 합이 60세이므로

$\boxed{x+y}=60$

12년 후에 아버지의 나이가 아들의 나이의 2배가 되므로

$x+12=2(\boxed{y+12})$

즉, 연립방정식을 세우면 $\begin{cases} \boxed{x+y}=60 \\ x+12=2(\boxed{y+12}) \end{cases}$ 이다.

❸ $\begin{cases} x+y=60 \\ x+12=2(y+12) \end{cases}$, 즉 $\begin{cases} x+y=60 & \cdots ㉠ \\ x-2y=12 & \cdots ㉡ \end{cases}$

㉠－㉡을 하면 $3y=48$ ∴ $y=\boxed{16}$

$y=16$을 ㉠에 대입하면 $x+16=60$ ∴ $x=\boxed{44}$

따라서 현재 아버지의 나이는 $\boxed{44}$세, 아들의 나이는 $\boxed{16}$세이다.

❹ $\boxed{44}+16=60$이고, $\boxed{44}+12=2(\boxed{16}+12)$이므로 구한 해는 문제의 뜻에 맞는다.

03 답 (1) $\begin{cases} x+y=40 \\ 4x+2y=140 \end{cases}$ (2) $x=30$, $y=10$

(3) 양: 30마리, 오리: 10마리

(2) $\begin{cases} x+y=40 & \cdots ㉠ \\ 4x+2y=140 & \cdots ㉡ \end{cases}$

㉠×4－㉡을 하면 $2y=20$ ∴ $y=10$

$y=10$을 ㉠에 대입하면 $x+10=40$ ∴ $x=30$

(3) 양은 30마리이고, 오리는 10마리이다.

04 답 (1) $\begin{cases} x=y-4 \\ 2(x+y)=72 \end{cases}$ (2) $x=16$, $y=20$

(3) 가로의 길이: 16 cm, 세로의 길이: 20 cm

(2) $\begin{cases} x=y-4 \\ 2(x+y)=72 \end{cases}$, 즉 $\begin{cases} x=y-4 & \cdots ㉠ \\ x+y=36 & \cdots ㉡ \end{cases}$

㉠을 ㉡에 대입하면 $(y-4)+y=36$

$2y=40$ ∴ $y=20$

$y=20$을 ㉠에 대입하면 $x=20-4=16$

(3) 가로의 길이는 16 cm, 세로의 길이는 20 cm이다.

05 답 (1) 풀이 참조 (2) $x=7$, $y=6$ (3) 76

(1)

	십의 자리의 숫자	일의 자리의 숫자	자연수
처음 수	x	y	$10x+y$
바꾼 수	y	x	$10y+x$

⇨ 연립방정식: $\begin{cases} x+y=13 \\ 10y+x=(10x+y)-9 \end{cases}$

(2) $\begin{cases} x+y=13 \\ 10y+x=(10x+y)-9 \end{cases}$, 즉 $\begin{cases} x+y=13 & \cdots ㉠ \\ x-y=1 & \cdots ㉡ \end{cases}$

㉠＋㉡을 하면 $2x=14$ ∴ $x=7$

$x=7$을 ㉠에 대입하면 $7+y=13$ ∴ $y=6$

(3) 처음 수는 76이다.

06 답 (1) $\begin{cases} x+y=5 \\ 3x-y=11 \end{cases}$ (2) $x=4$, $y=1$ (3) 1회

(2) $\begin{cases} x+y=5 & \cdots ㉠ \\ 3x-y=11 & \cdots ㉡ \end{cases}$

㉠＋㉡을 하면 $4x=16$ ∴ $x=4$

$x=4$를 ㉠에 대입하면 $4+y=5$ ∴ $y=1$

(3) 뒷면이 나온 횟수는 1회이다.

07 답 (1) 풀이 참조 (2) $x=8$, $y=7$

(3) 햄버거: 8개, 음료수: 7개

(1)

	햄버거	음료수	합계
가격(원)	2500	1200	
개수(개)	x	y	15
금액(원)	$2500x$	$1200y$	28400

⇨ 연립방정식: $\begin{cases} x+y=15 \\ 2500x+1200y=28400 \end{cases}$

(2) $\begin{cases} x+y=15 \\ 2500x+1200y=28400 \end{cases}$, 즉 $\begin{cases} x+y=15 & \cdots ㉠ \\ 25x+12y=284 & \cdots ㉡ \end{cases}$

㉠×12－㉡을 하면 $-13x=-104$ ∴ $x=8$

$x=8$을 ㉠에 대입하면 $8+y=15$ ∴ $y=7$

(3) 햄버거를 8개, 음료수를 7개 샀다.

08 답 (1) $\begin{cases} 6x+6y=1 \\ 3x+8y=1 \end{cases}$ (2) $x=\dfrac{1}{15}$, $y=\dfrac{1}{10}$ (3) 15일

(2) $\begin{cases} 6x+6y=1 & \cdots ㉠ \\ 3x+8y=1 & \cdots ㉡ \end{cases}$

㉠－㉡×2를 하면 $-10y=-1$ ∴ $y=\dfrac{1}{10}$

$y=\dfrac{1}{10}$을 ㉠에 대입하면 $6x+6\times\dfrac{1}{10}=1$

$6x=\dfrac{2}{5}$ ∴ $x=\dfrac{1}{15}$

(3) 정우가 1일 동안 할 수 있는 일의 양이 $\dfrac{1}{15}$이므로 이 일을 정우가 혼자 하면 15일이 걸린다.

09 답 ②

큰 수를 x, 작은 수를 y라 하면

$\begin{cases} x+y=21 & \cdots ㉠ \\ x=4y+1 & \cdots ㉡ \end{cases}$

㉡을 ㉠에 대입하면 $(4y+1)+y=21$

$5y=20$ ∴ $y=4$

$y=4$를 ㉡에 대입하면 $x=4\times4+1=17$

따라서 두 수 중 큰 수는 17이다.

10 답 16세

현재 수현이의 나이를 x세, 동생의 나이를 y세라 하면

$\begin{cases} x+y=22 \\ x+4=2(y+4) \end{cases}$, 즉 $\begin{cases} x+y=22 & \cdots ㉠ \\ x-2y=4 & \cdots ㉡ \end{cases}$

㉠－㉡을 하면 $3y=18$ ∴ $y=6$

$y=6$을 ㉠에 대입하면
$x+6=22$ ∴ $x=16$
따라서 현재 수현이의 나이는 16세이다.

11 답 79

처음 수의 십의 자리의 숫자를 x, 일의 자리의 숫자를 y라 하면
$\begin{cases} x+y=16 \\ 10y+x=(10x+y)+18 \end{cases}$, 즉 $\begin{cases} x+y=16 & \cdots ㉠ \\ x-y=-2 & \cdots ㉡ \end{cases}$
㉠+㉡을 하면 $2x=14$ ∴ $x=7$
$x=7$을 ㉠에 대입하면
$7+y=16$ ∴ $y=9$
따라서 처음 수는 79이다.

12 답 ⑤

진영이가 맞힌 문제의 개수를 x개, 틀린 문제의 개수를 y개라 하면
$\begin{cases} x+y=20 \\ 40x-20y=440 \end{cases}$, 즉 $\begin{cases} x+y=20 & \cdots ㉠ \\ 2x-y=22 & \cdots ㉡ \end{cases}$
㉠+㉡을 하면 $3x=42$ ∴ $x=14$
$x=14$를 ㉠에 대입하면
$14+y=20$ ∴ $y=6$
따라서 진영이가 틀린 문제의 개수는 6개이다.

13 답 ③

승현이가 산 연필의 개수를 x개, 색연필의 개수를 y개라 하면
$\begin{cases} 500x+800y=6800 \\ y=x+2 \end{cases}$, 즉 $\begin{cases} 5x+8y=68 & \cdots ㉠ \\ y=x+2 & \cdots ㉡ \end{cases}$
㉡을 ㉠에 대입하면
$5x+8(x+2)=68$
$13x=52$ ∴ $x=4$
$x=4$를 ㉡에 대입하면
$y=4+2=6$
따라서 승현이가 산 색연필의 개수는 6개이다.

14 답 30일

민호와 윤식이가 하루 동안 할 수 있는 일의 양을 각각 x, y라 하면
$\begin{cases} 12x+12y=1 & \cdots ㉠ \\ 15x+10y=1 & \cdots ㉡ \end{cases}$
㉠$\times5$-㉡$\times4$를 하면
$20y=1$ ∴ $y=\dfrac{1}{20}$
$y=\dfrac{1}{20}$을 ㉡에 대입하면
$15x+10\times\dfrac{1}{20}=1$, $15x=\dfrac{1}{2}$
∴ $x=\dfrac{1}{30}$
따라서 민호가 1일 동안 할 수 있는 일의 양이 $\dfrac{1}{30}$이므로 이 일을
민호가 혼자 하면 30일이 걸린다.

개념 32 연립방정식의 활용 (2)

01 답 (1) 풀이 참조   (2) $x=6$, $y=4$
   (3) 뛰어간 거리: $6\,km$, 걸어간 거리: $4\,km$

(1)
	뛰어갈 때	걸어갈 때	전체
거리	$x\,km$	$y\,km$	$10\,km$
속력	시속 $6\,km$	시속 $4\,km$	
시간	$\dfrac{x}{6}$시간	$\dfrac{y}{4}$시간	2시간

⇨ 연립방정식: $\begin{cases} x+y=10 \\ \dfrac{x}{6}+\dfrac{y}{4}=2 \end{cases}$

(2) $\begin{cases} x+y=10 \\ \dfrac{x}{6}+\dfrac{y}{4}=2 \end{cases}$, 즉 $\begin{cases} x+y=10 & \cdots ㉠ \\ 2x+3y=24 & \cdots ㉡ \end{cases}$

㉠$\times2$-㉡을 하면 $-y=-4$ ∴ $y=4$
$y=4$를 ㉠에 대입하면 $x+4=10$ ∴ $x=6$

(3) 뛰어간 거리는 $6\,km$, 걸어간 거리는 $4\,km$이다.

02 답 (1) 풀이 참조   (2) $x=6$, $y=8$
   (3) 올라간 거리: $6\,km$, 내려온 거리: $8\,km$

(1)
	올라갈 때	내려올 때	전체
거리	$x\,km$	$y\,km$	$14\,km$
속력	시속 $3\,km$	시속 $4\,km$	
시간	$\dfrac{x}{3}$시간	$\dfrac{y}{4}$시간	4시간

⇨ 연립방정식: $\begin{cases} x+y=14 \\ \dfrac{x}{3}+\dfrac{y}{4}=4 \end{cases}$

(2) $\begin{cases} x+y=14 \\ \dfrac{x}{3}+\dfrac{y}{4}=4 \end{cases}$, 즉 $\begin{cases} x+y=14 & \cdots ㉠ \\ 4x+3y=48 & \cdots ㉡ \end{cases}$

㉠$\times3$-㉡을 하면 $-x=-6$ ∴ $x=6$
$x=6$을 ㉠에 대입하면 $6+y=14$ ∴ $y=8$

(3) 올라간 거리는 $6\,km$, 내려온 거리는 $8\,km$이다.

03 답 (1) 풀이 참조   (2) $x=5$, $y=3$
   (3) 윤찬: $5\,km$, 성진: $3\,km$

(1)
	윤찬	성진	전체
거리	$x\,km$	$y\,km$	$8\,km$
속력	시속 $5\,km$	시속 $3\,km$	
시간	$\dfrac{x}{5}$시간	$\dfrac{y}{3}$시간	

⇨ 연립방정식: $\begin{cases} x+y=8 \\ \dfrac{x}{5}=\dfrac{y}{3} \end{cases}$

(2) $\begin{cases} x+y=8 \\ \dfrac{x}{5}=\dfrac{y}{3} \end{cases}$, 즉 $\begin{cases} x+y=8 & \cdots ㉠ \\ 3x-5y=0 & \cdots ㉡ \end{cases}$

㉠$\times3$-㉡을 하면 $8y=24$ ∴ $y=3$

$y=3$을 ㉠에 대입하면 $x+3=8$ ∴ $x=5$

(3) 윤찬이가 걸은 거리는 $5\,km$, 성진이가 걸은 거리는 $3\,km$이다.

04 답 (1) 풀이 참조 (2) $x=80$, $y=90$
(3) 남학생: 80명, 여학생: 90명

(1)
	남학생 수	여학생 수	합계
작년	x명	y명	170명
변화량	$-\dfrac{15}{100}x$명	$+\dfrac{10}{100}y$명	-3명

⇨ 연립방정식: $\begin{cases} x+y=170 \\ -\dfrac{15}{100}x+\dfrac{10}{100}y=-3 \end{cases}$

(2) $\begin{cases} x+y=170 \\ -\dfrac{15}{100}x+\dfrac{10}{100}y=-3 \end{cases}$, 즉 $\begin{cases} x+y=170 & \cdots ㉠ \\ -3x+2y=-60 & \cdots ㉡ \end{cases}$

㉠$\times 3+$㉡을 하면 $5y=450$ ∴ $y=90$

$y=90$을 ㉠에 대입하면 $x+90=170$ ∴ $x=80$

(3) 작년 2학년 남학생 수는 80명, 여학생 수는 90명이다.

05 답 (1) 풀이 참조 (2) $x=300$, $y=180$ (3) 180개

(1)
	제품 A	제품 B	합계
지난달	x개	y개	480개
변화량	$+\dfrac{8}{100}x$개	$-\dfrac{5}{100}y$개	$+15$개

⇨ 연립방정식: $\begin{cases} x+y=480 \\ \dfrac{8}{100}x-\dfrac{5}{100}y=15 \end{cases}$

(2) $\begin{cases} x+y=480 \\ \dfrac{8}{100}x-\dfrac{5}{100}y=15 \end{cases}$, 즉 $\begin{cases} x+y=480 & \cdots ㉠ \\ 8x-5y=1500 & \cdots ㉡ \end{cases}$

㉠$\times 5+$㉡을 하면 $13x=3900$ ∴ $x=300$

$x=300$을 ㉠에 대입하면 $300+y=480$ ∴ $y=180$

(3) 지난달 제품 B의 생산량은 180개이다.

06 답 $3\,km$

시속 $8\,km$로 이동한 거리를 $x\,km$, 시속 $6\,km$로 이동한 거리를 $y\,km$라 하면

$\begin{cases} x+y=7 \\ \dfrac{x}{8}+\dfrac{y}{6}=1 \end{cases}$, 즉 $\begin{cases} x+y=7 & \cdots ㉠ \\ 3x+4y=24 & \cdots ㉡ \end{cases}$

㉠$\times 4-$㉡을 하면 $x=4$

$x=4$를 ㉠에 대입하면 $4+y=7$ ∴ $y=3$

따라서 시속 $6\,km$로 이동한 거리는 $3\,km$이다.

07 답 $8\,km$

올라갈 때 걸은 거리를 $x\,km$, 내려올 때 걸은 거리를 $y\,km$라 하면

$\begin{cases} x+y=14 \\ \dfrac{x}{4}+\dfrac{y}{6}=3 \end{cases}$, 즉 $\begin{cases} x+y=14 & \cdots ㉠ \\ 3x+2y=36 & \cdots ㉡ \end{cases}$

㉠$\times 3-$㉡을 하면 $y=6$

$y=6$을 ㉠에 대입하면

$x+6=14$ ∴ $x=8$

따라서 올라갈 때 걸은 거리는 $8\,km$이다.

08 답 ⑤

하은이가 자전거를 탄 거리를 $x\,km$, 준희가 자전거를 탄 거리를 $y\,km$라 하면

$\begin{cases} x+y=36 \\ \dfrac{x}{8}=\dfrac{y}{10} \end{cases}$, 즉 $\begin{cases} x+y=36 & \cdots ㉠ \\ 5x-4y=0 & \cdots ㉡ \end{cases}$

㉠$\times 4+$㉡을 하면 $9x=144$ ∴ $x=16$

$x=16$을 ㉠에 대입하면

$16+y=36$ ∴ $y=20$

따라서 준희가 자전거를 탄 거리는 $20\,km$이다.

09 답 16000원

휴지 세트의 할인 전 가격을 x원, 샴푸 세트의 할인 전 가격을 y원이라 하면

$\begin{cases} x+y=28000 \\ -\dfrac{15}{100}x-\dfrac{20}{100}y=-5000 \end{cases}$, 즉 $\begin{cases} x+y=28000 & \cdots ㉠ \\ 3x+4y=100000 & \cdots ㉡ \end{cases}$

㉠$\times 4-$㉡을 하면 $x=12000$

$x=12000$을 ㉠에 대입하면

$12000+y=28000$ ∴ $y=16000$

따라서 샴푸 세트의 할인 전 가격은 16000원이다.

10 답 ①

작년 남학생 수를 x명, 여학생 수를 y명이라 하면

$\begin{cases} x+y=950 \\ -\dfrac{10}{100}x+\dfrac{5}{100}y=-8 \end{cases}$, 즉 $\begin{cases} x+y=950 & \cdots ㉠ \\ -2x+y=-160 & \cdots ㉡ \end{cases}$

㉠$-$㉡을 하면 $3x=1110$ ∴ $x=370$

$x=370$을 ㉠에 대입하면

$370+y=950$ ∴ $y=580$

따라서 작년 여학생 수는 580명이다.

한번 더! 기본 문제 개념 31~32   본문 94쪽

01 ⑤	**02** 9 cm	**03** 2회	**04** 4 km
05 4 km	**06** 272명		

01 답 ⑤

네발자전거가 x대, 두발자전거가 y대 있다고 하면

$\begin{cases} x+y=12 & \cdots ㉠ \\ 4x+2y=32 & \cdots ㉡ \end{cases}$

㉠$\times 2-$㉡을 하면 $-2x=-8$ ∴ $x=4$

$x=4$를 ㉠에 대입하면 $4+y=12$ ∴ $y=8$

따라서 두발자전거는 8대이다.

02 답 9 cm

아랫변의 길이를 x cm, 윗변의 길이를 y cm라 하면

$\begin{cases} x=y+4 \\ \dfrac{1}{2}\times(x+y)\times 6=42 \end{cases}$, 즉 $\begin{cases} x=y+4 & \cdots \text{㉠} \\ x+y=14 & \cdots \text{㉡} \end{cases}$

㉠을 ㉡에 대입하면 $(y+4)+y=14$

$2y=10$ $\quad \therefore y=5$

$y=5$를 ㉠에 대입하면 $x=5+4=9$

따라서 아랫변의 길이는 9 cm이다.

03 답 2회

유빈이가 이긴 횟수를 x회, 진 횟수를 y회라 하면 영빈이가 이긴 횟수는 y회, 진 횟수는 x회이므로

$\begin{cases} 3x-y=10 & \cdots \text{㉠} \\ 3y-x=2 & \cdots \text{㉡} \end{cases}$

㉠$\times 3+$㉡을 하면 $8x=32$ $\quad \therefore x=4$

$x=4$를 ㉡에 대입하면 $3y-4=2$, $3y=6$ $\quad \therefore y=2$

따라서 영빈이가 이긴 횟수는 2회이다.

04 답 4 km

지은이가 걸어간 거리를 x km, 달려간 거리를 y km라 하면

$\begin{cases} x+y=5 \\ \dfrac{x}{4}+\dfrac{y}{6}=\dfrac{7}{6} \end{cases}$, 즉 $\begin{cases} x+y=5 & \cdots \text{㉠} \\ 3x+2y=14 & \cdots \text{㉡} \end{cases}$

㉠$\times 3-$㉡을 하면 $y=1$

$y=1$을 ㉠에 대입하면 $x+1=5$ $\quad \therefore x=4$

따라서 지은이가 걸어간 거리는 4 km이다.

05 답 4 km

A 코스의 길이를 x km, B 코스의 길이를 y km라 하면

$\begin{cases} x=y+1 \\ \dfrac{x}{4}+\dfrac{y}{3}=2 \end{cases}$, 즉 $\begin{cases} x=y+1 & \cdots \text{㉠} \\ 3x+4y=24 & \cdots \text{㉡} \end{cases}$

㉠을 ㉡에 대입하면 $3(y+1)+4y=24$

$7y=21$ $\quad \therefore y=3$

$y=3$을 ㉠에 대입하면 $x=3+1=4$

따라서 A 코스의 길이는 4 km이다.

06 답 272명

지난달의 남자 회원 수를 x명, 여자 회원 수를 y명이라 하면

$\begin{cases} x+y=560 \\ -\dfrac{15}{100}x+\dfrac{20}{100}y=0 \end{cases}$, 즉 $\begin{cases} x+y=560 & \cdots \text{㉠} \\ -3x+4y=0 & \cdots \text{㉡} \end{cases}$

㉠$\times 3+$㉡을 하면 $7y=1680$ $\quad \therefore y=240$

$y=240$을 ㉠에 대입하면

$x+240=560$ $\quad \therefore x=320$

따라서 지난달의 남자 회원 수가 320명이므로 이번 달 남자 회원 수는

$320-\dfrac{15}{100}\times 320=272$(명)

---

5. 일차함수와 그 그래프

개념 33 함수

01 답 함수

02 답 표는 풀이 참조   (1) 오직 하나씩 대응한다.   (2) 함수이다.

x	1	2	3	4	5	$\cdots$
y	1500	3000	4500	6000	7500	$\cdots$

(1) x의 값이 변함에 따라 y의 값이 오직 하나씩 대응한다.
(2) (1)에 의하여 y는 x의 함수이다.

03 답 표는 풀이 참조   (1) 하나씩 대응하지 않는다.
(2) 함수가 아니다.

x	1	2	3	4	5	$\cdots$
y	1	1, 2	1	1, 2	1, 5	$\cdots$

(1) x의 값이 2일 때, y의 값은 1, 2로 하나씩 대응하지 않는다.
(2) (1)에 의하여 y는 x의 함수가 아니다.

04 답 표는 풀이 참조   (1) 오직 하나씩 대응한다.   (2) 함수이다.

x	1	2	3	4	5	$\cdots$
y	120	60	40	30	24	$\cdots$

(1) x의 값이 변함에 따라 y의 값이 오직 하나씩 대응한다.
(2) (1)에 의하여 y는 x의 함수이다.

05 답 표는 풀이 참조   (1) 하나씩 대응하지 않는다.
(2) 함수가 아니다.

x	1	2	3	4	5	$\cdots$
y	없다.	1	1, 2	1, 2, 3	1, 2, 3, 4	$\cdots$

(1) x의 값이 1일 때, 대응하는 y의 값이 없으므로 하나씩 대응하지 않는다.
(2) (1)에 의하여 y는 x의 함수가 아니다.

06 답 표는 풀이 참조   (1) 오직 하나씩 대응한다.   (2) 함수이다.

x	1	2	3	4	5	$\cdots$
y	60	30	20	15	12	$\cdots$

(1) x의 값이 변함에 따라 y의 값이 오직 하나씩 대응한다.
(2) (1)에 의하여 y는 x의 함수이다.

07 답 (1) × (2) × (3) × (4) ○ (5) ○ (6) ○ (7) ○

(1)

x	1	2	3	4	5	$\cdots$
y	1	1, 2	1, 3	1, 2, 4	1, 5	$\cdots$

x의 값이 2일 때, y의 값은 1, 2로 하나씩 대응하지 않으므로 y는 x의 함수가 아니다.

(2)

x	1	2	3	$\cdots$
y	1, 2, 3, $\cdots$	2, 4, 6, $\cdots$	3, 6, 9, $\cdots$	$\cdots$

x의 값이 1일 때, y의 값은 1, 2, 3, $\cdots$으로 하나씩 대응하지 않으므로 y는 x의 함수가 아니다.

(3)

x	1	2	3	4	5	$\cdots$
y	없다.	없다.	2	2, 3	2, 3	$\cdots$

x의 값이 1일 때, 대응하는 y의 값이 없으므로 y는 x의 함수가 아니다.

(4)

x	1	2	3	4	5	$\cdots$
y	12	24	36	48	60	$\cdots$

x의 값이 변함에 따라 y의 값이 오직 하나씩 대응하므로 y는 x의 함수이다.

(5)

x	1	2	3	4	5	$\cdots$
y	500	1000	1500	2000	2500	$\cdots$

x의 값이 변함에 따라 y의 값이 오직 하나씩 대응하므로 y는 x의 함수이다.

(6)

x	1	2	3	4	5	$\cdots$
y	240	120	80	60	48	$\cdots$

x의 값이 변함에 따라 y의 값이 오직 하나씩 대응하므로 y는 x의 함수이다.

(7)

x	1	2	3	4	5	$\cdots$
y	4	8	12	16	20	$\cdots$

x의 값이 변함에 따라 y의 값이 오직 하나씩 대응하므로 y는 x의 함수이다.

08 답 ④

ㄱ.

x	1	2	3	$\cdots$
y	없다.	3, 5, 7, $\cdots$	2, 4, 5, $\cdots$	$\cdots$

x의 값이 1일 때, 대응하는 y의 값이 없으므로 y는 x의 함수가 아니다.

ㄴ.

x	1	2	3	4	5	$\cdots$
y	8	8	24	8	40	$\cdots$

x의 값이 변함에 따라 y의 값이 오직 하나씩 대응하므로 y는 x의 함수이다.

ㄷ.

x	1	2	3	4	5	$\cdots$
y	1	2	3	4	5	$\cdots$

x의 값이 변함에 따라 y의 값이 오직 하나씩 대응하므로 y는 x의 함수이다.
따라서 함수인 것은 ㄴ, ㄷ이다.

09 답 ③

①

x	1	2	3	4	5	$\cdots$
y	1	0	1	0	1	$\cdots$

x의 값이 변함에 따라 y의 값이 오직 하나씩 대응하므로 y는 x의 함수이다.

②

x	1	2	3	4	5	$\cdots$
y	0	0	1	2	2	$\cdots$

x의 값이 변함에 따라 y의 값이 오직 하나씩 대응하므로 y는 x의 함수이다.

③

x	1	2	3	4	5	$\cdots$
y	$-1, 1$	$-2, 2$	$-3, 3$	$-4, 4$	$-5, 5$	$\cdots$

x의 값이 1일 때, y의 값은 -1, 1로 하나씩 대응하지 않으므로 y는 x의 함수가 아니다.

④

x	1	2	3	4	5	$\cdots$
y	22	24	26	28	30	$\cdots$

x의 값이 변함에 따라 y의 값이 오직 하나씩 대응하므로 y는 x의 함수이다.

⑤

x	1	2	3	4	5	$\cdots$
y	3	6	9	12	15	$\cdots$

x의 값이 변함에 따라 y의 값이 오직 하나씩 대응하므로 y는 x의 함수이다.
따라서 y가 x의 함수가 아닌 것은 ③이다.

본문 98~99쪽

개념 34 **함숫값**

01 답 함숫값

02 답 (1) $\dfrac{2}{5}$　(2) 0　(3) 2　(4) $-\dfrac{2}{5}$　(5) -2　(6) 1

(1) $f(1) = \dfrac{2}{5} \times 1 = \dfrac{2}{5}$

(2) $f(0) = \dfrac{2}{5} \times 0 = 0$

(3) $f(5) = \dfrac{2}{5} \times 5 = 2$

(4) $f(-1) = \dfrac{2}{5} \times (-1) = -\dfrac{2}{5}$

(5) $f(-5) = \dfrac{2}{5} \times (-5) = -2$

(6) $f\left(\dfrac{5}{2}\right) = \dfrac{2}{5} \times \dfrac{5}{2} = 1$

03 답 (1) 8　(2) -10　(3) 8　(4) -5

(1) $f(2) = 4 \times 2 = 8$

(2) $f(2) = -5 \times 2 = -10$

(3) $f(2) = \dfrac{16}{2} = 8$

(4) $f(2) = -\dfrac{10}{2} = -5$

04 답 (1) 1 (2) $-\dfrac{1}{5}$ (3) 36 (4) -18

(1) $f\left(\dfrac{1}{3}\right)=3\times\dfrac{1}{3}=1$

(2) $f\left(\dfrac{1}{3}\right)=-\dfrac{3}{5}\times\dfrac{1}{3}=-\dfrac{1}{5}$

(3) $f\left(\dfrac{1}{3}\right)=12\times 3=36$

(4) $f\left(\dfrac{1}{3}\right)=-6\times 3=-18$

05 답 (1) 6 (2) -5 (3) 2 (4) 3

(1) $f(x)=ax$에서 $f(2)=2a$이므로
$2a=12$ ∴ $a=6$

(2) $f(x)=ax$에서 $f(-1)=-a$이므로
$-a=5$ ∴ $a=-5$

(3) $f(x)=ax$에서 $f(-3)=-3a$이므로
$-3a=-6$ ∴ $a=2$

(4) $f(x)=ax$에서 $f\left(\dfrac{2}{3}\right)=\dfrac{2}{3}a$이므로
$\dfrac{2}{3}a=2$ ∴ $a=3$

06 답 (1) 5 (2) -8 (3) 10 (4) -6

(1) $f(x)=\dfrac{a}{x}$에서 $f(5)=\dfrac{a}{5}$이므로
$\dfrac{a}{5}=1$ ∴ $a=5$

(2) $f(x)=\dfrac{a}{x}$에서 $f(-2)=-\dfrac{a}{2}$이므로
$-\dfrac{a}{2}=4$ ∴ $a=-8$

(3) $f(x)=\dfrac{a}{x}$에서 $f(-5)=-\dfrac{a}{5}$이므로
$-\dfrac{a}{5}=-2$ ∴ $a=10$

(4) $f(x)=\dfrac{a}{x}$에서 $f(3)=\dfrac{a}{3}$이므로
$\dfrac{a}{3}=-2$ ∴ $a=-6$

07 답 -5

$f(2)=-4\times 2=-8$, $g(6)=\dfrac{18}{6}=3$

∴ $f(2)+g(6)=-8+3=-5$

08 답 ②

16, 20을 6으로 나누었을 때의 나머지는 각각 4, 2이므로
$f(16)=4$, $f(20)=2$

∴ $f(16)-f(20)=4-2=2$

09 답 -6

$f(x)=\dfrac{12}{x}$에서 $f(k)=\dfrac{12}{k}$이므로

$\dfrac{12}{k}=-2$ ∴ $k=-6$

본문 100쪽

한번 더! 기본 문제 개념 33~34

01 (1) 풀이 참조 (2) 함수이다.   **02** ③, ④
03 ③   **04** ④   **05** ①   **06** 6

01 답 (1) 풀이 참조 (2) 함수이다.

(1)
x	1	2	3	4	5	…
y	199	198	197	196	195	…

(2) x의 값이 변함에 따라 y의 값이 오직 하나씩 대응하므로 y는 x의 함수이다.

02 답 ③, ④

① $x=1$일 때, $y=6$, 12, 18, …이므로 함수가 아니다.
② $x=1$일 때, $y=2$, 3, 4, …이므로 함수가 아니다.
⑤ $x=5$일 때, $y=2$, 4이므로 함수가 아니다.
따라서 y가 x의 함수인 것은 ③, ④이다.

03 답 ③

③ $f\left(-\dfrac{1}{5}\right)=-20\times(-5)=100$

⑤ $f(5)+f(-10)=-\dfrac{20}{5}+\left(-\dfrac{20}{-10}\right)=-4+2=-2$

따라서 옳지 않은 것은 ③이다.

04 답 ④

3과 12의 최소공배수는 12이므로 $f(3)=12$
18과 12의 최소공배수는 36이므로 $f(18)=36$
∴ $f(3)+f(18)=12+36=48$

05 답 ①

$f(x)=\dfrac{1}{2}x$에서 $f(a)=\dfrac{1}{2}a$이므로 $\dfrac{1}{2}a=2$ ∴ $a=4$

∴ $g(a)=g(4)=-\dfrac{28}{4}=-7$

06 답 6

$f(x)=ax$에서 $f(3)=3a$이므로 $3a=-\dfrac{9}{4}$ ∴ $a=-\dfrac{3}{4}$

따라서 $f(x)=-\dfrac{3}{4}x$이므로 $f(-8)=-\dfrac{3}{4}\times(-8)=6$

본문 101~102쪽

개념 35 **일차함수**

01 답 일차함수

02 답 (1) ○ (2) ○ (3) × (4) × (5) ○ (6) ○

(5) $2x-y=6$에서 $y=2x-6$이므로 일차함수이다.
(6) $y=x(2-x)+x^2$에서 $y=2x$이므로 일차함수이다.

03 답 (1) $y=5x$, ◯ (2) $y=40+x$, ◯ (3) $y=x^2$, ✕
(4) $y=\dfrac{800}{x}$, ✕ (5) $y=10000-4000x$, ◯
(6) $y=20+3x$, ◯

04 답 (1) -3 (2) -5 (3) -2 (4) 12
(1) $f(0)=2\times0-3=-3$
(2) $f(-1)=2\times(-1)-3=-5$
(3) $f\left(\dfrac{1}{2}\right)=2\times\dfrac{1}{2}-3=-2$
(4) $f(3)=2\times3-3=3$
$f(-3)=2\times(-3)-3=-9$
$\therefore f(3)-f(-3)=3-(-9)=12$

05 답 (1) 4 (2) -2 (3) $-\dfrac{1}{4}$ (4) -3
(1) $f(x)=-2x+a$에서 $f(1)=-2+a$이므로
$-2+a=2$ $\therefore a=4$
(2) $f(x)=ax+5$에서 $f(3)=3a+5$
$3a+5=-1$, $3a=-6$ $\therefore a=-2$
(3) $f(x)=4x+2$에서 $f(a)=4a+2$
$4a+2=1$, $4a=-1$ $\therefore a=-\dfrac{1}{4}$
(4) $f(x)=-\dfrac{2}{3}x+2$에서 $f(a)=-\dfrac{2}{3}a+2$
$-\dfrac{2}{3}a+2=4$, $-\dfrac{2}{3}a=2$ $\therefore a=-3$

06 답 ㄴ, ㄷ, ㅂ
ㄹ. $y=\dfrac{3}{x}+5$에서 x가 분모에 있으므로 일차함수가 아니다.
ㅁ. $y=x(x+1)$에서 $y=x^2+x$이므로 일차함수가 아니다.
ㅂ. $3x-y+6=0$에서 $y=3x+6$이므로 일차함수이다.
따라서 일차함수인 것은 ㄴ, ㄷ, ㅂ이다.

07 답 ①, ⑤
① $y=x+2$이므로 일차함수이다.
② $y=\pi x^2$이므로 일차함수가 아니다.
③ $\dfrac{1}{2}xy=10$에서 $y=\dfrac{20}{x}$이므로 일차함수가 아니다.
④ $xy=10$에서 $y=\dfrac{10}{x}$이므로 일차함수가 아니다.
⑤ $y=4000-3x$이므로 일차함수이다.
따라서 일차함수인 것은 ①, ⑤이다.

08 답 3
$f(x)=-x+4$에서
$f(-2)=-(-2)+4=6$이므로 $a=6$
$f(b)=-b+4=7$이므로
$-b=3$ $\therefore b=-3$
$\therefore a+b=6+(-3)=3$

개념 36 일차함수 $y=ax+b$의 그래프

01 답 평행이동, b

02 답 풀이 참조

(1)
x	$\cdots$	-2	-1	0	1	2	$\cdots$
$x+1$	$\cdots$	-1	0	1	2	3	$\cdots$

일차함수 $y=x+1$의 그래프는 일차함수 $y=x$의 그래프를 y축의 방향으로 1만큼 평행이동한 것과 같다.

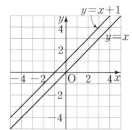

(2)
x	$\cdots$	-2	-1	0	1	2	$\cdots$
$\dfrac{1}{2}x$	$\cdots$	-1	$-\dfrac{1}{2}$	0	$\dfrac{1}{2}$	1	$\cdots$
$\dfrac{1}{2}x-2$	$\cdots$	-3	$-\dfrac{5}{2}$	-2	$-\dfrac{3}{2}$	-1	$\cdots$

일차함수 $y=\dfrac{1}{2}x-2$의 그래프는 일차함수 $y=\dfrac{1}{2}x$의 그래프를 y축의 방향으로 -2만큼 평행이동한 것과 같다.

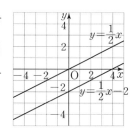

(3)
x	$\cdots$	-2	-1	0	1	2	$\cdots$
$-2x$	$\cdots$	4	2	0	-2	-4	$\cdots$
$-2x-1$	$\cdots$	3	1	-1	-3	-5	$\cdots$

일차함수 $y=-2x-1$의 그래프는 일차함수 $y=-2x$의 그래프를 y축의 방향으로 -1만큼 평행이동한 것과 같다.

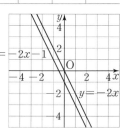

(4)
x	$\cdots$	-2	-1	0	1	2	$\cdots$
$-\dfrac{3}{2}x$	$\cdots$	3	$\dfrac{3}{2}$	0	$-\dfrac{3}{2}$	-3	$\cdots$
$-\dfrac{3}{2}x+2$	$\cdots$	5	$\dfrac{7}{2}$	2	$\dfrac{1}{2}$	-1	$\cdots$

일차함수 $y=-\dfrac{3}{2}x+2$의 그래프는 일차함수 $y=-\dfrac{3}{2}x$의 그래프를 y축의 방향으로 2만큼 평행이동한 것과 같다.

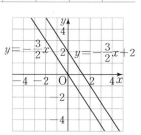

03 탭 (1) 7 (2) $-\dfrac{1}{4}$ (3) 3 (4) -2

(3) $y=3(x+1)=3x+3$이므로 $y=3x$의 그래프를 y축의 방향으로 3만큼 평행이동한 것이다.

(4) $y=3\left(x-\dfrac{2}{3}\right)=3x-2$이므로 $y=3x$의 그래프를 y축의 방향으로 -2만큼 평행이동한 것이다.

04 탭 (1) 4 (2) -3 (3) 1 (4) $-\dfrac{1}{4}$

(3) $y=-(x-1)=-x+1$이므로 $y=-x$의 그래프를 y축의 방향으로 1만큼 평행이동한 것이다.

(4) $y=-\left(x+\dfrac{1}{4}\right)=-x-\dfrac{1}{4}$이므로 $y=-x$의 그래프를 y축의 방향으로 $-\dfrac{1}{4}$만큼 평행이동한 것이다.

05 탭 (1) $y=5x+2$ (2) $y=\dfrac{2}{5}x-1$ (3) $y=-\dfrac{3}{2}x-3$

(4) $y=-4x+1$ (5) $y=-2x+5$ (6) $y=-\dfrac{1}{4}x-3$

(7) $y=4x-7$ (8) $y=-x$

(7) $y=4(x-1)$에서 $y=4x-4$

$y=4x-4$의 그래프를 y축의 방향으로 -3만큼 평행이동한 그래프가 나타내는 일차함수의 식은

$y=4x-4-3$, 즉 $y=4x-7$

(8) $y=-(x+2)$에서 $y=-x-2$

$y=-x-2$의 그래프를 y축의 방향으로 2만큼 평행이동한 그래프가 나타내는 일차함수의 식은 $y=-x-2+2$, 즉 $y=-x$

06 탭 (1) ○ (2) × (3) × (4) ○

(1) $y=4x-3$에 $x=2$, $y=5$를 대입하면

$5=4\times2-3$

(2) $y=-3x+1$에 $x=-1$, $y=-2$를 대입하면

$-2\neq-3\times(-1)+1$

(3) $y=\dfrac{1}{2}x+5$에 $x=-2$, $y=6$을 대입하면

$6\neq\dfrac{1}{2}\times(-2)+5$

(4) $y=-\dfrac{1}{3}x-1$에 $x=3$, $y=-2$를 대입하면

$-2=-\dfrac{1}{3}\times3-1$

07 탭 2

$y=-x$의 그래프를 y축의 방향으로 3만큼 평행이동한 그래프가 나타내는 일차함수의 식은 $y=-x+3$

따라서 $a=-1$, $b=3$이므로

$a+b=-1+3=2$

08 탭 ③

③ $y=-4x+1$의 그래프를 y축의 방향으로 1만큼 평행이동하면

$y=-4x+2$의 그래프와 겹쳐진다.

09 탭 제4사분면

$y=\dfrac{2}{3}x$의 그래프를 y축의 방향으로 2만큼 평행이동한 그래프가 나타내는 일차함수의 식은 $y=\dfrac{2}{3}x+2$

이때 $y=\dfrac{2}{3}x+2$의 그래프는 오른쪽 그림과 같으므로 제4사분면을 지나지 않는다.

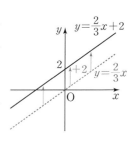

10 탭 ⑤

① $8=-3\times(-2)+2$ ② $5=-3\times(-1)+2$

③ $0=-3\times\dfrac{2}{3}+2$ ④ $-4=-3\times2+2$

⑤ $7\neq-3\times3+2$

따라서 주어진 일차함수의 그래프 위의 점이 아닌 것은 ⑤이다.

11 탭 ②

$y=-2x$의 그래프를 y축의 방향으로 3만큼 평행이동한 그래프가 나타내는 일차함수의 식은 $y=-2x+3$

① $13=-2\times(-5)+3$ ② $10\neq-2\times(-2)+3$

③ $3=-2\times0+3$ ④ $1=-2\times1+3$

⑤ $-3=-2\times3+3$

따라서 $y=-2x+3$의 그래프 위의 점이 아닌 것은 ②이다.

12 탭 -1

$y=3x+5$의 그래프를 y축의 방향으로 -6만큼 평행이동한 그래프가 나타내는 일차함수의 식은

$y=3x+5-6$, 즉 $y=3x-1$

이때 $y=3x-1$의 그래프가 점 $(k,\,-4)$를 지나므로

$-4=3k-1$, $3k=-3$ ∴ $k=-1$

한번 더! 기본 문제 [개념 35~36]   본문 106쪽

| **01** 4개 | **02** -9 | **03** ② | **04** -3 |
| **05** ⑤ | **06** 7 | | |

01 탭 4개

ㄱ. $x-xy=y(1-x)$에서 $y=x$이므로 일차함수이다.

ㄴ. $x-y=1-x$에서 $y=2x-1$이므로 일차함수이다.

ㄷ. $x^2+y=x^2-x+1$에서 $y=-x+1$이므로 일차함수이다.

ㄹ. $x=x+y+1$에서 $y=-1$이므로 일차함수가 아니다.

ㅁ. $x-y=x^2-x$에서 $y=2x-x^2$이므로 일차함수가 아니다.

ㅂ. $x^2-y=x(x+1)$에서 $y=-x$이므로 일차함수이다.

따라서 일차함수인 것은 ㄱ, ㄴ, ㄷ, ㅂ의 4개이다.

02 탭 -9

$f(-1)=-a-3$이므로 $-a-3=3$ ∴ $a=-6$

따라서 $f(x)=-6x-3$이므로 $f(1)=-6\times1-3=-9$

5. 일차함수와 그 그래프   **53**

03 답 ②

① $11=-2\times(-3)+5$ ② $1\neq-2\times(-2)+5$

③ $3=-2\times1+5$ ④ $-1=-2\times3+5$

⑤ $-3=-2\times4+5$

따라서 주어진 일차함수의 그래프 위의 점이 아닌 것은 ②이다.

04 답 -3

$y=4x+6$의 그래프는 $y=4x$의 그래프를 y축의 방향으로 6만큼 평행이동한 것이므로 $m=6$

$y=4x-\dfrac{1}{2}$의 그래프는 $y=4x$의 그래프를 y축의 방향으로 $-\dfrac{1}{2}$

만큼 평행이동한 것이므로 $n=-\dfrac{1}{2}$

$\therefore mn=6\times\left(-\dfrac{1}{2}\right)=-3$

05 답 ⑤

$y=5x+b$의 그래프를 y축의 방향으로 -3만큼 평행이동한 그래프가 나타내는 일차함수의 식은 $y=5x+b-3$

따라서 $a=5$, $b-3=-2$에서 $b=1$

$\therefore a+b=5+1=6$

06 답 7

$y=\dfrac{2}{3}x-2$의 그래프를 y축의 방향으로 m만큼 평행이동한 그래프가 나타내는 일차함수의 식은 $y=\dfrac{2}{3}x-2+m$

$y=\dfrac{2}{3}x-2+m$의 그래프가 점 $(-6, -2)$를 지나므로

$-2=\dfrac{2}{3}\times(-6)-2+m$ $\therefore m=4$

따라서 $y=\dfrac{2}{3}x-2+4$, 즉 $y=\dfrac{2}{3}x+2$이다.

$y=\dfrac{2}{3}x+2$의 그래프가 점 $(n, 4)$를 지나므로

$4=\dfrac{2}{3}n+2$, $\dfrac{2}{3}n=2$ $\therefore n=3$

$\therefore m+n=4+3=7$

본문 107~108쪽

개념 37 일차함수의 그래프의 x절편, y절편

01 답 x절편, y절편

02 답 (1) x절편: 1, y절편: -2 (2) x절편: -2, y절편: -3
(3) x절편: -3, y절편: 1 (4) x절편: -4, y절편: -4

03 답 (1) x절편: -1, y절편: 3 (2) x절편: 6, y절편: 6
(3) x절편: $\dfrac{5}{2}$, y절편: -5 (4) x절편: 6, y절편: -3
(5) x절편: $\dfrac{3}{2}$, y절편: 1 (6) x절편: $-\dfrac{4}{5}$, y절편: -4

(1) $y=0$일 때, $0=3x+3$, $3x=-3$ $\therefore x=-1$

$x=0$일 때, $y=3$

따라서 x절편은 -1, y절편은 3이다.

(2) $y=0$일 때, $0=-x+6$ $\therefore x=6$

$x=0$일 때, $y=6$

따라서 x절편은 6, y절편은 6이다.

(3) $y=0$일 때, $0=2x-5$, $2x=5$ $\therefore x=\dfrac{5}{2}$

$x=0$일 때, $y=-5$

따라서 x절편은 $\dfrac{5}{2}$, y절편은 -5이다.

(4) $y=0$일 때, $0=\dfrac{1}{2}x-3$, $\dfrac{1}{2}x=3$ $\therefore x=6$

$x=0$일 때, $y=-3$

따라서 x절편은 6, y절편은 -3이다.

(5) $y=0$일 때, $0=-\dfrac{2}{3}x+1$, $\dfrac{2}{3}x=1$ $\therefore x=\dfrac{3}{2}$

$x=0$일 때, $y=1$

따라서 x절편은 $\dfrac{3}{2}$, y절편은 1이다.

(6) $y=0$일 때, $0=-5x-4$, $5x=-4$ $\therefore x=-\dfrac{4}{5}$

$x=0$일 때, $y=-4$

따라서 x절편은 $-\dfrac{4}{5}$, y절편은 -4이다.

04 답 ②

$y=3x-6$에서 $y=0$일 때, $0=3x-6$, $3x=6$ $\therefore x=2$

$x=0$일 때, $y=-6$

따라서 x절편은 2, y절편은 -6이므로 $a=2$, $b=-6$

$\therefore a+b=2+(-6)=-4$

05 답 ②

① $y=0$일 때, $0=-\dfrac{1}{2}x+\dfrac{1}{2}$, $\dfrac{1}{2}x=\dfrac{1}{2}$ $\therefore x=1$

즉, x절편은 1이다.

② $y=0$일 때, $0=\dfrac{1}{2}x+1$, $\dfrac{1}{2}x=-1$ $\therefore x=-2$

즉, x절편은 -2이다.

③ $y=0$일 때, $0=\dfrac{1}{3}(x-1)$ $\therefore x=1$

즉, x절편은 1이다.

④ $y=0$일 때, $0=1-x$ $\therefore x=1$

즉, x절편은 1이다.

⑤ $y=0$일 때, $0=4x-4$, $4x=4$ $\therefore x=1$

즉, x절편은 1이다.

따라서 x절편이 나머지 넷과 다른 하나는 ②이다.

06 답 ④

$y=4x+2$의 그래프를 y축의 방향으로 6만큼 평행이동한 그래프가 나타내는 일차함수의 식은 $y=4x+2+6$ $\therefore y=4x+8$

$y=4x+8$에서 $y=0$일 때, $0=4x+8$, $4x=-8$ $\therefore x=-2$

$x=0$일 때, $y=8$

따라서 x절편은 -2, y절편은 8이므로 $a=-2$, $b=8$

$\therefore a+b=-2+8=6$

07 답 ㄷ

$y=2x+3$의 그래프를 y축의 방향으로 -5만큼 평행이동한 그래프가 나타내는 일차함수의 식은 $y=2x+3-5$ $\therefore y=2x-2$

두 일차함수의 그래프가 y축 위에서 만나려면 두 그래프의 y절편이 같아야 한다.

이때 $y=2x-2$에서 $x=0$일 때, $y=-2$

즉, 평행이동한 그래프의 y절편은 -2이고, **보기**의 일차함수의 그래프의 y절편을 각각 구하면 다음과 같다.

ㄱ. 2 ㄴ. 8 ㄷ. -2 ㄹ. -8

따라서 주어진 일차함수의 그래프를 평행이동한 그래프와 y축 위에서 만나는 것은 ㄷ이다.

08 답 ①

$y=-\dfrac{2}{3}x+a$의 그래프의 x절편이 6이므로 점 $(6, 0)$을 지난다.

즉, $y=-\dfrac{2}{3}x+a$에 $x=6$, $y=0$을 대입하면

$0=-\dfrac{2}{3}\times 6+a$ $\therefore a=4$

따라서 $y=-\dfrac{2}{3}x+4$에서 $x=0$일 때, $y=4$이므로 y절편은 4이다.

09 답 -10

$y=\dfrac{3}{5}x+6$에서 $y=0$일 때, $0=\dfrac{3}{5}x+6$

$\dfrac{3}{5}x=-6$ $\therefore x=-10$

$y=-\dfrac{1}{3}x+a$에서 $x=0$일 때, $y=a$

즉, $y=\dfrac{3}{5}x+6$의 그래프의 x절편은 -10이고 $y=-\dfrac{1}{3}x+a$의 그래프의 y절편은 a이므로

$a=-10$

본문 109~110쪽

개념38 **일차함수의 그래프의 기울기**

01 답 기울기, 기울기

02 답 (1) $+6$, 기울기: 2 (2) -2, 기울기: $-\dfrac{1}{3}$

(3) $+5$, 기울기: $\dfrac{5}{2}$ (4) -4, 기울기: -2

03 답 (1) -4 (2) $\dfrac{4}{5}$ (3) $-\dfrac{3}{2}$ (4) 2

04 답 (1) 2 (2) $\dfrac{3}{4}$ (3) 3 (4) $\dfrac{2}{3}$

(1) (기울기)$=\dfrac{6-2}{3-1}=2$

(2) (기울기)$=\dfrac{-2-1}{0-4}=\dfrac{3}{4}$

(3) (기울기)$=\dfrac{9-3}{1-(-1)}=3$

(4) (기울기)$=\dfrac{-3-(-1)}{-4-(-1)}=\dfrac{2}{3}$

05 답 ④

그래프가 두 점 $(-1, -3)$, $(2, 2)$를 지나므로

(기울기)$=\dfrac{2-(-3)}{2-(-1)}=\dfrac{5}{3}$

06 답 ③

x의 값이 1에서 3까지 증가할 때, y의 값이 6만큼 감소하는 일차함수의 그래프의 기울기는 $\dfrac{-6}{3-1}=-3$

따라서 그래프의 기울기가 -3인 것은 ③이다.

07 답 10

(x의 값의 증가량)$=5-(-1)=6$이고

이 일차함수의 그래프의 기울기가 $\dfrac{5}{3}$이므로

$\dfrac{(y의 값의 증가량)}{6}=\dfrac{5}{3}$ $\therefore (y의 값의 증가량)=10$

08 답 -8

두 점 $(-2, k)$, $(5, 6)$을 지나는 그래프의 기울기가 2이므로

$\dfrac{6-k}{5-(-2)}=2$에서 $\dfrac{6-k}{7}=2$, $6-k=14$ $\therefore k=-8$

09 답 (1) $\dfrac{3}{2}$ (2) $\dfrac{3-k}{4}$ (3) -3

(1) 두 점 $A(1, 0)$, $B(3, 3)$을 지나는 직선이므로

(기울기)$=\dfrac{3-0}{3-1}=\dfrac{3}{2}$

(2) 두 점 $B(3, 3)$, $C(-1, k)$를 지나는 직선이므로

(기울기)$=\dfrac{k-3}{-1-3}=\dfrac{3-k}{4}$

(3) 한 직선 위의 세 점 중 어느 두 점을 택하여도 두 점을 지나는 직선의 기울기는 모두 같으므로

$\dfrac{3}{2}=\dfrac{3-k}{4}$, $3-k=6$ $\therefore k=-3$

본문 111~112쪽

개념39 **일차함수의 그래프 그리기**

01 답 (1)

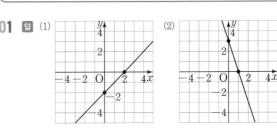

02 답 (1) 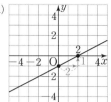 (2)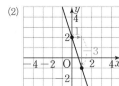

03 답 (1) -1, 2, 그림은 풀이 참조
　　　 (2) -3, -2, 그림은 풀이 참조

(1) $y=0$일 때, $0=2x+2$
　$2x=-2$ ∴ $x=-1$
　$x=0$일 때, $y=2$
　따라서 x절편은 -1, y절편은 2이고
　그래프는 오른쪽 그림과 같다.

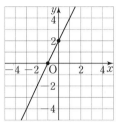

(2) $y=0$일 때, $0=-\dfrac{2}{3}x-2$
　$\dfrac{2}{3}x=-2$ ∴ $x=-3$
　$x=0$일 때, $y=-2$
　따라서 x절편은 -3, y절편은 -2
　이고 그래프는 오른쪽 그림과 같다.

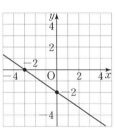

04 답 (1) 3, -1, 그림은 풀이 참조
　　　 (2) $-\dfrac{3}{4}$, 1, 그림은 풀이 참조

(1) 기울기는 3, y절편은 -1이므로 그
　래프는 점 $(0, -1)$에서 x의 값이
　1만큼 증가하고 y의 값이 3만큼 증
　가한 점 $(1, 2)$를 지난다.
　따라서 그래프는 오른쪽 그림과 같
　다.

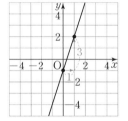

(2) 기울기는 $-\dfrac{3}{4}$, y절편은 1이므로 그
　래프는 점 $(0, 1)$에서 x의 값이 4만
　큼 증가하고 y의 값이 3만큼 감소한
　점 $(4, -3)$을 지난다.
　따라서 그래프는 오른쪽 그림과 같
　다.

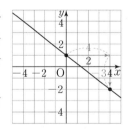

05 답 ⑤

$y=\dfrac{1}{2}x-1$에서

$y=0$일 때, $0=\dfrac{1}{2}x-1$, $\dfrac{1}{2}x=1$ ∴ $x=2$

$x=0$일 때, $y=-1$

따라서 일차함수 $y=\dfrac{1}{2}x-1$의 그래프의 x절편이 2, y절편이 -1

이므로 그 그래프는 ⑤이다.

06 답 ⑤

⑤ $y=2x-2$의 그래프의 x절편은 1, y절편은
　-2이므로 그 그래프는 오른쪽 그림과 같이
　제2사분면을 지나지 않는다.

07 답 (1) x절편: 4, y절편: -6　(2) 풀이 참조　(3) 12

(1) $y=0$일 때, $0=\dfrac{3}{2}x-6$, $\dfrac{3}{2}x=6$ ∴ $x=4$

　$x=0$일 때, $y=-6$

　따라서 x절편은 4이고, y절편은 -6이다.

(2) x절편은 4이고, y절편은 -6이므로 $y=\dfrac{3}{2}x-6$의 그래프는
　다음 그림과 같다.

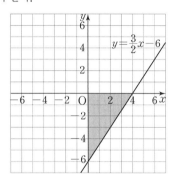

(3) 구하는 도형의 넓이는 (2)의 그림에서 색칠한 부분의 넓이와 같

　으므로 $\dfrac{1}{2}\times 4\times |-6|=12$

한번 더! 기본 문제　개념 37~39　본문 113쪽

| **01** 6 | **02** 5 | **03** -12 | **04** 3 |
| **05** ④ | **06** 제4사분면 | | **07** 20 |

01 답 6

두 일차함수의 그래프가 x축 위에서 만나려면 두 그래프의 x절편
이 같아야 한다.

$y=-4x-2$에서 $y=0$일 때, $0=-4x-2$, $4x=-2$ ∴ $x=-\dfrac{1}{2}$

즉, 이 그래프의 x절편은 $-\dfrac{1}{2}$이므로 $y=ax+3$의 그래프가

점 $\left(-\dfrac{1}{2}, 0\right)$을 지난다.

$0=-\dfrac{1}{2}a+3$, $\dfrac{1}{2}a=3$ ∴ $a=6$

02 답 5

$y=-3x-a+1$의 그래프의 y절편이 -6이므로
$-a+1=-6$ ∴ $a=7$
즉, $y=-3x-6$에서 $y=0$일 때, $0=-3x-6$
$3x=-6$ ∴ $x=-2$
따라서 x절편이 -2이므로 $b=-2$
∴ $a+b=7+(-2)=5$

03 탑 -12

그래프가 두 점 $(-1, 4)$, $(1, -4)$를 지나므로

$(\text{기울기}) = \dfrac{-4-4}{1-(-1)} = -4$

따라서 $\dfrac{(y\text{의 값의 증가량})}{5-2} = -4$이므로 $(y\text{의 값의 증가량}) = -12$

04 탑 3

세 점 $A(-1, 6)$, $B(1, 2)$, $C(a, -2)$가 한 직선 위에 있고 한 직선 위의 세 점 중 어느 두 점을 택하여도 두 점을 지나는 직선의 기울기는 모두 같으므로

$\dfrac{2-6}{1-(-1)} = \dfrac{-2-2}{a-1}$, $-2 = \dfrac{-4}{a-1}$, $a-1 = 2$ $\quad\therefore a = 3$

05 탑 ④

$y = -\dfrac{3}{2}x + 3$에서

$y = 0$일 때, $0 = -\dfrac{3}{2}x + 3$, $\dfrac{3}{2}x = 3$ $\quad\therefore x = 2$

$x = 0$일 때, $y = 3$

따라서 $y = -\dfrac{3}{2}x + 3$의 그래프의 x절편은 2, y절편은 3이므로 그 그래프는 ④이다.

06 탑 제4사분면

$a = (\text{기울기}) = \dfrac{1}{3}$이므로 $y = \dfrac{1}{3}x + 1$에서

$y = 0$일 때, $0 = \dfrac{1}{3}x + 1$, $\dfrac{1}{3}x = -1$ $\quad\therefore x = -3$

$x = 0$일 때, $y = 1$

즉, $y = \dfrac{1}{3}x + 1$의 그래프의 x절편은 -3, y절편은 1이므로 그 그래프는 오른쪽 그림과 같다.
따라서 이 그래프는 제4사분면을 지나지 않는다.

07 탑 20

$y = -\dfrac{2}{5}x + 4$에서

$y = 0$일 때, $0 = -\dfrac{2}{5}x + 4$, $\dfrac{2}{5}x = 4$ $\quad\therefore x = 10$

$x = 0$일 때, $y = 4$

즉, $y = -\dfrac{2}{5}x + 4$의 그래프는 x절편이 10이고, y절편이 4이므로 오른쪽 그림과 같다.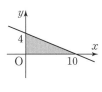
따라서 구하는 도형의 넓이는 오른쪽 그림에서 색칠한 부분의 넓이와 같으므로

$\dfrac{1}{2} \times 10 \times 4 = 20$

본문 114~115쪽

개념 40 일차함수 $y = ax + b$의 그래프의 성질

01 탑 a의 부호, b의 부호

02 탑 (1) ㄱ, ㄹ, ㅂ (2) ㄴ, ㄷ, ㅁ (3) ㄱ, ㄹ, ㅂ
(4) ㄴ, ㄷ, ㅁ (5) ㄴ, ㄹ, ㅂ (6) ㄱ, ㄷ, ㅁ

(2) 기울기가 음수인 직선이므로 ㄴ, ㄷ, ㅁ이다.

(3) 기울기가 양수인 직선이므로 ㄱ, ㄹ, ㅂ이다.

(4) 기울기가 음수인 직선이므로 ㄴ, ㄷ, ㅁ이다.

(6) y절편이 음수인 직선이므로 ㄱ, ㄷ, ㅁ이다.

03 탑 (1) ㉠, ㉡ (2) ㉢ (3) ㉠ (4) ㉢

(1) $a > 0$인 그래프는 오른쪽 위로 향하는 직선이므로 ㉠, ㉡이다.

(2) $a < 0$인 그래프는 오른쪽 아래로 향하는 직선이므로 ㉢이다.

(3) a의 절댓값이 가장 큰 그래프는 y축과 가장 가까운 직선이므로 ㉠이다.

(4) a의 절댓값이 가장 작은 그래프는 y축과 가장 먼 직선이므로 ㉢이다.

04 탑 (1) $a > 0$, $b > 0$ (2) $a < 0$, $b > 0$
(3) $a < 0$, $b < 0$ (4) $a > 0$, $b < 0$

(1) $(\text{기울기}) > 0$, $(y\text{절편}) > 0$이므로 $a > 0$, $b > 0$

(2) $(\text{기울기}) < 0$, $(y\text{절편}) > 0$이므로 $a < 0$, $b > 0$

(3) $(\text{기울기}) < 0$, $(y\text{절편}) < 0$이므로 $a < 0$, $b < 0$

(4) $(\text{기울기}) > 0$, $(y\text{절편}) < 0$이므로 $a > 0$, $b < 0$

05 탑 ②, ④

① $(y\text{절편}) > 0$이므로 y축과 양의 부분에서 만난다.

② x절편은 12, y절편은 4이므로 그래프는 오른쪽 그림과 같고 제1사분면을 지난다.

③ $y = -\dfrac{1}{3}x + 4$에 $x = 3$, $y = 3$을 대입하면

$3 = -\dfrac{1}{3} \times 3 + 4$이므로 점 $(3, 3)$을 지난다.

④ $(\text{기울기}) < 0$이므로 오른쪽 아래로 향하는 직선이다.

⑤ 기울기는 $-\dfrac{1}{3}$이므로 x의 값이 3만큼 증가할 때 y의 값은 1만큼 감소한다.

따라서 옳지 않은 것은 ②, ④이다.

06 탑 ④

기울기의 절댓값이 가장 큰 그래프가 y축에 가장 가까우므로 각 함수의 그래프의 기울기의 절댓값을 구하면 다음과 같다.

① $\dfrac{1}{2}$ ② 2 ③ 1 ④ $\dfrac{7}{2}$ ⑤ $\dfrac{5}{4}$

따라서 그래프가 y축에 가장 가까운 것은 ④이다.

07 탑 ①

주어진 그래프가 오른쪽 위로 향하므로 $a > 0$

y축과 음의 부분에서 만나므로 $-b < 0$ $\quad\therefore b > 0$

08 탑 ③

$y = ax + b$의 그래프는 $a < 0$이므로 오른쪽 아래로 향하는 직선이고, $b > 0$이므로 y축과 양의 부분에서 만난다.

따라서 $y=ax+b$의 그래프는 오른쪽 그림과
같으므로 제3사분면을 지나지 않는다.

09 답 ④

$y=ax-b$의 그래프는 $a>0$이므로 오른쪽 위로 향하고,
$b<0$에서 $-b>0$이므로 y축과 양의 부분에서 만난다.
따라서 $y=ax-b$의 그래프의 모양으로 알맞은 것은 ④이다.

본문 116~117쪽

개념 41 일차함수의 그래프의 평행, 일치

01 답 (1) 평행 (2) 같다

02 답 (1) ㄱ과 ㄹ, ㄷ과 ㅂ (2) ㄴ과 ㅁ

ㄷ. $y=2(2x+3)=4x+6$

ㄹ. $y=0.5x-2$에서 $y=\dfrac{1}{2}x-2$

ㅁ. $y=-\dfrac{1}{2}(x-2)=-\dfrac{1}{2}x+1$

(1) 두 일차함수의 그래프가 평행하려면 기울기가 같고 y절편은 달
라야 하므로 평행한 것은 ㄱ과 ㄹ, ㄷ과 ㅂ이다.

(2) 두 일차함수의 그래프가 일치하려면 기울기와 y절편이 모두 같
아야 하므로 일치하는 것은 ㄴ과 ㅁ이다.

03 답 (1) 평 (2) 일 (3) 평

(2) $y=2(x+5)=2x+10$

따라서 기울기가 같고 y절편도 같으므로 두 그래프는 일치한다.

(3) $y=\dfrac{1}{5}(5x+10)=x+2$

따라서 기울기가 같고 y절편은 다르므로 두 그래프는 평행하다.

04 답 (1) 2 (2) -1 (3) -4 (4) 6

(3) $y=4(1-x)=-4x+4$

$y=-4x+4$와 $y=ax+2$의 그래프가 평행하면 기울기는 같고
y절편은 다르므로

$a=-4$

(4) $y=\dfrac{a}{3}x-5$와 $y=2x+6$의 그래프가 평행하면 기울기는 같고

y절편은 다르므로

$\dfrac{a}{3}=2$ ∴ $a=6$

05 답 (1) $a=3$, $b=1$ (2) $a=3$, $b=-2$

(3) $a=-9$, $b=\dfrac{2}{3}$ (4) $a=-2$, $b=-3$

(2) $y=2ax-2$, $y=6x+b$의 그래프가 일치하면 기울기와 y절편
이 모두 같으므로

$2a=6$, $-2=b$ ∴ $a=3$, $b=-2$

(4) $y=-3ax+3$, $y=6x-b$의 그래프가 일치하면 기울기와 y절
편이 모두 같으므로

$-3a=6$, $3=-b$ ∴ $a=-2$, $b=-3$

06 답 ④

두 일차함수의 그래프가 만나지 않으려면 평행해야 한다.

④ $y=\dfrac{1}{2}(6x-1)$에서 $y=3x-\dfrac{1}{2}$

따라서 일차함수 $y=3x-\dfrac{1}{2}$의 그래프는 $y=3x+2$의 그래프
와 기울기가 같고 y절편이 다르므로 평행하다.

07 답 ④

주어진 그래프는 두 점 $(0, -2)$, $(3, 0)$을 지나므로 기울기는

$\dfrac{0-(-2)}{3-0}=\dfrac{2}{3}$이고 y절편은 -2이다.

④ 주어진 그래프와 기울기가 같고 y절편이 다르므로 평행하다.

08 답 ①

두 일차함수 $y=ax-4$, $y=-\dfrac{1}{3}x+2b$의 그래프가 일치하므로

$a=-\dfrac{1}{3}$, $-4=2b$

∴ $a=-\dfrac{1}{3}$, $b=-2$

∴ $a+b=-\dfrac{1}{3}+(-2)=-\dfrac{7}{3}$

09 답 $\dfrac{2}{3}$

두 일차함수 $y=ax-3$, $y=-6x+2$의 그래프가 평행하므로

$a=-6$

즉, $y=-3x+2$에서 $y=0$일 때, $0=-3x+2$

$3x=2$ ∴ $x=\dfrac{2}{3}$

따라서 x절편은 $\dfrac{2}{3}$이다.

10 답 4

$y=x-4a$의 그래프가 점 $(1, 5)$를 지나므로

$5=1-4a$, $4a=-4$ ∴ $a=-1$

즉, $y=x+4$의 그래프가 $y=bx+c$의 그래프와 일치하므로

$b=1$, $c=4$

∴ $a+b+c=-1+1+4=4$

11 답 8

$y=3x+b$의 그래프를 y축의 방향으로 -2만큼 평행이동한 그래
프가 나타내는 일차함수의 식은

$y=3x+b-2$

이때 $y=3x+b-2$의 그래프와 $y=ax+3$의 그래프가 일치하므로

$3=a$, $b-2=3$

∴ $a=3$, $b=5$

∴ $a+b=3+5=8$

01 ③	**02** $a<0,\,b>0$	**03** 제2사분면
04 1	**05** 3	**06** ㄴ, ㄹ

01 답 ③

오른쪽 아래로 향하는 직선은 기울기가 음수이고, y축과 음의 부분에서 만나는 직선은 y절편이 음수이다.

따라서 그래프의 기울기와 y절편이 모두 음수인 것은 ③이다.

02 답 $a<0,\,b>0$

주어진 그래프가 오른쪽 아래로 향하므로 $a<0$

y축과 양의 부분에서 만나므로 $-ab>0$ $\quad\therefore ab<0$

이때 $a<0$이므로 $b>0$

03 답 제2사분면

주어진 그래프가 오른쪽 위로 향하므로 $a>0$

y축과 양의 부분에서 만나므로 $b>0$

$y=bx-a$의 그래프에서 (기울기)$=b>0$, (y절편)$=-a<0$

즉, $y=bx-a$의 그래프는 오른쪽 위로 향하고 y축과 음의 부분에서 만나므로 오른쪽 그림과 같다.

따라서 제2사분면을 지나지 않는다.

04 답 1

두 점 $(-1,2)$, $(k,4)$를 지나는 일차함수의 그래프와 $y=x-4$의 그래프가 평행하므로 두 그래프의 기울기는 같다.

즉, $\dfrac{4-2}{k-(-1)}=1$, $\dfrac{2}{k+1}=1$ $\quad\therefore k=1$

05 답 3

두 일차함수의 그래프가 만나지 않으려면 평행해야 하므로 기울기가 같다.

$a=$(기울기)$=-2$

즉, $y=-2x+3$의 그래프가 점 $(-1,b)$를 지나므로

$b=2+3=5$

$\therefore a+b=-2+5=3$

06 답 ㄴ, ㄹ

ㄱ. $y=-\dfrac{1}{2}x+2$에서

　　$y=0$일 때, $0=-\dfrac{1}{2}x+2$, $\dfrac{1}{2}x=2$ $\quad\therefore x=4$

　　$x=0$일 때, $y=2$

　　즉, x절편은 4이고 y절편이 2이다.

ㄴ. x절편은 4이고 y절편이 2이므로

　　$y=-\dfrac{1}{2}x+2$의 그래프는 오른쪽 그림과 같다. 즉, 제1, 2, 4사분면을 지난다.

ㄷ. 일차함수 $y=\dfrac{1}{2}x-2$의 그래프와 기울기가 다르므로 평행하지 않는다.

ㄹ. $y=-\dfrac{1}{2}x$의 그래프를 y축의 방향으로 2만큼 평행이동한 그래프가 나타내는 일차함수의 식은 $y=-\dfrac{1}{2}x+2$이므로 이 그래프는 주어진 그래프와 일치한다.

ㅁ. $y=-2x+1$에서 $y=0$일 때, $0=-2x+1$

　　$2x=1$ $\quad\therefore x=\dfrac{1}{2}$

　　즉, $y=-2x+1$의 그래프의 x절편은 $\dfrac{1}{2}$이다.

　　두 그래프의 x절편이 다르므로 x축 위에서 만나지 않는다.

따라서 옳은 것은 ㄴ, ㄹ이다.

본문 119~121쪽

개념 42 **일차함수의 식 구하기 (1)**
－ 기울기와 한 점을 알 때

01 답 $y=ax+b$

02 답 (1) $y=x-2$ (2) $y=-3x+7$ (3) $y=\dfrac{3}{4}x-5$

　　　(4) $y=-\dfrac{2}{9}x$ (5) $y=2x+4$ (6) $y=\dfrac{1}{3}x-2$

(5) 기울기가 2이고 y절편이 4이므로 구하는 일차함수의 식은

$y=2x+4$

(6) 기울기가 $\dfrac{1}{3}$이고 y절편이 -2이므로 구하는 일차함수의 식은

$y=\dfrac{1}{3}x-2$

03 답 (1) $y=x+5$ (2) $y=\dfrac{1}{2}x-3$ (3) $y=-3x+2$

　　　(4) $y=2x-1$ (5) $y=-5x+6$ (6) $y=\dfrac{3}{5}x+8$

(1) 기울기가 1이고 y절편이 5이므로 구하는 일차함수의 식은

$y=x+5$

(2) 기울기가 $\dfrac{1}{2}$이고 y절편이 -3이므로 구하는 일차함수의 식은

$y=\dfrac{1}{2}x-3$

(3) 기울기가 -3이고 y절편이 2이므로 구하는 일차함수의 식은

$y=-3x+2$

(4) 기울기가 $\dfrac{6}{3}=2$이고 y절편이 -1이므로 구하는 일차함수의 식은 $y=2x-1$

(5) 기울기가 $\dfrac{-10}{2}=-5$이고 y절편이 6이므로 구하는 일차함수의 식은 $y=-5x+6$

(6) 기울기가 $\dfrac{3}{5}$이고 y절편이 8이므로 구하는 일차함수의 식은

$y=\dfrac{3}{5}x+8$

04 **답** (1) 3, 6, -3, $3x-3$　(2) $y=-4x+5$

(3) $y=\dfrac{1}{5}x+\dfrac{7}{5}$　(4) $y=-\dfrac{1}{2}x-\dfrac{1}{2}$　(5) $y=-x+3$

(6) $y=\dfrac{3}{2}x-6$　(7) $y=-\dfrac{1}{3}x-2$

(2) 기울기가 -4이므로 구하는 일차함수의 식을
$y=-4x+b$라 하자.
이 그래프가 점 $(1, 1)$을 지나므로
$1=-4+b$　∴ $b=5$
따라서 구하는 일차함수의 식은 $y=-4x+5$

(3) 기울기가 $\dfrac{1}{5}$이므로 구하는 일차함수의 식을

$y=\dfrac{1}{5}x+b$라 하자.

이 그래프가 점 $(-2, 1)$을 지나므로

$1=-\dfrac{2}{5}+b$　∴ $b=\dfrac{7}{5}$

따라서 구하는 일차함수의 식은 $y=\dfrac{1}{5}x+\dfrac{7}{5}$

(4) 기울기가 $-\dfrac{1}{2}$이므로 구하는 일차함수의 식을

$y=-\dfrac{1}{2}x+b$라 하자.

이 그래프가 점 $\left(-4, \dfrac{3}{2}\right)$을 지나므로

$\dfrac{3}{2}=2+b$　∴ $b=-\dfrac{1}{2}$

따라서 구하는 일차함수의 식은 $y=-\dfrac{1}{2}x-\dfrac{1}{2}$

(5) 기울기가 -1이므로 구하는 일차함수의 식을
$y=-x+b$라 하자.
이 그래프가 점 $(3, 0)$을 지나므로
$0=-3+b$　∴ $b=3$
따라서 구하는 일차함수의 식은 $y=-x+3$

(6) 기울기가 $\dfrac{3}{2}$이므로 구하는 일차함수의 식을

$y=\dfrac{3}{2}x+b$라 하자.

이 그래프가 점 $(4, 0)$을 지나므로
$0=6+b$　∴ $b=-6$

따라서 구하는 일차함수의 식은 $y=\dfrac{3}{2}x-6$

(7) 기울기가 $-\dfrac{1}{3}$이므로 구하는 일차함수의 식을

$y=-\dfrac{1}{3}x+b$라 하자.

이 그래프가 점 $(-6, 0)$을 지나므로
$0=2+b$　∴ $b=-2$

따라서 구하는 일차함수의 식은 $y=-\dfrac{1}{3}x-2$

05 **답** (1) $y=2x+3$　(2) $y=-4x+7$　(3) $y=\dfrac{5}{2}x+\dfrac{9}{2}$

(4) $y=3x-2$　(5) $y=-x+2$　(6) $y=\dfrac{3}{2}x+4$

(1) 기울기가 2이므로 구하는 일차함수의 식을
$y=2x+b$라 하자.
이 그래프가 점 $(1, 5)$를 지나므로
$5=2+b$　∴ $b=3$
따라서 구하는 일차함수의 식은 $y=2x+3$

(2) 기울기가 -4이므로 구하는 일차함수의 식을
$y=-4x+b$라 하자.
이 그래프가 점 $(2, -1)$을 지나므로
$-1=-8+b$　∴ $b=7$
따라서 구하는 일차함수의 식은 $y=-4x+7$

(3) 기울기가 $\dfrac{5}{2}$이므로 구하는 일차함수의 식을

$y=\dfrac{5}{2}x+b$라 하자.

이 그래프가 점 $(-3, -3)$을 지나므로

$-3=-\dfrac{15}{2}+b$　∴ $b=\dfrac{9}{2}$

따라서 구하는 일차함수의 식은 $y=\dfrac{5}{2}x+\dfrac{9}{2}$

(4) 기울기가 $\dfrac{3}{1}=3$이므로 구하는 일차함수의 식을

$y=3x+b$라 하자.

이 그래프가 점 $(2, 4)$를 지나므로
$4=6+b$　∴ $b=-2$
따라서 구하는 일차함수의 식은 $y=3x-2$

(5) 기울기가 $\dfrac{-5}{5}=-1$이므로 구하는 일차함수의 식을

$y=-x+b$라 하자.

이 그래프가 점 $(-1, 3)$을 지나므로
$3=1+b$　∴ $b=2$
따라서 구하는 일차함수의 식은 $y=-x+2$

(6) 기울기가 $\dfrac{3}{2}$이므로 구하는 일차함수의 식을

$y=\dfrac{3}{2}x+b$라 하자.

이 그래프가 점 $(-2, 1)$을 지나므로
$1=-3+b$　∴ $b=4$

따라서 구하는 일차함수의 식은 $y=\dfrac{3}{2}x+4$

06 **답** ③

기울기 $\dfrac{9}{3}=3$이고 y절편이 -1이므로 구하는 일차함수의 식은

$y=3x-1$

07 **답** ①

기울기가 2이므로 구하는 일차함수의 식을
$y=2x+b$라 하자.
이 그래프가 점 $(1, -2)$를 지나므로
$-2=2+b$　∴ $b=-4$
∴ $y=2x-4$

08 답 3

기울기가 $\dfrac{-6}{2}=-3$이므로 $a=-3$

즉, $y=-3x+b$의 그래프가 점 $(-1, 9)$를 지나므로

$9=3+b$ $\therefore b=6$

$\therefore a+b=-3+6=3$

09 답 $y=-\dfrac{4}{3}x+\dfrac{13}{3}$

두 점 $(-3, 0)$, $(0, -4)$를 지나는 직선과 평행하므로 기울기는

$\dfrac{-4-0}{0-(-3)}=-\dfrac{4}{3}$

구하는 일차함수의 식을 $y=-\dfrac{4}{3}x+b$라 하면 이 그래프가

점 $(1, 3)$을 지나므로

$3=-\dfrac{4}{3}+b$ $\therefore b=\dfrac{13}{3}$

$\therefore y=-\dfrac{4}{3}x+\dfrac{13}{3}$

10 답 ④

기울기가 $-\dfrac{2}{3}$이고 y절편이 2이므로 주어진 그래프가 나타내는

일차함수의 식은 $y=-\dfrac{2}{3}x+2$

$y=-\dfrac{2}{3}x+2$에서 $y=0$일 때, $0=-\dfrac{2}{3}x+2$

$\dfrac{2}{3}x=2$ $\therefore x=3$

따라서 x절편은 3이다.

11 답 5

기울기가 2이고 y절편이 -4이므로 주어진 그래프가 나타내는 일차함수의 식은 $y=2x-4$

이 그래프가 점 $(a, 6)$을 지나므로

$6=2a-4$, $2a=10$ $\therefore a=5$

본문 122~123쪽

개념 43 일차함수의 식 구하기 (2) – 서로 다른 두 점을 알 때

01 답 (1) 4, 4, 4, 8, -11, $4x-11$ (2) $y=\dfrac{1}{3}x+\dfrac{5}{3}$

(3) $y=x+1$ (4) $y=\dfrac{5}{2}x+\dfrac{11}{2}$ (5) $y=-7x+20$

(6) $y=-\dfrac{1}{3}x+\dfrac{11}{3}$ (7) $y=\dfrac{1}{4}x+1$

(2) (기울기)$=\dfrac{3-2}{4-1}=\dfrac{1}{3}$이므로

구하는 일차함수의 식을 $y=\dfrac{1}{3}x+b$라 하자.

이 그래프가 점 $(1, 2)$를 지나므로

$2=\dfrac{1}{3}+b$ $\therefore b=\dfrac{5}{3}$

따라서 구하는 일차함수의 식은

$y=\dfrac{1}{3}x+\dfrac{5}{3}$

(3) (기울기)$=\dfrac{3-0}{2-(-1)}=1$이므로

구하는 일차함수의 식을 $y=x+b$라 하자.

이 그래프가 점 $(-1, 0)$을 지나므로

$0=-1+b$ $\therefore b=1$

따라서 구하는 일차함수의 식은

$y=x+1$

(4) (기울기)$=\dfrac{8-3}{1-(-1)}=\dfrac{5}{2}$이므로

구하는 일차함수의 식을 $y=\dfrac{5}{2}x+b$라 하자.

이 그래프가 점 $(-1, 3)$을 지나므로

$3=-\dfrac{5}{2}+b$ $\therefore b=\dfrac{11}{2}$

따라서 구하는 일차함수의 식은

$y=\dfrac{5}{2}x+\dfrac{11}{2}$

(5) (기울기)$=\dfrac{-1-6}{3-2}=-7$이므로

구하는 일차함수의 식을 $y=-7x+b$라 하자.

이 그래프가 점 $(2, 6)$을 지나므로

$6=-14+b$ $\therefore b=20$

따라서 구하는 일차함수의 식은

$y=-7x+20$

(6) (기울기)$=\dfrac{3-5}{2-(-4)}=-\dfrac{1}{3}$이므로

구하는 일차함수의 식을 $y=-\dfrac{1}{3}x+b$라 하자.

이 그래프가 점 $(-4, 5)$를 지나므로

$5=\dfrac{4}{3}+b$ $\therefore b=\dfrac{11}{3}$

따라서 구하는 일차함수의 식은

$y=-\dfrac{1}{3}x+\dfrac{11}{3}$

(7) (기울기)$=\dfrac{1-0}{0-(-4)}=\dfrac{1}{4}$이므로

구하는 일차함수의 식을 $y=\dfrac{1}{4}x+b$라 하자.

이 그래프가 점 $(-4, 0)$을 지나므로

$0=-1+b$ $\therefore b=1$

따라서 구하는 일차함수의 식은

$y=\dfrac{1}{4}x+1$

02 답 (1) 1, 2, 2, 0, -2, $-2x+2$ (2) $y=\dfrac{1}{2}x-1$

(3) $y=\dfrac{4}{3}x+4$ (4) $y=-\dfrac{8}{5}x+8$ (5) $y=\dfrac{1}{2}x-3$

(6) $y=-\dfrac{1}{2}x+2$ (7) $y=\dfrac{6}{5}x+6$

(2) 두 점 $(2, 0)$, $(0, -1)$을 지나므로

(기울기)$=\dfrac{-1-0}{0-2}=\dfrac{1}{2}$

이때 y절편이 -1이므로 구하는 일차함수의 식은
$$y=\frac{1}{2}x-1$$

(3) 두 점 $(-3, 0)$, $(0, 4)$를 지나므로
$$(기울기)=\frac{4-0}{0-(-3)}=\frac{4}{3}$$
이때 y절편이 4이므로 구하는 일차함수의 식은
$$y=\frac{4}{3}x+4$$

(4) 두 점 $(5, 0)$, $(0, 8)$을 지나므로
$$(기울기)=\frac{8-0}{0-5}=-\frac{8}{5}$$
이때 y절편이 8이므로 구하는 일차함수의 식은
$$y=-\frac{8}{5}x+8$$

(5) 두 점 $(6, 0)$, $(0, -3)$을 지나므로
$$(기울기)=\frac{-3-0}{0-6}=\frac{1}{2}$$
이때 y절편이 -3이므로 구하는 일차함수의 식은
$$y=\frac{1}{2}x-3$$

(6) 두 점 $(4, 0)$, $(0, 2)$를 지나므로
$$(기울기)=\frac{2-0}{0-4}=-\frac{1}{2}$$
이때 y절편이 2이므로 구하는 일차함수의 식은
$$y=-\frac{1}{2}x+2$$

(7) 두 점 $(-5, 0)$, $(0, 6)$을 지나므로
$$(기울기)=\frac{6-0}{0-(-5)}=\frac{6}{5}$$
이때 y절편이 6이므로 구하는 일차함수의 식은
$$y=\frac{6}{5}x+6$$

03 답 -3

일차함수의 그래프가 두 점 $(-1, 2)$, $(3, 6)$을 지나므로
$$(기울기)=\frac{6-2}{3-(-1)}=1$$
일차함수의 식을 $y=x+b$라 하면 이 그래프가 점 $(-1, 2)$를 지나므로
$$2=-1+b \qquad \therefore b=3$$
즉, $y=x+3$에서 $y=0$일 때, $0=x+3 \qquad \therefore x=-3$
따라서 x절편은 -3이다.

04 답 ③

일차함수의 그래프가 두 점 $(2, 0)$, $(0, -4)$를 지나므로
$$(기울기)=\frac{-4-0}{0-2}=2$$
이때 y절편이 -4이므로 일차함수의 식은 $y=2x-4$
① $0\neq 2\times(-2)-4$ ② $2\neq 2\times(-1)-4$
③ $-2=2\times 1-4$ ④ $1\neq 2\times 2-4$
⑤ $-1\neq 2\times 3-4$
따라서 일차함수의 그래프 위의 점은 ③이다.

05 답 ③

일차함수의 그래프가 두 점 $(-2, 1)$, $(2, -3)$을 지나므로
$$(기울기)=\frac{-3-1}{2-(-2)}=-1$$
일차함수의 식을 $y=-x+b$라 하면 이 그래프가 점 $(-2, 1)$을 지나므로
$$1=2+b \qquad \therefore b=-1$$
즉, 그래프가 나타내는 일차함수의 식은 $y=-x-1$
③ $y=-x-1$에 $x=-5$, $y=6$을 대입하면
$$6\neq -1\times(-5)-1$$
이므로 $y=-x-1$의 그래프는 점 $(-5, 6)$을 지나지 않는다.
④ 기울기가 같고 y절편이 다르므로 평행하다.
⑤ 기울기가 -1이므로 x의 값이 2만큼 증가하면 y의 값은 2만큼 감소한다.
따라서 옳지 않은 것은 ③이다.

06 답 3

일차함수의 그래프가 두 점 $(1, 0)$, $(0, -3)$을 지나므로
$$(기울기)=\frac{-3-0}{0-1}=3$$
이때 y절편이 -3이므로 일차함수의 식은
$$y=3x-3$$
이 그래프가 점 $(a, 2a)$를 지나므로
$$2a=3a-3 \qquad \therefore a=3$$

07 답 ①

일차함수 $y=2x+4$의 그래프의 x절편은 -2이므로 그래프는 점 $(-2, 0)$을 지난다.
두 점 $(-2, 0)$, $(2, 1)$을 지나는 직선의 기울기는
$$\frac{1-0}{2-(-2)}=\frac{1}{4}$$
일차함수의 식을 $y=\frac{1}{4}x+b$라 하면 이 그래프가 점 $(-2, 0)$을 지나므로
$$0=-\frac{1}{2}+b \qquad \therefore b=\frac{1}{2}$$
따라서 구하는 일차함수의 식은
$$y=\frac{1}{4}x+\frac{1}{2}$$

08 답 14

일차함수 $y=ax+b$의 그래프가 두 점 $(-5, 1)$, $(-3, 3)$을 지나므로
$$a=(기울기)=\frac{3-1}{-3-(-5)}=1$$
즉, $y=x+b$라 하고 이 그래프가 점 $(-5, 1)$을 지나므로
$$1=-5+b \qquad \therefore b=6$$
즉, $y=x+6$의 그래프가 점 $(1, k)$를 지나므로
$$k=1+6=7$$
$$\therefore a+b+k=1+6+7=14$$

개념44 일차함수의 활용

01 답 $331+0.6x$, 15, 340, 340

02 답 (1) 풀이 참조 (2) 52 cm (3) 12개

(1)
x	0	1	2	3	4	…
y	40	42	44	46	48	…

⇨ 식: $y=2x+40$

(2) $y=2x+40$에 $x=6$을 대입하면 $y=2\times6+40=52$

따라서 추를 6개 매달았을 때의 용수철의 길이는 52 cm이다.

(3) $y=2x+40$에 $y=64$를 대입하면

$64=2x+40$, $2x=24$ ∴ $x=12$

따라서 추를 12개 매달았을 때 용수철의 길이가 64 cm가 된다.

03 답 $80-3x$, 29, 17, 17

04 답 (1) 2 L (2) $y=30-2x$ (3) 10 L (4) 8분 후

(1) 물통에서 3분마다 6 L씩 물이 흘러나가므로 $\dfrac{6}{3}=2(L)$

(2) 물이 1분에 2 L씩 흘러나가므로 $y=30-2x$

(3) $y=30-2x$에 $x=10$을 대입하면

$y=30-2\times10=10$

따라서 물이 흘러나가기 시작한 지 10분 후에 물통에 들어 있는 물의 양은 10 L이다.

(4) $y=30-2x$에 $y=14$를 대입하면

$14=30-2x$, $2x=16$ ∴ $x=8$

따라서 물의 양이 14 L가 되는 것은 물이 흘러나가기 시작한 지 8분 후이다.

05 답 (1) $70x$, $280-70x$, $y=280-70x$ (2) 140 km (3) 4시간

(2) $y=280-70x$에 $x=2$를 대입하면

$y=280-70\times2=140$

따라서 출발한 지 2시간 후에 여행지까지 남은 거리는 140 km이다.

(3) $y=280-70x$에 $y=0$을 대입하면

$0=280-70x$, $70x=280$ ∴ $x=4$

따라서 지안이가 여행지까지 가는 데 4시간이 걸린다.

06 답 (1) $(10-0.2x)$ cm (2) $y=160-1.6x$ (3) 40초 후

(2) $y=\dfrac{1}{2}\times\{(10-0.2x)+10\}\times16$이므로

$y=160-1.6x$

(3) $y=160-1.6x$에 $y=96$을 대입하면

$96=160-1.6x$, $1.6x=64$ ∴ $x=40$

따라서 사다리꼴 PBCD의 넓이가 96 cm²가 되는 것은 점 P가 꼭짓점 A를 출발한 지 40초 후이다.

07 답 500 m

높이가 1 m 높아질 때마다 기온이 0.006 ℃씩 내려가므로 지면으로부터 높이가 x m인 지점의 기온을 y ℃라 하면

$y=12-0.006x$

이 식에 $y=9$를 대입하면

$9=12-0.006x$, $0.006x=3$ ∴ $x=500$

따라서 기온이 9 ℃인 지점의 지면으로부터의 높이는 500 m이다.

08 답 ①

5분에 10 L씩 물을 넣으므로 1분에 $\dfrac{10}{5}=2(L)$씩 물이 들어간다.

물을 넣은 지 x분 후에 물탱크에 들어 있는 물의 양을 y L라 하면

$y=30+2x$

이 식에 $y=80$을 대입하면

$80=30+2x$, $2x=50$ ∴ $x=25$

따라서 물탱크를 가득 채우는 데 25분이 걸린다.

09 답 3시간 후

주어진 그래프가 두 점 $(0, 20)$, $(5, 0)$을 지나므로

$(기울기)=\dfrac{0-20}{5-0}=-4$

이때 y절편이 20이므로 주어진 그래프가 나타내는 일차함수의 식은

$y=-4x+20$

이 식에 $y=8$을 대입하면

$8=-4x+20$, $4x=12$ ∴ $x=3$

따라서 양초의 길이가 8 cm가 되는 것은 불을 붙인 지 3시간 후이다.

한번 더! 기본 문제 (개념42~44)

본문 126쪽

01 $y=-\dfrac{2}{3}x-1$	**02** ④	**03** 2
04 $y=\dfrac{5}{2}x-5$	**05** 1	**06** 48 cm

01 답 $y=-\dfrac{2}{3}x-1$

두 점 $(-3, 0)$, $(0, -2)$를 지나는 직선과 평행하므로

$(기울기)=\dfrac{-2-0}{0-(-3)}=-\dfrac{2}{3}$

$y=4x-1$의 그래프와 y축 위에서 만나므로 y절편은 -1이다.

따라서 구하는 일차함수의 식은 $y=-\dfrac{2}{3}x-1$

02 답 ④

기울기가 $\dfrac{-4}{2}=-2$이므로 주어진 일차함수의 식을

$y=-2x+b$라 하자.

이 그래프가 점 $(-1, 3)$을 지나므로

$3=2+b$ ∴ $b=1$

∴ $y=-2x+1$

따라서 $y=-2x+1$의 그래프의 x절편이 $\frac{1}{2}$이므로 구하는 점의

좌표는 $\left(\frac{1}{2},\, 0\right)$이다.

03 답 2

주어진 일차함수의 식을 $y=-3x+b$라 하면

이 그래프가 점 $(-2, 5)$를 지나므로

$5=6+b$ ∴ $b=-1$

이때 $y=-3x-1$의 그래프가 점 $(2a-5,\, a)$를 지나므로

$a=-3(2a-5)-1$, $a=-6a+14$

$7a=14$ ∴ $a=2$

04 답 $y=\frac{5}{2}x-5$

$y=3x-5$의 그래프의 y절편은 -5이고

$y=\frac{1}{2}x-1$의 그래프의 x절편은 2이다.

즉, 구하는 일차함수의 그래프는 두 점 $(2, 0)$, $(0, -5)$를 지나므로

$(기울기)=\dfrac{-5-0}{0-2}=\dfrac{5}{2}$

이때 y절편은 -5이므로 구하는 일차함수의 식은

$y=\frac{5}{2}x-5$

05 답 1

일차함수의 그래프가 두 점 $(-3, -2)$, $(1, 6)$을 지나므로

$(기울기)=\dfrac{6-(-2)}{1-(-3)}=2$

주어진 일차함수의 식을 $y=2x+b$라 하면 이 그래프가 점 $(1, 6)$을 지나므로

$6=2+b$ ∴ $b=4$

∴ $y=2x+4$

$y=2x+4$의 그래프를 y축의 방향으로 -4만큼 평행이동한 그래프가 나타내는 일차함수의 식은

$y=2x+4-4$ ∴ $y=2x$

따라서 $y=2x$의 그래프가 점 $(a, 2)$를 지나므로

$2=2a$ ∴ $a=1$

06 답 $48\,\mathrm{cm}$

물건의 무게가 $10\,\mathrm{g}$씩 늘어날 때마다 용수철의 길이는 $4\,\mathrm{cm}$씩 늘어나므로 물건의 무게가 $1\,\mathrm{g}$씩 늘어날 때마다 용수철의 길이는

$\dfrac{4}{10}=0.4(\mathrm{cm})$씩 늘어난다.

물건의 무게가 $x\,\mathrm{g}$일 때 용수철의 길이를 $y\,\mathrm{cm}$라 하면

$y=30+0.4x$

이 식에 $x=45$를 대입하면

$y=30+0.4\times45=30+18=48$

따라서 무게가 $45\,\mathrm{g}$인 물건을 달았을 때, 용수철의 길이는 $48\,\mathrm{cm}$이다.

---

6. 일차함수와 일차방정식

본문 128~130쪽

개념 45 **일차함수와 일차방정식의 관계**

01 답 (1) 직선의 방정식 (2) $-\dfrac{a}{b}x-\dfrac{c}{b}$

02 답 (1)

x	$\cdots$	-3	-2	-1	0	1	$\cdots$
y	$\cdots$	4	2	0	-2	-4	$\cdots$

(2) 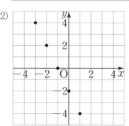 (3)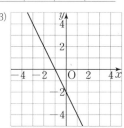

03 답 (1) ○ (2) × (3) ○ (4) ×

(1) $x=1$, $y=2$를 $3x-4y+5=0$에 대입하면

$3\times1-4\times2+5=0$

따라서 점 $(1, 2)$는 일차방정식 $3x-4y+5=0$의 그래프 위의 점이다.

(2) $x=-3$, $y=1$을 $3x-4y+5=0$에 대입하면

$3\times(-3)-4\times1+5=-8\neq0$

따라서 점 $(-3, 1)$은 일차방정식 $3x-4y+5=0$의 그래프 위의 점이 아니다.

(3) $x=5$, $y=5$를 $3x-4y+5=0$에 대입하면

$3\times5-4\times5+5=0$

따라서 점 $(5, 5)$는 일차방정식 $3x-4y+5=0$의 그래프 위의 점이다.

(4) $x=-1$, $y=-2$를 $3x-4y+5=0$에 대입하면

$3\times(-1)-4\times(-2)+5=10\neq0$

따라서 점 $(-1, -2)$는 일차방정식 $3x-4y+5=0$의 그래프 위의 점이 아니다.

04 답 (1) $y=x-3$, 기울기: 1, x절편: 3, y절편: -3

(2) $y=5x+9$, 기울기: 5, x절편: $-\dfrac{9}{5}$, y절편: 9

(3) $y=-\dfrac{3}{4}x+3$, 기울기: $-\dfrac{3}{4}$, x절편: 4, y절편: 3

(4) $y=3x-\dfrac{5}{2}$, 기울기: 3, x절편: $\dfrac{5}{6}$, y절편: $-\dfrac{5}{2}$

(1) $x-y-3=0$에서 $y=x-3$

$y=x-3$에서 $y=0$일 때, $0=x-3$ ∴ $x=3$

따라서 그래프의 기울기는 1, x절편은 3, y절편은 -3이다.

(2) $-5x+y-9=0$에서 $y=5x+9$

$y=5x+9$에서 $y=0$일 때, $0=5x+9$, $5x=-9$ ∴ $x=-\dfrac{9}{5}$

따라서 그래프의 기울기는 5, x절편은 $-\dfrac{9}{5}$, y절편은 9이다.

(3) $3x+4y-12=0$에서 $y=-\dfrac{3}{4}x+3$

$y=-\dfrac{3}{4}x+3$에서 $y=0$일 때, $0=-\dfrac{3}{4}x+3$

$\dfrac{3}{4}x=3$　　∴ $x=4$

따라서 그래프의 기울기는 $-\dfrac{3}{4}$, x절편은 4, y절편은 3이다.

(4) $-6x+2y+5=0$에서 $y=3x-\dfrac{5}{2}$

$y=3x-\dfrac{5}{2}$에서 $y=0$일 때, $0=3x-\dfrac{5}{2}$

$3x=\dfrac{5}{2}$　　∴ $x=\dfrac{5}{6}$

따라서 그래프의 기울기는 3, x절편은 $\dfrac{5}{6}$, y절편은 $-\dfrac{5}{2}$이다.

05 답 풀이 참조

(1) $2x-3y+6=0$에서

$y=\dfrac{2}{3}x+2$

따라서 $2x-3y+6=0$의 그래프는 일차함수 $y=\dfrac{2}{3}x+2$의 그래프와 같으므로 오른쪽 그림과 같다.

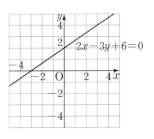

(2) $2x-y-4=0$에서

$y=2x-4$

따라서 $2x-y-4=0$의 그래프는 일차함수 $y=2x-4$의 그래프와 같으므로 오른쪽 그림과 같다.

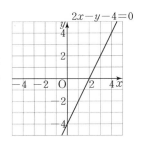

(3) $-4x-3y+12=0$에서

$y=-\dfrac{4}{3}x+4$

따라서 $-4x-3y+12=0$의 그래프는 일차함수 $y=-\dfrac{4}{3}x+4$의 그래프와 같으므로 오른쪽 그림과 같다.

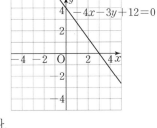

(4) $x+2y-3=0$에서

$y=-\dfrac{1}{2}x+\dfrac{3}{2}$

따라서 $x+2y-3=0$의 그래프는 일차함수 $y=-\dfrac{1}{2}x+\dfrac{3}{2}$의 그래프와 같으므로 오른쪽 그림과 같다.

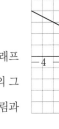

06 답 (1)○ (2)× (3)○ (4)○ (5)○ (6)× (7)○

(1) $x+3y-9=0$에서 $y=-\dfrac{1}{3}x+3$

따라서 일차함수 $y=-\dfrac{1}{3}x+3$의 그래프와 일치한다.

(2) $y=-\dfrac{1}{3}x+3$에서 $y=0$일 때, $0=-\dfrac{1}{3}x+3$

$\dfrac{1}{3}x=3$　　∴ $x=9$

따라서 x절편은 9이다.

(4) 기울기가 $-\dfrac{1}{3}$이므로 x의 값이 3만큼 증가할 때, y의 값은 1만큼 감소한다.

(5) 그래프는 오른쪽 그림과 같으므로 제4사분면을 지난다.

(6) 기울기가 음수이므로 오른쪽 아래로 향하는 직선이다.

(7) $x=3$, $y=2$를 $x+3y-9=0$에 대입하면

$3+3\times2-9=0$

따라서 점 $(3,\ 2)$를 지난다.

07 답 ④

$x-2y-3=0$에서 $y=\dfrac{1}{2}x-\dfrac{3}{2}$

따라서 일차방정식 $x-2y-3=0$의 그래프와 일치하는 것은 ④이다.

08 답 -16

$2x-3y+12=0$에서 $y=\dfrac{2}{3}x+4$

기울기는 $\dfrac{2}{3}$이므로 $a=\dfrac{2}{3}$

$y=0$일 때, $0=\dfrac{2}{3}x+4$, $\dfrac{2}{3}x=-4$　　∴ $x=-6$

즉, x절편은 -6이므로 $b=-6$

또 y절편은 4이므로 $c=4$

∴ $abc=\dfrac{2}{3}\times(-6)\times4=-16$

09 답 ㄱ과 l, ㄴ과 n, ㄷ과 m

ㄱ. $3x-2y-6=0$에서 $y=\dfrac{3}{2}x-3$

$y=\dfrac{3}{2}x-3$에서 $y=0$일 때, $0=\dfrac{3}{2}x-3$

$\dfrac{3}{2}x=3$　　∴ $x=2$

즉, 그래프의 x절편은 2, y절편은 -3이므로 일차방정식 $3x-2y-6=0$의 그래프는 l과 같다.

ㄴ. $3x+2y+6=0$에서 $y=-\dfrac{3}{2}x-3$

$y=-\dfrac{3}{2}x-3$에서 $y=0$일 때, $0=-\dfrac{3}{2}x-3$

$\dfrac{3}{2}x=-3$　　∴ $x=-2$

즉, 그래프의 x절편은 -2, y절편은 -3이므로 일차방정식 $3x+2y+6=0$의 그래프는 n과 같다.

ㄷ. $3x+2y-6=0$에서 $y=-\dfrac{3}{2}x+3$

$y=-\dfrac{3}{2}x+3$에서 $y=0$일 때, $0=-\dfrac{3}{2}x+3$

$$\frac{3}{2}x=3 \qquad \therefore x=2$$

즉, 그래프의 x절편은 2, y절편은 3이므로 일차방정식 $3x+2y-6=0$의 그래프는 m과 같다.

10 답 ⑤

$x=3,\ y=5$를 $ax-3y+18=0$에 대입하면
$3a-3\times5+18=0,\ 3a=-3 \qquad \therefore a=-1$
즉, $-x-3y+18=0$이므로 $y=0$일 때, $-x+18=0$
$\therefore x=18$
따라서 x절편은 18이다.

11 답 $a>0,\ b>0$

$ax+y+b=0$에서 $y=-ax-b$
주어진 그래프가 오른쪽 아래로 향하므로
$-a<0 \qquad \therefore a>0$
y축과 음의 부분에서 만나므로
$-b<0 \qquad \therefore b>0$

12 답 ⑤

$x,\ y$가 자연수일 때, 일차방정식 $2x+y=10$의 해는
$(1,\ 8),\ (2,\ 6),\ (3,\ 4),\ (4,\ 2)$의 4쌍이므로 일차방정식 $2x+y=10$의 그래프의 모양은 점으로 나타나고, 그래프는 제1사분면 위에 있다.
따라서 옳지 않은 것은 ⑤이다.

본문 131~132쪽

개념 46 일차방정식 $x=p,\ y=q$의 그래프

01 답 (1) 1, y, 1, x,   (2) -3, x, -3, y,

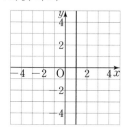 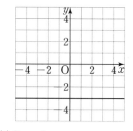

  (3) -4, y, -4, x,   (4) 2, x, 2, y,

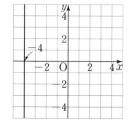 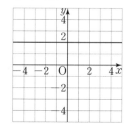

02 답 (1) $x=5$ (2) $y=1$ (3) $x=-3$ (4) $y=-2$

03 답 (1) $y=4$ (2) $x=-1$ (3) $x=2$ (4) $y=-5$
  (5) $y=1$ (6) $x=6$ (7) $y=2$ (8) $x=-3$

04 답 ③

① y축에 평행하다.
② x축에 평행하다.
③ 기울기가 1이므로 축에 평행하지 않다.
④ $2x+1=0$에서 $2x=-1$
  즉, $x=-\frac{1}{2}$이므로 y축에 평행하다.
⑤ $3y-3=0$에서 $3y=3$
  즉, $y=1$이므로 x축에 평행하다.
따라서 그래프가 축에 평행하지 않은 것은 ③이다.

05 답 -3

점 $(-1,\ 7)$을 지나고 x축에 수직인 직선의 방정식은
$x=-1$
점 $(4,\ -2)$를 지나고 x축에 평행한 직선의 방정식은
$y=-2$
따라서 두 직선이 만나는 점의 좌표는 $(-1,\ -2)$이므로
$p=-1,\ q=-2$
$\therefore p+q=-1+(-2)=-3$

06 답 20

네 직선 $x=5,\ y=4,\ x=0,\ y=0$으로 둘러싸인 도형은 오른쪽 그림과 같다.
따라서 구하는 도형의 넓이는 가로의 길이가 5, 세로의 길이가 4인 직사각형의 넓이와 같으므로 그 넓이는
$5\times4=20$

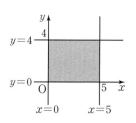

한번 더! 기본 문제 개념 45~46   본문 133쪽

  01 ⑤   **02** ③   **03** ②   **04** ③
  05 $y=-4$ **06** ④

01 답 ⑤

$x-3y+3=0$에서 $y=\frac{1}{3}x+1$

① $y=0$일 때, $0=\frac{1}{3}x+1$
  $\frac{1}{3}x=-1 \qquad \therefore x=-3$
  즉, x절편은 -3이다.
③ $x=3,\ y=2$를 $x-3y+3=0$에 대입하면
  $3-3\times2+3=0$이므로 점 $(3,\ 2)$를 지난다.
④ 그래프는 오른쪽 그림과 같으므로
  제4사분면은 지나지 않는다.
⑤ 기울기가 $\frac{1}{3}$이므로 일차함수 $y=-3x$의
  그래프와 평행하지 않다.
따라서 옳지 않은 것은 ⑤이다.

02 답 ③

$x=a-2$, $y=a$를 $3x-y+8=0$에 대입하면

$3(a-2)-a+8=0$, $2a=-2$ ∴ $a=-1$

03 답 ②

두 점 $(-2, -2)$, $(5, 8)$을 지나는 직선의 기울기는

$\dfrac{8-(-2)}{5-(-2)}=\dfrac{10}{7}$

$ax+7y-2=0$에서 $y=-\dfrac{a}{7}x+\dfrac{2}{7}$

이때 평행한 두 직선은 기울기가 같으므로

$\dfrac{10}{7}=-\dfrac{a}{7}$ ∴ $a=-10$

04 답 ③

$x+ay-b=0$에서 $y=-\dfrac{1}{a}x+\dfrac{b}{a}$

주어진 그래프가 오른쪽 위로 향하므로

$-\dfrac{1}{a}>0$ ∴ $a<0$

y축과 음의 부분에서 만나므로 $\dfrac{b}{a}<0$

이때 $a<0$이므로 $b>0$

∴ $a<0$, $b>0$

05 답 $y=-4$

$2x-3y-12=0$에서 $y=\dfrac{2}{3}x-4$이므로

직선 $2x-3y-12=0$의 그래프가 y축과 만나는 점은 $(0, -4)$이다.

따라서 점 $(0, -4)$를 지나면서 x축에 평행한 직선의 방정식은

$y=-4$이다.

06 답 ④

$2x-6=0$에서 $x=3$이므로

네 직선 $x=-2$, $x=3$, $y=-1$,

$y=2$로 둘러싸인 도형은 오른쪽

그림과 같다.

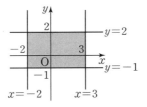

따라서 구하는 도형의 넓이는

$\{3-(-2)\}\times\{2-(-1)\}$

$=5\times3=15$

본문 134~135쪽

개념47 연립방정식의 해와 그래프

01 답 교점

02 답 (1) $x=3$, $y=-1$ (2) $x=1$, $y=-2$
　　　 (3) $x=-2$, $y=-2$

03 답 (1) 그림은 풀이 참조, $x=-1$, $y=2$
　　　 (2) 그림은 풀이 참조, $x=2$, $y=2$
　　　 (3) 그림은 풀이 참조, $x=-1$, $y=1$

(1) 두 그래프는 오른쪽 그림과 같고
교점의 좌표가 $(-1, 2)$이므로
연립방정식의 해는
$x=-1$, $y=2$이다.

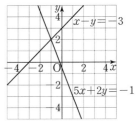

(2) 두 그래프는 오른쪽 그림과 같고
교점의 좌표가 $(2, 2)$이므로
연립방정식의 해는
$x=2$, $y=2$이다.

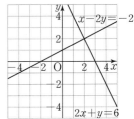

(3) 두 그래프는 오른쪽 그림과 같고
교점의 좌표가 $(-1, 1)$이므로
연립방정식의 해는
$x=-1$, $y=1$이다.

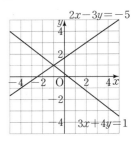

04 답 (1) $(3, 2)$ (2) $(-3, 5)$ (3) $(2, -2)$ (4) $(1, 1)$
　　　 (5) $(2, 8)$

(1) $\begin{cases} x+y=5 & \cdots ㉠ \\ 2x-y=4 & \cdots ㉡ \end{cases}$

㉠+㉡을 하면 $3x=9$ ∴ $x=3$

$x=3$을 ㉠에 대입하면 $3+y=5$ ∴ $y=2$

따라서 두 그래프의 교점의 좌표는 $(3, 2)$이다.

(2) $\begin{cases} x+2y=7 & \cdots ㉠ \\ 3x+2y=1 & \cdots ㉡ \end{cases}$

㉠-㉡을 하면 $-2x=6$ ∴ $x=-3$

$x=-3$을 ㉠에 대입하면 $-3+2y=7$ ∴ $y=5$

따라서 두 그래프의 교점의 좌표는 $(-3, 5)$이다.

(3) $\begin{cases} x-y=4 & \cdots ㉠ \\ 4x+3y=2 & \cdots ㉡ \end{cases}$

㉠×3+㉡을 하면 $7x=14$ ∴ $x=2$

$x=2$를 ㉠에 대입하면 $2-y=4$ ∴ $y=-2$

따라서 두 그래프의 교점의 좌표는 $(2, -2)$이다.

(4) $\begin{cases} 2x+3y=5 & \cdots ㉠ \\ 5x-2y=3 & \cdots ㉡ \end{cases}$

㉠×2+㉡×3을 하면 $19x=19$ ∴ $x=1$

$x=1$을 ㉠에 대입하면 $2\times1+3y=5$ ∴ $y=1$

따라서 두 그래프의 교점의 좌표는 $(1, 1)$이다.

(5) $\begin{cases} 3x+y-14=0 \\ 7x-2y+2=0 \end{cases}$에서 $\begin{cases} 3x+y=14 & \cdots ㉠ \\ 7x-2y=-2 & \cdots ㉡ \end{cases}$

$\bigcirc \times 2 + \bigcirc$을 하면 $13x=26$ $\therefore x=2$

$x=2$를 $\bigcirc$에 대입하면 $3\times 2+y=14$ $\therefore y=8$

따라서 두 그래프의 교점의 좌표는 $(2, 8)$이다.

05 답 ②

두 일차방정식 $x+3y=-5$, $x-y=3$의 그래프의 교점의 좌표가 연립방정식의 해이므로 연립방정식의 해를 나타내는 것은 점 B이다.

06 답 $x=2$, $y=1$

두 일차방정식 $x+2y=4$, $2x-y=3$의 그래프의 교점의 좌표가 연립방정식의 해이다.

이때 두 일차방정식의 그래프의 교점의 좌표가 $(2, 1)$이므로 연립방정식의 해는 $x=2$, $y=1$이다.

07 답 $(-3, 9)$

$\begin{cases} 3x+2y-9=0 \\ 5x+2y-3=0 \end{cases}$에서 $\begin{cases} 3x+2y=9 & \cdots \bigcirc \\ 5x+2y=3 & \cdots \bigcirc \end{cases}$

$\bigcirc - \bigcirc$을 하면 $-2x=6$ $\therefore x=-3$

$x=-3$을 $\bigcirc$에 대입하면 $3\times(-3)+2y=9$ $\therefore y=9$

따라서 두 그래프의 교점의 좌표는 $(-3, 9)$이다.

08 답 -3

두 일차방정식 $ax+y=-5$, $x-2y=b$의 그래프의 교점의 좌표가 $(-3, 1)$이므로 연립방정식의 해는 $x=-3$, $y=1$이다.

$x=-3$, $y=1$을 $ax+y=-5$에 대입하면

$-3\times a+1=-5$ $\therefore a=2$

$x=-3$, $y=1$을 $x-2y=b$에 대입하면

$-3-2\times 1=b$ $\therefore b=-5$

$\therefore a+b=2+(-5)=-3$

09 답 -2

$\begin{cases} x-2y=3 & \cdots \bigcirc \\ 3x+2y=1 & \cdots \bigcirc \end{cases}$

$\bigcirc + \bigcirc$을 하면 $4x=4$ $\therefore x=1$

$x=1$을 $\bigcirc$에 대입하면 $1-2y=3$ $\therefore y=-1$

즉, 두 그래프의 교점의 좌표는 $(1, -1)$이고, 이 점이 일차함수 $y=ax+1$의 그래프 위의 점이므로

$-1=a+1$ $\therefore a=-2$

본문 136~137쪽

개념 48 **연립방정식의 해의 개수와 두 그래프의 위치 관계**

01 답 (1) 한 점 (2) 일치 (3) 평행

---

02 답 (1) 그림은 풀이 참조, 해가 무수히 많다.
(2) 그림은 풀이 참조, 해가 없다.
(3) 그림은 풀이 참조, 해가 없다.

(1) 연립방정식의 각 일차방정식을 y를 x에 대한 식으로 나타내면

$\begin{cases} y=\dfrac{1}{2}x-\dfrac{3}{2} \\ y=\dfrac{1}{2}x-\dfrac{3}{2} \end{cases}$

두 일차방정식의 그래프를 좌표평면 위에 나타내면 오른쪽 그림과 같이 두 그래프는 일치한다. 따라서 연립방정식의 해가 무수히 많다.

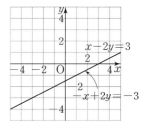

(2) 연립방정식의 각 일차방정식을 y를 x에 대한 식으로 나타내면

$\begin{cases} y=-\dfrac{3}{4}x+1 \\ y=-\dfrac{3}{4}x-2 \end{cases}$

두 일차방정식의 그래프를 좌표평면 위에 나타내면 오른쪽 그림과 같이 두 그래프는 평행하다. 따라서 연립방정식의 해가 없다.

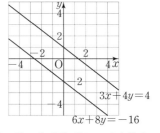

(3) 연립방정식의 각 일차방정식을 y를 x에 대한 식으로 나타내면

$\begin{cases} y=5x+3 \\ y=5x-4 \end{cases}$

두 일차방정식의 그래프를 좌표평면 위에 나타내면 오른쪽 그림과 같이 두 그래프는 평행하다. 따라서 연립방정식의 해가 없다.

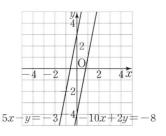

03 답 (1) $-ax+3$, $-\dfrac{3}{2}x+2$, $-\dfrac{3}{2}$, $\dfrac{3}{2}$

(2) $-\dfrac{a}{3}x+\dfrac{7}{3}$, $\dfrac{2}{3}x+\dfrac{1}{2}$, $a=-2$

(3) $\dfrac{1}{a}x+\dfrac{6}{a}$, $-\dfrac{1}{3}x+\dfrac{3}{2}$, $a=-3$

(2) $\begin{cases} ax+3y=7 \\ -4x+6y=3 \end{cases}$ $\xrightarrow[\text{식으로 나타내면}]{y를 x에 대한}$ $\begin{cases} y=\boxed{-\dfrac{a}{3}x+\dfrac{7}{3}} \\ y=\boxed{\dfrac{2}{3}x+\dfrac{1}{2}} \end{cases}$

따라서 $y=-\dfrac{a}{3}x+\dfrac{7}{3}$, $y=\dfrac{2}{3}x+\dfrac{1}{2}$의 그래프의 기울기는 같고 y절편은 달라야 하므로

$-\dfrac{a}{3}=\dfrac{2}{3}$ $\therefore a=-2$

(3) $\begin{cases} -x+ay=6 \\ 2x+6y=9 \end{cases}$ $\xrightarrow[\text{식으로 나타내면}]{y \text{를 } x \text{에 대한}}$ $\begin{cases} y=\boxed{\dfrac{1}{a}x+\dfrac{6}{a}} \\ y=\boxed{-\dfrac{1}{3}x+\dfrac{3}{2}} \end{cases}$

따라서 $y=\dfrac{1}{a}x+\dfrac{6}{a}$, $y=-\dfrac{1}{3}x+\dfrac{3}{2}$ 의 그래프의 기울기는 같고 y절편은 달라야 하므로

$\dfrac{1}{a}=-\dfrac{1}{3}$ $\quad \therefore a=-3$

04 답 (1) $-\dfrac{1}{2}x+3$, $-ax+3$, $-\dfrac{1}{2}$, $\dfrac{1}{2}$

$\quad\quad$ (2) $2x+a$, $2x+3$, $a=3$

$\quad\quad$ (3) $-3x+2$, $\dfrac{a}{2}x+2$, $a=-6$

(2) $\begin{cases} -2x+y=a \\ 6x-3y=-9 \end{cases}$ $\xrightarrow[\text{식으로 나타내면}]{y \text{를 } x \text{에 대한}}$ $\begin{cases} y=\boxed{2x+a} \\ y=\boxed{2x+3} \end{cases}$

따라서 $y=2x+a$, $y=2x+3$ 의 그래프의 기울기와 y절편이 각각 같아야 하므로

$a=3$

(3) $\begin{cases} 3x+y=2 \\ ax-2y=-4 \end{cases}$ $\xrightarrow[\text{식으로 나타내면}]{y \text{를 } x \text{에 대한}}$ $\begin{cases} y=\boxed{-3x+2} \\ y=\boxed{\dfrac{a}{2}x+2} \end{cases}$

따라서 $y=-3x+2$, $y=\dfrac{a}{2}x+2$ 의 그래프의 기울기와 y절편이 각각 같아야 하므로

$-3=\dfrac{a}{2}$ $\quad \therefore a=-6$

05 답 (1) ㄱ, ㄷ (2) ㄴ, ㅂ (3) ㄹ, ㅁ

주어진 연립방정식의 각 일차방정식을 y를 x에 대한 식으로 나타낸 후 두 일차방정식의 그래프의 기울기와 y절편을 확인해 보자.

ㄱ. $\begin{cases} y=3x-14 \\ y=\dfrac{5}{2}x-\dfrac{5}{2} \end{cases}$ 에서

두 일차방정식의 그래프의 기울기가 서로 다르므로 해가 한 쌍이다.

ㄴ. $\begin{cases} y=-\dfrac{1}{3}x+\dfrac{1}{3} \\ y=-\dfrac{1}{3}x+\dfrac{1}{3} \end{cases}$ 에서

두 일차방정식의 그래프의 기울기와 y절편이 각각 같으므로 두 그래프가 일치한다. 즉, 해가 무수히 많다.

ㄷ. $\begin{cases} y=4x-3 \\ y=-\dfrac{1}{2}x+\dfrac{3}{4} \end{cases}$ 에서

두 일차방정식의 그래프의 기울기가 서로 다르므로 해가 한 쌍이다.

ㄹ. $\begin{cases} y=-3x+4 \\ y=-3x+5 \end{cases}$ 에서

두 일차방정식의 그래프의 기울기는 같고 y절편은 다르므로 두 그래프가 평행하다. 즉, 해가 없다.

ㅁ. $\begin{cases} y=x+5 \\ y=x-5 \end{cases}$ 에서

두 일차방정식의 그래프의 그래프의 기울기는 같고 y절편은 다르므로 두 그래프가 평행하다. 즉, 해가 없다.

ㅂ. $\begin{cases} y=-2x+4 \\ y=-2x+4 \end{cases}$ 에서

두 일차방정식의 그래프의 기울기와 y절편이 각각 같으므로 두 그래프가 일치한다. 즉, 해가 무수히 많다.

(1) 해가 한 쌍인 것은 ㄱ, ㄷ이다.

(2) 해가 무수히 많은 것은 ㄴ, ㅂ이다.

(3) 해가 없는 것은 ㄹ, ㅁ이다.

06 답 -3

$2x-y=-3$에서 $y=2x+3$

$ax-3y=b$에서 $y=\dfrac{a}{3}x-\dfrac{b}{3}$

연립방정식의 해가 무수히 많으려면 두 일차함수의 그래프가 일치해야 하므로 기울기와 y절편이 각각 같아야 한다.

즉, $\dfrac{a}{3}=2$, $-\dfrac{b}{3}=3$이므로

$a=6$, $b=-9$

$\therefore a+b=6+(-9)=-3$

07 답 -1

$x+y+3=0$에서 $y=-x-3$

$ax-y+1=0$에서 $y=ax+1$

연립방정식의 해가 없으려면 두 일차함수의 그래프가 평행해야 하므로 기울기는 같고, y절편이 달라야 한다.

$\therefore a=-1$

08 답 $a \neq -\dfrac{1}{2}$

$x+4y-3=0$에서 $y=-\dfrac{1}{4}x+\dfrac{3}{4}$

$ax-2y-3=0$에서 $y=\dfrac{a}{2}x-\dfrac{3}{2}$

두 일차함수의 그래프의 교점이 오직 한 개 존재하려면 기울기가 달라야 하므로

$-\dfrac{1}{4} \neq \dfrac{a}{2}$에서 $a \neq -\dfrac{1}{2}$

한번 더! 기본 문제 개념 47~48 $\quad$ 본문 138쪽

01 ② $\quad\quad$ **02** 13 $\quad\quad$ **03** 2

04 $y=3x-1$ $\quad\quad$ **05** ② $\quad\quad$ **06** ④

01 답 ②

$\begin{cases} 3x-y-2=0 \\ x-2y+1=0 \end{cases}$, 즉 $\begin{cases} 3x-y=2 & \cdots \text{㉠} \\ x-2y=-1 & \cdots \text{㉡} \end{cases}$

ⓐ−ⓑ×3을 하면 $5y=5$ $\quad\therefore y=1$

$y=1$을 ⓐ에 대입하면 $3x-1=2$ $\quad\therefore x=1$

따라서 두 그래프의 교점의 좌표는 $(1, 1)$이다.

02 답 13

두 일차방정식 $3x+ay=1$, $ax+by=8$의 그래프의 교점의 좌표가 $(2, 1)$이므로 연립방정식의 해는 $x=2$, $y=1$이다.

$x=2$, $y=1$을 $3x+ay=1$에 대입하면

$3\times2+a\times1=1$ $\quad\therefore a=-5$

$x=2$, $y=1$을 $-5x+by=8$에 대입하면

$-5\times2+b\times1=8$ $\quad\therefore b=18$

$\therefore a+b=-5+18=13$

03 답 2

세 직선이 한 점에서 만나므로 두 직선의 교점을 나머지 한 직선이 지난다.

$\begin{cases} x+y=4 & \cdots ⓐ \\ 4x-5y=7 & \cdots ⓑ \end{cases}$

ⓐ$\times5+$ⓑ을 하면 $9x=27$ $\quad\therefore x=3$

$x=3$을 ⓐ에 대입하면 $3+y=4$ $\quad\therefore y=1$

즉, 두 직선 ⓐ, ⓑ의 교점의 좌표는 $(3, 1)$이다.

따라서 직선 $x-ay=1$이 점 $(3, 1)$을 지나므로

$3-a=1$ $\quad\therefore a=2$

04 답 $y=3x-1$

$\begin{cases} 3x+2y-7=0 \\ 2x+3y-8=0 \end{cases}$, 즉 $\begin{cases} 3x+2y=7 & \cdots ⓐ \\ 2x+3y=8 & \cdots ⓑ \end{cases}$

ⓐ$\times2-$ⓑ$\times3$을 하면 $-5y=-10$ $\quad\therefore y=2$

$y=2$를 ⓐ에 대입하면 $3x+2\times2=7$ $\quad\therefore x=1$

즉, 두 그래프 ⓐ, ⓑ의 교점의 좌표는 $(1, 2)$이다.

이때 직선 $3x-y=0$, 즉 $y=3x$와 평행한 직선의 기울기는 3이므로 구하는 직선의 방정식을 $y=3x+b$라 하자.

이 직선이 점 $(1, 2)$를 지나므로

$2=3+b$ $\quad\therefore b=-1$

따라서 구하는 직선의 방정식은

$y=3x-1$

05 답 ②

$(a+2)x+y=4$에서 $y=-(a+2)x+4$

$2x-2y=b$에서 $y=x-\dfrac{b}{2}$

연립방정식의 해가 존재하지 않으려면 두 일차방정식의 그래프는 평행해야 하므로 기울기는 같고, y절편이 달라야 한다.

즉, $-(a+2)=1$, $-\dfrac{b}{2}\neq4$이므로

$a=-3$, $b\neq-8$

06 답 ④

연립방정식의 해가 무수히 많으려면 두 일차방정식의 그래프가 일치해야 하므로 그래프의 기울기와 y절편이 각각 같아야 한다.

이때 연립방정식의 각 일차방정식을 y를 x에 대한 식으로 나타내면 다음과 같다.

① $\begin{cases} y=\dfrac{1}{3}x \\ y=-\dfrac{1}{3}x \end{cases}$ ② $\begin{cases} y=-\dfrac{1}{2}x+1 \\ y=\dfrac{1}{2}x-1 \end{cases}$

③ $\begin{cases} y=-\dfrac{1}{2}x-\dfrac{3}{2} \\ y=-2x-3 \end{cases}$ ④ $\begin{cases} y=2x-1 \\ y=2x-1 \end{cases}$

⑤ $\begin{cases} y=-3x-1 \\ y=-3x-\dfrac{1}{2} \end{cases}$

따라서 해가 무수히 많은 것은 ④이다.

PART II

단원 테스트

1. 유리수와 소수 [1회]
본문 140~142쪽

01 ④	**02** ④	**03** 12	**04** 14
05 ⑤	**06** 3개	**07** ③	**08** 37
09 ④	**10** ㄱ, ㄹ	**11** ④	**12** $0.2\dot{9}$
13 ①	**14** 110	**15** ③	**16** ④
17 4개	**18** ②, ⑤	**19** 117	**20** $5.\dot{7}$

01 답 ④

①, ②, ③, ⑤ 유한소수   ④ 무한소수
따라서 무한소수인 것은 ④이다.

02 답 ④

① $0.333\cdots \Rightarrow 0.\dot{3}$
② $-1.6888\cdots \Rightarrow -1.6\dot{8}$
③ $7.272727\cdots \Rightarrow 7.\dot{2}\dot{7}$
⑤ $-1.231231231\cdots \Rightarrow -1.\dot{2}3\dot{1}$
따라서 옳은 것은 ④이다.

03 답 12

$\dfrac{5}{14}=0.3571428571428\cdots=0.3\dot{5}7142\dot{8}$
이므로 순환마디를 이루는 숫자의 개수는 6개이다.
$\therefore a=6$
$\dfrac{41}{110}=0.3727272\cdots=0.37\dot{2}$
이므로 순환마디를 이루는 숫자의 개수는 2개이다.
$\therefore b=2$
$\therefore ab=6\times 2=12$

04 답 14

$\dfrac{6}{13}=0.461538461538\cdots=0.\dot{4}61538\dot{8}$
이므로 순환마디를 이루는 숫자의 개수는 6개이다.
$12=6\times 2$이므로 소수점 아래 12번째 자리의 숫자는 8이다.
$\therefore x=8$
$50=6\times 8+2$이므로 소수점 아래 50번째 자리의 숫자는 6이다.
$\therefore y=6$
$\therefore x+y=8+6=14$

05 답 ⑤

① $\dfrac{9}{12}=\dfrac{3}{4}=\dfrac{3}{2^2}=\dfrac{3\times 5^2}{2^2\times 5^2}=\dfrac{75}{10^2}$
② $\dfrac{18}{48}=\dfrac{3}{8}=\dfrac{3}{2^3}=\dfrac{3\times 5^3}{2^3\times 5^3}=\dfrac{375}{10^3}$

③ $\dfrac{13}{65}=\dfrac{1}{5}=\dfrac{1\times 2}{5\times 2}=\dfrac{2}{10}$
④ $\dfrac{34}{85}=\dfrac{2}{5}=\dfrac{2\times 2}{5\times 2}=\dfrac{4}{10}$
⑤ $\dfrac{21}{98}=\dfrac{3}{14}=\dfrac{3}{2\times 7}$
따라서 분모를 10의 거듭제곱의 꼴로 나타낼 수 없는 것은 ⑤이다.

06 답 3개

ㄱ. $\dfrac{12}{2\times 3^2\times 5}=\dfrac{2}{3\times 5}$　　ㄴ. $\dfrac{15}{3^2\times 5^2}=\dfrac{1}{3\times 5}$

ㄷ. $\dfrac{21}{2^2\times 3\times 7}=\dfrac{1}{2^2}$　　ㄹ. $\dfrac{9}{2^2\times 5\times 7}$

ㅁ. $\dfrac{27}{2\times 3^2\times 5}=\dfrac{3}{2\times 5}$　　ㅂ. $\dfrac{55}{2^3\times 5\times 11}=\dfrac{1}{2^3}$

따라서 순환소수로만 나타낼 수 있는 것은 ㄱ, ㄴ, ㄹ의 3개이다.

07 답 ③

$\dfrac{49}{2^2\times 5\times x}$가 순환소수가 되려면 기약분수로 고쳤을 때, 분모에 2 또는 5 이외의 소인수가 있어야 한다.

① $\dfrac{49}{2^2\times 5\times 7}=\dfrac{7}{2^2\times 5}$　　② $\dfrac{49}{2^2\times 5\times 14}=\dfrac{7}{2^3\times 5}$

③ $\dfrac{49}{2^2\times 5\times 21}=\dfrac{7}{2^2\times 3\times 5}$　　④ $\dfrac{49}{2^2\times 5\times 28}=\dfrac{7}{2^4\times 5}$

⑤ $\dfrac{49}{2^2\times 5\times 35}=\dfrac{7}{2^2\times 5^2}$

따라서 x의 값이 될 수 있는 것은 ③이다.

08 답 37

$\dfrac{x}{440}=\dfrac{x}{2^3\times 5\times 11}$이므로 $\dfrac{x}{440}$가 유한소수가 되려면 x는 11의 배수이어야 한다.
또 기약분수로 나타내면 $\dfrac{7}{y}$이므로 x는 7의 배수이어야 한다.
즉, x는 11과 7의 공배수인 77의 배수이어야 하고 두 자리의 자연수이므로 $x=77$
이때 $\dfrac{77}{440}=\dfrac{7}{40}=\dfrac{7}{y}$이므로 $y=40$
$\therefore x-y=77-40=37$

09 답 ④

④ $x=5.0\dot{2}\dot{6}=5.026026026\cdots$이므로
　$1000x=5026.026026026\cdots$, $x=5.026026026\cdots$
　따라서 가장 편리한 식은 $1000x-x$이다.

10 답 ㄱ, ㄹ

ㄴ. $0.\dot{7}1\dot{3}=\dfrac{713}{999}$　　ㄷ. $3.\dot{5}=\dfrac{35-3}{9}$
따라서 옳은 것은 ㄱ, ㄹ이다.

11 답 ④

④ $x=0.13\dot{9}\dot{8}=\dfrac{1398-13}{9900}=\dfrac{1385}{9900}=\dfrac{277}{1980}$

12 탑 $0.\dot{2}\dot{9}$

기준이는 분모를 제대로 보았으므로

$0.\dot{1}\dot{9}=\dfrac{19}{99}$에서 처음 기약분수의 분모는 99이다. 즉, $x=99$

호영이는 분자를 제대로 보았으므로

$0.0\dot{2}\dot{9}=\dfrac{29}{999}$에서 처음 기약분수의 분자는 29이다. 즉, $y=29$

$\therefore \dfrac{y}{x}=\dfrac{29}{99}=0.292929\cdots=0.\dot{2}\dot{9}$

13 탑 ①

$0.\dot{3}0\dot{9}=\dfrac{309}{999}=309\times\dfrac{1}{999}$이므로

$A=\dfrac{1}{999}=0.\dot{0}0\dot{1}$

14 탑 110

$0.0\dot{7}\dot{2}=\dfrac{72}{990}=\dfrac{4}{55}=\dfrac{4}{5\times11}$

이므로 $\dfrac{4}{5\times11}\times a$가 자연수가 되려면 a는 55의 배수이어야 한다.

따라서 a의 값이 될 수 있는 가장 작은 세 자리의 자연수는 110이다.

15 탑 ③

① $0.4\dot{1}=0.4111\cdots$이고, $0.\dot{4}\dot{1}=0.414141\cdots$이므로
  $0.4\dot{1}<0.\dot{4}\dot{1}$

② $0.5\dot{1}=0.5111\cdots$이므로 $0.52>0.5\dot{1}$

③ $0.\dot{1}\dot{7}=\dfrac{17}{99}$이므로 $\dfrac{17}{90}>0.\dot{1}\dot{7}$

④ $0.20\dot{1}=\dfrac{201-20}{900}=\dfrac{181}{900}$이므로 $0.20\dot{1}<\dfrac{2}{9}$

⑤ $1.2\dot{8}\dot{3}=1.2838383\cdots$이고, $1.\dot{2}8\dot{3}=1.283283283\cdots$이므로
  $1.2\dot{8}\dot{3}>1.\dot{2}8\dot{3}$

따라서 옳은 것은 ③이다.

16 탑 ④

$\dfrac{1}{3}<0.\dot{a}<\dfrac{5}{6}$에서 $\dfrac{1}{3}<\dfrac{a}{9}<\dfrac{5}{6}$

이 식을 분모가 3, 9, 6의 최소공배수, 즉 18인 분수로 통분하여 나타내면

$\dfrac{6}{18}<\dfrac{2a}{18}<\dfrac{15}{18}$에서 $6<2a<15$ $\quad \therefore 3<a<\dfrac{15}{2}$

따라서 이를 만족시키는 한 자리의 자연수 a는 4, 5, 6, 7이므로 구하는 합은

$4+5+6+7=22$

17 탑 4개

ㅁ, ㅂ. 순환소수가 아닌 무한소수이므로 유리수가 아니다.
따라서 유리수인 것은 ㄱ, ㄴ, ㄷ, ㄹ의 4개이다.

18 탑 ②, ⑤

① 순환소수가 아닌 무한소수는 유리수가 아니다.
③ 순환소수는 유리수이면서 무한소수이다.

④ 정수가 아닌 유리수는 유한소수 또는 순환소수로 나타낼 수 있다.
따라서 옳은 것은 ②, ⑤이다.

19 탑 117

$\dfrac{x}{2\times3^2}$가 유한소수가 되려면

x는 9의 배수이어야 한다. $\quad\cdots$❶

$\dfrac{x}{2^2\times5^2\times13}$가 유한소수가 되려면

x는 13의 배수이어야 한다. $\quad\cdots$❷

즉, x는 9와 13의 공배수인 117의 배수이어야 한다. $\quad\cdots$❸

따라서 x의 값이 될 수 있는 가장 작은 자연수는 117이다. $\quad\cdots$❹

채점 기준	배점
❶ x가 9의 배수임을 안 경우	30 %
❷ x가 13의 배수임을 안 경우	30 %
❸ x가 117의 배수임을 안 경우	20 %
❹ x의 값이 될 수 있는 가장 작은 자연수를 구한 경우	20 %

20 탑 $5.\dot{7}$

$0.\dot{5}=\dfrac{5}{9}$이므로

$\dfrac{19}{3}=A+0.\dot{5}$에서 $\dfrac{19}{3}=A+\dfrac{5}{9}$ $\quad\cdots$❶

$\therefore A=\dfrac{19}{3}-\dfrac{5}{9}=\dfrac{57}{9}-\dfrac{5}{9}=\dfrac{52}{9}$ $\quad\cdots$❷

따라서 A의 값을 순환소수로 나타내면

$\dfrac{52}{9}=5.777\cdots=5.\dot{7}$ $\quad\cdots$❸

채점 기준	배점
❶ $0.\dot{5}$를 분수로 나타낸 경우	30 %
❷ A의 값을 구한 경우	40 %
❸ A의 값을 순환소수로 나타낸 경우	30 %

---

1. 유리수와 소수 [2회]

본문 143~145쪽

01 ③	**02** ③	**03** ⑤	**04** ⑤
05 ②	**06** ④, ⑤	**07** 4개	**08** ⑤
09 ④	**10** ③	**11** 58	**12** ㄴ, ㄹ
13 $\dfrac{167}{225}$	**14** 5	**15** 9	**16** 5개
17 ④	**18** ㄴ, ㄷ	**19** 7개	**20** $0.0\dot{9}$

01 탑 ③

① $\dfrac{2}{11}=0.181818\cdots$이므로 무한소수이다.

② $\dfrac{7}{15}=0.4666\cdots$이므로 무한소수이다.

③ $\dfrac{5}{8}=0.625$이므로 유한소수이다.

④ $\dfrac{11}{24}=0.458333\cdots$이므로 무한소수이다.

⑤ $\frac{19}{6}=3.1666\cdots$이므로 무한소수이다.

따라서 소수로 나타냈을 때, 유한소수인 것은 ③이다.

02 탑 ③

① $0.666\cdots$ ⇨ 6　　　　② $0.595959\cdots$ ⇨ 59

④ $4.184184184\cdots$ ⇨ 184　　⑤ $0.912912912\cdots$ ⇨ 912

따라서 순환마디가 바르게 연결된 것은 ③이다.

03 탑 ⑤

① $\frac{5}{12}=0.41666\cdots=0.41\dot{6}$　② $\frac{16}{27}=0.592592\cdots=0.\dot{5}9\dot{2}$

③ $\frac{7}{18}=0.3888\cdots=0.3\dot{8}$　④ $\frac{13}{11}=1.181818\cdots=1.\dot{1}\dot{8}$

⑤ $\frac{19}{36}=0.52777\cdots=0.52\dot{7}$

따라서 옳은 것은 ⑤이다.

04 탑 ⑤

① $8.\dot{6}$의 소수점 아래 첫째 자리 숫자부터 항상 6이므로 소수점 아래 20번째 자리의 숫자는 6이다.

② $2.9\dot{3}$의 소수점 아래 둘째 자리 숫자부터 항상 3이므로 소수점 아래 20번째 자리의 숫자는 3이다.

③ $0.\dot{4}\dot{5}$의 순환마디를 이루는 숫자의 개수는 2개이다.

　이때 $20=2\times10$이므로 소수점 아래 20번째 자리의 숫자는 5이다.

④ $1.4\dot{9}\dot{7}$의 순환마디를 이루는 숫자의 개수는 3개이다.

　이때 $20=3\times6+2$이므로 소수점 아래 20번째 자리의 숫자는 9이다.

⑤ $0.\dot{2}31\dot{6}$의 순환마디를 이루는 숫자의 개수는 4개이다.

　이때 $20=4\times5$이므로 소수점 아래 20번째 자리의 숫자는 6이다.

따라서 옳지 않은 것은 ⑤이다.

05 탑 ②

$\frac{11}{20}=\frac{11}{2^2\times5}=\frac{11\times5}{2^2\times5\times5}=\frac{55}{10^2}=\frac{550}{10^3}=\cdots$

따라서 $a=55$, $n=2$일 때, $a+n$의 값이 가장 작으므로 구하는 수는 $55+2=57$

06 탑 ④, ⑤

① $\frac{10}{24}=\frac{5}{12}=\frac{5}{2^2\times3}$　　② $\frac{6}{45}=\frac{2}{15}=\frac{2}{3\times5}$

③ $\frac{3}{90}=\frac{1}{30}=\frac{1}{2\times3\times5}$　④ $\frac{49}{175}=\frac{7}{25}=\frac{7}{5^2}$

⑤ $\frac{81}{150}=\frac{27}{50}=\frac{27}{2\times5^2}$

따라서 유한소수로 나타낼 수 있는 것은 ④, ⑤이다.

07 탑 4개

$\frac{6}{390}=\frac{1}{65}=\frac{1}{5\times13}$이므로 $\frac{6}{390}\times x$가 유한소수가 되려면 x는 13의 배수이어야 한다.

따라서 x의 값이 될 수 있는 60 이하의 두 자리의 자연수는 13, 26, 39, 52의 4개이다.

08 탑 ⑤

$\frac{a}{3\times5}$가 유한소수가 되려면 a는 3의 배수이어야 한다.

$\frac{a}{2\times5\times11}$가 유한소수가 되려면 a는 11의 배수이어야 한다.

즉, a는 3과 11의 공배수인 33의 배수이어야 하므로 a의 값이 될 수 있는 것은 ⑤이다.

09 탑 ④

$x=0.4\dot{5}\dot{8}=0.4585858\cdots$이므로

$1000x=458.585858\cdots$, $10x=4.585858\cdots$

∴ $1000x-10x=454$

10 탑 ③

③ $3.\dot{9}\dot{7}=\frac{397-3}{99}=\frac{394}{99}$

11 탑 58

$0.25\dot{7}=\frac{257-25}{900}=\frac{232}{900}=\frac{58}{225}$

따라서 자연수 a의 값은 58이다.

12 탑 ㄴ, ㄹ

ㄱ, ㄴ. $3.9666\cdots$의 순환마디는 6이므로
$3.9666\cdots=3.9\dot{6}$으로 나타낼 수 있다.

ㄷ. $x=3.9666\cdots$이므로
$100x=396.666\cdots$, $10x=39.666\cdots$
∴ $100x-10x=357$
즉, $100x-10x$를 이용하여 분수로 나타낼 수 있다.

ㄹ. $3.9666\cdots=3.9\dot{6}=\frac{396-39}{90}=\frac{357}{90}=\frac{119}{30}$

따라서 옳은 것은 ㄴ, ㄹ이다.

13 탑 $\frac{167}{225}$

$0.7+0.04+0.002+0.0002+0.00002+\cdots$

$=0.74222\cdots=0.74\dot{2}=\frac{742-74}{900}=\frac{668}{900}=\frac{167}{225}$

14 탑 5

$0.\dot{6}=\frac{6}{9}=\frac{2}{3}$이므로 $x=\frac{2}{3}$

$0.1\dot{3}=\frac{13-1}{90}=\frac{12}{90}=\frac{2}{15}$이므로 $y=\frac{15}{2}$

∴ $xy=\frac{2}{3}\times\frac{15}{2}=5$

15 탑 9

$0.2\dot{7}=\frac{27-2}{90}=\frac{25}{90}=\frac{5}{18}=\frac{5}{2\times3^2}$

이므로 $\dfrac{5}{2\times 3^2}\times n$이 유한소수가 되려면 n은 9의 배수이어야 한다.

따라서 n의 값이 될 수 있는 가장 작은 자연수는 9이다.

16 답 5개

$0.5\dot{1}<\dfrac{x}{9}$에서 $\dfrac{51}{99}<\dfrac{x}{9}$이므로 $\dfrac{11}{99}x>\dfrac{51}{99}$

$11x>51$ $\therefore x>\dfrac{51}{11}=4.636363\cdots$

따라서 조건을 만족시키는 한 자리의 자연수 x는 5, 6, 7, 8, 9의 5개이다.

17 답 ④

$\dfrac{a}{b}$ (a, b는 정수, $b\neq0$)의 꼴로 나타낼 수 없는 수는 유리수가 아닌 수이다.

④ 순환소수가 아닌 무한소수이므로 유리수가 아니다.

18 답 ㄴ, ㄷ

ㄱ. $0.\dot{3}$은 순환소수이므로 유리수이다.

ㄴ. 순환소수가 아닌 무한소수는 유리수, 즉 분자, 분모가 정수인 분수로 나타낼 수 없다.

ㄷ. 순환소수가 아닌 무한소수는 모두 유리수가 아니다.

따라서 옳지 않은 것은 ㄴ, ㄷ이다.

19 답 7개

$\dfrac{51}{68\times x}=\dfrac{3}{4\times x}=\dfrac{3}{2^2\times x}$이 유한소수가 되려면 x의 값은 1 또는 소인수가 2 또는 5뿐인 자연수 또는 이들과 3의 곱으로 이루어진 자연수이어야 한다. ··· ❶

따라서 x의 값이 될 수 있는 한 자리의 자연수는 1, 2, 3, 4, 5, 6, 8의 7개이다. ··· ❷

채점 기준	배점
❶ x의 값의 조건을 구한 경우	50 %
❷ 조건을 만족시키는 자연수의 개수를 구한 경우	50 %

20 답 $0.\dot{0}\dot{9}$

$0.\dot{5}\dot{8}=5.8\times x$에서 $\dfrac{58}{99}=\dfrac{58}{10}\times x$

$\therefore x=\dfrac{58}{99}\times\dfrac{10}{58}=\dfrac{10}{99}$ ··· ❶

$0.\dot{9}\dot{4}=94\times y$에서 $\dfrac{94}{99}=94\times y$

$\therefore y=\dfrac{94}{99}\times\dfrac{1}{94}=\dfrac{1}{99}$ ··· ❷

$\therefore x-y=\dfrac{10}{99}-\dfrac{1}{99}=\dfrac{9}{99}=0.090909\cdots=0.\dot{0}\dot{9}$ ··· ❸

채점 기준	배점
❶ x의 값을 구한 경우	40 %
❷ y의 값을 구한 경우	40 %
❸ $x-y$의 값을 순환소수로 나타낸 경우	20 %

01 ④	**02** ⑤	**03** ④	**04** 18
05 ③	**06** ④	**07** 17	**08** ④
09 ⑤	**10** $-8x^3y^3$	**11** ⑤	**12** $6a+2b$
13 $3x-y$	**14** 24	**15** $-5x+12y$	
16 ④	**17** 29	**18** $\dfrac{15}{4}ab+b^2$	
19 ab^3	**20** $9x^2-10x+17$		

01 답 ④

① $a^2\times a^6=a^{2+6}=a^8$

② $a^2\times a^3=a^{2+3}=a^5$, $(a^2)^3=a^6$ $\therefore a^2\times a^3\neq(a^2)^3$

③ $a^6\div a^3=a^{6-3}=a^3$

④ $a^2\div(a^4\div a^3)=a^2\div a^{4-3}=a^2\div a^1=a^{2-1}=a$

⑤ $a^2\times a^6\div a^8=a^{2+6}\div a^8=a^8\div a^8=1$

따라서 옳은 것은 ④이다.

02 답 ⑤

① $a^\square\times a^4=a^{\square+4}=a^7$이므로 $\square+4=7$ $\therefore \square=3$

② $a^3\div a^6=\dfrac{1}{a^{6-3}}=\dfrac{1}{a^3}$ $\therefore \square=3$

③ $\left(\dfrac{a^2}{b}\right)^3=\dfrac{a^6}{b^3}$ $\therefore \square=3$

④ $a^3\times(a^4)^2\div a^\square=a^3\times a^8\div a^\square=a^{3+8-\square}=a^8$이므로 $11-\square=8$ $\therefore \square=3$

⑤ $(a^\square)^4\div a^6=a^{\square\times4}\div a^6=a^{4\times\square-6}=a^2$이므로 $4\times\square-6=2$, $4\times\square=8$ $\therefore \square=2$

따라서 $\square$ 안의 수가 나머지 넷과 다른 하나는 ⑤이다.

03 답 ④

$A=2^{x+1}=2^x\times2$이므로 $2^x=\dfrac{A}{2}$

$B=3^{x-1}=3^x\div3=\dfrac{3^x}{3}$이므로 $3^x=3B$

$\therefore 12^x=(2^2\times3)^x=2^{2x}\times3^x=(2^x)^2\times3^x$

$=\left(\dfrac{A}{2}\right)^2\times3B=\dfrac{3}{4}A^2B$

04 답 18

㈎ $4^2\times4^2\times4^2\times4^2=(4^2)^4=16^4=16^x$ $\therefore x=4$

㈏ $5^7+5^7+5^7+5^7+5^7=5\times5^7=5^8=5^y$ $\therefore y=8$

㈐ $(23^2)^3=23^6=23^z$ $\therefore z=6$

$\therefore x+y+z=4+8+6=18$

05 답 ③

$(2^3)^2\times25^4=2^6\times(5^2)^4=2^6\times5^8=2^6\times5^6\times5^2$

$=5^2\times(2\times5)^6=25\times10^6=25000000$

따라서 $(2^3)^2\times25^4$은 8자리의 자연수이다.

06 답 ④

종이 1장을 5번 접은 종이의 두께는 처음의 2^5배가 되고 10번 접은 종이의 두께는 처음의 2^{10}배가 된다.

$\therefore 2^{10} \div 2^5 = 2^5$(배)

07 답 17

$(2xy^2)^4 \times (-xy^4)^3 \times (-x^2y)^2 = 16x^4y^8 \times (-x^3y^{12}) \times x^4y^2$
$\qquad\qquad\qquad\qquad\qquad\qquad = -16x^{11}y^{22} = ax^by^c$

이므로 $a = -16$, $b = 11$, $c = 22$

$\therefore a + b + c = -16 + 11 + 22 = 17$

08 답 ④

① $x^3 \times (-2x)^2 = x^3 \times 4x^2 = 4x^5$

② $-2x^2y \times (-4x^3y^2) = 8x^5y^3$

③ $9x^3 \div 3x^2 = 3x$

④ $(-3x^4)^3 \div \dfrac{9}{2}x^6 = -27x^{12} \times \dfrac{2}{9x^6} = -6x^6$

⑤ $-x^3y \div 3xy^3 \times (-3x^2y)^2 = -x^3y \times \dfrac{1}{3xy^3} \times 9x^4y^2 = -3x^6$

따라서 옳은 것은 ④이다.

09 답 ⑤

$(2x^2y^3)^5 \times x^Ay^2 \div \dfrac{8}{5}xy^8 = 32x^{10}y^{15} \times x^Ay^2 \times \dfrac{5}{8xy^8}$
$\qquad\qquad\qquad\qquad\qquad\qquad = 20x^{9+A}y^9 = Bx^{12}y^9$

즉, $20 = B$, $9 + A = 12$이므로 $A = 3$, $B = 20$

$\therefore A + B = 3 + 20 = 23$

10 답 $-8x^3y^3$

$A \div \dfrac{x^2}{3y} \times \left(\dfrac{x}{y^2}\right)^2 = -24x^3$이므로

$A = -24x^3 \times \dfrac{x^2}{3y} \div \left(\dfrac{x}{y^2}\right)^2$

$\quad = -24x^3 \times \dfrac{x^2}{3y} \div \dfrac{x^2}{y^4}$

$\quad = -24x^3 \times \dfrac{x^2}{3y} \times \dfrac{y^4}{x^2}$

$\quad = -8x^3y^3$

11 답 ⑤

직선 l을 축으로 하여 1회전 시킬 때 생기는 입체도형은 밑면의 반지름의 길이가 $2ab$이고 높이가 $3a^2b$인 원뿔이므로

(원뿔의 부피) $= \dfrac{1}{3} \times \pi \times (2ab)^2 \times 3a^2b$
$\qquad\qquad\quad = \dfrac{1}{3}\pi \times 4a^2b^2 \times 3a^2b = 4\pi a^4b^3$

12 답 $6a + 2b$

전개도를 이용하여 직육면체를 만들면 $5a + 4b$가 적혀 있는 면과 $10a + b$가 적혀 있는 면이 마주 보고, $9a + 3b$가 적혀 있는 면과 A가 적혀 있는 면이 마주 보므로

$A + (9a + 3b) = (5a + 4b) + (10a + b)$

$A + (9a + 3b) = 15a + 5b$

$\therefore A = 15a + 5b - (9a + 3b)$

$\quad = 15a + 5b - 9a - 3b$

$\quad = 6a + 2b$

13 답 $3x - y$

$2x - 4y - \{4x - (\boxed{})\}$

$= 2x - 4y - 4x + (\boxed{})$

$= -2x - 4y + (\boxed{})$

따라서 $-2x - 4y + (\boxed{}) = x - 5y$이므로

$\boxed{} = x - 5y - (-2x - 4y)$

$\quad = x - 5y + 2x + 4y$

$\quad = 3x - y$

14 답 24

$6\left(\dfrac{2}{3}x^2 - 2x + \dfrac{3}{2}\right) - 4\left(\dfrac{1}{2}x^2 - \dfrac{1}{4}\right)$

$= 4x^2 - 12x + 9 - 2x^2 + 1$

$= 2x^2 - 12x + 10$

따라서 $a = 2$, $b = -12$, $c = 10$이므로

$a - b + c = 2 - (-12) + 10 = 24$

15 답 $-5x + 12y$

$A = (-10x^2 + 25xy) \times \dfrac{3}{5x} = -6x + 15y$

$B = (21xy^2 - 7x^2y) \div 7xy = \dfrac{21xy^2 - 7x^2y}{7xy} = 3y - x$

$\therefore A - B = (-6x + 15y) - (3y - x)$

$\qquad\quad = -6x + 15y - 3y + x$

$\qquad\quad = -5x + 12y$

16 답 ④

$3y(5x - 4) + (4xy^3 - 16y^3 + 8y^2) \div (-2y)^2$

$= 15xy - 12y + (4xy^3 - 16y^3 + 8y^2) \div 4y^2$

$= 15xy - 12y + \dfrac{4xy^3 - 16y^3 + 8y^2}{4y^2}$

$= 15xy - 12y + xy - 4y + 2$

$= 16xy - 16y + 2$

따라서 xy의 계수는 16이고 상수항은 2이므로 그 곱은

$16 \times 2 = 32$

17 답 29

$(4x^2y^3 - 5xy^2) \times \dfrac{2}{xy} + (2x^2y + xy^2) \div xy$

$= 8xy^2 - 10y + \dfrac{2x^2y + xy^2}{xy}$

$= 8xy^2 - 10y + 2x + y$

$= 8xy^2 + 2x - 9y$

$= 8 \times 9 \times \left(-\dfrac{1}{3}\right)^2 + 2 \times 9 - 9 \times \left(-\dfrac{1}{3}\right)$

$= 8 + 18 + 3 = 29$

18 답 $\dfrac{15}{4}ab+b^2$

(색칠한 부분의 넓이)
= (직사각형의 넓이) − (㉠의 넓이)
  − (㉡의 넓이) − (㉢의 넓이)

$=5a\times3b-\left(\dfrac{1}{2}\times\dfrac{3}{2}b\times5a\right)$

$\quad-\left(\dfrac{1}{2}\times\dfrac{3}{2}b\times\dfrac{4}{3}b\right)-\left\{\dfrac{1}{2}\times\left(5a-\dfrac{4}{3}b\right)\times3b\right\}$

$=15ab-\dfrac{15}{4}ab-b^2-\left(\dfrac{15}{2}ab-2b^2\right)$

$=\dfrac{45}{4}ab-b^2-\dfrac{15}{2}ab+2b^2$

$=\dfrac{15}{4}ab+b^2$

19 답 ab^3

(구의 부피) $=\dfrac{4}{3}\pi\times(ab)^3$

$\qquad\qquad=\dfrac{4}{3}\pi a^3b^3$ ········ ❶

(원뿔의 부피) $=\dfrac{1}{3}\pi\times(2a)^2\times$ (높이)

$\qquad\qquad\quad=\dfrac{4}{3}\pi a^2\times$ (높이) ········ ❷

이때 구와 원뿔의 부피가 같으므로

$\dfrac{4}{3}\pi a^3b^3=\dfrac{4}{3}\pi a^2\times$ (높이)

$\therefore$ (높이) $=\dfrac{4}{3}\pi a^3b^3\div\dfrac{4}{3}\pi a^2$

$\qquad\qquad=\dfrac{4}{3}\pi a^3b^3\times\dfrac{3}{4\pi a^2}=ab^3$ ········ ❸

채점 기준	배점
❶ 구의 부피를 구한 경우	30 %
❷ 원뿔의 부피를 구하는 식을 세운 경우	30 %
❸ 원뿔의 높이를 구한 경우	40 %

20 답 $9x^2-10x+17$

어떤 식을 A라 하면

$A+(-2x^2+3x-7)=5x^2-4x+3$ ········ ❶

$\therefore A=5x^2-4x+3-(-2x^2+3x-7)$

$\qquad=5x^2-4x+3+2x^2-3x+7$

$\qquad=7x^2-7x+10$

즉, 어떤 식은 $7x^2-7x+10$이다. ········ ❷

따라서 바르게 계산한 식은

$7x^2-7x+10-(-2x^2+3x-7)$

$=7x^2-7x+10+2x^2-3x+7$

$=9x^2-10x+17$ ········ ❸

채점 기준	배점
❶ 어떤 식을 A라 하고 식을 세운 경우	20 %
❷ 어떤 식을 구한 경우	30 %
❸ 바르게 계산한 식을 구한 경우	50 %

---

2. 식의 계산 [2회]
본문 149~151쪽

01 ㄷ, ㅁ	**02** ⑤	**03** 4	**04** ③
05 16	**06** ③	**07** 0	**08** ④
09 $\dfrac{81x}{y^3}$	**10** $\dfrac{5}{2}x^5y^3$	**11** $\dfrac{8}{5}$배	**12** $\dfrac{4}{5}$
13 ②	**14** ⑤	**15** ③	**16** 4
17 ㄴ, ㄹ	**18** ④	**19** 15	**20** 32

01 답 ㄷ, ㅁ

ㄴ. $a^4\times(-a^2)^3=a^4\times(-a^6)=-a^{10}$

ㄷ. $a^7\div a^8=\dfrac{1}{a^{8-7}}=\dfrac{1}{a}$

ㄹ. $(a^2)^5\div(a^4)^3=a^{10}\div a^{12}=\dfrac{1}{a^{12-10}}=\dfrac{1}{a^2}$

ㅁ. $(-2x^3y)^2=(-2)^2x^6y^2=4x^6y^2$

ㅂ. $\left(-\dfrac{3}{2xy^2}\right)^2=(-1)^2\times\dfrac{3^2}{2^2x^2y^4}=\dfrac{9}{4x^2y^4}$

따라서 옳지 않은 것은 ㄷ, ㅁ이다.

02 답 ⑤

① $(a^2)^5=a^{10}$

② $a^3\times a^4\times a^3=a^{10}$

③ $(a^3)^4\div a^2=a^{12}\div a^2=a^{10}$

④ $(a^5b^3)^2\div b^6=a^{10}b^6\div b^6=a^{10}$

⑤ $\left(-\dfrac{1}{a^3}\right)^4\times a^{20}=\dfrac{1}{a^{12}}\times a^{20}=a^8$

따라서 계산 결과가 나머지 넷과 다른 하나는 ⑤이다.

03 답 4

$9=3^2$, $81=3^4$이므로

$3^2\times9^x=81^4$에서 $3^2\times(3^2)^x=(3^4)^4$

즉, $3^{2+2x}=3^{16}$이므로 $2+2x=16$ $\therefore x=7$

$(5^y)^2=5^6$에서 $2y=6$이므로 $y=3$

$\therefore x-y=7-3=4$

04 답 ③

① $2^2+2^2=2\times2^2=2^3$

② $4^5+4^5=2\times4^5=2\times(2^2)^5=2\times2^{10}=2^{11}$

③ $2^{10}+2^{10}=2\times2^{10}=2^{11}$

④ $3^2+3^2+3^2=3\times3^2=3^3$

⑤ $4^2+4^2+4^2+4^2=4\times4^2=4^3$

따라서 옳지 않은 것은 ③이다.

05 답 16

$2^6\times3^3\times5^4=2^2\times2^4\times3^3\times5^4=2^2\times3^3\times(2\times5)^4$

$\qquad\qquad\qquad=108\times10^4=1080000$

즉, $2^6\times3^3\times5^4$은 7자리의 자연수이므로

$n=7$, $k=1+8=9$ $\therefore n+k=7+9=16$

06 답 ③

$$1MB=2^{10}KB=(2^{10}\times2^{10})Byte$$
$$=(2^{10}\times2^{10}\times2^3)bit=2^{23}bit$$

07 답 0

$$2x^5\div(-xy)^3\div\frac{1}{3}xy^2=2x^5\div(-x^3y^3)\times\frac{3}{xy^2}$$
$$=2x^5\times\frac{1}{-x^3y^3}\times\frac{3}{xy^2}=-\frac{6x}{y^5}$$

이므로 $a=-6$, $b=1$, $c=5$

$\therefore a+b+c=-6+1+5=0$

08 답 ④

$$④\left(\frac{1}{3}x\right)^3\times(-2x^2y)^3\div\left(\frac{x}{y}\right)^2=\frac{1}{27}x^3\times(-8x^6y^3)\times\frac{y^2}{x^2}$$
$$=-\frac{8}{27}x^7y^5$$

09 답 $\dfrac{81x}{y^3}$

$(\boxed{})\div(x^3y^2)^2\times\left(\frac{1}{3}x^2y^3\right)^3=3xy^2$에서

$\boxed{}=3xy^2\times(x^3y^2)^2\div\left(\frac{1}{3}x^2y^3\right)^3$

$$=3xy^2\times x^6y^4\div\frac{1}{27}x^6y^9$$
$$=3xy^2\times x^6y^4\times\frac{27}{x^6y^9}=\frac{81x}{y^3}$$

10 답 $\dfrac{5}{2}x^5y^3$

$5x^3y^2\div A=10xy$이므로 $5x^3y^2=10xy\times A$

$\therefore A=5x^3y^2\div10xy=\dfrac{5x^3y^2}{10xy}=\dfrac{1}{2}x^2y$

따라서 바르게 계산한 식은

$5x^3y^2\times\dfrac{1}{2}x^2y=\dfrac{5}{2}x^5y^3$

11 답 $\dfrac{8}{5}$배

(직사각형의 넓이)$=8a^2b\times5a^2b^3=40a^4b^4$

(정사각형의 넓이)$=5a^2b^2\times5a^2b^2=25a^4b^4$

따라서 직사각형의 넓이는 정사각형의 넓이의

$40a^4b^4\div25a^4b^4=\dfrac{40a^4b^4}{25a^4b^4}=\dfrac{8}{5}$(배)이다.

12 답 $\dfrac{4}{5}$

$$\frac{3x+y}{5}-\frac{x-y}{3}=\frac{3(3x+y)-5(x-y)}{15}$$
$$=\frac{9x+3y-5x+5y}{15}=\frac{4}{15}x+\frac{8}{15}y$$

따라서 $a=\dfrac{4}{15}$, $b=\dfrac{8}{15}$이므로

$a+b=\dfrac{4}{15}+\dfrac{8}{15}=\dfrac{12}{15}=\dfrac{4}{5}$

13 답 ②

$$(2a+b-3)-(a-3b+7)=2a+b-3-a+3b-7$$
$$=a+4b-10$$
$$=1+4\times\left(-\frac{1}{2}\right)-10$$
$$=1-2-10=-11$$

14 답 ⑤

$$⑤(5x^2+2x-6)-(2x^2-7x-1)$$
$$=5x^2+2x-6-2x^2+7x+1$$
$$=3x^2+9x-5$$

15 답 ③

$(\boxed{})\div\frac{9}{2}x^2y=-4xy+10$에서

$\boxed{}=(-4xy+10)\times\frac{9}{2}x^2y=-18x^3y^2+45x^2y$

16 답 4

$$\frac{5}{2}x(2x-4y)+(6x^2y+8xy)\div\frac{2}{3}x$$
$$=5x^2-10xy+(6x^2y+8xy)\times\frac{3}{2x}$$
$$=5x^2-10xy+9xy+12y$$
$$=5x^2-xy+12y$$

따라서 $a=5$, $b=-1$이므로

$a+b=5+(-1)=4$

17 답 ㄴ, ㄹ

ㄴ. $-3a(2a-b)-(2a)^2=-6a^2+3ab-4a^2=-10a^2+3ab$

ㄹ. $-(x+3y)\times(-x)+y(2x-y)=x^2+3xy+2xy-y^2$
$$=x^2+5xy-y^2$$

18 답 ④

$\frac{1}{3}\times\pi\times(6a)^2\times(높이)=48\pi a^2b^3-60\pi a^3b^2$이므로

$12\pi a^2\times(높이)=48\pi a^2b^3-60\pi a^3b^2$

$\therefore (높이)=(48\pi a^2b^3-60\pi a^3b^2)\div12\pi a^2$

$$=\frac{48\pi a^2b^3-60\pi a^3b^2}{12\pi a^2}=4b^3-5ab^2$$

19 답 15

$(x^4)^a\times(x^5)^3=x^{4a}\times x^{15}=x^{4a+15}$이므로

$x^{4a+15}=x^{35}$에서 $4a+15=35$, $4a=20$ $\quad\therefore a=5$ $\quad\cdots$ ❶

$y^{21}\div(y^b)^6=y^{21}\div y^{6b}=y^{21-6b}$이므로

$y^{21-6b}=y^3$에서 $21-6b=3$, $-6b=-18$ $\quad\therefore b=3$ $\quad\cdots$ ❷

$\therefore ab=5\times3=15$ $\quad\cdots$ ❸

채점 기준	배점
❶ a의 값을 구한 경우	40%
❷ b의 값을 구한 경우	40%
❸ ab의 값을 구한 경우	20%

20 답 32

$6x^2+4x-\{2x^2+1-5(2x+3)\}$

$=6x^2+4x-(2x^2+1-10x-15)$

$=6x^2+4x-(2x^2-10x-14)$

$=6x^2+4x-2x^2+10x+14$

$=4x^2+14x+14$ … ❶

따라서 $a=4$, $b=14$, $c=14$이므로   … ❷

$a+b+c=4+14+14=32$ … ❸

채점 기준	배점
❶ 주어진 식을 계산한 경우	60 %
❷ a, b, c의 값을 각각 구한 경우	30 %
❸ $a+b+c$의 값을 구한 경우	10 %

---

3. 일차부등식 [1회]
본문 152~154쪽

01 ③, ⑤	**02** ⑤	**03** ㄴ, ㅂ	**04** ④, ⑤
05 ④	**06** ②	**07** ①	**08** -9
09 ④	**10** 9	**11** ④	**12** ③
13 ④	**14** ②	**15** 15년 후	**16** ⑤
17 ⑤	**18** ①	**19** $k>-4$	**20** 31개월 후

01 답 ③, ⑤

①, ④ 방정식 ② 다항식

따라서 부등식인 것은 ③, ⑤이다.

02 답 ⑤

① $a<b$일 때, $3a<3b$ ∴ $3a-4<3b-4$

② $a<b$일 때, $-2a>-2b$

③ $a<b$일 때, $\dfrac{1}{3}a<\dfrac{1}{3}b$ ∴ $\dfrac{1}{3}a-1<\dfrac{1}{3}b-1$

④ $a<b$일 때, $5a<5b$ ∴ $5a-3<5b-3$

⑤ $a<b$일 때, $-\dfrac{1}{4}a>-\dfrac{1}{4}b$ ∴ $-\dfrac{1}{4}a+2>-\dfrac{1}{4}b+2$

따라서 옳은 것은 ⑤이다.

03 답 ㄴ, ㅂ

ㄱ. 다항식이다.

ㄴ. $x-5>-x+2$에서 $2x-7>0$

ㄷ. $x^2<-x+2$에서 $x^2+x-2<0$

ㄹ. $2x-3<2(x+1)$에서

$\quad 2x-3<2x+2$ ∴ $-5<0$

ㅁ. 방정식이다.

ㅂ. $3x^2-5\leq3(x^2-x+1)$에서

$\quad 3x^2-5\leq3x^2-3x+3$ ∴ $3x-8\leq0$

따라서 일차부등식인 것은 ㄴ, ㅂ이다.

04 답 ④, ⑤

$6x-3\leq4x+5$에서 $2x\leq8$ ∴ $x\leq4$

따라서 주어진 부등식의 해가 아닌 것은 ④, ⑤이다.

05 답 ④

$3x+8\leq4x+5$에서 $-x\leq-3$ ∴ $x\geq3$

① $3x-5\leq4$에서 $3x\leq9$ ∴ $x\leq3$

② $2x+1\leq7$에서 $2x\leq6$ ∴ $x\leq3$

③ $-4x-6\geq-18$에서 $-4x\geq-12$ ∴ $x\leq3$

④ $5x\leq7x-6$에서 $-2x\leq-6$ ∴ $x\geq3$

⑤ $12-4x\geq3-x$에서 $-3x\geq-9$ ∴ $x\leq3$

따라서 주어진 부등식과 해가 같은 것은 ④이다.

06 답 ②

$-3x-3<x+a$에서 $-4x<a+3$

∴ $x>-\dfrac{a+3}{4}$

이 부등식의 해가 $x>1$이므로 $-\dfrac{a+3}{4}=1$

$a+3=-4$ ∴ $a=-7$

07 답 ①

$5(x+1)<2(x-5)-1$에서 $5x+5<2x-11$

$3x<-16$ ∴ $x<-\dfrac{16}{3}$

이 부등식의 해가 $x<\dfrac{16}{a}$이므로

$\dfrac{16}{a}=-\dfrac{16}{3}$ ∴ $a=-3$

08 답 -9

$\dfrac{x+1}{3}-\dfrac{x-2}{4}>0$에서 $4(x+1)-3(x-2)>0$

$4x+4-3x+6>0$ ∴ $x>-10$

따라서 주어진 부등식을 만족시키는 x의 값 중 가장 작은 정수는 -9이다.

09 답 ④

$0.6x-1>0.2(x-3)$에서 $6x-10>2(x-3)$

$6x-10>2x-6$, $4x>4$ ∴ $x>1$

따라서 주어진 부등식의 해를 수직선 위에 바르게 나타낸 것은 ④이다.

10 답 9

$\dfrac{3x+5}{2}\leq\dfrac{a}{3}+1$에서 $3(3x+5)\leq2a+6$

$9x+15\leq2a+6$, $9x\leq2a-9$ ∴ $x\leq\dfrac{2a-9}{9}$

이때 부등식을 만족시키는 x의 값 중 가장 큰 수가 1이므로

$\dfrac{2a-9}{9}=1$, $2a-9=9$

$2a=18$ ∴ $a=9$

11 답 ④

수직선 위에 나타낸 해를 부등식으로 나타내면 $x < -1$이다.

① $x+1 < 0$에서 $x < -1$

② $2(x-1) < -4$에서 $2x-2 < -4$

    $2x < -2$ $\therefore x < -1$

③ $4x+6 < 2$에서 $4x < -4$ $\therefore x < -1$

④ $2-3x > -1$에서 $-3x > -3$ $\therefore x < 1$

⑤ $-\dfrac{1}{5}x+1 > 1.2$, 즉 $-\dfrac{1}{5}x+1 > \dfrac{6}{5}$에서

    $-x+5 > 6$, $-x > 1$ $\therefore x < -1$

따라서 주어진 그림과 같은 해를 갖는 부등식이 될 수 없는 것은 ④이다.

12 답 ③

$4-ax < 13$에서 $-ax < 9$

이때 $a < 0$에서 $-a > 0$이므로

$x < -\dfrac{9}{a}$

13 답 ④

$\dfrac{5x-1}{2} \le 3x-2$에서

$5x-1 \le 2(3x-2)$, $5x-1 \le 6x-4$

$-x \le -3$ $\therefore x \ge 3$ ··· ㉠

$6(x-2)+1 \ge -(2x-a)$에서

$6x-11 \ge -2x+a$

$8x \ge a+11$ $\therefore x \ge \dfrac{a+11}{8}$ ··· ㉡

㉠, ㉡의 해가 서로 같으므로 $\dfrac{a+11}{8} = 3$

$a+11 = 24$ $\therefore a = 13$

14 답 ②

연속하는 세 짝수를 $x-2$, x, $x+2$라 하면

$(x-2)+x+(x+2) > 57$에서

$3x > 57$ $\therefore x > 19$

즉, x의 최솟값이 20이므로 가장 작은 연속하는 세 짝수는 18, 20, 22이다.

따라서 구하는 세 짝수의 합은

$18+20+22 = 60$

15 답 15년 후

x년 후부터 어머니의 나이가 아들의 나이의 2배 이하가 된다고 하면

$45+x \le 2(15+x)$에서

$45+x \le 30+2x$, $-x \le -15$ $\therefore x \ge 15$

따라서 어머니의 나이가 아들의 나이의 2배 이하가 되는 것은 15년 후부터이다.

16 답 ⑤

삼각형의 밑변의 길이를 x cm라 하면

(삼각형의 넓이)$= \dfrac{1}{2} \times x \times 9 = \dfrac{9}{2}x$ (cm²)이므로

$\dfrac{9}{2}x \ge 27$ $\therefore x \ge 6$

따라서 밑변의 길이는 6 cm 이상이어야 한다.

17 답 ⑤

쇼핑몰을 x회 이용한다고 하면

$6000+1000x < 2500x$, $-1500x < -6000$ $\therefore x > 4$

따라서 5회 이상 이용할 경우 회원으로 가입하여 물건을 주문하는 것이 유리하다.

18 답 ①

역에서 분식점까지의 거리를 x km라 하면

$\dfrac{x}{5} + \dfrac{1}{3} + \dfrac{x}{5} \le \dfrac{4}{3}$에서

$3x+5+3x \le 20$, $6x \le 15$ $\therefore x \le \dfrac{5}{2}(=2.5)$

따라서 역에서 분식점은 2.5 km 이내에 있어야 한다.

19 답 $k > -4$

$5x-2 \le 2x - \dfrac{x+k}{3}$에서

$15x-6 \le 6x-(x+k)$, $15x-6 \le 6x-x-k$

$10x \le 6-k$ $\therefore x \le \dfrac{6-k}{10}$ ··· ❶

이 부등식을 만족시키는 자연수 x가 존재하지 않으려면 오른쪽 그림에서

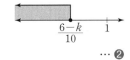

$\dfrac{6-k}{10} < 1$이어야 한다.   ··· ❷

즉, $6-k < 10$, $-k < 4$ $\therefore k > -4$ ··· ❸

채점 기준	배점
❶ 일차부등식의 해를 k에 대한 식으로 나타낸 경우	40 %
❷ 주어진 해의 조건을 이용하여 k에 대한 부등식을 세운 경우	40 %
❸ k의 값의 범위를 구한 경우	20 %

20 답 31개월 후

x개월 후부터 기준이의 저축액이 윤동이의 저축액의 2배보다 많아진다고 하면

$70000+5000x > 2(50000+2000x)$ ··· ❶

$70000+5000x > 100000+4000x$

$1000x > 30000$ $\therefore x > 30$ ··· ❷

따라서 기준이의 저축액이 윤동이의 저축액의 2배보다 많아지는 것은 31개월 후이다.   ··· ❸

채점 기준	배점
❶ 부등식을 세운 경우	40 %
❷ 부등식의 해를 구한 경우	40 %
❸ 기준이의 저축액이 윤동이의 저축액의 2배보다 많아지는 것은 몇 개월 후부터인지 구한 경우	20 %

01 ④	**02** ④	**03** 12개	**04** 2개
05 ⑤	**06** -1	**07** 5개	**08** ④
09 ⑤	**10** -7	**11** 3	**12** ④
13 6	**14** 86점	**15** 12개	**16** 2대
17 23 cm	**18** 41개월	**19** -4	**20** 3 km

01 답 ④

④ $200-x>120$

02 답 ④

$4-2a<4-2b$에서 $-2a<-2b$ $\therefore a>b$

① $a>b$일 때, $a-3>b-3$

② $a>b$일 때, $-a<-b$ $\therefore 5-a<5-b$

③ $a>b$일 때, $\dfrac{a}{2}>\dfrac{b}{2}$

④ $a>b$일 때, $-\dfrac{a}{6}<-\dfrac{b}{6}$ $\therefore 2-\dfrac{a}{6}<2-\dfrac{b}{6}$

⑤ $a>b$일 때, $2a>2b$ $\therefore 2a+7>2b+7$

따라서 옳지 않은 것은 ④이다.

03 답 12개

$-1\le x<2$의 각 변에 4를 곱하면

$-4\le 4x<8$

$-4\le 4x<8$의 각 변에 2를 더하면

$-2\le 4x+2<10$

따라서 $4x+2$의 값이 될 수 있는 정수는 -2, -1, 0, $\cdots$, 9의 12개이다.

04 답 2개

ㄱ. $x-1>2x+5$에서 $-x-6>0$

ㄴ. 방정식이다.

ㄷ. $x-2<-(2-x)$에서 $x-2<-2+x$

　　$\therefore 0<0$

ㄹ. $x^2-4x\ge x(x-1)$에서 $x^2-4x\ge x^2-x$

　　$\therefore -3x\ge 0$

ㅁ. 방정식이다.

ㅂ. x가 분모에 있으므로 일차부등식이 아니다.

따라서 일차부등식인 것은 ㄱ, ㄹ의 2개이다.

05 답 ⑤

① $-x-3>1$에서 $-x>4$ $\therefore x<-4$

② $x+4<0$ $\therefore x<-4$

③ $x>2x+4$에서 $-x>4$ $\therefore x<-4$

④ $-3x-7>5$에서 $-3x>12$ $\therefore x<-4$

⑤ $3x-2<4x-6$에서 $-x<-4$ $\therefore x>4$

따라서 해가 나머지 넷과 다른 하나는 ⑤이다.

06 답 -1

$5x-a\le 6x-2$에서 $-x\le a-2$ $\therefore x\ge -a+2$

이때 부등식을 만족시키는 x의 값 중 가장 작은 수가 3이므로

$-a+2=3$, $-a=1$ $\therefore a=-1$

07 답 5개

$\dfrac{x}{5}-1\ge \dfrac{x-5}{3}$에서 $3x-15\ge 5(x-5)$

$3x-15\ge 5x-25$, $-2x\ge -10$ $\therefore x\le 5$

따라서 부등식을 만족시키는 자연수 x는 1, 2, 3, 4, 5의 5개이다.

08 답 ④

$5-(1-x)\le 2(x+1)$에서 $5-1+x\le 2x+2$

$4+x\le 2x+2$, $-x\le -2$

$\therefore x\ge 2$

따라서 주어진 부등식의 해를 수직선 위에 바르게 나타낸 것은 ④이다.

09 답 ⑤

$0.1(x-4)+2\le 0.3(6-2x)$에서

$x-4+20\le 3(6-2x)$

$x+16\le 18-6x$, $7x\le 2$ $\therefore x\le \dfrac{2}{7}$

따라서 해가 될 수 없는 것은 ⑤이다.

10 답 -7

$\dfrac{1}{4}(x-2)>0.2(2x-3)+1$, 즉 $\dfrac{1}{4}(x-2)>\dfrac{1}{5}(2x-3)+1$에서

$5(x-2)>4(2x-3)+20$, $5x-10>8x+8$

$-3x>18$ $\therefore x<-6$

따라서 부등식을 만족시키는 x의 값 중 가장 큰 정수는 -7이다.

11 답 3

$-\dfrac{3}{2}(x-3)\le a-x+1$에서 $-3(x-3)\le 2(a-x+1)$

$-3x+9\le 2a-2x+2$, $-x\le 2a-7$ $\therefore x\ge -2a+7$

이 부등식의 해가 $x\ge 1$이므로 $-2a+7=1$

$-2a=-6$ $\therefore a=3$

12 답 ④

$6a-3ax<0$에서 $-3ax<-6a$

이때 $a>0$에서 $-3a<0$이므로 $x>2$

13 답 6

$\dfrac{x}{2}-2\le \dfrac{x-a}{3}$에서 $3x-12\le 2(x-a)$

$3x-12\le 2x-2a$ $\therefore x\le 12-2a$

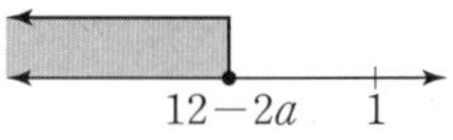

이 부등식을 만족시키는 자연수 x가 존재하지 않으려면 오른쪽 그림에서

$12-2a<1$이어야 한다.

즉, $-2a < -11$ ∴ $a > \dfrac{11}{2}(=5.5)$

따라서 a의 값 중 가장 작은 정수는 6이다.

14 답 86점

다섯 번째 수학 시험 점수를 x점이라 하면 네 번째 수학 시험까지의 총점이 $78.5 \times 4 = 314$(점)이므로

$\dfrac{314+x}{5} \geq 80$에서 $314+x \geq 400$ ∴ $x \geq 86$

따라서 다섯 번째 수학 시험에서 86점 이상을 받아야 한다.

15 답 12개

초콜릿을 x개 산다고 하면

$1500x + 2000 \leq 20000$에서 $1500x \leq 18000$ ∴ $x \leq 12$

따라서 초콜릿은 최대 12개까지 살 수 있다.

16 답 2대

20인승 버스를 x대 이용한다고 하면

$20x + 45(5-x) \geq 175$에서

$20x + 225 - 45x \geq 175$, $-25x \geq -50$

∴ $x \leq 2$

따라서 20인승 버스는 최대 2대까지 이용할 수 있다.

17 답 23 cm

세로의 길이를 x cm라 하면 가로의 길이는 $(x+4)$ cm이므로

$2\{(x+4)+x\} \geq 100$에서

$(x+4)+x \geq 50$, $2x \geq 46$ ∴ $x \geq 23$

따라서 세로의 길이는 23 cm 이상이어야 한다.

18 답 41개월

공기청정기를 x개월 동안 사용한다고 하면

$800000 + 15000x < 35000x$에서

$-20000x < -800000$ ∴ $x > 40$

따라서 공기청정기를 41개월 이상 사용해야 공기청정기를 사는 것이 유리하다.

19 답 -4

$3(x+2)+1 \leq 2(x+3)$에서

$3x+6+1 \leq 2x+6$, $3x+7 \leq 2x+6$

∴ $x \leq -1$ ··· ㉠ ··· ❶

$2x-5 \geq a+3x$에서 $-x \geq a+5$

∴ $x \leq -a-5$ ··· ㉡ ··· ❷

㉠, ㉡의 해가 서로 같으므로 $-a-5 = -1$

$-a = 4$ ∴ $a = -4$ ··· ❸

채점 기준	배점
❶ 일차부등식 $3(x+2)+1 \leq 2(x+3)$의 해를 구한 경우	40 %
❷ 일차부등식 $2x-5 \geq a+3x$의 해를 a에 대한 식으로 나타낸 경우	40 %
❸ a의 값을 구한 경우	20 %

20 답 3 km

올라간 거리를 x km라 하면 내려온 거리는 $(x+2)$ km이므로

$\dfrac{x}{3} + \dfrac{x+2}{5} \leq 2$에서 ··· ❶

$5x + 3(x+2) \leq 30$, $5x + 3x + 6 \leq 30$

$8x \leq 24$ ∴ $x \leq 3$ ··· ❷

따라서 올라간 거리는 최대 3 km이다. ··· ❸

채점 기준	배점
❶ 부등식을 세운 경우	40 %
❷ 부등식의 해를 구한 경우	40 %
❸ 올라간 거리를 구한 경우	20 %

---

4. 연립일차방정식 [1회]
본문 158~160쪽

01 ③, ④	**02** 2개	**03** 2	**04** ④
05 ②	**06** 1	**07** -3	**08** 2
09 ②	**10** 3	**11** -1	**12** ④
13 3	**14** ④	**15** 27	**16** 30세
17 5개	**18** 60개	**19** 1	**20** 6 km

01 답 ③, ④

① $3y = 6x-2$에서 $-6x + 3y + 2 = 0$

③ x, y가 분모에 있으므로 일차방정식이 아니다.

④ $x+y-(x-y) = 6$에서 $x+y-x+y = 6$

∴ $2y - 6 = 0$

⑤ $x^2+y = x(x+1)+5$에서 $x^2+y = x^2+x+5$

∴ $-x+y-5 = 0$

따라서 미지수가 2개인 일차방정식이 아닌 것은 ③, ④이다.

02 답 2개

x	1	2	3	$\cdots$
y	3	1	-1	$\cdots$

따라서 x, y가 자연수일 때, 일차방정식 $2x+y=5$의 해는 $(1, 3)$, $(2, 1)$의 2개이다.

03 답 2

$x=5$, $y=b$를 $4x+5y=10$에 대입하면

$4 \times 5 + 5 \times b = 10$, $5b = -10$ ∴ $b = -2$

$x=5$, $y=-2$를 $2x+3y=a$에 대입하면

$2 \times 5 + 3 \times (-2) = a$ ∴ $a = 4$

∴ $a+b = 4+(-2) = 2$

04 답 ④

$\begin{cases} x = -y+2 & \cdots ㉠ \\ x + 3y = 6 & \cdots ㉡ \end{cases}$ 에서 ㉠을 ㉡에 대입하면

$(-y+2)+3y = 6$, $2y = 4$ ∴ $y = 2$

$y = 2$를 ㉠에 대입하면 $x = -2+2 = 0$

05 답 ②

㉠×4−㉡×3을 하면 $8x=13$

06 답 1

x의 값이 y의 값의 2배이므로 $x=2y$ … ㉠

㉠을 $x+3y=10$에 대입하면

$2y+3y=10$, $5y=10$ ∴ $y=2$

$y=2$를 ㉠에 대입하면 $x=2\times2=4$

$x=4$, $y=2$를 $kx+y=6$에 대입하면

$k\times4+2=6$, $4k=4$ ∴ $k=1$

07 답 -3

주어진 연립방정식의 해는 연립방정식

$\begin{cases}4x-y=2 & \cdots ㉠ \\ 3x+y=5 & \cdots ㉡\end{cases}$ 의 해와 같다.

㉠+㉡을 하면 $7x=7$ ∴ $x=1$

$x=1$을 ㉠에 대입하면 $4-y=2$ ∴ $y=2$

$x=1$, $y=2$를 $x-2y=a$에 대입하면

$1-2\times2=a$ ∴ $a=-3$

08 답 2

$\begin{cases}4(x+y)-3y=-7 \\ 3x-2(x+y)=5\end{cases}$, 즉 $\begin{cases}4x+y=-7 & \cdots ㉠ \\ x-2y=5 & \cdots ㉡\end{cases}$

㉠×2+㉡을 하면 $9x=-9$ ∴ $x=-1$

$x=-1$을 ㉠에 대입하면 $4\times(-1)+y=-7$ ∴ $y=-3$

따라서 $a=-1$, $b=-3$이므로

$a-b=-1-(-3)=2$

09 답 ②

$\begin{cases}\dfrac{1}{2}x+\dfrac{1}{3}y=2 \\ \dfrac{1}{2}x-\dfrac{1}{5}y=-\dfrac{2}{5}\end{cases}$, 즉 $\begin{cases}3x+2y=12 & \cdots ㉠ \\ 5x-2y=-4 & \cdots ㉡\end{cases}$

㉠+㉡을 하면 $8x=8$ ∴ $x=1$

$x=1$을 ㉠에 대입하면 $3\times1+2y=12$, $2y=9$ ∴ $y=\dfrac{9}{2}$

10 답 3

$\begin{cases}0.1x+0.3y=0.5 \\ 0.01x+0.05y=0.07\end{cases}$, 즉 $\begin{cases}x+3y=5 & \cdots ㉠ \\ x+5y=7 & \cdots ㉡\end{cases}$

㉠−㉡을 하면 $-2y=-2$ ∴ $y=1$

$y=1$을 ㉠에 대입하면 $x+3\times1=5$ ∴ $x=2$

따라서 $a=2$, $b=1$이므로

$a+b=2+1=3$

11 답 -1

주어진 연립방정식의 해는 연립방정식

$\begin{cases}\dfrac{1}{2}x+\dfrac{1}{6}y=-1 \\ \dfrac{1}{4}x-\dfrac{1}{3}y=-3\end{cases}$, 즉 $\begin{cases}3x+y=-6 & \cdots ㉠ \\ 3x-4y=-36 & \cdots ㉡\end{cases}$ 의 해와 같다.

㉠−㉡을 하면 $5y=30$ ∴ $y=6$

$y=6$을 ㉠에 대입하면 $3x+6=-6$

$3x=-12$ ∴ $x=-4$

$x=-4$, $y=6$을 $ax+2y=16$에 대입하면

$a\times(-4)+2\times6=16$, $-4a=4$ ∴ $a=-1$

$x=-4$, $y=6$을 $-x+by=10$에 대입하면

$-(-4)+b\times6=10$, $6b=6$ ∴ $b=1$

∴ $ab=-1\times1=-1$

12 답 ④

주어진 방정식에서

$\begin{cases}3x-4y-5=4x+4y+1 \\ 3x-4y-5=2x+y+2\end{cases}$

즉, $\begin{cases}-x-8y=6 & \cdots ㉠ \\ x-5y=7 & \cdots ㉡\end{cases}$

㉠+㉡을 하면 $-13y=13$ ∴ $y=-1$

$y=-1$을 ㉠에 대입하면

$-x-8\times(-1)=6$, $-x=-2$ ∴ $x=2$

따라서 주어진 방정식의 해는 $(2, -1)$이다.

13 답 3

$\begin{cases}4x+y=a-1 \\ 8x+2y=-2a+10\end{cases}$, 즉 $\begin{cases}8x+2y=2(a-1) \\ 8x+2y=-2a+10\end{cases}$ 의 해가 무수히 많으므로

$2(a-1)=-2a+10$에서 $2a-2=-2a+10$

$4a=12$ ∴ $a=3$

14 답 ④

x의 계수를 같게 하면

① $\begin{cases}x+y=-1 \\ x-y=3\end{cases}$ 이므로 해가 한 쌍 존재한다.

② $\begin{cases}2x-2y=-4 \\ 2x+2y=4\end{cases}$ 이므로 해가 한 쌍 존재한다.

③ $\begin{cases}-3x-6y=-3 \\ -3x-6y=-3\end{cases}$ 이므로 해가 무수히 많다.

④ $\begin{cases}8x-4y=4 \\ 8x-4y=-4\end{cases}$ 이므로 해가 없다.

⑤ $\begin{cases}6x-8y=2 \\ 6x-8y=2\end{cases}$ 이므로 해가 무수히 많다.

따라서 해가 없는 것은 ④이다.

15 답 27

처음 수의 십의 자리의 숫자를 x, 일의 자리의 숫자를 y라 하면

$\begin{cases}x+y=9 \\ 10y+x=(10x+y)+45\end{cases}$, 즉 $\begin{cases}x+y=9 & \cdots ㉠ \\ x-y=-5 & \cdots ㉡\end{cases}$

㉠+㉡을 하면 $2x=4$ ∴ $x=2$

$x=2$를 ㉠에 대입하면 $2+y=9$ ∴ $y=7$

따라서 처음 수는 27이다.

16 답 30세

현재 아버지의 나이를 x세, 아들의 나이를 y세라 하면

$\begin{cases} x+y=35 \\ x+20=2(y+20) \end{cases}$, 즉 $\begin{cases} x+y=35 & \cdots \text{㉠} \\ x-2y=20 & \cdots \text{㉡} \end{cases}$

㉠$-$㉡을 하면 $3y=15$ $\therefore y=5$

$y=5$를 ㉠에 대입하면 $x+5=35$ $\therefore x=30$

따라서 현재 아버지의 나이는 30세이다.

17 답 5개

윤주가 과녁을 맞힌 화살 수를 x개, 맞히지 못한 화살 수를 y개라 하면

$\begin{cases} x+y=12 & \cdots \text{㉠} \\ 3x-y=16 & \cdots \text{㉡} \end{cases}$

㉠$+$㉡을 하면 $4x=28$ $\therefore x=7$

$x=7$을 ㉠에 대입하면 $7+y=12$ $\therefore y=5$

따라서 과녁을 맞히지 못한 화살 수는 5개이다.

18 답 60개

어제 판매한 A상품의 개수를 x개, B상품의 개수를 y개라 하면

$\begin{cases} x+y=100 \\ -\dfrac{5}{100}x+\dfrac{20}{100}y=5 \end{cases}$, 즉 $\begin{cases} x+y=100 & \cdots \text{㉠} \\ -x+4y=100 & \cdots \text{㉡} \end{cases}$

㉠$+$㉡을 하면 $5y=200$ $\therefore y=40$

$y=40$을 ㉠에 대입하면 $x+40=100$ $\therefore x=60$

따라서 어제 판매한 A상품의 개수는 60개이다.

19 답 1

a와 b를 바꾸어 놓은 연립방정식은

$\begin{cases} bx+ay=2 \\ ax-by=4 \end{cases}$ $\qquad\qquad$ $\cdots$ ❶

이 연립방정식에 $x=-3$, $y=1$을 대입하면

$\begin{cases} -3b+a=2 & \cdots \text{㉠} \\ -3a-b=4 & \cdots \text{㉡} \end{cases}$ $\qquad\qquad$ $\cdots$ ❷

㉠$\times 3+$㉡을 하면 $-10b=10$ $\therefore b=-1$

$b=-1$을 ㉠에 대입하면 $-3\times(-1)+a=2$ $\therefore a=-1$

따라서 $a=-1$, $b=-1$이므로 $\qquad\qquad$ $\cdots$ ❸

$ab=-1\times(-1)=1$ $\qquad\qquad$ $\cdots$ ❹

채점 기준	배점
❶ a와 b를 바꾸어 놓은 연립방정식을 세운 경우	20 %
❷ $x=-3$, $y=1$을 대입하여 a, b에 대한 연립방정식을 세운 경우	20 %
❸ a, b의 값을 각각 구한 경우	40 %
❹ ab의 값을 구한 경우	20 %

20 답 6 km

혜현이가 걸은 거리를 x km, 정환이가 걸은 거리를 y km라 하면

$\begin{cases} x+y=14 & \cdots \text{㉠} \\ \dfrac{x}{3}=\dfrac{y}{4} & \cdots \text{㉡} \end{cases}$ $\qquad\qquad$ $\cdots$ ❶

㉡$\times 12$를 하여 정리하면 $4x-3y=0$ $\cdots$ ㉢

㉠$\times 4-$㉢을 하면 $7y=56$ $\therefore y=8$

$y=8$을 ㉠에 대입하면

$x+8=14$ $\therefore x=6$ $\qquad\qquad$ $\cdots$ ❷

따라서 혜현이가 걸은 거리는 6 km이다. $\qquad\qquad$ $\cdots$ ❸

채점 기준	배점
❶ 연립방정식을 세운 경우	40 %
❷ 연립방정식의 해를 구한 경우	40 %
❸ 혜현이가 걸은 거리를 구한 경우	20 %

---

4. 연립일차방정식 [2회] 본문 161~163쪽

01 ㄷ, ㅂ	**02** ④	**03** -6	**04** 7
05 ③	**06** -5	**07** 5	**08** 3
09 16	**10** ④	**11** ④	**12** -2
13 $\dfrac{1}{2}$	**14** ④	**15** 9개	**16** $80\,\mathrm{cm}^2$
17 6일	**18** 5 km	**19** 2	**20** 40잔

01 답 ㄷ, ㅂ

ㄱ. 다항식이다.

ㄴ. $x^2+4=y$에서 $x^2-y+4=0$

ㄷ. $5x+y=4$에서 $5x+y-4=0$

ㄹ. 분모에 x가 있으므로 일차방정식이 아니다.

ㅁ. $2(x+2y)=4y-3$에서 $2x+4y=4y-3$
 $\therefore 2x+3=0$

ㅂ. $2x+y(x+3)=xy$에서 $2x+xy+3y=xy$
 $\therefore 2x+3y=0$

따라서 미지수가 2개인 일차방정식은 ㄷ, ㅂ이다.

02 답 ④

$x=2$, $y=1$을 주어진 방정식에 각각 대입하면

① $2\times 2+3\times 1=7\neq 6$ $\qquad$ ② $3\times 2+2\times 1=8\neq 6$

③ $4\times 2-1=7\neq 6$ $\qquad$ ④ $4\times 2-2\times 1=6$

⑤ $5\times 2+3\times 1=13\neq 6$

따라서 구하는 일차방정식은 ④이다.

03 답 -6

$x=1$, $y=3$을 $x+ay=4$에 대입하면

$1+a\times 3=4$, $3a=3$ $\therefore a=1$

$x=1$, $y=3$을 $x+2y=b$에 대입하면

$1+2\times 3=b$ $\therefore b=7$

$\therefore a-b=1-7=-6$

04 답 7

㉡을 ㉠에 대입하면 $3(y+6)+4y=4$에서 $3y+18+4y=4$

즉, $7y=-14$이므로 $k=7$

05 답 ③

① $\begin{cases} x+y=-3 & \cdots \text{㉠} \\ 3x-y=-1 & \cdots \text{㉡} \end{cases}$ 에서 ㉠+㉡을 하면

$4x=-4$ $\quad \therefore x=-1$

$x=-1$을 ㉠에 대입하면 $-1+y=-3$ $\quad \therefore y=-2$

즉, 연립방정식의 해는 $x=-1$, $y=-2$이다.

② $\begin{cases} x-2y=3 & \cdots \text{㉠} \\ 2x-3y=4 & \cdots \text{㉡} \end{cases}$ 에서 ㉠$\times 2$-㉡을 하면

$-y=2$ $\quad \therefore y=-2$

$y=-2$를 ㉠에 대입하면 $x-2\times(-2)=3$ $\quad \therefore x=-1$

즉, 연립방정식의 해는 $x=-1$, $y=-2$이다.

③ $\begin{cases} x+3y=-11 & \cdots \text{㉠} \\ 2x-y=6 & \cdots \text{㉡} \end{cases}$ 에서 ㉠$\times 2$-㉡을 하면

$7y=-28$ $\quad \therefore y=-4$

$y=-4$를 ㉠에 대입하면 $x+3\times(-4)=-11$ $\quad \therefore x=1$

즉, 연립방정식의 해는 $x=1$, $y=-4$이다.

④ $\begin{cases} 5x-2y=-1 & \cdots \text{㉠} \\ x-y=1 & \cdots \text{㉡} \end{cases}$ 에서 ㉠-㉡$\times 2$를 하면

$3x=-3$ $\quad \therefore x=-1$

$x=-1$을 ㉡에 대입하면 $-1-y=1$ $\quad \therefore y=-2$

즉, 연립방정식의 해는 $x=-1$, $y=-2$이다.

⑤ $\begin{cases} x-3y=5 & \cdots \text{㉠} \\ 2x+y=-4 & \cdots \text{㉡} \end{cases}$ 에서 ㉠+㉡$\times 3$을 하면

$7x=-7$ $\quad \therefore x=-1$

$x=-1$을 ㉡에 대입하면 $2\times(-1)+y=-4$ $\quad \therefore y=-2$

즉, 연립방정식의 해는 $x=-1$, $y=-2$이다.

따라서 연립방정식의 해가 나머지 넷과 다른 하나는 ③이다.

06 답 -5

주어진 연립방정식을 만족시키는 x와 y의 값의 합이 -10이므로

$x+y=-10$

즉, 주어진 연립방정식의 해는 $\begin{cases} 6x-y=-4 & \cdots \text{㉠} \\ x+y=-10 & \cdots \text{㉡} \end{cases}$ 의 해와 같다.

㉠+㉡을 하면 $7x=-14$ $\quad \therefore x=-2$

$x=-2$를 ㉡에 대입하면 $-2+y=-10$ $\quad \therefore y=-8$

따라서 $x=-2$, $y=-8$을 $ax+2y=-6$에 대입하면

$a\times(-2)+2\times(-8)=-6$, $-2a=10$ $\quad \therefore a=-5$

07 답 5

$\begin{cases} ax+by=7 \\ bx-ay=9 \end{cases}$ 에 $x=3$, $y=-1$을 대입하면

$\begin{cases} 3a-b=7 & \cdots \text{㉠} \\ 3b+a=9 & \cdots \text{㉡} \end{cases}$

㉠$\times 3$+㉡을 하면 $10a=30$ $\quad \therefore a=3$

$a=3$을 ㉠에 대입하면

$3\times 3-b=7$, $-b=-2$ $\quad \therefore b=2$

$\therefore a+b=3+2=5$

08 답 3

주어진 두 연립방정식의 해는

$\begin{cases} 3x+4y=2 & \cdots \text{㉠} \\ x+3y=-1 & \cdots \text{㉡} \end{cases}$ 의 해와 같다.

㉠-㉡$\times 3$을 하면 $-5y=5$ $\quad \therefore y=-1$

$y=-1$을 ㉡에 대입하면 $x+3\times(-1)=-1$ $\quad \therefore x=2$

$x=2$, $y=-1$을 $ax-y=5$에 대입하면

$a\times 2-(-1)=5$, $2a=4$ $\quad \therefore a=2$

$x=2$, $y=-1$을 $bx-2y=4$에 대입하면

$b\times 2-2\times(-1)=4$, $2b=2$ $\quad \therefore b=1$

$\therefore a+b=2+1=3$

09 답 16

$\begin{cases} 6x+5(y+1)=3 \\ 2(x-2y)-y=18 \end{cases}$, 즉 $\begin{cases} 6x+5y=-2 & \cdots \text{㉠} \\ 2x-5y=18 & \cdots \text{㉡} \end{cases}$

㉠+㉡을 하면 $8x=16$ $\quad \therefore x=2$

$x=2$를 ㉠에 대입하면 $6\times 2+5y=-2$

$5y=-14$ $\quad \therefore y=-\dfrac{14}{5}$

따라서 $a=2$, $b=-\dfrac{14}{5}$이므로

$a-5b=2-5\times\left(-\dfrac{14}{5}\right)=16$

10 답 ④

㉠$\times 12$를 하면 $4x+3y=24$이고

㉡$\times 10$을 하면 $x+3y=15$이므로

㉠$\times 12$-㉡$\times 10$을 하면 $3x=9$

11 답 ④

$\begin{cases} 0.3(x-y)-0.2x=0.5 \\ \dfrac{x-1}{2}-\dfrac{y+1}{3}=\dfrac{1}{2} \end{cases}$, 즉 $\begin{cases} x-3y=5 & \cdots \text{㉠} \\ 3x-2y=8 & \cdots \text{㉡} \end{cases}$

㉠$\times 3$-㉡을 하면 $-7y=7$ $\quad \therefore y=-1$

$y=-1$을 ㉠에 대입하면 $x-3\times(-1)=5$ $\quad \therefore x=2$

12 답 -2

주어진 방정식에서

$\begin{cases} 2x-3(2y+1)=2+x \\ 4(x-y)+1=2+x \end{cases}$, 즉 $\begin{cases} x-6y=5 & \cdots \text{㉠} \\ 3x-4y=1 & \cdots \text{㉡} \end{cases}$

㉠$\times 3$-㉡을 하면 $-14y=14$ $\quad \therefore y=-1$

$y=-1$을 ㉠에 대입하면 $x-(-6)=5$ $\quad \therefore x=-1$

따라서 $a=-1$, $b=-1$이므로

$a+b=-1+(-1)=-2$

13 답 $\dfrac{1}{2}$

$\begin{cases} x+ay=2 \\ 2x+y=8 \end{cases}$, 즉 $\begin{cases} 2x+2ay=4 \\ 2x+y=8 \end{cases}$ 의 해가 없으므로

$2a=1$ $\quad \therefore a=\dfrac{1}{2}$

14 답 ④

x의 계수를 같게 하면

① $\begin{cases} x+y=4 \\ x+y=7 \end{cases}$ 이므로 해가 없다.

② $\begin{cases} x+y=3 \\ x-y=5 \end{cases}$ 이므로 해가 한 쌍 존재한다.

③ $\begin{cases} 2x-3y=5 \\ 2x+3y=5 \end{cases}$ 이므로 해가 한 쌍 존재한다.

④ $\begin{cases} 4x+2y=2 \\ 4x+2y=2 \end{cases}$ 이므로 해가 무수히 많다.

⑤ $\begin{cases} 2x-6y=4 \\ 2x-3y=4 \end{cases}$ 이므로 해가 한 쌍 존재한다.

따라서 해가 무수히 많은 것은 ④이다.

15 답 9개

성공한 2점 슛의 개수를 x개, 성공한 3점 슛의 개수를 y개라 하면

$\begin{cases} x+y=11 & \cdots ㉠ \\ 2x+3y=24 & \cdots ㉡ \end{cases}$

㉠×2−㉡을 하면 $-y=-2$ ∴ $y=2$

$y=2$를 ㉠에 대입하면 $x+2=11$ ∴ $x=9$

따라서 성공한 2점 슛의 개수는 9개이다.

16 답 $80\,cm^2$

처음 직사각형의 가로의 길이를 $x\,cm$, 세로의 길이를 $y\,cm$라 하면

$\begin{cases} 2(x+y)=36 \\ 2\{(x-3)+2y\}=50 \end{cases}$, 즉 $\begin{cases} x+y=18 & \cdots ㉠ \\ x+2y=28 & \cdots ㉡ \end{cases}$

㉠−㉡을 하면 $-y=-10$ ∴ $y=10$

$y=10$을 ㉠에 대입하면 $x+10=18$ ∴ $x=8$

따라서 처음 직사각형의 가로의 길이는 $8\,cm$, 세로의 길이는 $10\,cm$이므로 구하는 넓이는

$8 \times 10 = 80\,(cm^2)$

17 답 6일

다훈이와 희진이가 하루 동안 할 수 있는 일의 양을 각각 x, y라 하면

$\begin{cases} 4x+4y=1 & \cdots ㉠ \\ 2x+8y=1 & \cdots ㉡ \end{cases}$

㉠−㉡×2를 하면 $-12y=-1$ ∴ $y=\dfrac{1}{12}$

$y=\dfrac{1}{12}$을 ㉠에 대입하면 $4x+4\times\dfrac{1}{12}=1$

$4x=\dfrac{2}{3}$ ∴ $x=\dfrac{1}{6}$

따라서 이 일을 다훈이가 혼자 하면 6일이 걸린다.

18 답 $5\,km$

서점에 갈 때 걸은 거리를 $x\,km$, 서점에서 돌아올 때 걸은 거리를 $y\,km$라 하면

$\begin{cases} y=x+2 \\ \dfrac{x}{3}+\dfrac{1}{2}+\dfrac{y}{5}=\dfrac{5}{2} \end{cases}$, 즉 $\begin{cases} y=x+2 & \cdots ㉠ \\ 5x+3y=30 & \cdots ㉡ \end{cases}$

㉠을 ㉡에 대입하면

$5x+3(x+2)=30$, $8x=24$ ∴ $x=3$

$x=3$을 ㉠에 대입하면 $y=3+2=5$

따라서 용하가 서점에서 돌아올 때 걸은 거리는 $5\,km$이다.

19 답 2

$\begin{cases} 2x-y=4 & \cdots ㉠ \\ x-2y=-7 & \cdots ㉡ \end{cases}$ 에서 ㉠−㉡×2를 하면

$3y=18$ ∴ $y=6$

$y=6$을 ㉡에 대입하면 $x-2\times 6=-7$ ∴ $x=5$

즉, 연립방정식의 해는 $x=5$, $y=6$이다. ··· ❶

$x=5$, $y=6$을 $3x-ay=3$에 대입하면

$3\times 5-a\times 6=3$, $-6a=-12$ ∴ $a=2$ ··· ❷

채점 기준	배점
❶ 주어진 연립방정식의 해를 구한 경우	60 %
❷ a의 값을 구한 경우	40 %

20 답 40잔

자동판매기에서 판매된 율무차가 x잔, 핫초코가 y잔이라 하면

$\begin{cases} x+y=60 \\ 600x+800y=40000 \end{cases}$, 즉 $\begin{cases} x+y=60 & \cdots ㉠ \\ 3x+4y=200 & \cdots ㉡ \end{cases}$ ··· ❶

㉠×3−㉡을 하면 $-y=-20$ ∴ $y=20$

$y=20$을 ㉠에 대입하면 $x+20=60$ ∴ $x=40$ ··· ❷

따라서 자동판매기에서 판매된 율무차는 40잔이다. ··· ❸

채점 기준	배점
❶ 연립방정식을 세운 경우	40 %
❷ 연립방정식의 해를 구한 경우	40 %
❸ 자동판매기에서 판매된 율무차가 몇 잔인지 구한 경우	20 %

---

5. 일차함수와 그 그래프 [1회]
본문 164~166쪽

01 ②	**02** ①	**03** ②	**04** ④
05 2	**06** ①	**07** 6	**08** ③
09 ③	**10** ①	**11** ⑤	**12** ④
13 3	**14** ⑤	**15** 3	**16** ②
17 ㄴ	**18** $40\,cm^2$	**19** -12	**20** 140분

01 답 ②

ㄱ. $x=3$일 때, $y=6, 12, 18, \cdots$이므로 y는 x의 함수가 아니다.

ㄹ. $x=2$일 때, $y=2, 4, 6, \cdots, 24$이므로 y는 x의 함수가 아니다.

따라서 y가 x의 함수인 것은 ㄴ, ㄷ이다.

02 답 ①

$f(-3)=-3a=9$ ∴ $a=-3$

$g(b)=-\dfrac{15}{b}=-3$ ∴ $b=5$

∴ $ab=-3\times 5=-15$

03 답 ②

② $y=4(x-1)$에서 $y=4x-4$

③ $y=2x-(1+2x)$에서 $y=-1$

따라서 일차함수인 것은 ②이다.

04 답 ④

① $-5=2\times(-3)+1$ ② $-3=2\times(-2)+1$

③ $0=2\times\left(-\dfrac{1}{2}\right)+1$ ④ $-1\neq2\times0+1$

⑤ $5=2\times2+1$

따라서 주어진 일차함수의 그래프 위의 점이 아닌 것은 ④이다.

05 답 2

$y=3x$의 그래프를 y축의 방향으로 -2만큼 평행이동한 그래프가 나타내는 일차함수의 식은

$y=3x-2$

$y=3x-2$의 그래프가 점 $(a,4)$를 지나므로

$4=3a-2,\ 3a=6$ $\therefore a=2$

06 답 ①

$y=-2x+b$의 그래프가 점 $(-1,0)$을 지나므로

$0=2+b$ $\therefore b=-2$

따라서 $y=-2x-2$이므로 y절편은 -2이다.

07 답 6

$y=-3x+4$의 그래프를 y축의 방향으로 -10만큼 평행이동한 그래프가 나타내는 일차함수의 식은

$y=-3x+4-10$ $\therefore y=-3x-6$

$y=0$일 때, $0=-3x-6,\ 3x=-6$ $\therefore x=-2$

$x=0$일 때, $y=-6$

따라서 x절편은 -2이고 y절편은 -6이므로

$y=-3x-6$의 그래프는 오른쪽 그림과 같고, 구하는 도형의 넓이는

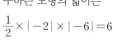

$\dfrac{1}{2}\times|-2|\times|-6|=6$

08 답 ③

$(x$의 값의 증가량$)=9-(-1)=10$이고

이 일차함수의 그래프의 기울기가 $\dfrac{3}{5}$이므로

$\dfrac{(y\text{의 값의 증가량})}{10}=\dfrac{3}{5}$ $\therefore (y\text{의 값의 증가량})=6$

09 답 ③

③ $y=-2x-1$의 그래프의 x절편은 $-\dfrac{1}{2}$,

  y절편은 -1이므로 그래프는 오른쪽 그림과 같다.

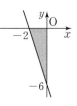

  따라서 제1사분면을 지나지 않는다.

10 답 ①

주어진 그래프가 오른쪽 위로 향하므로

$-a>0$ $\therefore a<0$

y축과 음의 부분에서 만나므로

$b<0$

11 답 ⑤

①, ②, ③ 기울기는 -3, y절편은 3, x절편은 1이다.

④ 그래프는 오른쪽 그림과 같으므로 제3사분면을 지나지 않는다.

⑤ $y=-3x-2$의 그래프와 기울기가 같으므로 평행하다.

따라서 옳은 것은 ⑤이다.

12 답 ④

④ $y=\dfrac{1}{2}(8x-1)$에서 $y=4x-\dfrac{1}{2}$

  일차함수 $y=4x-\dfrac{1}{2}$의 그래프는 $y=4x+2$의 그래프와 평행하므로 만나지 않는다.

13 답 3

두 점 $(-2,0)$, $(3,3)$을 지나는 직선의 기울기는

$\dfrac{3-0}{3-(-2)}=\dfrac{3}{5}$

즉, 기울기가 $\dfrac{3}{5}$이고 y절편이 5이므로 이 직선을 그래프로 하는 일차함수의 식은 $y=\dfrac{3}{5}x+5$

따라서 $a=\dfrac{3}{5}$, $b=5$이므로

$ab=\dfrac{3}{5}\times5=3$

14 답 ⑤

기울기가 $\dfrac{1}{2}$이므로 구하는 일차함수의 식을 $y=\dfrac{1}{2}x+b$라 하자.

$y=\dfrac{1}{2}x+b$의 그래프가 점 $(6,-2)$를 지나므로

$-2=3+b$ $\therefore b=-5$

따라서 구하는 일차함수의 식은 $y=\dfrac{1}{2}x-5$

15 답 3

일차함수의 그래프가 두 점 $(-1,4)$, $(1,2)$를 지나므로

$(\text{기울기})=\dfrac{2-4}{1-(-1)}=-1$

일차함수의 식을 $y=-x+b$라 하면 이 그래프가 점 $(-1,4)$를 지나므로

$4=1+b$ $\therefore b=3$

즉, $y=-x+3$이므로

$y=0$일 때, $0=-x+3$ $\therefore x=3$

따라서 구하는 x절편은 3이다.

16 답 ②

일차함수의 그래프가 두 점 $(-2, 0)$, $(0, 4)$를 지나므로

$(기울기)=\dfrac{4-0}{0-(-2)}=2$

y절편이 4이므로 일차함수의 식은 $y=2x+4$

이 그래프가 점 $(-3, k)$를 지나므로

$k=-6+4=-2$

17 답 ㄴ

일차함수의 그래프가 두 점 $(-6, 0)$, $(0, 2)$를 지나므로

$(기울기)=\dfrac{2-0}{0-(-6)}=\dfrac{1}{3}$

y절편이 2이므로 일차함수의 식은 $y=\dfrac{1}{3}x+2$

ㄱ. 기울기가 다르므로 평행하지 않다.

ㄴ. 직선이 두 점 $(1, 5)$, $(4, 6)$을 지나므로

$(기울기)=\dfrac{6-5}{4-1}=\dfrac{1}{3}$

이 직선을 그래프로 하는 일차함수의 식을 $y=\dfrac{1}{3}x+b$라 하면

이 직선이 점 $(1, 5)$를 지나므로

$5=\dfrac{1}{3}+b$ $\therefore b=\dfrac{14}{3}$

즉, $y=\dfrac{1}{3}x+\dfrac{14}{3}$로 기울기가 같고 y절편이 다르므로 평행하다.

ㄷ. 직선이 두 점 $(6, 0)$, $(0, 2)$를 지나므로

$(기울기)=\dfrac{2-0}{0-6}=-\dfrac{1}{3}$

즉, 기울기가 다르므로 평행하지 않다.

따라서 주어진 일차함수의 그래프와 평행한 직선은 ㄴ이다.

18 답 $40\,cm^2$

점 P가 점 B를 출발한 지 x초 후의 $\overline{BP}$의 길이는 $2x\,cm$이므로

$y=\dfrac{1}{2}\times 2x\times 8$ $\therefore y=8x$

이 식에 $x=5$를 대입하면 $y=8\times 5=40$

따라서 5초 후의 삼각형 ABP의 넓이는 $40\,cm^2$이다.

19 답 -12

$y=2ax-1$의 그래프를 y축의 방향으로 5만큼 평행이동한 그래프가 나타내는 일차함수의 식은

$y=2ax-1+5$ $\therefore y=2ax+4$ $\cdots$ ❶

즉, 일차함수 $y=2ax+4$의 그래프와 $y=6x-b$의 그래프가 일치하므로 $2a=6$, $4=-b$

$\therefore a=3$, $b=-4$ $\cdots$ ❷

$\therefore ab=3\times(-4)=-12$ $\cdots$ ❸

채점 기준	배점
❶ 평행이동한 그래프가 나타내는 일차함수의 식을 구한 경우	40 %
❷ a, b의 값을 각각 구한 경우	40 %
❸ ab의 값을 구한 경우	20 %

20 답 140분

주사약이 10분에 $50\,mL$씩 들어가므로 1분에 주사약은

$\dfrac{50}{10}=5(mL)$씩 들어간다. $\cdots$ ❶

주사를 맞기 시작하여 x분 후에 남아 있는 주사약의 양을 $y\,mL$라 하면

$y=700-5x$ $\cdots$ ❷

이 식에 $y=0$을 대입하면

$0=700-5x$, $5x=700$ $\therefore x=140$

따라서 링거 주사를 다 맞는 데 걸리는 시간은 140분이다. $\cdots$ ❸

채점 기준	배점
❶ 1분에 들어가는 주사약의 양을 구한 경우	20 %
❷ y를 x에 대한 식으로 나타낸 경우	40 %
❸ 링거 주사를 다 맞는 데 걸리는 시간을 구한 경우	40 %

---

5. 일차함수와 그 그래프 [2회]　　본문 167~169쪽

01 ②	**02** ③	**03** 1개	**04** 12
05 3	**06** 2	**07** 20	**08** -12
09 ②	**10** ②	**11** ②	**12** 6
13 -6	**14** -2	**15** ⑤	**16** ①
17 100분 후	**18** ⑤	**19** -1	
20 $y=-4x+9$			

01 답 ②

② $x=1$일 때, y의 값이 없으므로 y는 x의 함수가 아니다.

02 답 ③

5의 약수의 개수는 1, 5의 2개이므로 $f(5)=2$

10의 약수의 개수는 1, 2, 5, 10의 4개이므로 $f(10)=4$

$\therefore f(5)+f(10)=2+4=6$

03 답 1개

ㄱ. x가 분모에 있으므로 일차함수가 아니다.

ㄴ. $y=2x-3(x+6)$에서 $y=-x-18$

ㄷ. $5x+y=y+4$에서 $5x=4$

ㄹ. $y=(4x-1)-4x$에서 $y=-1$

따라서 일차함수인 것은 ㄴ의 1개이다.

04 답 12

$y=4x+1$의 그래프가 점 $(1, b)$를 지나므로

$b=4+1=5$

따라서 $y=ax-2$의 그래프가 점 $(1, 5)$를 지나므로

$5=a-2$ $\therefore a=7$

$\therefore a+b=7+5=12$

05 답 3

$y=-x+a$의 그래프를 y축의 방향으로 -3만큼 평행이동한 그래프를 나타내는 일차함수의 식은

$y=-x+a-3$

이 식이 $y=bx-7$과 같으므로

$-1=b$, $a-3=-7$

$\therefore a=-4$, $b=-1$

$\therefore b-a=-1-(-4)=3$

06 답 2

두 일차함수 $y=ax+b$, $y=bx+4$의 그래프가 y축 위에서 만나므로 y절편이 같다.

즉, $b=4$

또 두 일차함수 $y=4x+4$, $y=-2x+a$의 그래프가 x축 위에서 만나므로 x절편이 같다.

$y=4x+4$에서 $y=0$일 때, $0=4x+4$

$4x=-4$ $\therefore x=-1$

즉, x절편이 -1이므로

$x=-1$, $y=0$을 $y=-2x+a$에 대입하면

$0=-2\times(-1)+a$ $\therefore a=-2$

$\therefore a+b=-2+4=2$

07 답 20

두 그래프의 y절편은 4이므로 A$(0, 4)$

$y=2x+4$에서 $y=0$일 때, $0=2x+4$

$2x=-4$ $\therefore x=-2$

즉, x절편은 -2이므로 B$(-2, 0)$

$y=-\dfrac{1}{2}x+4$에서 $y=0$일 때, $0=-\dfrac{1}{2}x+4$

$\dfrac{1}{2}x=4$ $\therefore x=8$

즉, x절편은 8이므로 C$(8, 0)$

$\therefore \triangle ABC=\dfrac{1}{2}\times\{8-(-2)\}\times4=20$

08 답 -12

그래프가 두 점 $(-1, 6)$, $(3, -2)$를 지나므로

$(기울기)=\dfrac{-2-6}{3-(-1)}=-2$

따라서 $(기울기)=\dfrac{(y의\ 값의\ 증가량)}{4-(-2)}=-2$이므로

$(y의\ 값의\ 증가량)=-12$

09 답 ②

$y=2x+6$에서

$y=0$일 때, $0=2x+6$, $2x=-6$ $\therefore x=-3$

$x=0$일 때, $y=6$

따라서 일차함수 $y=2x+6$의 그래프의 x절편은 -3, y절편은 6이므로 그 그래프는 ②이다.

10 답 ②

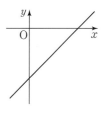

$a<0$, $b>0$에서 $-\dfrac{a}{b}>0$, $ab<0$

즉, 기울기가 양수이고 y절편이 음수이므로

$y=-\dfrac{a}{b}x+ab$의 그래프는 오른쪽 그림과 같다.

따라서 제2사분면을 지나지 않는다.

11 답 ②

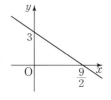

② $y=-\dfrac{2}{3}x+3$의 그래프는 오른쪽 그림과 같으므로 제1, 2, 4사분면을 지난다.

③ $x=6$, $y=-1$을 $y=-\dfrac{2}{3}x+3$에 대입하면 $-1=-\dfrac{2}{3}\times6+3$이므로

이 그래프는 점 $(6, -1)$을 지난다.

⑤ $y=-\dfrac{2}{3}x$의 그래프와 기울기가 같으므로 평행하다.

즉, 만나지 않는다.

따라서 옳지 않은 것은 ②이다.

12 답 6

조건 ㈎에서 두 일차함수의 그래프의 기울기가 같으므로

$a=-2$

조건 ㈏에서 두 일차함수의 그래프의 y절편이 같으므로

$-3a+2=b$, 즉 $-3\times(-2)+2=b$ $\therefore b=8$

$\therefore a+b=-2+8=6$

13 답 -6

직선이 두 점 $(0, -3)$, $(5, 0)$을 지나므로

$(기울기)=\dfrac{0-(-3)}{5-0}=\dfrac{3}{5}$

이 직선과 평행하므로 기울기는 $\dfrac{3}{5}$이다.

$\therefore a=\dfrac{3}{5}$

또 $y=3x-10$의 그래프와 y축 위에서 만나므로 y절편은 -10이다.

$\therefore b=-10$

$\therefore ab=\dfrac{3}{5}\times(-10)=-6$

14 답 -2

기울기가 $\dfrac{3}{2}$이므로 일차함수의 식을 $y=\dfrac{3}{2}x+b$라 하자.

$y=\dfrac{3}{2}x+b$의 그래프가 점 $\left(-\dfrac{2}{3}, 2\right)$를 지나므로

$2=-1+b$ $\therefore b=3$

즉, $y=\dfrac{3}{2}x+3$에서 $y=0$일 때, $0=\dfrac{3}{2}x+3$

$\dfrac{3}{2}x=-3$ $\therefore x=-2$

따라서 구하는 x절편은 -2이다.

15 답 ⑤

일차함수의 그래프가 두 점 $(-1, 3)$, $(1, 9)$를 지나므로

$(기울기) = \dfrac{9-3}{1-(-1)} = 3$

일차함수의 식을 $y = 3x + b$라 하면 이 그래프가 점 $(-1, 3)$을 지나므로

$3 = -3 + b$ ∴ $b = 6$

따라서 $y = 3x + 6$의 그래프는 y절편이 6인 그래프와 y축 위에서 만나므로 이 그래프와 y축 위에서 만나는 것은 ⑤이다.

16 답 ①

일차함수 $y = 2x + 4$의 그래프와 x축 위에서 만나므로 x절편이 같다.

이때 이 그래프의 x절편은 -2이므로 구하는 일차함수의 그래프는 두 점 $(2, 1)$, $(-2, 0)$을 지난다.

∴ $(기울기) = \dfrac{0-1}{-2-2} = \dfrac{1}{4}$

구하는 일차함수의 식을 $y = \dfrac{1}{4}x + b$라 하면

이 그래프가 점 $(-2, 0)$을 지나므로

$0 = -\dfrac{1}{2} + b$ ∴ $b = \dfrac{1}{2}$

따라서 구하는 일차함수의 식은 $y = \dfrac{1}{4}x + \dfrac{1}{2}$이다.

17 답 100분 후

10분이 지날 때마다 온도가 $6\,℃$씩 내려가므로 1분이 지날 때마다 온도는 $\dfrac{6}{10} = 0.6(℃)$씩 내려간다.

즉, x분 후의 물의 온도 $y\,℃$는

$y = 100 - 0.6x$

이 식에 $y = 40$을 대입하면

$40 = 100 - 0.6x$, $0.6x = 60$ ∴ $x = 100$

따라서 물의 온도가 $40\,℃$가 되는 것은 100분 후이다.

18 답 ⑤

무게가 $10\,g$인 물건을 달면 용수철의 길이가 $3\,cm$ 더 길어지므로 무게가 $1\,g$인 물건을 달 때마다 용수철의 길이는 $\dfrac{3}{10} = 0.3(cm)$씩 길어진다.

용수철 저울에 무게가 $x\,g$인 물건을 달았을 때 용수철의 길이를 $y\,cm$라 하면

$y = 15 + 0.3x$

이 식에 $x = 30$을 대입하면

$y = 15 + 0.3 \times 30 = 24$

따라서 무게가 $30\,g$인 물건을 달았을 때, 용수철의 길이는 $24\,cm$이다.

19 답 -1

$y = -2x + 1$의 그래프를 y축의 방향으로 m만큼 평행이동한 그래프가 나타내는 일차함수의 식은

$y = -2x + 1 + m$ ……❶

$y = -2x + 1 + m$의 그래프가 점 $(-3, 6)$을 지나므로

$6 = 6 + 1 + m$ ∴ $m = -1$ ……❷

채점 기준	배점
❶ 평행이동한 그래프가 나타내는 일차함수의 식을 구한 경우	50%
❷ m의 값을 구한 경우	50%

20 답 $y = -4x + 9$

x의 값이 2만큼 증가할 때, y의 값은 8만큼 감소하므로

$(기울기) = \dfrac{-8}{2} = -4$ ……❶

즉, 구하는 일차함수의 식을 $y = -4x + b$라 하면

이 그래프가 점 $(1, 5)$를 지나므로

$5 = -4 + b$ ∴ $b = 9$ ……❷

따라서 구하는 일차함수의 식은

$y = -4x + 9$ ……❸

채점 기준	배점
❶ 기울기를 구한 경우	40%
❷ y절편(b의 값)을 구한 경우	40%
❸ 일차함수의 식을 구한 경우	20%

---

6. 일차함수와 일차방정식 [1회] 본문 170~172쪽

01 ③	**02** ①	**03** ④	**04** ①
05 1	**06** 2	**07** $\dfrac{1}{3}$	**08** 3
09 2	**10** 1	**11** -1	**12** ④
13 20	**14** ④	**15** 해가 없다.	
16 4	**17** -12		

01 답 ③

① $x + 3y + 6 = 0$에서 $3y = -x - 6$ ∴ $y = -\dfrac{1}{3}x - 2$

② $x - 3y + 6 = 0$에서 $3y = x + 6$ ∴ $y = \dfrac{1}{3}x + 2$

③ $x - 3y - 6 = 0$에서 $3y = x - 6$ ∴ $y = \dfrac{1}{3}x - 2$

④ $3x + y - 6 = 0$에서 $y = -3x + 6$

⑤ $3x - y - 6 = 0$에서 $y = 3x - 6$

따라서 주어진 일차함수의 그래프와 일치하는 것은 ③이다.

02 답 ①

$3x - 2y + 4 = 0$에서 $y = \dfrac{3}{2}x + 2$

$y = \dfrac{3}{2}x + 2$의 그래프의 기울기는 $\dfrac{3}{2}$이므로 $a = \dfrac{3}{2}$

$y = 0$일 때, $0 = \dfrac{3}{2}x + 2$ ∴ $x = -\dfrac{4}{3}$

즉, x절편은 $-\dfrac{4}{3}$이므로 $b = -\dfrac{4}{3}$

또 y절편은 2이므로 $c=2$

$\therefore abc=\dfrac{3}{2}\times\left(-\dfrac{4}{3}\right)\times2=-4$

03 탑 ④

주어진 일차방정식에 $x=6$, $y=-1$을 각각 대입하면

① $6+(-1)-7=-2\neq0$ ② $6-(-1)-5=2\neq0$

③ $2\times6+(-1)-10=1\neq0$ ④ $2\times6-(-1)-13=0$

⑤ $3\times6-(-1)-22=-3\neq0$

따라서 그래프가 점 $(6, -1)$을 지나는 것은 ④이다.

04 탑 ①

$ax+2y-3=0$에서 $y=-\dfrac{a}{2}x+\dfrac{3}{2}$

이때 주어진 직선이 두 점 $(0, -7)$, $(3, 0)$을 지나므로 기울기가 $\dfrac{7}{3}$이다.

즉, $-\dfrac{a}{2}=\dfrac{7}{3}$이므로 $a=-\dfrac{14}{3}$

05 탑 1

방정식 $x=m$의 그래프는 y축에 평행하므로 그래프 위의 모든 점의 x좌표가 같다.

$\therefore m=5$

또 방정식 $y=n$의 그래프는 x축에 평행하므로 그래프 위의 모든 점의 y좌표가 같다.

$\therefore n=-4$

$\therefore m+n=5+(-4)=1$

06 탑 2

두 점 $(-2, a-3)$, $(2, 5-3a)$를 지나는 직선이 x축에 평행하므로 두 점의 y좌표가 같다.

즉, $a-3=5-3a$에서

$4a=8$ $\therefore a=2$

07 탑 $\dfrac{1}{3}$

주어진 그림에서 직선의 방정식은 $x=3$이고

$ax+by=1$에서 $x=-\dfrac{b}{a}y+\dfrac{1}{a}$이므로

$-\dfrac{b}{a}=0$, $\dfrac{1}{a}=3$

$\therefore a=\dfrac{1}{3}$, $b=0$

$\therefore a+b=\dfrac{1}{3}+0=\dfrac{1}{3}$

08 탑 3

$3x+6=0$에서 $x=-2$

즉, 네 방정식 $x=-2$, $x=5$, $y=-1$, $y=m$의 그래프로 둘러싸인 도형은 오른쪽 그림과 같고, 그 넓이가 28이므로

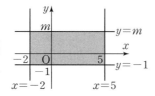

$\{m-(-1)\}\times\{5-(-2)\}=28$

$(m+1)\times7=28$, $m+1=4$

$\therefore m=3$

09 탑 2

연립방정식 $\begin{cases}x+y=6\\3x-y=10\end{cases}$의 해가 두 일차방정식 $x+y=6$, $3x-y=10$의 그래프의 교점의 좌표와 같다.

$\begin{cases}x+y=6 & \cdots\ ㉠\\3x-y=10 & \cdots\ ㉡\end{cases}$에서 ㉠+㉡을 하면

$4x=16$ $\therefore x=4$

$x=4$를 ㉠에 대입하면 $4+y=6$ $\therefore y=2$

따라서 두 그래프의 교점의 좌표는 $(4, 2)$이므로

$a=4$, $b=2$

$\therefore a-b=4-2=2$

10 탑 1

$\begin{cases}2x+y-7=0\\2x-3y-3=0\end{cases}$, 즉 $\begin{cases}2x+y=7 & \cdots\ ㉠\\2x-3y=3 & \cdots\ ㉡\end{cases}$

㉠-㉡을 하면 $4y=4$ $\therefore y=1$

$y=1$을 ㉠에 대입하면 $2x+1=7$

$2x=6$ $\therefore x=3$

즉, 두 그래프의 교점의 좌표는 $(3, 1)$이므로 두 점 $(3, 1)$, $(-1, -3)$을 지나는 직선의 기울기는 $\dfrac{-3-1}{-1-3}=1$

11 탑 -1

두 일차방정식 $x+ay+3=0$, $2x-3y-4=0$의 그래프의 교점의 좌표가 $(-1, b)$이므로

$x=-1$, $y=b$를 $2x-3y-4=0$에 대입하면

$2\times(-1)-3\times b-4=0$, $-3b=6$ $\therefore b=-2$

즉, 주어진 두 일차방정식의 그래프의 교점의 좌표가 $(-1, -2)$이므로

$x=-1$, $y=-2$를 $x+ay+3=0$에 대입하면

$-1+a\times(-2)+3=0$, $-2a=-2$ $\therefore a=1$

$\therefore a+b=1+(-2)=-1$

12 탑 ④

세 직선이 한 점에서 만나므로 두 직선의 교점을 나머지 한 직선이 지난다.

$\begin{cases}3x+y-5=0\\3x+2y+2=0\end{cases}$, 즉 $\begin{cases}3x+y=5 & \cdots\ ㉠\\3x+2y=-2 & \cdots\ ㉡\end{cases}$

㉠-㉡을 하면 $-y=7$ $\therefore y=-7$

$y=-7$을 ㉠에 대입하면

$3x-7=5$, $3x=12$ $\therefore x=4$

즉, 두 직선의 교점의 좌표는 $(4, -7)$이고 이 점을 직선 $ax+2y+3=0$이 지나므로

$4a-14+3a=0$, $7a=14$

$\therefore a=2$

13 답 20

$$\begin{cases} 3x-2y+16=0 \\ x+y+2=0 \end{cases}, \text{즉} \begin{cases} 3x-2y=-16 & \cdots \text{㉠} \\ x+y=-2 & \cdots \text{㉡} \end{cases}$$

㉠+㉡×2를 하면 $5x=-20$ $\therefore x=-4$

$x=-4$를 ㉡에 대입하면 $-4+y=-2$ $\therefore y=2$

즉, 두 직선의 교점의 좌표는 $(-4, 2)$이다.

이때 두 직선 $3x-2y+16=0$,

$x+y+2=0$의 y절편은 각각 8, -2이

므로 오른쪽 그림에서 구하는 도형의 넓

이는

$$\frac{1}{2} \times \{8-(-2)\} \times 4=20$$

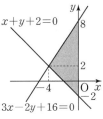

14 답 ④

$ax+y=-10$에서 $y=-ax-10$

$5x-2y=0$에서 $y=\dfrac{5}{2}x$

두 직선의 교점이 존재하지 않으려면 두 직선은 평행해야 하므로

기울기가 같아야 한다.

즉, $-a=\dfrac{5}{2}$ $\therefore a=-\dfrac{5}{2}$

15 답 해가 없다.

$ax-2y=2$에서 $y=\dfrac{a}{2}x-1$

$bx+y=-1$에서 $y=-bx-1$

두 직선이 일치하므로

$\dfrac{a}{2}=-b$ $\therefore a=-2b$

연립방정식 $\begin{cases} ax+2y=-1 \\ bx-y=2 \end{cases}$, 즉 $\begin{cases} y=-\dfrac{a}{2}x-\dfrac{1}{2} & \cdots \text{㉠} \\ y=bx-2 & \cdots \text{㉡} \end{cases}$ 이고

$y=-\dfrac{a}{2}x-\dfrac{1}{2}$에 $a=-2b$를 대입하면 $y=bx-\dfrac{1}{2}$이므로

두 그래프 ㉠, ㉡는 기울기는 같지만 y절편이 다르다.

따라서 두 그래프는 평행하므로 주어진 연립방정식의 해가 없다.

16 답 4

두 일차방정식의 그래프의 교점의 좌표가 $(2, -1)$이므로

연립방정식에 $x=2$, $y=-1$을 대입하면

$$\begin{cases} 2a-b=5 & \cdots \text{㉠} \\ 2b+a=5 & \cdots \text{㉡} \end{cases} \quad \cdots \text{❶}$$

㉠×2+㉡을 하면 $5a=15$ $\therefore a=3$

$a=3$을 ㉠에 대입하면 $2 \times 3-b=5$ $\therefore b=1$ $\cdots$ ❷

$\therefore a+b=3+1=4$ $\cdots$ ❸

채점 기준	배점
❶ 연립방정식을 세운 경우	40 %
❷ 연립방정식의 해를 구한 경우	40 %
❸ $a+b$의 값을 구한 경우	20 %

17 답 -12

$ax+y=10$에서 $y=-ax+10$

$2x-y=b$에서 $y=2x-b$ $\cdots$ ❶

연립방정식의 해가 무수히 많으려면 두 일차방정식의 그래프가 일

치해야 하므로 기울기와 y절편이 각각 같아야 한다.

즉, $-a=2$, $10=-b$

$\therefore a=-2$, $b=-10$ $\cdots$ ❷

$\therefore a+b=-2+(-10)=-12$ $\cdots$ ❸

채점 기준	배점
❶ 연립방정식의 각각의 일차방정식을 y를 x에 대한 식으로 나타낸 경우	30 %
❷ a, b의 값을 각각 구한 경우	50 %
❸ $a+b$의 값을 구한 경우	20 %

---

6. 일차함수와 일차방정식 [2회] 본문 173~175쪽

01 4	**02** ①	**03** 4	**04** $\dfrac{1}{2}$
05 ⑤	**06** 3	**07** -5	**08** 1
09 8	**10** 1	**11** ④	**12** ②
13 12	**14** ①	**15** -3	**16** -2
17 4			

01 답 4

$x-2y+7=0$에서 $y=\dfrac{1}{2}x+\dfrac{7}{2}$

따라서 $a=\dfrac{1}{2}$, $b=\dfrac{7}{2}$이므로 $a+b=\dfrac{1}{2}+\dfrac{7}{2}=4$

02 답 ①

$x+2y+6=0$에서 $y=-\dfrac{1}{2}x-3$

$y=-\dfrac{1}{2}x-3$의 그래프의 기울기가 음수이

고 y절편도 음수이므로 그 그래프는 오른쪽

그림과 같다. 즉, 제1사분면을 지나지 않는다.

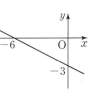

03 답 4

주어진 일차방정식의 그래프가 점 $(2, 1)$을 지나므로

$x=2$, $y=1$을 $2x+ay-8=0$에 대입하면

$2 \times 2+a \times 1-8=0$ $\therefore a=4$

04 답 $\dfrac{1}{2}$

$ax+y-2=0$에서 $y=-ax+2$

이때 기울기가 -4이므로 $-a=-4$에서 $a=4$

즉, $y=-4x+2$에서 $y=0$일 때, $0=-4x+2$

$4x=2$ $\therefore x=\dfrac{1}{2}$

따라서 구하는 x절편은 $\dfrac{1}{2}$이다.

05 답 ⑤

$x=a$의 그래프 위의 모든 점의 x좌표는 a이다.

이 그래프가 두 점 $(b, -4)$, $(3, 4)$를 지나므로 두 점의 x좌표가 모두 a이다.

즉, $b=a$, $a=3$이므로 $b=3$

$\therefore a+b=3+3=6$

06 답 3

두 점 $(3, -a+9)$, $(5, 2a)$를 지나는 직선이 y축에 수직이므로 두 점의 y좌표가 같다.

즉, $-a+9=2a$에서 $3a=9$ $\therefore a=3$

07 답 -5

주어진 그림에서 직선의 방정식은 $y=1$이고

$ax-by-5=0$에서 $y=\dfrac{a}{b}x-\dfrac{5}{b}$이므로

$\dfrac{a}{b}=0$, $-\dfrac{5}{b}=1$ $\therefore a=0$, $b=-5$

$\therefore a+b=0+(-5)=-5$

08 답 1

$y-4=0$에서 $y=4$

즉, 네 방정식 $x=a$, $x=4a$, $y=-1$, $y=4$의 그래프로 둘러싸인 도형은 오른쪽 그림과 같고, 그 넓이가 15이므로

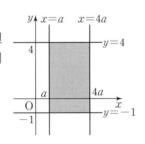

$(4a-a)\times\{4-(-1)\}=15$

$3a\times5=15$ $\therefore a=1$

09 답 8

연립방정식 $\begin{cases} 3x-2y-5=0 \\ 2x-y+3=0 \end{cases}$ 의 해가 두 일차방정식

$3x-2y-5=0$, $2x-y+3=0$의 그래프의 교점의 좌표와 같다.

$\begin{cases} 3x-2y-5=0 \\ 2x-y+3=0 \end{cases}$, 즉 $\begin{cases} 3x-2y=5 \quad \cdots \ \text{㉠} \\ 2x-y=-3 \quad \cdots \ \text{㉡} \end{cases}$

㉠$-$㉡$\times2$를 하면 $-x=11$ $\therefore x=-11$

$x=-11$을 ㉡에 대입하면 $2\times(-11)-y=-3$에서

$-y=19$ $\therefore y=-19$

따라서 $a=-11$, $b=-19$이므로

$a-b=-11-(-19)=8$

10 답 1

주어진 그래프의 교점의 좌표가 $(5, -3)$이므로

$x=5$, $y=-3$을 $x-ay-11=0$에 대입하면

$5-a\times(-3)-11=0$, $3a=6$ $\therefore a=2$

$x=5$, $y=-3$을 $2x+3y+b=0$에 대입하면

$2\times5+3\times(-3)+b=0$, $1+b=0$ $\therefore b=-1$

$\therefore a+b=2+(-1)=1$

11 답 ④

$\begin{cases} x-y+1=0 \\ 2x+3y-3=0 \end{cases}$, 즉 $\begin{cases} x-y=-1 \quad \cdots \ \text{㉠} \\ 2x+3y=3 \quad \cdots \ \text{㉡} \end{cases}$

㉠$\times3+$㉡을 하면 $5x=0$ $\therefore x=0$

$x=0$을 ㉠에 대입하면 $0-y=-1$ $\therefore y=1$

즉, 구하는 직선은 점 $(0, 1)$을 지난다.

또 x절편이 4이므로 점 $(4, 0)$을 지난다.

$\therefore$ (기울기)$=\dfrac{1-0}{0-4}=-\dfrac{1}{4}$

12 답 ②

직선이 두 점 $(-1, -3)$, $(2, 6)$을 지나므로

(기울기)$=\dfrac{6-(-3)}{2-(-1)}=3$

이 직선의 방정식을 $y=3x+b$라 하면 점 $(2, 6)$을 지나므로

$6=3\times2+b$ $\therefore b=0$

$\therefore y=3x$

즉, 직선 $y=3x$ 위에 두 일차방정식 $x-y+2=0$, $ax+y+3=0$의 그래프의 교점이 있으므로

연립방정식 $\begin{cases} y=3x \quad \cdots \ \text{㉠} \\ x-y+2=0 \quad \cdots \ \text{㉡} \end{cases}$ 에서

㉠을 ㉡에 대입하면

$x-3x+2=0$, $-2x=-2$ $\therefore x=1$

$x=1$을 ㉠에 대입하면 $y=3\times1=3$

직선 $ax+y+3=0$이 점 $(1, 3)$을 지나므로

$a+3+3=0$ $\therefore a=-6$

13 답 12

$\begin{cases} 2x+y-4=0 \\ 2x-3y-12=0 \end{cases}$, 즉 $\begin{cases} 2x+y=4 \quad \cdots \ \text{㉠} \\ 2x-3y=12 \quad \cdots \ \text{㉡} \end{cases}$

㉠$-$㉡을 하면 $4y=-8$ $\therefore y=-2$

$y=-2$를 ㉠에 대입하면 $2x-2=4$

$2x=6$ $\therefore x=3$

즉, 두 직선의 교점의 좌표는 $(3, -2)$이다.

두 직선 $2x+y-4=0$, $2x-3y-12=0$의 y절편은 각각 4, -4이므로 오른쪽 그림에서 구하는 도형의 넓이는

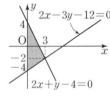

$\dfrac{1}{2}\times\{4-(-4)\}\times3=12$

14 답 ①

$2x-y-1=0$에서 $y=2x-1$

$6x+by-12=0$에서 $by=-6x+12$

$\therefore y=-\dfrac{6}{b}x+\dfrac{12}{b}$

이때 두 일차방정식의 그래프가 평행하므로 기울기가 같다.

즉, $2=-\dfrac{6}{b}$ $\therefore b=-3$

15 답 −3

$x+ay=b$에서 $y=-\dfrac{1}{a}x+\dfrac{b}{a}$

$3x-4y=-5$에서 $y=\dfrac{3}{4}x+\dfrac{5}{4}$

주어진 연립방정식의 해가 무수히 많으려면 두 일차방정식의 그래프가 일치해야 하므로 기울기와 y절편이 각각 같아야 한다.

즉, $-\dfrac{1}{a}=\dfrac{3}{4}$, $\dfrac{b}{a}=\dfrac{5}{4}$ $\therefore a=-\dfrac{4}{3}$, $b=-\dfrac{5}{3}$

$\therefore a+b=-\dfrac{4}{3}+\left(-\dfrac{5}{3}\right)=-3$

16 답 −2

x축에 수직인 직선 위의 점들은 x좌표가 같으므로

$x=4$ ··· ❶

$ax-by+8=0$에서 x를 y에 대한 식으로 나타내면

$ax=by-8$ $\therefore x=\dfrac{b}{a}y-\dfrac{8}{a}$ ··· ❷

$x=4$와 $x=\dfrac{b}{a}y-\dfrac{8}{a}$이 일치하므로

$0=\dfrac{b}{a}$, $4=-\dfrac{8}{a}$ $\therefore a=-2$, $b=0$ ··· ❸

$\therefore a+b=-2+0=-2$ ··· ❹

채점 기준	배점
❶ x축에 수직인 직선의 방정식을 구한 경우	40 %
❷ x를 y에 대한 식으로 나타낸 경우	30 %
❸ a, b의 값을 각각 구한 경우	20 %
❹ $a+b$의 값을 구한 경우	10 %

17 답 4

직선 l은 두 점 $(0, 4)$, $(4, 0)$을 지나므로

(기울기)$=\dfrac{0-4}{4-0}=-1$이고

y절편이 4이므로 직선 l의 방정식은

$y=-x+4$ ··· ❶

직선 m은 두 점 $(-1, -1)$, $(0, 1)$을 지나므로

(기울기)$=\dfrac{1-(-1)}{0-(-1)}=2$이고

y절편이 1이므로 직선 m의 방정식은

$y=2x+1$ ··· ❷

연립방정식 $\begin{cases} y=-x+4 & \cdots ㉠ \\ y=2x+1 & \cdots ㉡ \end{cases}$에서

㉠을 ㉡에 대입하면

$-x+4=2x+1$, $-3x=-3$ $\therefore x=1$

$x=1$을 ㉠에 대입하면 $y=-1+4=3$ ··· ❸

따라서 $a=1$, $b=3$이므로 $a+b=1+3=4$ ··· ❹

채점 기준	배점
❶ 직선 l의 방정식을 구한 경우	30 %
❷ 직선 m의 방정식을 구한 경우	30 %
❸ 연립방정식의 해를 구한 경우	30 %
❹ $a+b$의 값을 구한 경우	10 %

1. 유리수와 소수 본문 176~177쪽

1 (1) 12 (2) 1   **2** 2개   **3** 9

4 4개   **5** $\dfrac{22}{45}$ **6** (1) 61 (2) 90 (3) $0.6\dot{7}$

7 $0.\dot{3}\dot{2}$ **8** (1) $\dfrac{x}{9}$ (2) 2, 3, 4 (3) 2

1 답 (1) 12 (2) 1

(1) $\dfrac{4}{33}=0.121212\cdots=0.\dot{1}\dot{2}$ ··· ❶

즉, 순환마디는 12이다. ··· ❷

(2) $0.\dot{1}\dot{2}$의 순환마디를 이루는 숫자의 개수는 2개이고

$23=2\times11+1$이므로 소수점 아래 23번째 자리의 숫자는 1이다. ··· ❸

채점 기준	배점
❶ 분수를 순환소수로 나타낸 경우	30 %
❷ 순환마디를 구한 경우	30 %
❸ 소수점 아래 23번째 자리의 숫자를 구한 경우	40 %

2 답 2개

$\dfrac{1}{7}=\dfrac{5}{35}$, $\dfrac{3}{5}=\dfrac{21}{35}$이므로 분모가 35인 분수의 분자는 문제의 조건에 의하여 5와 21 사이에 있는 자연수이다. ··· ❶

이때 $35=5\times7$이므로 유한소수로 나타낼 수 있는 분수는 분자가 7의 배수인 수이다. ··· ❷

따라서 유한소수로 나타낼 수 있는 분수는 $\dfrac{7}{35}$, $\dfrac{14}{35}$의 2개이다. ··· ❸

채점 기준	배점
❶ 분자가 될 수 있는 수의 범위를 구한 경우	20 %
❷ 분자가 될 수 있는 조건을 구한 경우	50 %
❸ 유한소수로 나타낼 수 있는 분수의 개수를 구한 경우	30 %

3 답 9

$\dfrac{37}{450}\times x=\dfrac{37}{2\times3^2\times5^2}\times x$를 유한소수로 나타낼 수 있으므로

x는 9의 배수이어야 한다. ··· ❶

따라서 x의 값이 될 수 있는 가장 작은 자연수는 9이다. ··· ❷

채점 기준	배점
❶ x의 조건을 구한 경우	60 %
❷ x의 값이 될 수 있는 가장 작은 자연수를 구한 경우	40 %

4 답 4개

$\dfrac{a}{75}=\dfrac{a}{3\times5^2}$, $\dfrac{a}{112}=\dfrac{a}{2^4\times7}$이므로 두 분수 $\dfrac{a}{75}$, $\dfrac{a}{112}$가 모두 유한소수가 되려면 a는 3과 7의 공배수이어야 한다. ··· ❶

따라서 a는 21의 배수이어야 하므로 a의 값이 될 수 있는 두 자리의 자연수는 $21 \times 1 = 21$, $21 \times 2 = 42$, $21 \times 3 = 63$, $21 \times 4 = 84$의 4개이다. ··· ❷

채점 기준	배점
❶ a의 조건을 구한 경우	60 %
❷ 두 자리의 자연수 a의 개수를 구한 경우	40 %

5 탑 $\dfrac{22}{45}$

$0.4\dot{8}$을 x라 하면 $x = 0.4888\cdots$ ··· ㉠

㉠의 양변에 100을 곱하면

$100x = 48.888\cdots$ ··· ㉡ ··· ❶

㉠의 양변에 10을 곱하면

$10x = 4.888\cdots$ ··· ㉢ ··· ❷

㉡에서 ㉢을 변끼리 빼면 $90x = 44$ ··· ❸

$\therefore x = \dfrac{44}{90} = \dfrac{22}{45}$ ··· ❹

채점 기준	배점
❶ $100x$의 값을 구한 경우	30 %
❷ $10x$의 값을 구한 경우	30 %
❸ $100x - 10x$의 값을 구한 경우	20 %
❹ x의 값을 기약분수로 나타낸 경우	20 %

6 탑 (1) 61 (2) 90 (3) $0.6\dot{7}$

(1) 보라는 분자는 제대로 보았으므로 $0.\dot{6}\dot{1} = \dfrac{61}{99}$에서

처음 기약분수의 분자는 61이다. ··· ❶

(2) 민호는 분모는 제대로 보았으므로 $0.4\dot{7} = \dfrac{47-4}{90} = \dfrac{43}{90}$에서

처음 기약분수의 분모는 90이다. ··· ❷

(3) (1), (2)에서 처음 기약분수는 $\dfrac{61}{90}$이므로 ··· ❸

이를 순환소수로 나타내면 $\dfrac{61}{90} = 0.6777\cdots = 0.6\dot{7}$ ··· ❹

채점 기준	배점
❶ 처음 기약분수의 분자를 구한 경우	30 %
❷ 처음 기약분수의 분모를 구한 경우	30 %
❸ 처음 기약분수를 구한 경우	20 %
❹ 처음 기약분수를 순환소수로 나타낸 경우	20 %

7 탑 $0.\dot{3}\dot{2}$

$0.\dot{3}\dot{5} = \dfrac{35-3}{90} = 32 \times \dfrac{1}{90} = 32 \times 0.0\dot{1}$ $\therefore a = 32$ ··· ❶

$0.\dot{5}\dot{6} = \dfrac{56}{99} = 56 \times \dfrac{1}{99}$ $\therefore b = \dfrac{1}{99}$ ··· ❷

$\therefore ab = 32 \times \dfrac{1}{99} = \dfrac{32}{99} = 0.\dot{3}\dot{2}$ ··· ❸

채점 기준	배점
❶ a의 값을 구한 경우	40 %
❷ b의 값을 구한 경우	30 %
❸ ab의 값을 순환소수로 나타낸 경우	30 %

8 탑 (1) $\dfrac{x}{9}$ (2) 2, 3, 4 (3) 2

(1) $0.\dot{x} = \dfrac{x}{9}$ ··· ❶

(2) $\dfrac{1}{5} < \dfrac{x}{9} < \dfrac{1}{2}$에서

$18 < 10x < 45$ $\therefore \dfrac{9}{5} < x < \dfrac{9}{2}$

이때 $\dfrac{9}{5} = 1.8$, $\dfrac{9}{2} = 4.5$이므로 $1.8 < x < 4.5$

따라서 x의 값이 될 수 있는 자연수는 2, 3, 4이다. ··· ❷

(3) $a = 2$, $b = 4$이므로

$b - a = 4 - 2 = 2$ ··· ❸

채점 기준	배점
❶ $0.\dot{x}$를 분수로 나타낸 경우	40 %
❷ x의 값이 될 수 있는 자연수를 모두 구한 경우	40 %
❸ $b - a$의 값을 구한 경우	20 %

---

2. 식의 계산
본문 178~179쪽

1 13   **2** $\dfrac{A^3}{8}$

3 (1) $a = 625$, $n = 7$ (2) 10자리

4 (1) $-6a^2 b^3$ (2) $\dfrac{9b^2}{2a}$ **5** $3ab^2$ **6** $x^2 - 4$

7 11   **8** $x - 4y^2$

1 탑 13

$81 = 3^4$, $12 = 2^2 \times 3$, $16 = 2^4$이므로

$81^2 \times 12^3 \div 16 = (3^4)^2 \times (2^2 \times 3)^3 \div 2^4$

$\qquad = 3^8 \times 2^6 \times 3^3 \div 2^4$

$\qquad = 2^{6-4} \times 3^{8+3} = 2^2 \times 3^{11}$ ··· ❶

따라서 $a = 2$, $b = 11$이므로 ··· ❷

$a + b = 2 + 11 = 13$ ··· ❸

채점 기준	배점
❶ $81^2 \times 12^3 \div 16$을 간단히 한 경우	60 %
❷ a, b의 값을 각각 구한 경우	20 %
❸ $a + b$의 값을 구한 경우	20 %

2 탑 $\dfrac{A^3}{8}$

$A = 2^{x+2} = 2^x \times 2^2 = 2^x \times 4$이므로 $2^x = \dfrac{A}{4}$ ··· ❶

$\therefore 8^{x+1} = (2^3)^{x+1} = 2^{3x+3} = 2^{3x} \times 2^3 = (2^x)^3 \times 8$

$\qquad = \left(\dfrac{A}{4}\right)^3 \times 8 = \dfrac{A^3}{64} \times 8 = \dfrac{A^3}{8}$ ··· ❷

채점 기준	배점
❶ 2^x을 A를 사용하여 나타낸 경우	50 %
❷ 8^{x+1}을 A를 사용하여 나타낸 경우	50 %

3 답 (1) $a=625$, $n=7$ (2) 10자리

(1) $A=2^7 \times 5^{11} = 2^7 \times 5^7 \times 5^4 = 5^4 \times 2^7 \times 5^7$

$\qquad = 5^4 \times (2 \times 5)^7 = 625 \times 10^7$ ··· ❶

$\qquad \therefore a=625,\ n=7$ ··· ❷

(2) $A=625 \times 10^7 = 625000\underbrace{\cdots 0}_{7\text{개}}$이므로 A는 10자리의 자연수이다.

··· ❸

채점 기준	배점
❶ A를 $a \times 10^n$의 꼴로 나타낸 경우	50 %
❷ a, n의 값을 각각 구한 경우	20 %
❸ A가 몇 자리의 자연수인지 구한 경우	30 %

4 답 (1) $-6a^2b^3$ (2) $\dfrac{9b^2}{2a}$

(1) 어떤 식을 A라 하면

$A \times \left(-\dfrac{4}{3}a^3b\right) = 8a^5b^4$ ··· ❶

$\therefore A = 8a^5b^4 \div \left(-\dfrac{4}{3}a^3b\right)$

$\qquad = 8a^5b^4 \times \left(-\dfrac{3}{4a^3b}\right)$

$\qquad = -6a^2b^3$ ··· ❷

(2) 바르게 계산한 식은

$-6a^2b^3 \div \left(-\dfrac{4}{3}a^3b\right) = -6a^2b^3 \times \left(-\dfrac{3}{4a^3b}\right)$

$\qquad\qquad = \dfrac{9b^2}{2a}$ ··· ❸

채점 기준	배점
❶ 어떤 식을 A라 하고 식을 세운 경우	20 %
❷ 어떤 식을 구한 경우	30 %
❸ 바르게 계산한 식을 구한 경우	50 %

5 답 $3ab^2$

(직사각형의 넓이) $=4ab \times 6a^2b^2 = 24a^3b^3$ ··· ❶

(삼각형의 넓이) $=\dfrac{1}{2} \times 16a^2b \times (높이)$

$\qquad\qquad = 8a^2b \times (높이)$ ··· ❷

이때 직사각형의 넓이와 삼각형의 넓이가 같으므로

$8a^2b \times (높이) = 24a^3b^3$ ··· ❸

$\therefore (높이) = 24a^3b^3 \div 8a^2b = \dfrac{24a^3b^3}{8a^2b} = 3ab^2$ ··· ❹

채점 기준	배점
❶ 직사각형의 넓이를 구한 경우	20 %
❷ 삼각형의 넓이를 구하는 식을 세운 경우	20 %
❸ 삼각형의 높이를 구하는 식을 세운 경우	20 %
❹ 삼각형의 높이를 구한 경우	40 %

6 답 x^2-4

$B+(-x^2+5x+3) = x^2+8x-7$이므로

$B = x^2+8x-7-(-x^2+5x+3)$

$\qquad = x^2+8x-7+x^2-5x-3$

$\qquad = 2x^2+3x-10$ ··· ❶

$A+(-x^2+4) = 2x^2+3x-10$이므로

$\therefore A = 2x^2+3x-10-(-x^2+4)$

$\qquad = 2x^2+3x-10+x^2-4$

$\qquad = 3x^2+3x-14$ ··· ❷

$\therefore A-B = (3x^2+3x-14)-(2x^2+3x-10)$

$\qquad = 3x^2+3x-14-2x^2-3x+10$

$\qquad = x^2-4$ ··· ❸

채점 기준	배점
❶ 다항식 B를 구한 경우	40 %
❷ 다항식 A를 구한 경우	40 %
❸ $A-B$를 계산한 경우	20 %

7 답 11

$-3x(2x+y)-(x+3y) \times (-5x)$

$= -6x^2-3xy-(-5x^2-15xy)$

$= -6x^2-3xy+5x^2+15xy$

$= -x^2+12xy$ ··· ❶

따라서 $a=-1$, $b=12$이므로 ··· ❷

$a+b = -1+12 = 11$ ··· ❸

채점 기준	배점
❶ 주어진 식을 계산한 경우	60 %
❷ a, b의 값을 각각 구한 경우	20 %
❸ $a+b$의 값을 구한 경우	20 %

8 답 $x-4y^2$

$\pi \times (3x)^2 \times (높이) = 9\pi x^3-36\pi x^2y^2$이므로

$9\pi x^2 \times (높이) = 9\pi x^3-36\pi x^2y^2$ ··· ❶

$\therefore (높이) = (9\pi x^3-36\pi x^2y^2) \div 9\pi x^2$

$\qquad = \dfrac{9\pi x^3-36\pi x^2y^2}{9\pi x^2}$

$\qquad = x-4y^2$ ··· ❷

채점 기준	배점
❶ 원기둥의 부피를 이용하여 원기둥의 높이를 구하는 식을 세운 경우	50 %
❷ 원기둥의 높이를 구한 경우	50 %

---

3. 일차부등식

본문 180~181쪽

1 5	**2** $a=4$, $b\neq1$	**3** -2
4 6	**5** -7	**6** -4	**7** 7자루
8 1000 m		

1 답 5

$x<-1$의 양변에 -2를 곱하면

$-2x>2$ ··· ❶

양변에 3을 더하면

$-2x+3>5$ … ❷

$\therefore a=5$ … ❸

채점 기준	배점
❶ $-2x$의 값의 범위를 구한 경우	40 %
❷ $-2x+3$의 값의 범위를 구한 경우	30 %
❸ a의 값을 구한 경우	30 %

2 답 $a=4$, $b\neq1$

$(a-4)x^2-4bx<-ax+5$에서

$(a-4)x^2+(a-4b)x-5<0$ … ❶

이 식이 일차부등식이 되려면

$a-4=0$, $a-4b\neq0$이어야 하므로   … ❷

$a=4$, $4b\neq a$에서 $4b\neq4$

$\therefore a=4$, $b\neq1$ … ❸

채점 기준	배점
❶ (x에 대한 일차식)<0의 꼴로 정리한 경우	30 %
❷ 일차부등식이 되는 조건을 이용하여 식을 세운 경우	40 %
❸ 상수 a, b의 조건을 각각 구한 경우	30 %

3 답 -2

$\dfrac{x}{6}-\dfrac{x-2}{3}>3+2x$의 양변에 6을 곱하면

$x-2(x-2)>6(3+2x)$ … ❶

$x-2x+4>18+12x$, $-13x>14$

$\therefore x<-\dfrac{14}{13}\,(=-1.\times\times\times)$ … ❷

따라서 주어진 일차부등식이 참이 되도록 하는 가장 큰 정수 x의 값은 -2이다.   … ❸

채점 기준	배점
❶ 일차부등식의 계수를 정수로 나타낸 경우	30 %
❷ 일차부등식의 해를 구한 경우	50 %
❸ 가장 큰 정수 x의 값을 구한 경우	20 %

4 답 6

$0.3(3x-4)\geq\dfrac{3x-6}{2}$, 즉 $\dfrac{3}{10}(3x-4)\geq\dfrac{3x-6}{2}$

양변에 10을 곱하면

$3(3x-4)\geq5(3x-6)$ … ❶

$9x-12\geq15x-30$

$-6x\geq-18$ $\therefore x\leq3$ … ❷

따라서 주어진 부등식을 만족시키는 자연수 x의 값은 1, 2, 3이므로 구하는 합은

$1+2+3=6$ … ❸

채점 기준	배점
❶ 일차부등식의 계수를 정수로 나타낸 경우	30 %
❷ 일차부등식의 해를 구한 경우	40 %
❸ 모든 자연수 x의 값의 합을 구한 경우	30 %

5 답 -7

$a+2x<6(x-1)+3$에서 $a+2x<6x-6+3$

$-4x<-3-a$ $\therefore x>\dfrac{3+a}{4}$ … ❶

이 부등식의 해가 $x>-1$이므로 $\dfrac{3+a}{4}=-1$

$3+a=-4$ $\therefore a=-7$ … ❸

채점 기준	배점
❶ 일차부등식의 해를 a를 사용하여 나타낸 경우	50 %
❷ 일차부등식의 해를 이용하여 식을 세운 경우	20 %
❸ a의 값을 구한 경우	30 %

6 답 -4

$3(x+2)+1\leq2(x+3)$에서

$3x+6+1\leq2x+6$ $\therefore x\leq-1$ … ㉠   … ❶

$2x-5\geq a+3x$, $-x\geq a+5$

$\therefore x\leq-a-5$ … ㉡   … ❷

㉠, ㉡의 해가 같으므로 $-a-5=-1$

$-a=4$ $\therefore a=-4$ … ❸

채점 기준	배점
❶ 일차부등식 $3(x+2)+1\leq2(x+3)$의 해를 구한 경우	40 %
❷ 일차부등식 $2x-5\geq a+3x$의 해를 a를 사용하여 나타낸 경우	40 %
❸ 상수 a의 값을 구한 경우	20 %

7 답 7자루

볼펜을 x자루 산다고 하면

$2000x>1500x+3000$에서   … ❶

$500x>3000$ $\therefore x>6$ … ❷

따라서 볼펜을 7자루 이상 살 경우 인터넷 쇼핑몰을 이용하는 것이 유리하다.   … ❸

채점 기준	배점
❶ 일차부등식을 세운 경우	40 %
❷ 일차부등식의 해를 구한 경우	40 %
❸ 볼펜을 몇 자루 이상 살 경우 인터넷 쇼핑몰을 이용하는 것이 유리한지 구한 경우	20 %

8 답 1000 m

$2\,km=2000\,m$이고 걸어간 거리를 $x\,m$라 하면 뛴 거리는 $(2000-x)\,m$이므로

$\dfrac{x}{50}+\dfrac{2000-x}{100}\leq30$에서   … ❶

$2x+(2000-x)\leq3000$, $x+2000\leq3000$

$\therefore x\leq1000$ … ❷

따라서 걸어간 거리는 1000 m 이하이다.   … ❸

채점 기준	배점
❶ 일차부등식을 세운 경우	40 %
❷ 일차부등식의 해를 구한 경우	40 %
❸ 걸어간 거리를 구한 경우	20 %

4. 연립일차방정식

본문 182~183쪽

1 2   **2** (1) 7   (2) 2   (3) 5   **3** 4

4 (1) $x=2$, $y=-1$ (2) $a=5$, $b=5$ (3) 10

5 2   **6** 10

7 구미호: 9마리, 붕조: 7마리   **8** 2 km

---

1 답 2

$x=k+1$, $y=k$를 $x+3y-9=0$에 대입하면

$k+1+3\times k-9=0$ ··· ❶

$4k=8$ $\therefore k=2$ ··· ❷

채점 기준	배점
❶ $x=k+1$, $y=k$를 일차방정식에 대입한 경우	60 %
❷ k의 값을 구한 경우	40 %

2 답 (1) 7 (2) 2 (3) 5

(1) $x=-1$, $y=2$를 $x+4y=a$에 대입하면

$-1+4\times 2=a$ $\therefore a=7$ ··· ❶

(2) $x=-1$, $y=2$를 $bx+3y=4$에 대입하면

$b\times(-1)+3\times 2=4$, $-b=-2$ $\therefore b=2$ ··· ❷

(3) $a-b=7-2=5$ ··· ❸

채점 기준	배점
❶ a의 값을 구한 경우	40 %
❷ b의 값을 구한 경우	40 %
❸ $a-b$의 값을 구한 경우	20 %

3 답 4

x와 y의 값의 비가 $2:3$이므로 $x:y=2:3$

$3x=2y$ $\therefore 3x-2y=0$ ··· ❶

연립방정식 $\begin{cases} 2x+3y=13 & \cdots ㉠ \\ 3x-2y=0 & \cdots ㉡ \end{cases}$ 에서

㉠$\times 2+$㉡$\times 3$을 하면 $13x=26$ $\therefore x=2$

$x=2$를 ㉡에 대입하면 $3\times 2-2y=0$, $2y=6$ $\therefore y=3$ ··· ❷

$x=2$, $y=3$을 $ax-y=5$에 대입하면

$2\times a-3=5$, $2a=8$ $\therefore a=4$ ··· ❸

채점 기준	배점
❶ x, y에 대하여 주어진 조건을 식으로 나타낸 경우	20 %
❷ 연립방정식의 해를 구한 경우	50 %
❸ a의 값을 구한 경우	30 %

4 답 (1) $x=2$, $y=-1$ (2) $a=5$, $b=5$ (3) 10

(1) 주어진 두 연립방정식의 해는 연립방정식

$\begin{cases} 2x+y=3 & \cdots ㉠ \\ 3x-y=7 & \cdots ㉡ \end{cases}$ 의 해와 같다.   ··· ❶

㉠$+$㉡을 하면 $5x=10$ $\therefore x=2$

$x=2$를 ㉡에 대입하면

$3\times 2-y=7$, $-y=1$ $\therefore y=-1$ ··· ❷

(2) $x=2$, $y=-1$을 $ax-y=11$에 대입하면

$a\times 2-(-1)=11$, $2a=10$ $\therefore a=5$

$x=2$, $y=-1$을 $4x+3y=b$에 대입하면

$4\times 2+3\times(-1)=b$ $\therefore b=5$ ··· ❸

(3) $a+b=5+5=10$ ··· ❹

채점 기준	배점
❶ 주어진 연립방정식과 해가 같은 연립방정식을 구한 경우	30 %
❷ 두 연립방정식의 해를 구한 경우	30 %
❸ a, b의 값을 각각 구한 경우	20 %
❹ $a+b$의 값을 구한 경우	20 %

5 답 2

주어진 방정식에서

$\begin{cases} x-3=\dfrac{y-2}{2} \\ \dfrac{y-2}{2}=\dfrac{x+y+1}{6} \end{cases}$

즉, $\begin{cases} 2x-y=4 & \cdots ㉠ \\ x-2y=-7 & \cdots ㉡ \end{cases}$ ··· ❶

㉠$-$㉡$\times 2$를 하면 $3y=18$ $\therefore y=6$

$y=6$을 ㉡에 대입하면 $x-2\times 6=-7$ $\therefore x=5$ ··· ❷

따라서 $x=5$, $y=6$을 $3x-ay=3$에 대입하면

$3\times 5-a\times 6=3$, $-6a=-12$ $\therefore a=2$ ··· ❸

채점 기준	배점
❶ 주어진 방정식을 연립방정식의 꼴로 나타낸 경우	20 %
❷ 연립방정식의 해를 구한 경우	50 %
❸ a의 값을 구한 경우	30 %

6 답 10

$\begin{cases} ax+2y=x-10 \\ 2x+y=b \end{cases}$, 즉 $\begin{cases} (a-1)x+2y=-10 \\ 4x+2y=2b \end{cases}$ 의 해가 무수히

많으므로 x의 계수, y의 계수, 상수항이 각각 같아야 한다.

즉, $a-1=4$, $-10=2b$ ··· ❶

$\therefore a=5$, $b=-5$ ··· ❷

$\therefore a-b=5-(-5)=10$ ··· ❸

채점 기준	배점
❶ 해가 무수히 많은 조건을 이용하여 a, b에 대한 식을 세운 경우	50 %
❷ a, b의 값을 각각 구한 경우	30 %
❸ $a-b$의 값을 구한 경우	20 %

7 답 구미호: 9마리, 붕조: 7마리

구미호가 x마리, 붕조가 y마리 있다고 하면

$\begin{cases} x+9y=72 & \cdots ㉠ \\ 9x+y=88 & \cdots ㉡ \end{cases}$ ··· ❶

㉡에서 $y=-9x+88$ ··· ㉢

㉢을 ㉠에 대입하면 $x+9(-9x+88)=72$

$-80x+792=72$, $-80x=-720$ $\therefore x=9$

$x=9$를 ⓒ에 대입하여 풀면

$y=-9\times9+88=7$ ··· ②

따라서 구미호는 9마리, 붕조는 7마리가 있다.   ··· ③

채점 기준	배점
❶ 연립방정식을 세운 경우	40 %
❷ 연립방정식의 해를 구한 경우	40 %
❸ 구미호와 붕조의 수를 각각 구한 경우	20 %

8 답 2 km

뛰어간 거리를 x km, 걸어간 거리를 y km라 하면

$\begin{cases} x+y=6 \\ \dfrac{x}{6}+\dfrac{y}{4}=\dfrac{4}{3} \end{cases}$, 즉 $\begin{cases} x+y=6 & \cdots ㉠ \\ 2x+3y=16 & \cdots ㉡ \end{cases}$ ··· ❶

㉠×2−㉡을 하면 $-y=-4$ $\therefore y=4$

$y=4$를 ㉠에 대입하면 $x+4=6$ $\therefore x=2$ ··· ②

따라서 뛰어간 거리는 2 km이다.   ··· ③

채점 기준	배점
❶ 연립방정식을 세운 경우	40 %
❷ 연립방정식의 해를 구한 경우	40 %
❸ 뛰어간 거리를 구한 경우	20 %

---

5. 일차함수와 그 그래프

본문 184~185쪽

1 4   **2** 4   **3** 2

4 (1) $\dfrac{1}{2}$ (2) $\dfrac{3}{2}$ **5** $\dfrac{9}{4}$

6 $y=-2x-6$ **7** $a=8$, $b=6$

8 (1) $y=2x+1$ (2) 18개

---

1 답 4

$10=5\times2$이므로 $f(10)=0$ ··· ❶

$29=5\times5+4$이므로 $f(29)=4$ ··· ②

$\therefore f(10)+f(29)=0+4=4$ ··· ③

채점 기준	배점
❶ $f(10)$의 값을 구한 경우	40 %
❷ $f(29)$의 값을 구한 경우	40 %
❸ $f(10)+f(29)$의 값을 구한 경우	20 %

2 답 4

$f(-1)=4$이므로 $-a+b=4$ ··· ㉠

$f(1)=-2$이므로 $a+b=-2$ ··· ㉡   ··· ❶

㉠+㉡을 하면 $2b=2$ $\therefore b=1$

$b=1$을 ㉡에 대입하면

$a+1=-2$ $\therefore a=-3$ ··· ②

$\therefore b-a=1-(-3)=4$ ··· ③

채점 기준	배점
❶ a, b에 대한 식을 세운 경우	40 %
❷ a, b의 값을 각각 구한 경우	40 %
❸ $b-a$의 값을 구한 경우	20 %

3 답 2

$y=2x-a$의 그래프가 점 $(1, -1)$을 지나므로

$-1=2-a$ $\therefore a=3$ ··· ❶

$y=2x-a$, 즉 $y=2x-3$의 그래프를 y축의 방향으로 -3만큼 평행이동한 그래프가 나타내는 일차함수의 식은

$y=2x-3-3$ $\therefore y=2x-6$ ··· ②

이 일차함수의 그래프가 점 $(p-1, -2p)$를 지나므로

$-2p=2(p-1)-6$, $-2p=2p-8$

$-4p=-8$ $\therefore p=2$ ··· ③

채점 기준	배점
❶ a의 값을 구한 경우	30 %
❷ 평행이동한 그래프가 나타내는 일차함수의 식을 구한 경우	40 %
❸ p의 값을 구한 경우	30 %

4 답 (1) $\dfrac{1}{2}$ (2) $\dfrac{3}{2}$

(1) x의 값의 증가량이 $-2-4=-6$일 때, y의 값의 증가량은 -3

이므로   ··· ❶

$a=\dfrac{-3}{-6}=\dfrac{1}{2}$ ··· ②

(2) 기울기가 $\dfrac{1}{2}$이므로 x의 값의 증가량이 3일 때

$\dfrac{(y의\ 값의\ 증가량)}{3}=\dfrac{1}{2}$ $\therefore (y의\ 값의\ 증가량)=\dfrac{3}{2}$ ··· ③

채점 기준	배점
❶ x의 값의 증가량과 y의 값의 증가량을 구한 경우	30 %
❷ a의 값을 구한 경우	30 %
❸ y의 값의 증가량을 구한 경우	40 %

5 답 $\dfrac{9}{4}$

$y=2x-3$에서 $y=0$일 때, $0=2x-3$

$2x=3$ $\therefore x=\dfrac{3}{2}$

$x=0$일 때, $y=-3$

즉, x절편은 $\dfrac{3}{2}$이고 y절편은 -3이므로 ··· ❶

그래프는 오른쪽 그림과 같다.   ··· ②

따라서 구하는 도형의 넓이는

$\dfrac{1}{2}\times\dfrac{3}{2}\times|-3|=\dfrac{9}{4}$ ··· ③

채점 기준	배점
❶ x절편, y절편을 각각 구한 경우	40 %
❷ 일차함수의 그래프를 그린 경우	40 %
❸ 도형의 넓이를 구한 경우	20 %

6 답 $y=-2x-6$

$y=-2x+5$의 그래프와 평행하므로

(기울기)$=-2$ ... ❶

즉, 일차함수의 식을 $y=-2x+b$라 하면 이 그래프가 점 $(-4, 2)$

를 지나므로

$2=8+b$ $\therefore b=-6$ ... ❷

따라서 구하는 일차함수의 식은

$y=-2x-6$ ... ❸

채점 기준	배점
❶ 기울기를 구한 경우	40%
❷ y절편(b의 값)을 구한 경우	40%
❸ 일차함수의 식을 구한 경우	20%

7 답 $a=8$, $b=6$

x절편이 -3이고, y절편이 6인 일차함수의 그래프는

두 점 $(-3, 0)$, $(0, 6)$을 지나므로

(기울기)$=\dfrac{6-0}{0-(-3)}=2$

이때 y절편이 6이므로

$y=2x+6$ ... ❶

$y=(a-b)x$의 그래프를 y축의 방향으로 b만큼 평행이동한 그래

프가 나타내는 일차함수의 식은

$y=(a-b)x+b$ ... ❷

이때 두 일차함수의 그래프가 일치하므로

$a-b=2$, $b=6$

$\therefore a=8$, $b=6$ ... ❸

채점 기준	배점
❶ x절편, y절편이 주어진 일차함수의 식을 구한 경우	30%
❷ 평행이동한 그래프가 나타내는 일차함수의 식을 구한 경우	30%
❸ a, b의 값을 각각 구한 경우	40%

8 답 (1) $y=2x+1$ (2) 18개

(1) 첫 번째 정삼각형을 만드는 데 성냥개비가 3개 필요하고, 정삼

각형을 한 개씩 이어 붙일 때마다 성냥개비가 2개씩 더 필요

하다.

이때 첫 번째 정삼각형을 뺀 나머지 정삼각형은 $(x-1)$개이므로

$y=3+2(x-1)$

$\therefore y=2x+1$ ... ❶

(2) $y=2x+1$에 $y=37$을 대입하면 $37=2x+1$

$2x=36$ $\therefore x=18$ ... ❷

따라서 37개의 성냥개비로 만들 수 있는 정삼각형의 개수는 18

개이다. ... ❸

채점 기준	배점
❶ y를 x에 대한 식으로 나타낸 경우	40%
❷ $y=37$일 때, x의 값을 구한 경우	40%
❸ 만들 수 있는 정삼각형의 개수를 구한 경우	20%

6. 일차함수와 일차방정식 본문 186~187쪽

1 $-\dfrac{4}{3}$	**2** 10	**3** 3	**4** -4
5 3	**6** 4	**7** $a=-2$, $b\neq-10$	
8 해가 무수히 많다.			

1 답 $-\dfrac{4}{3}$

$4x+2ay+3=0$에서 $y=-\dfrac{2}{a}x-\dfrac{3}{2a}$

이때 기울기가 3이므로

$-\dfrac{2}{a}=3$에서 $a=-\dfrac{2}{3}$ ... ❶

$y=-ax+2a$, 즉 $y=\dfrac{2}{3}x-\dfrac{4}{3}$에서

$y=0$일 때, $0=\dfrac{2}{3}x-\dfrac{4}{3}$ $\therefore x=2$

즉, $y=\dfrac{2}{3}x-\dfrac{4}{3}$의 그래프의 x절편은 2이므로

$b=2$ ... ❷

$\therefore ab=-\dfrac{2}{3}\times2=-\dfrac{4}{3}$ ... ❸

채점 기준	배점
❶ a의 값을 구한 경우	40%
❷ b의 값을 구한 경우	40%
❸ ab의 값을 구한 경우	20%

2 답 10

$3x+y-5=0$의 그래프가 점 $(-1, a)$를 지나므로

$-3+a-5=0$ $\therefore a=8$ ... ❶

$3x+y-5=0$의 그래프가 점 $(b, -1)$을 지나므로

$3b-1-5=0$, $3b=6$ $\therefore b=2$ ... ❷

$\therefore a+b=8+2=10$ ... ❸

채점 기준	배점
❶ a의 값을 구한 경우	40%
❷ b의 값을 구한 경우	40%
❸ $a+b$의 값을 구한 경우	20%

3 답 3

두 점 $(-2, -a+4)$, $(3, 2a-5)$를 지나는 직선이 x축에 평행

하므로 이 직선 위의 모든 점의 y좌표는 같다. ... ❶

즉, 두 점의 y좌표가 같으므로

$-a+4=2a-5$ ... ❷

$-3a=-9$ $\therefore a=3$ ... ❸

채점 기준	배점
❶ x축에 평행한 직선의 성질을 안 경우	40%
❷ a에 대한 식을 세운 경우	40%
❸ a의 값을 구한 경우	20%

4 답 -4

점 $(-2, 1)$을 지나고 y축에 평행한 직선은 직선 위의 모든 점의 x좌표가 같으므로 직선의 방정식은

$x=-2$ ⋯ **①**

점 $(3, -2)$를 지나고 y축에 수직인 직선은 직선 위의 모든 점의 y좌표가 같으므로 직선의 방정식은

$y=-2$ ⋯ **②**

두 직선 $x=-2$, $y=-2$가 만나는 점의 좌표가 $(-2, -2)$이므로

$p=-2$, $q=-2$ ⋯ **③**

$\therefore p+q=-2+(-2)=-4$ ⋯ **④**

채점 기준	배점
① y축에 평행한 직선의 방정식을 구한 경우	30 %
② y축에 수직인 직선의 방정식을 구한 경우	30 %
③ p, q의 값을 각각 구한 경우	20 %
④ $p+q$의 값을 구한 경우	20 %

5 답 3

연립방정식의 각 일차방정식의 그래프의 교점의 좌표가 $(2, -1)$이므로

$x=2$, $y=-1$을 $3x+ay=5$에 대입하면

$3\times2+a\times(-1)=5$, $-a=-1$ $\therefore a=1$ ⋯ **①**

$x=2$, $y=-1$을 $x-by=5$에 대입하면

$2-b\times(-1)=5$ $\therefore b=3$ ⋯ **②**

$\therefore ab=1\times3=3$ ⋯ **③**

채점 기준	배점
① a의 값을 구한 경우	40 %
② b의 값을 구한 경우	40 %
③ ab의 값을 구한 경우	20 %

6 답 4

두 직선 $2x+3y-16=0$, $kx+y-12=0$의 교점이 직선 $x-y+2=0$ 위에 있으므로 세 직선은 모두 한 점을 지난다.

⋯ **①**

$\begin{cases} 2x+3y-16=0 \\ x-y+2=0 \end{cases}$, 즉 $\begin{cases} 2x+3y=16 & \cdots \text{㉠} \\ x-y=-2 & \cdots \text{㉡} \end{cases}$

㉠$+$㉡$\times3$을 하면 $5x=10$ $\therefore x=2$

$x=2$를 ㉡에 대입하면 $2-y=-2$ $\therefore y=4$

즉, 두 직선 ㉠, ㉡의 교점의 좌표는 $(2, 4)$이다. ⋯ **②**

따라서 직선 $kx+y-12=0$이 점 $(2, 4)$를 지나므로

$2k+4-12=0$, $2k=8$ $\therefore k=4$ ⋯ **③**

채점 기준	배점
① 세 직선이 모두 한 점을 지남을 안 경우	30 %
② 두 직선 ㉠, ㉡의 교점의 좌표를 구한 경우	40 %
③ k의 값을 구한 경우	30 %

7 답 $a=-2$, $b\neq-10$

연립방정식의 각 일차방정식을 y를 x에 대한 식으로 나타내면

$ax+y=10$에서 $y=-ax+10$

$2x-y=b$에서 $y=2x-b$ ⋯ **①**

연립방정식의 해가 존재하지 않으려면 두 일차방정식의 그래프가 평행해야 하므로 기울기는 같고, y절편은 달라야 한다. ⋯ **②**

즉, $-a=2$, $10\neq-b$

$\therefore a=-2$, $b\neq-10$ ⋯ **③**

채점 기준	배점
① 연립방정식의 각 일차방정식을 y를 x에 대한 식으로 나타낸 경우	20 %
② 연립방정식의 해가 존재하지 않을 조건을 안 경우	40 %
③ a, b의 조건을 각각 구한 경우	40 %

8 답 해가 무수히 많다.

두 일차방정식을 각각 y를 x에 대한 식으로 나타내면

$ax-3y=6$에서 $y=\dfrac{a}{3}x-2$

$bx+y=3$에서 $y=-bx+3$

두 일차방정식의 그래프가 평행하므로 기울기는 같고 y절편은 다르다.

즉, $\dfrac{a}{3}=-b$ $\therefore a=-3b$ ⋯ ㉠ ⋯ **①**

또 연립방정식 $\begin{cases} ax+3y=9 \\ bx-y=-3 \end{cases}$ 에서 각 일차방정식을 y를 x에 대한 식으로 나타내면

$\begin{cases} y=-\dfrac{a}{3}x+3 \\ y=bx+3 \end{cases}$

이때 ㉠을 $y=-\dfrac{a}{3}x+3$에 대입하면

$y=-\dfrac{-3b}{3}x+3$ $\therefore y=bx+3$

즉, 두 일차방정식 $y=bx+3$, $y=bx+3$의 그래프의 기울기와 y절편이 각각 같으므로 두 일차방정식의 그래프는 일치한다.

⋯ **②**

따라서 연립방정식의 해가 무수히 많다. ⋯ **③**

채점 기준	배점
① a를 b에 대한 식으로 나타낸 경우	30 %
② 연립방정식의 두 일차방정식의 그래프가 일치함을 안 경우	50 %
③ 연립방정식의 해를 구한 경우	20 %

수학 공부는 숙제다
수학숙제

진짜 공부 챌린지 **내!/가/스/터/디**

공부는 스스로 해야 실력이 됩니다.
아무리 뛰어난 스타강사도, 아무리 좋은 참고서도
학습자의 실력을 바로 높여 줄 수는 없습니다.

내가 무엇을 공부하고 있는지, 아는 것과 모르는 것은 무엇인지
스스로 인지하고 학습할 때 진짜 실력이 만들어집니다.

메가스터디북스는 스스로 하는 공부, **내가스터디**를 응원합니다.
메가스터디북스는 여러분의 **내가스터디**를 돕는 좋은 책을 만듭니다.

메가스터디BOOKS

💻 www.megastudybooks.com

📱 **내용 문의** | 02-6984-6901 **구입 문의** | 02-6984-6868,9

메가스터디BOOKS

과학 1타 장풍쌤이 알려주는 중등 과학 백점 비법

백신 과학 Best

학기별 기본서

영역별 통합 기본서

중등 1~3학년
1, 2학기
(전 6권)

엠베스트 과학 1타
장풍 선생님 집필 & 강의

중등 1~3학년
물리학
화학
생명과학
지구과학
(전 4권)

중등 과학 내신 완벽 대비!

백신 과학
학기별 기본서

· 이해하기 쉽고 자세한 개념 정리

· 교과서 탐구문제, 자료 수록

· 학교 시험 빈출 대표 유형 선별 &
  실전 문제로 내신 완벽 대비

중1, 2, 3 과정을 한 권에!

백신 과학
영역별 통합 기본서

· 교과 핵심 개념과 중요 탐구로 개념 이해

· 개념 맞춤형 집중 문제로 개념 마스터

· 단계별 학교 기출·서술형 문제로
  학교 시험 실전 완벽 대비